U0311278

21世纪高等学校计算机教育实用规划教材

韩向春　赵庆水　主编

汪梅婷　司亚利　孙胜涛　韩鸣飞　副主编

计算机信息技术基础教程

清华大学出版社

北　京

内容简介

本书是根据高等学校计算机基础课程指导委员会提出的《计算机基础课程教学基本要求》以及培养应用型人才的新要求组织编写的。本书以目前流行的 Windows 7 和 Office 2010 为平台，讲授计算机的基础知识和应用操作。全书共分为 10 章，分别介绍计算机基础知识、Windows 7 操作系统、Office 2010 常用办公软件、Access 2010、SharePoint Workspace 2010、计算机网络应用基础、信息安全等。本书内容丰富、层次清晰、深入浅出、富于启发性，注重实践、面向应用，设计了大量的课后习题不仅可以作为高等院校非计算机专业基础课的教材、教学参考书和社会各类培训机构的教材，还可以供社会各类计算机应用人员学习和参考。

本书封面贴有清华大学出版社防伪标签，无标签者不得销售。
版权所有，侵权必究。侵权举报电话：010-62782989　13701121933

图书在版编目(CIP)数据

计算机信息技术基础教程/韩向春，赵庆水主编. --北京：清华大学出版社，2014（2017.8 重印）
21 世纪高等学校计算机教育实用规划教材
ISBN 978-7-302-37494-7

Ⅰ. ①计…　Ⅱ. ①韩…　②赵…　Ⅲ. ①电子计算机－高等学校－教材　Ⅳ. ①TP3

中国版本图书馆 CIP 数据核字(2014)第 170913 号

责任编辑：付弘宇　薛　阳
封面设计：常雪影
责任校对：梁　毅
责任印制：刘祎淼

出版发行：清华大学出版社
　　网　　址：http://www.tup.com.cn，http://www.wqbook.com
　　地　　址：北京清华大学学研大厦 A 座　　**邮　　编**：100084
　　社 总 机：010-62770175　　**邮　　购**：010-62786544
　　投稿与读者服务：010-62776969，c-service@tup.tsinghua.edu.cn
　　质 量 反 馈：010-62772015，zhiliang@tup.tsinghua.edu.cn
　　课 件 下 载：http://www.tup.com.cn，010-62795954
印 刷 者：北京富博印刷有限公司
装 订 者：北京市密云县京文制本装订厂
经　　销：全国新华书店
开　　本：185mm×260mm　　**印　张**：23.25　　**字　　数**：579 千字
版　　次：2014 年 9 月第 1 版　　**印　　次**：2017 年 8 月第 2 次印刷
印　　数：3501～4500
定　　价：44.50 元

产品编号：058042-01

出版说明

随着我国高等教育规模的扩大以及产业结构调整的进一步完善，社会对高层次应用型人才的需求将更加迫切。各地高校紧密结合地方经济建设发展需要，科学运用市场调节机制，合理调整和配置教育资源，在改革和改造传统学科专业的基础上，加强工程型和应用型学科专业建设，积极设置主要面向地方支柱产业、高新技术产业、服务业的工程型和应用型学科专业，积极为地方经济建设输送各类应用型人才。各高校加大了使用信息科学等现代科学技术提升、改造传统学科专业的力度，从而实现传统学科专业向工程型和应用型学科专业的发展与转变。在发挥传统学科专业师资力量强、办学经验丰富、教学资源充裕等优势的同时，不断更新教学内容、改革课程体系，使工程型和应用型学科专业教育与经济建设相适应。计算机课程教学在从传统学科向工程型和应用型学科转变中起着至关重要的作用，工程型和应用型学科专业中的计算机课程设置、内容体系和教学手段及方法等也具有不同于传统学科的鲜明特点。

为了配合高校工程型和应用型学科专业的建设和发展，急需出版一批内容新、体系新、方法新、手段新的高水平计算机课程教材。目前，工程型和应用型学科专业计算机课程教材的建设工作仍滞后于教学改革的实践，如现有的计算机教材中有不少内容陈旧(依然用传统专业计算机教材代替工程型和应用型学科专业教材)，重理论、轻实践，不能满足新的教学计划、课程设置的需要；一些课程的教材可供选择的品种太少；一些基础课的教材虽然品种较多，但低水平重复严重；有些教材内容庞杂，书越编越厚；专业课教材、教学辅助教材及教学参考书短缺，等等，都不利于学生能力的提高和素质的培养。为此，在教育部相关教学指导委员会专家的指导和建议下，清华大学出版社组织出版本系列教材，以满足工程型和应用型学科专业计算机课程教学的需要。本系列教材在规划过程中体现了如下一些基本原则和特点。

(1) 面向工程型与应用型学科专业，强调计算机在各专业中的应用。教材内容坚持基本理论适度，反映基本理论和原理的综合应用，强调实践和应用环节。

(2) 反映教学需要，促进教学发展。教材规划以新的工程型和应用型专业目录为依据。教材要适应多样化的教学需要，正确把握教学内容和课程体系的改革方向，在选择教材内容和编写体系时注意体现素质教育、创新能力与实践能力的培养，为学生知识、能力、素质协调发展创造条件。

(3) 实施精品战略，突出重点，保证质量。规划教材建设仍然把重点放在公共基础课和专业基础课的教材建设上；特别注意选择并安排一部分原来基础比较好的优秀教材或讲义修订再版，逐步形成精品教材；提倡并鼓励编写体现工程型和应用型专业教学内容和课程体系改革成果的教材。

(4) 主张一纲多本,合理配套。基础课和专业基础课教材要配套,同一门课程可以有多本具有不同内容特点的教材。处理好教材统一性与多样化,基本教材与辅助教材,教学参考书,文字教材与软件教材的关系,实现教材系列资源配套。

(5) 依靠专家,择优选用。在制订教材规划时要依靠各课程专家在调查研究本课程教材建设现状的基础上提出规划选题。在落实主编人选时,要引入竞争机制,通过申报、评审确定主编。书稿完成后要认真实行审稿程序,确保出书质量。

繁荣教材出版事业,提高教材质量的关键是教师。建立一支高水平的以老带新的教材编写队伍才能保证教材的编写质量和建设力度,希望有志于教材建设的教师能够加入到我们的编写队伍中来。

21世纪高等学校计算机教育实用规划教材编委会
联系人:魏江江 weijj@tup.tsinghua.edu.cn

前　言

大学计算机信息处理技术课程是大学本科必读的一门公共基础课程，是学生入校后非计算机科学与技术专业学生的必修课。该课程的主要内容包括信息论的基础知识、计算机系统科学的概念性基础知识，以及办公自动化软件、数据库实用技术、计算机网络、多媒体技术和信息安全等应用的基础内容。其主要目标是培养学生利用计算思维解决本专业领域问题的能力，为学生在以后的学习和工作中能更好地使用计算机技术解决实际问题，建立坚实的技术基础。

本书根据教育部高等学校计算机基础课程指导委员会提出的《计算机基础课程教学基本要求》的指导意见编写，立足推动高等学校计算机基础课程的教学改革与发展。为适应信息时代新形势下应用型人才对计算机信息处理知识的要求，本书按照分类、分层次组织教学的思路，组织长期从事计算机基础知识教学工作和多年辅导过国家计算机等级考试的教师、专家编写。本书的主要内容包括信息论的基础知识、计算机系统和操作系统实用基础、文字处理软件 Word 2010、电子表格 Excel 2010、演示文稿软件 PowerPoint 2010、计算机网络技术、数据库实用技术、多媒体技术基础和信息安全技术等。每章后面编有国家计算机等级考试多年的习题范例。

本书编写组由燕山大学里仁学院计算机教研室教师组成。编写组根据应用型人才的培养目标和文、理科学生知识结构的不同需求，综合多年的教学实践，从加强学生的实际操作能力出发，在材料的选取上，注重了知识的超前性、实践性与综合性。为了便于教师使用本教材及学生学习，本书配有电子教案和相关教学资料。

本书由韩向春和赵庆水主编和统稿。韩向春编写了第 1 章和第 2 章；赵庆水编写了第 3 章和第 4 章；汪梅婷编写了第 5 章和第 8 章；司亚利编写了第 6 章；孙胜涛编写了第 7 章；韩鸣飞编写了第 9 章和第 10 章。金海龙教授主审本书，并参与了本书的策划和修改工作，在此表示真诚的感谢。本书在编写过程中得到了里仁学院领导的大力支持，在此表示谢意。

由于作者水平有限，书中难免存在不妥之处，敬请广大教育同行及读者批评指正。

编　者

2014 年 4 月

目　录

第1章 信息论的基础知识

本章学习目标

- 了解信息的基本概念、信息论的产生与发展和信息处理技术的基本概念。
- 了解信息的基本特征与功能。
- 掌握常用数制之间的转换方法。
- 掌握计算机内部信息的表示方法，二进制数的运算规则。
- 理解数值型数据在计算机内的表示规则。

1.1 信息的概念

客观世界是一个相互联系的统一体，它们的联系是靠信息实现的，世界上充满了信息。每一个人在每一天，都生活在信息的海洋中。一打开电视机和网络终端，我们就可以从新闻和各种视频节目中获得政治、经济、军事、文化、艺术、天气等方面的信息。自然界的红花、绿叶、彩虹、浓雾、瑞雪等也会给我们带来各种信息。

在工作中，我们经常利用不同渠道收集各个方面的信息，经过分析、研究、筛选之后，运用到不同的对象中去。外交家注重国际关系的微妙变化，企业家关注市场上的商情变化，军事家关心战争风云的变幻。所有这些，都离不开信息。没有信息的世界，将是死的世界。

信息是普遍存在的，但是用科学手段去研究它，还是现代科学的主要任务。信息渗透到各个科学技术领域，成为现代自然科学和社会科学的重要研究课题之一。

1.1.1 关于信息的定义

"信息"一词，有很悠久的历史。早在唐朝《李忠碧文集》中，有"梦断美人沉信息，日穿长路倚楼台"之句。其中"信息"一词，也可以理解为"消息"。这是古诗中首次出现"信息"的记载，与今天的"信息"在内涵、解义上都有相似之处。现在对什么是信息仍有不同解释，若干中外字典和辞典上，有以下几种对信息的描述：

《辞海》（中国）说，"信息是指对消息接受者来说预先不知道的报道。"

《韦伯字典》（美国）说，"信息是用来通信的事实，在观察中得到的数据、新闻和知识。"

《广辞苑》（日本）说，"信息是指所观察事物的知识。"

信息作为现代科学技术普遍使用的一个概念，目前无确切统一的定义，作为日常用语，指音信、消息；作为科学技术用语，可以简单地理解为接受者预先不知道的消息。但是，它在不同的学科中又有不同的含义。对信息的理解不同，是由于各个学科的学者专家从不同学科角度对它进行观察，因而形成各种不同的结论。如哲学家认为信息是人类认识世界的基础，是物质的基本属性之一；物理学家认为信息是负熵；而控制论学者(领导者)则认为信息是系统之间普遍联系的一种特殊形式。

一般来说，信息是指由信息源(如自然界、人类社会等)发出的各种信号被使用者接受和理解。作为一个社会概念，信息则是指人类共享的一切知识，或从社会发展的客观现象中提炼出来的各种消息之和。信息不是事物本身，而是表征由事物发出的消息、情报、指令、数据和信号中所包含的内容。一切事物，包括自然界和人类社会，都在发出信息。在人类社会中，信息往往以文字、图像、图形、语言、声音、数据等形式出现。

所以，从普遍意义上来说，信息是客观存在的一切事物所产生的消息、情报、指令、数据、信号中所包含的内容，它是可传递和交换的，是对事物存在方式、运动状态、相互联系的特征的一种表达和陈述。如果用最通俗的语言来表达，信息是指具有新内容、新知识的消息。

信息是日常生活的常见现象，是事物表现的一种普遍形式。一切事物都会发出信息，因此说，信息无时不在，无处不有。人类生活在千变万化的信息之中，因此必须拥有足够的信息，才能有效地工作和生活。

人们获取、积累并利用信息是改造客观世界的必要过程之一。借助信息，人们获取知识，改变了原来不知或知之甚少的状态。现在，人们把信息看作是除可再生资源(动物、植物)和非再生资源(矿物)之外的，维持人类社会活动、经济活动、生产活动的第三资源。人们利用自己的感官、工具或仪器，从某种侧面对客观世界的对象进一步感知(收集信息)，经过大脑的思维形成观念(处理信息)，逐步形成系统的知识，导致在客观世界的决策中获得成功(利用信息)。

1.1.2 信息的一般特征

信息作为物质世界的第三类资源有许多特征，其中最重要的有以下 10 点。

1. 信息的可识别性

由于信息反映了物质和能量在空间结构和时间顺序上分布的不均匀的状态，这样人们就可以对信息进行识别。通过感官进行的，是直接识别；通过各种探测手段进行的，为间接识别。不同的信息源，可以用不同的识别方式。在识别中要特别注意选择，如选择不当，就可能导致识别不佳、一无所获甚至失误。

2. 信息的可转换性

信息可以从一种形态转换为另一种形态。如物质信息可以根据需要转换为语言、文字、图表、图像等信息形式，也可以转换为电子计算机的代码，电信、广播、电视信号，而代码和信号又可以转换为语言、文字、图表、图像等。认识了这个特征，我们接受知识和传播信息的渠道和范围就扩展了。

3. 信息的可存储性

大量信息存储在人脑、电脑和书刊等媒介中。人脑的记忆系统由长期记忆和短期记忆两部分组成。电脑也用内存储器和外存储器两部分来存储信息。随着录音、摄像、录像等技术的产生和发展，更增大了信息存储的范围。

4. 信息的可扩散性

由于信息传输工具的现代化，传输渠道的多样化及信息形态的可转换性，通过摄像、录像、卫星等工具，信息得以迅速扩散。如北京天安门前举行的国庆阅兵游行盛况的信息可以通过现代的通信工具同步地扩散到全国、全世界。

5. 信息的可压缩性

人们对信息可以进行加工、整理、分析、综合、概括、归纳，使它更加浓缩和精炼。例如“万有引力”定律是对自然现象的归纳。又如，一幅美丽的照片需要大量的信息元素来描述。那么人们通过分析数据处理后，将该信息压缩到一个比较少的信息量来存储和传输。

6. 信息的可替代性

信息已经成为现代人类社会能够进行交换和创造价值的东西，是生产力和竞争力的一个重要因素。信息的正确利用，可以替代资金、劳动力和物资材料。如果在生产领域中掌握了信息，就可以减少资金、劳动力和原材料的消耗，降低成本，提高产品质量，提高劳动生产率。如果在流通领域中及时获得了市场信息，就可以合理组织货源，打开销路，既不积压（商品）又不“断档”，最佳地搞好货物的购、销、调、存等，提高经济效益和社会效益。

7. 信息的可传输性

凡是信息都可以通过一定的信道和载体进行传输。从信源（发信者）到信宿（收信者）是信息的空间传输；从过去到将来，是信息的时间传输。信息存储，实质是时间传输的延续。不同材料、能量构成的信道，可以传输同一个内容的信息；不同的信息，可以通过同一个信道传输。个人间的信息传输，主要靠语言、表情、动作等；社会性活动的信息，则主要通过报刊、告示、广播、电视、网络以及其他通信工具进行传输。传输的速度和效率取决于传输手段和通信工具。目前最先进的通信技术是光导纤维通信、人造卫星通信和互联网络通信等，这几种通信技术容量大、传输速度快、技术先进。

8. 信息的可再生性

信息是在可再生资源和非再生资源之外，维持人类社会生产活动和其他社会生产活动的第三种资源。人们收集的信息，经过处理后，可以用语言、文字、图形、图像等形式加以再生。计算机收集的信息，也可以用显示、打印、绘图等形式再生出来。

9. 信息的可分享性

信息不同于实物，一件实物分配给别人，自己就没有了，而信息则可以分享。如对同一个学术报告，一个人去听与一百个人去听，各人所得信息可以完全相同，绝非一个人听时所得信息为100%，而百人听时为1%。自然界、人类社会潜藏着无穷无尽的信息。如果我们不具备一定的基础知识和经验，就失去了进一步分享新的信息的先决条件。因此，一定要学好基础知识，以便分享、掌握更多的信息。

10. 信息的可扩充性

随着时间的推移和知识的积累，现代社会的信息比起古代是大大扩充了。威力强大的互联网、人造卫星，甚至有初级智能的能够接受信息和处理信息的“机器人”、无人驾驶的飞行器、航天器等相继研制成功，信息必将随着社会的需要和科学的进步而不断得到扩充。

以上是信息的十大基本特征，我们在认识、利用和处理这些特征时，还必须保证信息的真实性、有效性、准确性、完整性、及时性和适量性。离开了这些特性，信息的特征就不能充分显示出来，信息的感知和利用就不能取得最佳效果。

1.1.3 信息的功能

信息的功能很多，主要有以下几种。

1. 信息是人类社会的重要资源

信息是人类生存和发展不可缺少的资源，是同物质（材料）、能源同样重要的资源。当今世界，信息是否发达，关系一个国家的盛衰强弱；信息是否灵通，决定一个企业的购销盈亏；信息（知识）是否掌握，标志一个“将才”决策能力的高低。谁掌握更多信息，并使信息做到准确通畅、传输迅速，谁就可以利用信息这个重要的战略资源，创造更多的精神财富和物质财富。

2. 信息是现代化建设的重要工具

信息为我国科技、教育、生产、管理的社会主义现代化建设提供了有效工具，尤其对科学技术的发现、发明和各行各业的创新改革有着特殊的作用。搞任何一项发明创新，都必须了解历史、现状和发展趋势。据统计，现代一项新发现或新技术，有90%的内容，是以通过各种途径从已有知识中取得，而独创性的工作往往只占10%。因此，尽快、充分地掌握信息和现有知识，是搞好创造革新的重要条件。信息可以加速科技、生产、经营管理和社会管理的现代化。

3. 信息是一切社会组织和生产、生活系统的联系中介

人类的任何实践活动都可以简称为人流、物流、信息流。这三股流中信息流有非常重要的作用，是它调节着人流、物流的数量、方向、速度和目标，引导人和物进行有目的、有规则的运动。它是联系物质与意识、实践与认识、古与今、中与外、上与下、各个组织系统的重要中介。信息把整个宇宙间社会生产的各个环节，各个方面紧紧地衔接了起来，把产、供、销各个部门有序地协调了起来，也把生产、分配、交换、消费以及人类之间的交往，密切地联系了起来。信息的功能充分表明了自然、社会、思维的一致性（或统一性）。

4. 信息技术进步是社会进步的关键环节

充分利用信息技术，可以节约时间、缩短空间、节省能源，避免或减少环境污染，提高管理水平、工作效率、生产效率和我们的生活水平。应当看到，生产、传输和加工、处理各种信息，将成为社会经济生活和精神生活的重要内容和关键环节。21世纪社会是一个快速发展的高度发达的“信息社会”。

因此，我们要完整地掌握更多的信息，充分发挥信息的功能和作用，让信息在社会主义建设和改革创新的发展中转化为效率和财富。

1.2 信息论的形成和发展

1.2.1 信息论的形成

人类在同自然斗争中，先认识物质和能量，使材料科学和能源科学有了发展。随着人类认识自然和改造自然活动的深入，人类逐渐认识到信息的重要，提高处理信息的能力和手段，并且自觉地把信息作为专门的科学研究对象。

信息论理论基础的建立，一般来说开始于香农（Shannon）在研究通信系统时所发表的论文。随着研究的深入与发展，信息论有了更为宽广的内容。

信息在早些时期的定义是由奈奎斯特（Nyquist，H.）和哈特利（Hartley，L. V. R）20世纪20年代提出来的。1924年奈奎斯特解释了信号带宽和信息速率之间的关系。1928年哈特利最早研究了通信系统传输信息的能力，给出了信息量方法。1936 年，阿姆斯壮(Armstrong)提出增大带宽可以使抗干扰能力加强。这些研究工作都对香农有很大的影响。香农在 1941 年至 1944 年对通信和密码进行深入研究，并用概率论的方法研究通信系统，揭示了通信系统传递的对象就是信息，并对信息给以科学的定量描述，提出了信息熵的概念。他创立了通信系统的基本模型(见图 1-1)和度量信息熵的公式，还指出通信系统的中心问题是在噪声下如何有效而可靠地传送信息，而实现这一目标的主要方法是编码。这一成果于 1948 年以"通信的数学理论"(*A mathematical theory of communication*)为题公开发表。这是一篇关于现代信息论的开创性的权威论文，为信息论的创立做出了重要贡献。香农因此成为信息论的奠基人。

香农的信息论是以通信为背景而提出和建立起来的。用图 1-1 所示的模型来描述通信系统。

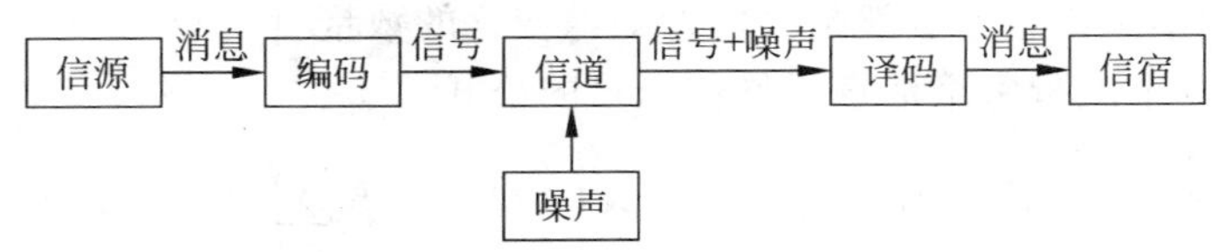

图 1-1 香农的通信系统模型

所谓"信源"，就是信息的来源，也叫"信主"，是发信的一方。人、自然界的物体、机器等，都可以作为信源。所谓"信道"，就是信息传输的通道，是传输信息的桥梁和媒介。信道既传输信息，又存储信息。信道的关键问题，是充分利用信道容量，以最大的速率传输最大的信息量，以最大的容量存储最多的信息量。所谓"信宿"就是收信者、接受者，即信息接收的一方。它可以是人，也可以是机器(如电视机、计算机等)。所谓"编码"，就是把信息变换成信号的方法。"码"是遵照一定规则排列起来的符号序列，这些符号的编排过程就是编码过程。信息传输往往要经过几次编码，包括加密、解密等编码。"译码"过程恰好与编码过程相反。所谓"噪声"就是不同频率和不同强度的声音，在电路中由于电子的持续杂乱运动而形成的干扰。人们正在研究"噪声控制"、"信号滤波理论"等来大力解决(降低)噪声问题。使信宿能够最大限度地接收到信源发出的信息量。

香农的通信模型是两个或两个系统之间(信源和信宿)以一定量的信息为内容，以减少或消除收信者的不确定性为目标的联系系统，被称为香农信息系统。

20 世纪 50 年代信息论在学术界引起了巨大的反响。1951 年，美国 IRE 成立了信息论组织，并于 1955 年正式出版了信息论汇刊。20 世纪 60 年代信道编码技术有了较大进展，成为信息论的又一重要分支。信道编码技术把代数方法引入到纠错码的研究，使分组码技术的发展达到了高峰。找到了大量可以纠正多个错误的码，而且提出了可实现的译码方法。20 世纪 70 年代卷积码和概率码有了重大突破，提出了序列译码和 viterbi 译码方法，并被美国卫星通信系统采用，这使香农理论成为真正具有实用意义的科学理论。1982 年，Ungerboeck G. 提出了将信道编码和调制结合在一起的网格编码调制方法。这种方法无须增大带宽和功率，以增加设备的复杂度换取编码增益。因此它受到了广泛关注，在目前的通信系统中占据统治地位。

信源编码的研究落后于信道编码。香农在 1948 年的论文中提出了无失真信源编码定理，也给出了简单的编码方法——香农码。1952 年，费诺（Fano）和赫夫曼（Huffman）分别提出了各自的编码方法，并证明其方法都是最佳编码法。1959 年香农的文章 *Coding theorems for a discrete source discrete with a fidelity criterion* 系统地提出了信息率失真理论和限失真信源编码定理。这两个理论是数据压缩的数学基础，为各种信源的研究奠定了基础。随着传输内容和传输信道的发展，人们针对各种信源的特性，提出了大量实用高效的信源编码方法。

1.2.2 信息量

如何对信息进行度量，人类直到 1948 年香农创立信息论时才开始研究和测定。所谓“信息量”，就是信宿收到信息后“不确定性”减少的数量。信息量的大小，用消除“不确定性”的多少来表示。信息量越大，说明消除“不确定性”的程度越大；信息量越小，说明消除“不确定性”的程度就小。信息量也就是收信者知识变化的数量。

香农建立了一个度量每个消息平均信息量的公式：

$$H = K\sum_{i=1}^{n} P(x_i)\log\frac{1}{P(x_i)} \quad 或 \quad H = -K\sum_{i=1}^{n} P(x_i)\log P(x_i)$$

控制论的创立人维纳（N. wiener）也独立地创立了这个公式。所以，人们有时把这一公式称为香农-维纳信息量公式。式中 H 表示信息量，K 是一个常数，$\sum$ 是希腊字母求代数和的意思，表示各个不定量相加之和的符号，$P(x_i)$ 是信源中发生事件的概率，$\log P(x_i)$ 是采用对数度量信息。式中的信息量是统计平均值，所以常称香农信息论为统计信息论或概率信息论。

信息量的单位叫“比特”（bit 的译音），这是最常用的单位。1 比特信息量就是含有两个独立等概率事件中做单一选择时，所具有的不确定性被全部消除所需要的信息。也就是在二进制数中，以 2 为底的对数，如 $\log_{2^2}=1$ 比特。此外，还有以 3 为底的对数，单位叫铁特（Tet），$\log_{3^3}=1$ 铁特，即三进制单位；以 10 为底的对数，单位叫笛特（Det），$\log_{10^{10}}=1$ 笛特，即十进制单位，以 e 为底数的对数，单位叫奈特（Nat），$\log_{e^e}=1$ 奈特，即自然单位。由于二进制有其方便之处，所以在计算信息量时，一般采用以 2 为底的对数。

如果外界没有干扰，信宿收到的信息量与信息熵（H）应该相等；如果全部受到干扰，则信宿没有收到信息量；如果部分受到干扰，则信宿只能收到部分的信息量。

在统计热力学中，常用“熵”表示系统的无组织程度，即不确定性，而信息论中的信息量是以被消除的不确定性来度量的。因此香农采用“熵”这个名称来表示信息量的度量，即公式中的 H，并用收到信息后熵的减少来表示不确定程度的减少。不确定程度的消除、减少称为“负熵”。香农的信息熵公式与统计热力学中热熵公式是一致的。

在现代通信理论中经常会遇到信息、消息和信号这三个既有联系又有区别的名词，下面将对它们定义并作比较。

信息是指各个事物运动的状态及状态变化的方式。人们从对周围世界的观察得到的数据中获得信息。信息是抽象的意识或知识，它是看不见、摸不到的。当由人脑的思维活动产生的一种想法并仍被存储在脑子中时，它就是一种信息。

消息是指包含信息的语言、文字和图像等。例如我们每天从广播节目、报纸、电视节目和互联网中获得的各种新闻及其他消息。在通信中，消息是指担负着传送信息任务的单个符号或符号序列。这些符号包括字母、文字、数字和语言等。单个符号表示消息的情况，例如用 x_1 表示晴天，x_2 表示阴天，x_3 表示雨天；符号序列表示消息的情况，例如"今天是晴天"这一消息由 5 个汉字构成。可见消息是具体的，它载荷信息，但它不是物理性的。

信号是消息的物理体现。为了在信道上传输消息，就必须把消息加载（调制）到具有某种物理特征的信号上去。信号是信息的载荷子或载体，是物理性的，如电信号、光信号等。

在通信系统中传送的本质内容是信息。发送端需将信息表示成具体的消息，再将消息载至信号上，才能在实际的通信系统中传输。信号到了接收端（信息论里称为信宿）经过处理变成文字、语音或图像等形式的消息，人们再从中得到有用的信息。在接收端将含有噪声的信号经过各种处理和变换，从而取得有用的信息的过程就是信息提取。提取有用信息的过程或方法主要有检测和估计两类。载有信息的可观测、可传输、可存储及可处理的信号，均称为数据。

1.2.3 信息与数据

数据是信息的载体，也可以说数据是信息的表现形式。信息是数据表达的含义。数据是具体的物理形式，信息是抽象的逻辑意义。数据可以用不同的形式表示，如图形、图像、曲线、数字等，而信息不会随数据形式的不同而改变。例如，某一时间的股票行情上涨就是一个信息，但它不会因为这个信息的描述形式是数据、图表或语言等形式而改变。

信息与数据是密切关联的。因此在某些不需要严格区分的场合，也可以把两者不加区别地使用。例如信息处理也可以说成数据处理。信息是有价值的，为了提高信息的价值，就要对信息和数据进行科学的管理以保证信息的及时性、准确性、完整性和可靠性。随着计算机技术的发展，用来处理和管理信息的数据库技术正在快速地发展与完善。

人们将原始信息表示成数据，称为源数据。然后对这些源数据进行处理，从原始的、无序的、难以理解的数据中抽取或推导出新的数据，这些新数据称为结果数据。结果数据对某些人具有重要价值和意义。它表示新的信息，可以作为某种决策的依据并用于新的推导。这一过程通常称为数据处理或信息处理。

1.3 信息技术

1.3.1 信息技术的概念

从技术的本质意义来说，信息技术是人类在认识自然、改造自然的过程中，为了延长自身信息器官的功能，争取更多、更好的生存发展机会而产生和发展起来的技术。信息技术是能够提高或扩展人类获取信息能力的方法和手段的总称。

信息技术主要包括传感技术、通信技术、计算机技术、微电子技术、光电子技术，专家系统等。

计算机技术是信息处理技术的核心。随着科学技术的不断发展，其功能越来越强大。计算机能够处理数值、文字、图形、图像、视频和音频等各种信息。在人造地球卫星轨道的计算、天气预报、地震预测、自动控制、计算机辅助技术、网络通信、电子商务等各领域，都是利用计算机处理和加工信息的。

信息技术是一个复杂的技术体系。它广泛综合了多个学科门类的技术特色，充分利用了其他技术的发展成果，具有高度的融合性、先进的技术性和广泛的应用性。构成信息技术体系的众多单元技术彼此之间相互联系、相互渗透，从不同层次、不同侧面提供了对信息技术的支持。

1.3.2 信息技术的应用领域

计算机科学的迅速发展，加速了社会信息化的发展。信息技术已被广泛应用到生产制造、产品设计、办公自动化、家庭生活、医疗保健、教育科研、交通、通信、娱乐、金融、气象、军事、勘测、大众传媒等各种行业。

1. 在医疗方面的应用

随着信息技术的发展，远程医疗、医疗信息的处理、机器人手术和生物成像等已经或正在成为现实。计算机专家诊断系统的应用和开发是建立在人工智能技术基础上的。最著名的专家系统 MYCIN 能帮助医生诊断传染病并提供治疗建议。

计算机已经能够高效清晰地处理医学图像。磁共振成像是利用人体内原子核在磁场内与外加射频磁场发生共振而产生影像的信号经重建成像的成像技术。它既能显示形态学结构，又能显示原子核水平上的生化信息，还能显示某些人体器官的功能状况，以及无辐射等。它是当今医学影像领域发展最快，最具潜力的一种成像技术。

2. 在军事方面的应用

信息技术的应用加快了军事装备的数字化过程，对军事理论产生了深刻的影响。精确打击、一体化等作战思想的应用极大提高了作战效力。

随着计算机技术的发展，特别是传感、识别和人工智能等领域的突破，无人机、机器人等具有一定智能化的新装备开始在战场上露面。这让人们看到下一代武器的影子。

伴随内容和技术核心地位的确定，以计算机(系统、网络)为攻防目标的计算机应用已发展成为信息战的一个新领域。毋庸置疑，在未来的战争中，信息的获取、传输、处理、利用权将是战争双方争夺的焦点，计算机应用将是现代军事战争的一种重要形式。

3. 在天气预报方面的应用

中国气象局主要的高性能计算机系统是 2004 年引进，2005 年投入业务运行的 IBM Cluster 1600 系统，内存总容量为 8224GB，磁盘存储总容量为 128TB，计算能力达到 21.76TFLOPS，为数值天气预报系统，动力气候预测等业务和科研提供了高性能计算平台。

数值天气预报水平的高低已成为衡量世界各国气象事业现代化程度的重要标志。美国国家大气研究中心与科罗拉多大学合作，采用了 IBM 蓝色基因计算机来仿真海洋、天气和气候现象，并研究这些现象对农业生产、石油价格变动和全球变暖等问题。

4. 网络与通信

计算机网络是计算机技术与通信技术高度发展和密切结合的产物。它是利用通信线路和按照通信协议，将分布在不同地点的计算机连接起来，以功能完善的网络软件实现网络资源共享和信息传递的系统。计算机网络广泛用于科研、教育、企业管理、信息服务、数据检索、金融和商业电子化、工业自动化、办公自动化和家庭生活等各个方面。

3C是计算机(Computer)、通信(Communication)和消费电子产品(Consumer Electrics)三个英文词汇的缩写,其概括了信息革命中最有代表性的三项技术。它们相互结合可以实现许多高度复杂的自动化系统。3C融合利用数字信息技术激活其中任何一个环节,并通过某种协议,使计算机、通信和消费电子产品三者之间实现信息资源的共享和互联互通。3C融合可在任何时间、任何地点实现信息融合应用,方便人们工作、生活和学习。

5. 电子商务

电子商务简称EC(Electronic Commerce),指利用计算机和网络进行的商务活动,即全球各地广泛的商业贸易活动在网络环境下,基于浏览器/服务器(B/S)应用方式,实现消费者网上购物,商户之间网上交易和在线电子支付,以及其他综合服务的一种新型的商业运营模式。电子商务一般为企业对企业(Business-to-Business),企业对消费者(Business-to-Consumer)和消费者对消费者(Consumer-to-Consumer)三种模式。当前,人们进行网络购物并以银行卡付款的消费方式已渐流行。电子商务的市场份额也在快速增长,电子商务网站也层出不穷。

广义的电子商务指用各种电子工具从事商务活动。这些工具包括传统的电报、电话、广播、电视、传真、计算机以及计算机网络等。

6. 物联网

物联网是互联网的延伸和拓展,通过射频识别(RFID),红外感应器,全球定位系统(GPS),激光扫描仪等信息传感设备,按约定的协议,将物品与互联网相连接,进行信息交换和通信,以实现对物品的智能转化识别、定位、跟踪、监控和管理的网络。

生活物联网是采用信息传感技术、通信技术和互联网技术,把个人和家庭生活中所需要的物体与物体连接起来,使物与物之间、人与物之间能进行信息交换和通信,实现个人和家庭生活的智能化识别、定位、跟踪、监控和管理的网络。

1.4 计算机中的信息表示

计算机的基本功能是对数据进行运算和加工处理。数据一般分为数值数据和非数值数据。在计算机内部,信息采用二进制形式表示,日常生活中人们广泛使用十进制,在计算机中有时也用十进制、八进制和十六进制。

1.4.1 数值型数据的表示和转换

在日常生活中,人们广泛采用十进制数。任意一个十进制数$(N)_{10}$可表示为如下形式:

$$(N)_{10} = D_n 10^n + D_{n-1} 10^{n-1} + \cdots + D_1 10^1 + D_0 10^0 + D_{-1} 10^{-1} + D_{-2} 10^{-2} + \cdots + D_{-m} 10^{-m}$$
$$= \sum_{i=n}^{-m} D_i 10^i$$

其中,$(N)_{10}$的下标10表示十进制数,该数共有$m+n+1$位,且m和n为正整数;D_i可以是0~9十个数符中的任意一个,根据D_i在式中所处位置而赋予一个固定的单位制10^i,称之位权。式中的10称为基数或“底”。

表1-1列出了计算机中常用的几种进制数的对应关系。

表 1-1 二、八、十六和十进制数的对应关系

二进制数	八进制数	十六进制数	十进制数
0000	00	0	0
0001	01	1	1
0010	02	2	2
0011	03	3	3
0100	04	4	4
0101	05	5	5
0110	06	6	6
0111	07	7	7
1000	10	8	8
1001	11	9	9
1010	12	A	10
1011	13	B	11
1100	14	C	12
1101	15	D	13
1110	16	E	14
1111	17	F	15

1.4.2 不同数制间的数据转换

1. 二、八、十六进制之间的转换

八进制数和十六进制数是从二进制数演变而来，方便人们的读写，由 3 位二进制数组成 1 位八进制数，4 位二进制数组成 1 位十六进制数。对于一个兼有整数和小数的数，以小数点为界，对小数点前后的数分别分组进行处理，不足的位数用 0 补足，对整数部分将 0 补在数的左侧，对小数部分将 0 补在数的右侧。这样数值不会发生差错。

例 1-1 $(1101.0101)_2=(001101.010100)_2=(15.24)_8$

例 1-2 $(11101.0101)_2=(00011101.0101)_2=(1D.5)_{16}$

从八进制数或十六进制数转换到二进制数，只要顺序将每一位数写成 3 位或 4 位二进制数即可。

例 1-3 $(325.46)_8=(011010101.100110)_2$

例 1-4 $(2D5.7A)_{16}=(001011010101.01111010)_2$

八进制数与十六进制数之间的转换，可以通过二进制数为中间媒介进行转换。

2. 二进制数与十进制数之间的转换

将二进制数转换为十进制数，只要将二进制数中出现 1 的位按位权展开相加即可。例如：

例 1-5
$$\begin{aligned}(1011.101)_2 &=1\times2^3+0\times2^2+1\times2^1+1\times2^0+1\times2^{-1}+0\times2^{-2}+1\times2^{-3}\\ &=8+2+1+0.5+0.125\\ &=(11.625)_{10}\end{aligned}$$

将十进制数转换为二进制数时，可将此数分成整数与小数两部分，分别转换，整数部分不断除以 2 取余，直到余数为 0，小数部分按照乘 2 取整的原则，直到小数部分为 0 或达到

所要求的精度为止(小数部分可能永远不会达到0),然后将两部分数值拼接起来即可。

例 1-6 $(57.3125)_{10}=(?)_2$

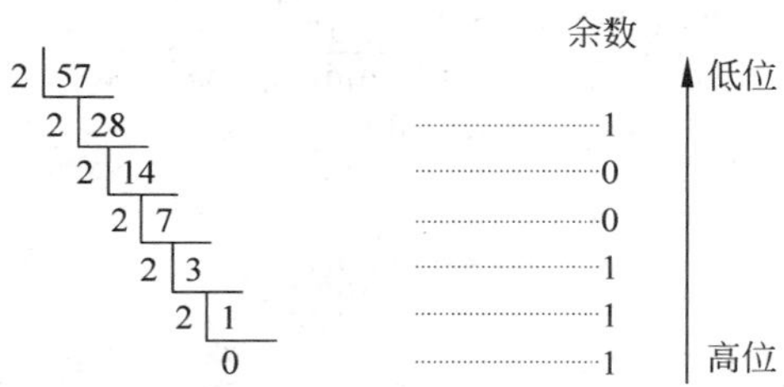

所以$(57)_{10}=(111001)_2$

高位 ↓ 低位

0	3125×2
0	6250×2
1	250×2
0	500×2
1	0

所以$(0.3125)_{10}=(0.0101)_2$

然后拼接在一起为:$(57.3125)_{10}=(111001.0101)_2$

1.4.3 二进制数的运算

计算机中二进制数的运算分为算数运算和逻辑运算。

1. 二进制的算术运算

(1) 加法运算法则为:0+0=0,0+1=1,1+0=1,1+1=10

例 1-7 $(1001)_2+(11101)_2=?$

$$\begin{array}{r} 1001 \\ +11101 \\ \hline 100110 \end{array}$$

(2) 减法运算法则为:0−0=0,1−0=1,1−1=0,10−1=1

例 1-8 $(11101)_2-(1011)_2=?$

$$\begin{array}{r} 11101 \\ -1011 \\ \hline 10010 \end{array}$$

(3) 乘法运算法则为:0×0=0,1×0=0,0×1=0,1×1=1(当且仅当两个数同为1时,结果才为1)

例 1-9 $(1011)_2\times(1001)_2=?$

$$\begin{array}{r} 1011 \\ \times\ 1001 \\ \hline 1011 \\ 0000 \\ 0000 \\ 1011 \\ \hline 1100011 \end{array}$$

(4) 除法运算法则为：1÷1=1,0÷1=0,1÷0=0(无意义)

例 1-10　$(110101)_2 \div (101)_2 = ?$

```
        1010
101 )110101
      101
      0110
       101
        011
```

商为 1010,余数为 11。

2. 二进制数的逻辑运算

逻辑运算包括逻辑或(逻辑加)、逻辑与(逻辑乘)、逻辑非和逻辑异或四种运算。

(1) 逻辑或运算法则为：逻辑或也称为逻辑加,运算符通常用 OR、+或 ∨ 表示。

$$0 \vee 0=0,1 \vee 0=1,0 \vee 1=1,1 \vee 1=1$$

例 1-11　$(11001)_2 \vee (11100)_2 = ?$

$$\begin{array}{r} 11001 \\ \vee\ \ 11100 \\ \hline 11101 \end{array}$$

(2) 逻辑与运算法则为：逻辑与也称为逻辑乘,运算符通常用 AND、×、∧ 表示。

$$1 \wedge 0=0,0 \wedge 1=0,1 \wedge 1=1,0 \wedge 0=0$$

例 1-12　$(1101)_2 \wedge (1001)_2 = ?$

$$\begin{array}{r} 1101 \\ \wedge\ \ 1001 \\ \hline 1001 \end{array}$$

(3) 逻辑非运算法则为：逻辑非也称为逻辑反,运算符通常用 NOT 或—、表示。$\overline{1}=0$、$\overline{0}=1$

例 1-13　$(\overline{1101})_2 = ?$　　$\overline{1101}=0010$

(4) 逻辑异或运算法则为：逻辑异或也称为算术半加运算,运算符通常用⊕或 ∀ 表示。

例 1-14　$(1101)_2 \oplus (1001)_2 = ?$

$$\begin{array}{r} 1101 \\ \oplus\ \ 1001 \\ \hline 0100 \end{array}$$

1.4.4　数据在计算机中的组织形式

计算机内部所有的信息,无论程序还是数据(包括数值型数据和非数值型数据),都是以二进制形式存放的。二进制只有两个数码 0 和 1,也就是说任何形式的数据或程序代码都要用 0 和 1 来表示。为了能有效地表示和存储不同形式的数据单位。在计算机中数据的表示基本单位有位(b)、字节(B)和字(Word)。

1. 位

计算机中存储信息的最小单位是“位”,是指二进制数中的一个数位,即 0 和 1。

2. 字节

通常 8 位二进制位编为一组,为数据处理的基本单位,称为一个字节(B)。计算机中存储信息也是以字节作为基本单位，每一个字节都有一个地址码(就像门牌号码一样)，通过地址可以找到这个字节，进而能存取其中的信息(数据)。

计算机存储器的存储容量，一般用 KB(千字节)、MB(兆字节)、GB(吉字节)、TB(太字节)和 PB(拍字节)来表示，它们之间的换算关系如下：

$1KB=2^{10}B=1024B$；　　$1MB=2^{20}B=1024KB$；　　$1GB=2^{30}B=1024MB$；

$1TB=2^{40}B=1024GB$；　　$1PB=2^{50}B=1024TB$

3. 字

字是字节的组合(也称为位的组合)。计算机中通常把字作为一个独立的信息单位处理，又称为计算机字。一个字的二进制位数称为字长，不同计算机系统内部的字长是不同的。字长一般由数据总线的位数和参加运算的寄存器位数决定，它也代表了计算机处理数值数据的精度。计算机中常用的字长有 8 位、16 位、32 位、64 位、128 位等，较长的字可以处理更多的信息，字长是衡量计算机性能的重要指标之一。

1.4.5 数值在计算机中的表示

计算机中的数值型数据通常用两大类型来表示，即整数和实数。在二进制的表示方法中根据小数点的位置是固定的还是浮动的，分为定点数和浮点数。

1. 定点数表示

定点数表示方法有两种约定：定点整数和定点小数。

1) 定点整数

定点整数约定小数点的位置在计算器数的最右边。整数分两类：无符号整数和有符号整数。

对有符号整数，符号位被放在最高位。整数表示的数是精确的，但表示数的范围是有限的。根据存放数的字长，它们可以用 8、16、32、64 位等表示。对无符号整数的所有位数都用于表示数值大小，只能表示正整数，实际上就是该数的二进制真值。当用 n 位表示时，不足 n 位的在数值前面补足 0。如图 1-2 所示。

2) 定点小数

定点小数约定小数点的位置在符号位与有效数值部分之间，定点小数是纯小数，即所有数据均小于 1，它的表示方法如图 1-3 所示。

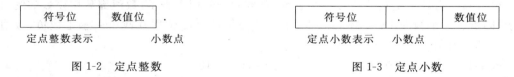

图 1-2　定点整数　　　　图 1-3　定点小数

2. 浮点数表示

实数一般是带有小数点的数，由于可以通过指数运算来改变小数点的位置，因此实数也称为浮点数。通常以下式表示：

$$N = M \cdot R^E$$

其中，N 为浮点数，M(mantissa)为尾数，E(exponent)为阶码，R(radix)称为“阶的基数(底)”，而且 R 为一常数，在计算机中通常为 2、8、16 等。在一个计算机系统中，所有数据的

R 都是相同的。在微计算机中 R 一般为 2。因此，浮点数的机内表示一般采用如图 1-4 所示的形式。

M_S是数据的符号位，0 表示正数，1 表示负数。

E 是阶码，有 $n+1$ 位，一般为整数，E 的最高位为符号位，用以表示正阶或负阶。

M 为尾数，用定点小数表示，小数点的位置可以有不同的约定。

M_S	E	M

图 1-4　浮点数的机内表示

浮点数中小数点的位置是不固定的，用阶码和尾数来表示。通常尾数 M 为纯小数，阶码为整数。尾数和阶码均为带符号数。尾数的符号表示数值的正负；阶码的符号则表明小数点的实际位置。浮点数的精度由尾数决定，而数值的表示范围由阶码决定。

当一个浮点数的尾数为 0(不论阶码为何值)，或阶码的值比能在机器表示的最小值还小时，计算机都把该浮点数看成零值，称为机器零。机器零不是真值的零。

根据 IEEE754 国际标准，常用的浮点数有两种格式。

(1) 单精度浮点数(32 位)，阶码 8 位(含阶符)，尾数 24 位(含尾符)。

(2) 双精度浮点数(64 位)，阶码 11 位(含阶符)，尾数 53 位(含尾符)。

该标准还规定：基数为 2 时，阶码采用增码(即移码)，尾数采用原码。因为规格化原码尾数的最高位恒为 1，所以不在尾数中表示出来，计算时在尾数的前面自动添 1。

在多数通用计算机中，浮点数的尾数用原码或补码表示。阶码用补码或移码表示(有关移码的定义见计算机原理教材)。

浮点数使用的科学记数法，表示的数值范围大，精度较高；而定点数表示法运算直观，但表示的数值范围小，形式固定，不利于科学计算。

3. 带符号数的表示

通常数值型数据有正负数之分，而计算机无法表示正负号。因此，将数的最高位设置为符号位，并规定正数的符号用 0 表示，负数的符号用 1 表示。这种把正负号数字化的数称为机器数。机器数所表示的数的真实值称为真值。在计算机中，数的表示一般用三种方法：原码表示法、反码表示法和补码表示法。

1) 原码表示法

原码是一种简单的机器数表示法，是把二进制数与它的符号位放在一起，使之成为统一的一组数码。它规定正数的符号用 0 表示，负数的符号用 1 表示，数值部分用该数的绝对值表示，即给定一个数 x，$[x]_{原}$ 表示 x 的原码，则$[x]_{原}$ 的最高位用 0 或 1 表示正或负，数值位等于 x 的绝对值。

例 1-15　$x_1=+10101101$　　$[x_1]_{原}=010101101$

$x_2=-10101101$　　$[x_2]_{原}=110101101$

用原码表示一个数，符号位需要单独运算。当加、减运算复杂时，会使机器结构和控制线路变得复杂，计算时间大大增加。

2) 反码表示法

正数的反码与其原码相同，负数的反码等于其原码除符号位以外各位取反，即 0 变为 1，1 变为 0。

例 1-16　$x_1=+10101101$　　$[x_1]_{原}=010101101$　　$[x_1]_{反}=010101101$

$x_2=-10101101$　　$[x_2]_{原}=110101101$　　$[x_2]_{反}=101010010$

反码表示法，只有专用的计算机中用到。通用计算机和微型计算机很少用到反码表示。

3）补码表示法

如果 $x \geqslant 0$ 时，其补码与原码相同；如果 $x<0$ 时，其补码符号位为 1，其他各位求反码，然后在末位加 1。

例 1-17　$x_1=+10101101$　　$[x_1]_{原}=010101101$　　$[x_1]_{补}=010101101$

$x_2=-10101101$　　$[x_2]_{原}=110101101$　　$[x_2]_{补}=101010011$

有了补码表示法后，符号位可以一起参加运算，同时可以将减法运算转换为加法运算，从而降低了运算的复杂度，大大提高了计算机的运算速度。

例 1-18　$x=21, y=27$ 用 8 位二进制数补码（包含一位符号位），计算 $x+y$ 和 $x-y$ 的值。

$x=(+21)_{10}=(+10101)_2=[00010101]_{补}$

$y=(+27)_{10}=(+11011)_2=[00011011]_{补}$

$-y=(-27)_{10}=(-11011)_2=[11100101]_{补}$

$$\begin{array}{lr} [x]_{补} & 00010101 \\ +\ [y]_{补} & 00011011 \\ \hline & 00110000 \end{array}$$

所以$[x]_{补}+[y]_{补}=00010101+00011011=00110000=+48=48$

$x-y=x+(-y)=[x]_{补}+[-y]_{补}=?$

$$\begin{array}{lr} [x]_{补} & 00010101 \\ +[-y]_{补} & 11100101 \\ \hline & 11111010 \end{array}$$

所以$[x]_{补}+[-y]_{补}=11111010$　　（注：两个补码的运算结果仍为补码）

$x-y=21-27=(-0000110)_2=-6$

4. 十进制数的表示

实际计算问题中用户习惯于使用十进制数，但这些数据不能直接送入计算机中参与运算，因为计算机采用二进制数，而二进制数与十进制数之间的转换较为复杂。因此，数据在输入/输出时，必须采用一种编码来进行十进制数和二进制数之间的转换，这就是 BCD (Binary Coded Decimal)码。BCD 码是用二进制数码编码表示的十进制数，它把每一位十进制数用 4 位二进制编码表示。最常用的是 8421BCD 码，4 个二进制位自左向右每位的权分别是 2^3、2^2、2^1、2^0，即 8、4、2、1，故简称 8421 码。见表 1-2 列出了 0～15 十进制数对应的 8421BCD 码。

表 1-2　8421 码与十进制数的对应关系

十进制数	8421 码	十进制数	8421 码
0	0000	8	1000
1	0001	9	1001
2	0010	10	00010000
3	0011	11	00010001

续表

十进制数	8421码	十进制数	8421码
4	0100	12	00010010
5	0101	13	00010011
6	0110	14	00010100
7	0111	15	00010101

注意，BCD码不是二进制数，它仍然采用10个不同的数字符号，逢十进一，所以它是十进制数。例如，$(27)_{10}=(11011)_2$，$(27)_{10}=(00100111)_{BCD}$

1.4.6 字符在计算机中的表示

由于计算机是以二进制的形式存储和处理，因此字符也必须按特定的规则进行二进制编码才能进入计算机。字符编码的方法很简单，首先要确定需要编码的字符总数，然后将每一个字符按顺序确定编号，编号值的大小无意义，仅作为识别与使用这些字符的依据，字符形式的多少涉及编码的位数。

1. ASCII码

美国标准信息交换码 *American Standard Code for Information Interchange* 是目前在微型计算机中最普遍采用的字符编码。ASCII码是以8位二进制(1个字节)进行编码，编码的范围是0～255。这样ASCII码最多可表示256个不同的字符。具有256组编的ASCII码又可分为两部分：基本ASCII码和扩充ASCII码。

在ASCII码中，二进制最高位设置为“0”的编码称为基本ASCII码，其编码范围是十进制0～127，有效位为7位，可以表示 $2^7=128$ 个字符，其中包括10个阿拉伯数字(0～9)，52个大小写英文字母(A～Z，a～z)，32个标点符号、运算符和34个控制码等。在实际存储时，由于存储器是按字节作为最小单位来存储数据的，7位编码仍然需要占1个字节的存储空间，所以必须在编码前补一个二进制0成为一个字节。基本ASCII码字符表如表1-3所示。

表1-3 ASCII字符编码表

低4位 \ 高4位		0000	0001	0010	0011	0100	0101	0110	0111
		0	1	2	3	4	5	6	7
0000	0	NUL	DLE	SP	0	@	P	`	p
0001	1	SOH	DC1	!	1	A	Q	a	q
0010	2	STX	DC2	~	2	B	R	b	r
0011	3	ETX	DC3	#	3	C	S	c	s
0100	4	EOT	DC4	$	4	D	T	d	t
0101	5	ENQ	NAK	%	5	E	U	e	u
0110	6	ACK	SYN	&	6	F	V	f	v
0111	7	BEL	ETB	′	7	G	W	g	w
1000	8	BS	CAN	(	8	H	X	h	x
1001	9	HT	EM	)	9	I	Y	i	y
1010	A	LF	SUB	*	:	J	Z	j	z

续表

低4位 \ 高4位		0000	0001	0010	0011	0100	0101	0110	0111
		0	1	2	3	4	5	6	7
1011	B	VT	ESC	+	;	K	[	k	{
1100	C	FF	FS	,	<	L	\	l	|
1101	D	CR	GS	—	=	M	]	m	}
1110	E	SO	RS	.	>	N	^	n	~
1111	F	SI	US	/	?	O	_	o	DEL

其中，常用的控制字符的作用如下：BS(Backspace)——退格；CAN(Cancel)——放弃；CR(Carriage Return)——回车；DEL(Delete)——删除；LF(Line Feed)——换行；FF(Form Feed)——换页；SP(Space)——空格。

表1-3中0～9这10个数字符的高3位编码为011，低4位为0000～1001。实用中当去掉高3位的值时，低4位正好是二进制形式的0～9。这既满足正常的排序关系，又有利于完成ASCII码与二进制码之间的转换。

英文字母的编码值满足正常的字母排序关系，且大小写英文字母编码的对应关系相当简便，差别仅表现在编码的第五位上，该值为0或1，有利于大小写字母之间的编码变换。例如，字母A的ASCII码为01000001(相当于十进制数65)，字母a的ASCII码为01100001(相当于十进制数97)。

2. 扩充ASCII码

在ASCII中，二进制最高位设置为"1"的编码称为扩充ASCII码，其编码范围是十进制128～255。扩充ASCII码也是128个字符，这些代码也有国际标准，但它们是可变字符。IBM计算机中扩充为EBCDIC(Extended Binary Coded Decimal Interchange Code)码。各国都利用扩充ASCII码来定义本国文字代码。例如，我国将其定义为中文文字的代码。

3. 汉字编码

汉字也是字符，与西文字符相比较，汉字数量大，同音字多，字形复杂，这使得汉字在计算机内部的存储、传输、交换、输入和输出比西文字符复杂得多。在处理汉字时，需要进行一系列的汉字代码转换，以适应计算机处理汉字的需要。

内码是指计算机内部进行存储、传递和运算所使用的数字代码。例如，字符"A"的内码是65(41H)。外码是指计算机与人进行交互的字形编码。

1) 汉字的国标码

汉字的国标码(GB 2312—1980)是图形字符分区表规定的信息交换用的基本图形字符及其二进制编码，是一种用于计算机汉字处理和汉字通信系统的标准代码。该标准规定，全部汉字及字符构成94×94的矩阵。在此矩阵中，每一行称为一个区，每一列称为一个位。这样便组成了一个有94区(01～94)，每区有94位(01～94)的汉字字符集。区码和位码组合在一起，便形成了"区位码"。国标码是直接把第一字节和第二字节编码拼起来得到的。通常用十六进制数表示。在一个汉字的区码和位码上分别加十六进制数20H，即构成该汉字的国标码。例如，"啊"的区位码为十进制数1601D，位于16区01位，对应的国标码为十六进制数3021H。

2) 汉字机构内码

一个国标码占两个字节,每个字节最高位仍为"0";英文字符的机内代码是 7 位 ASCII 码,最高位也为 0。为了在计算机内部能够区分是汉字编码还是 ASCII 码,需将国标码的每个字节的最高位由 0 变为 1,变换后的国标码称为汉字机内码。由此可知汉字机内码的每个字节都大于 128,而每个西文字符的 ASCII 值均小于 128。

汉字的两位内部码是按如下的规则来确定的:

高位字节＝区码＋32＋128(＝区码＋20H＋80H)

低位字节＝位码＋32＋128(＝位码＋20H＋80H)

在区码和位码上都加 20H 是为了避开基本 ASCII 码的控制码;加上 80H 是为了把最高位二进制(即第 8 位)定为 1,使高位字节和低位字节都为扩充的 ASCII 码。这样高位字节和低位字节所表示的内码范围在 161～254(A1H～FEH)之间。这就是汉字字符集为 94×94 的原因。例如:

汉字	汉字国标码	汉字机内码
中	(01010110 01010000)B	(11010110 11010000)B＝D6D0H
华	(00111011 00101010)B	(10111011 10101010)B＝BBAAH

要查看汉字的机内码,可以利用记事本输入中文,接着保存文件,然后再切换到 DOS 系统模式,使用 Debug 程序 D(dump)命令来查看。

3) 汉字外部码

汉字外部码又称为输入码,由键盘输入汉字时主要是输入汉字的外码,每个汉字对应一个外部码。汉字输入方法不同,同一个汉字的外码可能不同,用户可根据自己的需要选择不同的输入方法。目前,使用最为普遍的汉字输入码(外码)编码方法有如下几种。

(1) 音码输入

音码是以国家文字改革委员会公布的汉语拼音方案为基础进行编码的。我国的小学生都学过拼音,因此,对广大青少年来说是不用学习就会使用的一种输入方式。但是不能正确拼音或讲地方方言的人也有很多,影响了音码的推广普及。

根据编码规则的不同,一般有全拼、简拼和智能拼等多种音码输入方法。

(2) 形码输入

形码输入是根据汉字结构特征的笔形或笔画形状编码,如五笔字型码、首尾码等。

汉字是一种音形义俱全的图形文字,一个字一个样,由 38 种笔画组成 500 多个部件,再由 500 多个部件组成 6 万多个汉字。对每个部件给一个代码。它的最大特点是便于说不准普通话的人使用,或某些不认识字的人也能根据形状输入。但是由于汉字结构复杂,构成汉字的部件大多数还没有规范化,有的汉字很难正确拆成部件,还要牢记拆字的规则。

(3) 音形混合码输入

音形码是对每个输入的汉字,先取该字读音的第一声母,然后按一定规则拆分该字的部件,其目的在于减少重码。如自然码、快速码等。

(4) 汉字字形码

汉字字形码又称汉字输出码,是表示汉字字形的字模数据(又称字模码),是汉字输出的形式,通常用点阵矢量函数方式表示。根据输出汉字的要求不同,点阵的多少也不同。目前普遍使用的汉字字形码是用点阵方式表示的,常用的汉字点阵字形有 16×16 点阵、24×24

点阵、32×32 点阵和 48×48 点阵等。汉字字形点阵中，每个点的信息用 1 位二进制数表示，1 表示对应位置处是黑点，0 表示对应位置处是空白。例如图 1-5“次”字的图形及编码。

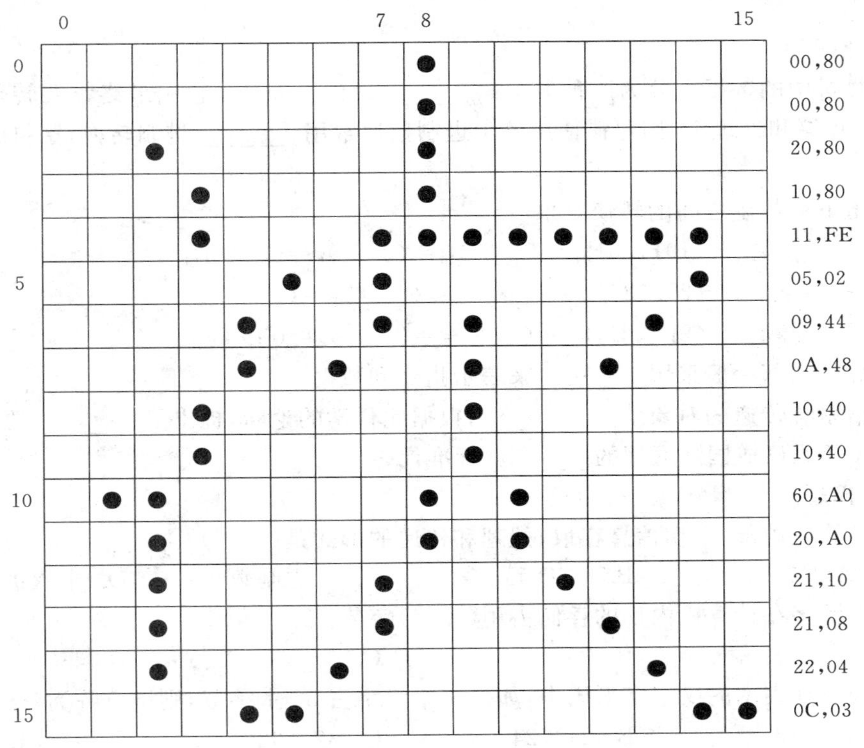

图 1-5　汉字字形点阵及编码

字模点阵的信息是很大的，所占存储空间也很大，以 16×16 点阵为例，每个汉字就要占用 32 个字节，两级汉字库大约占用 256KB。因此字模点阵只能用来构成打印输出的点阵字库，而不能用于机内存储。字库中存储了每个汉字的点阵代码，当显示或打印输出时才检索字库，输出字模点阵，得到字形。汉字字形最初就是采用上述的点阵字形，为了提高字形质量，开始采用矢量表示，继而采用轮廓曲线，或同时采用矢量和曲线来表示汉字的输出图形。

(5) 其他编码标准

GBK 编码：双字节编码，第一字节的最高位必为 1，第二字节的最高位不一定为 1。Windows 95 以上简体中文版和 Office 95 以上简体中文版提供 GBK 码的检索和排序，许多网站的网页使用 GBK 码。

CJK 编码：CJK 统一编码称为中日韩统一汉字编码字符集，将其中的汉字按统一的认同规划进行认同(只要字形相同，就使用一个编码)。

GB 18030—2000 汉字编码标准：为了与国际标准 UCS 接轨，方便中国大陆汉字 GB 与中国港台地区所用 BIG-5 码的转换，并保护已有的大量汉字资源，我国于 2000 年推出了 GB 18030 汉字编码标准。它采用单字节、双字节和四字节三种方式对字符编码。双字节编码与 GB 2312—8 和 GBK 保持向下兼容，四字节编码包括 CJK 统一编码汉字共 27 484 个字符。

习 题 1

一、填空题

1. 计算机中的数据可分为两种类型：________和________，它们最终都要转化为二进制才能进行存储和处理，人们习惯使用的十进制数通常用________进制转换，字符编码通常用________。

2. 写出下列数制之间的转换结果

$(1011.01)_2=(\quad)_{10}=(\quad)_8=(\quad)_{16}$

$(27.625)_{10}=(\quad)_2=(\quad)_8=(\quad)_{16}$

$(2FC.E3)_{16}=(\quad)_2=(\quad)_8=(\quad)_{10}$

3. 计算机内部一般采用________来表示指令和数据。

4. 通信系统传递的对象就是________，根据此科学的论断，提出了________的概念。

5. ASCII 码已成国际通用的________标准代码。

二、选择题

1. 在计算机内部，一切信息存取、处理和传递的形式是(　　)。

A. ASCII 码　　B. BCD 码　　C. 二进制数　　D. 十六进制数

2. 一个汉字在计算机内部的存储占用(　　)字节。

A. 1　　B. 2　　C. 3　　D. 4

3. 在用点阵表示的汉字字形码中，如果一个汉字占 32 个字节，则该点阵为(　　)。

A. 16×16　　B. 24×24　　C. 32×32　　D. 48×48

4. 在下列不同进制的 4 个数中，(　　)是最小的一个数。

A. $(44)_{10}$　　B. $(53)_8$　　C. $(2B)_{16}$　　D. $(101001)_2$

三、思考题

1. 什么是信息？如何度量信息？

2. 简述信息的功能。

3. 计算机为什么采用二进制运算。

4. 信息与数据的区别是什么？

5. 什么是信息技术？信息技术包括哪些核心技术？3C 的含义是什么？

第2章 计算机系统概述

本章学习目标

- 了解计算机系统知识的层次结构。
- 掌握计算机系统硬件的组成原理。
- 理解计算机硬件的主要技术指标。
- 熟悉计算机的工作过程和工作方式。

从20世纪初以量子力学与相对论的创立为标志的物理学革命,到现在以原子核能技术、航空航天技术、计算机技术和生物技术为基础内容的新技术革命,20世纪无疑是一个创造奇迹的世纪。而在这个世纪所创造的诸多奇迹中,最辉煌、最耀眼的也许莫过于电子计算机了。正是由于它的诞生,刚刚从体力解放的工业革命时代走来的人类开始走向一个智力解放的崭新时代——计算机时代。

2.1 计算机的诞生与发展

2.1.1 计算机的诞生

为了提高计算速度,计算工具的发展经历了从简单到复杂,从低级到高级的不同阶段,例如,从我国古代"结绳记事"的结绳到算筹、算盘、西方国家的计算尺、机械计算机、电动计算机等,它们在不同的历史时期发挥了各自的历史作用,同时也孕育了电子计算机的雏形和设计思想。

1. 理论基础

计算机科学的奠基人是英国科学家艾伦·麦席森·图灵(Alan Mathison Turing)。1936年,年仅24岁的图灵发表了著名的*On Computer numbers with an Application to the Entscheidungs problem*(论可计算数在判定问题中的应用)一文,提出了一种描述计算步骤的数学模型。根据这种模型可制造一种十分简单但运算能力极强的计算装置。艾伦·麦席森·图灵是英国著名数学家、逻辑学家。在第二次世界大战时他从事的密码破译工作涉及电子计算机的设计和研制,但此项工作严格保密。直到20世纪70年代,内情才有所披露。从一些文件来看,很可能世界上第一台电子计算机不是ENIAC机而是与图灵有关的另一台机器。即图灵在战时服务的机构于1943年研制成功的Co—Lossus(巨人)机。这台机器的设计采用了图灵提出的一些概念。它用了1500个电子管,采用了光电管阅读器;利用穿孔纸带输入信息;并采用了电子管双稳态电路,执行计数;利用二进制算术及布尔代数逻辑运算。巨人机共生产了10台。1945年年底图灵写出关于ACE(巨人机)的设计说明书。这最先给出了存储程序,控制计算机的结构设计。图灵后来参与研制的Madam机则是当时世界上存储量最大的电子计算机。在图灵的这份说明书中还首先提出了指令寄存器和指令地址寄存器的概念,提出了程序和子程序的思想,这都是现代电子计算机中最基本的概念和思想。图灵在设计计算机后提出了,凡可计算的函数都可用这样的机器来实现,这就是著名的图灵论题。

英国当时的ACE机只采用了图灵的部分思想。而出于保密,图灵的ACE机说明书直到1972年才得以发表。为表彰图灵的贡献,美国计算机协会在1966年设立了一年一度的"图灵奖",颁发给世界最优秀的计算机科学家。图灵奖被誉为"计算机界的诺贝尔奖"。

2. ENIAC的诞生

人类历史上第一台电子计算机ENIAC在1945年制造成功,并于次年2月15日正式举行了揭幕典礼。

决定研制ENIAC机的巨大动力来源于第二次世界大战军事上的迫切需求。当时美国宾夕法尼亚大学负责为美国陆军每天提供6张火力表,按当时的计算工具,实验室即使雇用200多名计算员加班加点工作,也大约需要两个月的时间才能算完一张火力表。于是,在战争的刺激下,研制新型计算机被当作一项当务之急的任务提出来。

为了改变这种不利的状况,当时任职宾夕法尼亚大学莫尔电机工程学院的莫希利(Mauchly)于1942年提出了研制第一台电子计算机的初步设想。美国军方得知这一设想,马上拨款大力支持,成立了一个以莫希利和埃克特(Eckert)为首的研制小组并开始研制工作。

1946年2月15日,经过4年的艰苦努力,终于研制出世界上第一台全自动电子计算机电子数字积分计算机ENIAC(Electronic Numerical Integrator And Computer),该机是一个庞然大物,共使用了16种型号18 000个真空管,70 000个电阻,1.8万只电容,总重量30吨,占地170平方米,每小时耗电量为140千瓦。这样一台"巨大"的电子计算机每秒可以进行5000次加法运算。

虽然ENIAC机体积庞大,耗电惊人,运算速度不过每秒几千次,但它比当时已有的计算装置要快1000倍,而且还能按事先编好的程序自动执行算术运算和逻辑运算,并能存储数据。ENIAC机宣告了一个新时代的开始。

3. Neumann与EDVAC

ENIAC在计算机技术发展史上的地位是毋庸置疑的,它是世界上第一台真正能运转的大型电子计算机。但它的主要缺点与后来的存储程序型的计算机不同,它的程序是"外插型"的,即用线路连接的方式来实现的。这种缺陷使得ENIAC机极不便于操作和使用。也许为了几分钟的数字运算,准备工作就需要几小时甚至几天时间。

设计者曾经试图通过增加存储容量等各种方法来克服ENIAC的缺陷,但问题的最终解决有赖于冯·诺依曼教授(J. von Neumann)的出场。

Neumann于1903年出生于匈牙利的布达佩斯。1935年普林斯顿高级研究所创立时,Neumann成为该研究所数学研究室最早的6位教授之一,并且终生保持这一职位。1957年2月8日,在华盛顿去世,终年54岁。

20世纪40年代早期,Neumann参加了美国第一颗原子弹的研制工作。在这项举世闻名的“曼哈顿工程”中，Neumann 的主要贡献是成功地研究出引爆原子弹的可靠而有效的方法，即“内爆法”。

“曼哈顿计划”需要大量的数学计算。因此，寻找更快的计算方法对于 Neumann 负责的工作可以说是当务之急。而他与计算机的初次接触颇具戏剧性，此事发生在阿拉丁火车站月台上。1944 年 6 月的一天，数学家兼军官 Goldstine（EDIAC 机研制小组的军方负责人）发现 Neumann 也在等车。他出于对这位世界著名数学家的崇拜，并想给后者留下一个深刻的印象，便说出了他正在参加研制一台名叫 ENIAC 的机器。听到 Goldstine 说这台计算机每秒能完成 333 次乘法运算，Neumann 极感兴趣地询问了细节。不久之后，Neumann 参观了尚未完成的 ENIAC 机。

1944 年 7 月 7 日，Neumann 来到正在那里组装 ENIAC 机的莫尔学院，并参加了莫尔研究小组与他们积极合作。在经过 10 个月的努力后，1945 年 6 月，Neumann 撰写了一份报告，《关于 EDVAC 的报告草案》，共 101 页。该报告总结了莫尔学院研究小组的设计思想，制定出了一个全新的存储程序通用电子计算机方案—离散变量自动电子计算机（Electronic Discrete Variable Automatic Computer，EDVAC）。EDVAC 具有新的逻辑系统和构造，具有一个可存储、可编程的存储器。EDVAC 由 5 部分构成：①运算器；②逻辑控制装置；③存储器；④输入设备；⑤输出设备。这台新机器较之 ENIAC 有两个重大改进：一是采用二进制，以充分发挥电子元件的高速度；二是设计了存储程序，可以自动地从一个程序指令进入下一个程序指令。《关于 EDVAC 的报告草案》是整个计算机发展史上一个重要的里程碑，它的问世宣告了电子计算机时代的到来。

冯·诺依曼提出的计算机体系结构和基本工作原理奠定了现代计算机结构理论的基础，促进了计算机的迅猛发展。迄今为止，各类计算机仍然没有完全突破冯·诺依曼的结构体系。

2.1.2 计算机的发展历程

在第一代电子计算机时期，美国的计算机事业发展最快，尽管在 Neumann 提出 EDVAC 方案后，第一个抢先研制出存储程序计算机的是英国剑桥大学的 M. V. wilkes。但是美国也很快制造出了这种类型的机器。由 Mauchly 和 Eckert 于 1951 年 6 月 14 日交付使用的通用自动计算机 UNIVAC-I 也是一台颇有名气的电子计算机。它使用 5000 个电子管，其存储器用水银延时线构成。1952 年，美国用这台计算机对美国总统选举进行预测，预测结果是：艾森豪威尔当选美国总统。这件事惊动了美国，使 UNIVAC-I 名扬天下。UNIVAC-I 计算机共生产 20 台，大多数售给美国军事部门。

1951 年，Neumann 担任 IBM 公司顾问。IBM 公司开始进行电子计算机的研制。1952 年年底 IBM 公司生产出第一台 IBM 701 机。从 1953 年到 1954 年 IBM 公司共生产了 18 台 IBM 701 型计算机。在 IBM 701 机取得成功后，IBM 公司决定制造出一种价格比较便宜的小型机来进行大批量的生产与推广，这种小型机就是 IBM 650 型。IBM 650 型机销售量超过 1000 台，成为第一代电子计算机中行销最广的一种机器。

第一台计算机的出现实质上也标志着程序设计语言的开始应用。刚开始，程序与数据不加区别地存储在（磁芯）存储器中。它所能处理的最基本的信息单位就是二进制数字。那时人们只能用二进制机器代码编程代码序列（即程序）来控制计算机执行规定的操作，这就是机器语言程序。但编写机器语言是一件非常枯燥而烦琐的工作，要记住每一条指令的编码与含义极端困难,编写出的程序既不易阅读也不易于修改。这些问题限制了计算机的推广。于是,一种更接近于自然语言与数学语言的语言—汇编语言应运而生了。汇编语言也是一种面向机器的程序设计语言。汇编语言的问世使人们在编写程序时不必再花较多的精力去记忆,查询机器代码与地址,编程工作变得容易多了。

2.1.3 计算机从第二代到第四代

1. 第二代晶体管计算机的诞生

第一代电子计算机的出现,实现了人们用机器进行大规模计算与信息处理的愿望。但是这种用电子管制作的计算机有一个与生俱来的缺陷。它不仅是庞大笨重,而且耗电多,易破损。这些缺陷经常使得计算机故障频繁而无法使用,成为计算机技术进一步发展的瓶颈。一些专家意识到,只有通过寻求新的元器件,才能使计算机技术得到新的发展。

William Shockley 在计算机发展史上是最富创造力的人物之一。正是在他的领导下,贝尔电话实验室的一个研究小组设计出晶体管。而他本人则发明了结型晶体管,这项发明通常被认为是开拓晶体电子学时代的关键器件。为此他与 Brattain 和 Bardeen 共同荣获了 1956 年度诺贝尔物理学奖。

晶体管是 20 世纪最重要的一项发明,正是它在计算机发展中起到了关键性的作用。1954 年,贝尔实验室为美国空军研制一台晶体管计算机 Leprechan。1956 年研制成功。这台小型计算机使用了 5000 个晶体管。1958 年以后,美国飞歌公司、IBM 公司开始研制生产非军事的通用晶体管计算机。同年 11 月,美国飞歌公司研制成功了大型通用晶体管计算机 Filco2000-210。紧接着,IBM 7090、NCR 304、RCA 501 等晶体管计算机相继问世。到 1960 年,原联邦德国、日本、法国等国家都先后批量生产晶体管计算机。至此,计算机时代大踏步地进入第二代。

在第二代计算机中,最具代表性的机型是 IBM 公司生产的 7000 系列。其中 1960 年推出的 IBM 7090 与第一代计算机兼容,但运算速度快 5 倍。1957 年成立的 CDC(控制数据公司),于 1964 年研制成功了当时最先进的大型 CDC 6600 型计算机。该机运算速度每秒达到 300 万次,主存储容量 13 万字节,从而确立了 CDC 公司作为世界著名的大型计算机公司的地位。第二代计算机除选用性能优异的晶体管逻辑元件外。还引入快速磁芯存储器、磁鼓、磁带、磁盘等外部存储器,从而全面提高了计算机的性能与可靠性。

在第二代计算机发展时期,程序语言的发展也非常快。1956 年,Backus 领导的一个小组在 IBM704 型计算机上建立了 FORTRAN-I 程序。1958 年,在对 FORTRAN-I 改进、扩充的基础上发展起来的 FORTRAN-Ⅱ程序语言发表。受到了极大的欢迎。并很快在世界流行起来。1960 年,联邦德国和瑞士的学者研制出了 ALGDL 60 科学语言发表。ALGDL 60 与 FORTRAN-Ⅱ语言一样都是用于科学计算的程序设计语言。20 世纪 60 年代初期,美国国防部的专家们组织研制了 COBOL(Common Business Oriented Language)即面向企业的通用语言。COBOL 程序设计语言的发表与广泛应用,使人们意识到计算机不只应用于科学计算,还可以应用于数据处理,实时过程控制和事务处理等领域。

2. 第三代集成电路计算机

1958 年至 1959 年年初,美国德克萨斯仪器公司的 J. S. kilby(基尔比)和仙童公司的 Robert Noyce(诺伊斯)发明了集成电路,引发电子学中的一场革命。Kilby 和 Noyce 也因此而获得富兰克林学会的巴兰丁奖。Kilby 被誉为“在 1958 年设想和制造出第一块单片工作电路”的人，而 Noyce 被誉为提出“更专业化，特别适用于工业的单片电路理论”的人。

1962 年 1 月，IBM 公司采用双极型集成电路，生产了 IBM 360 系列计算机。基本特征是逻辑元件采用小规模集成电路和中规模集成电路。当时运算速度每秒可达几十万次到几百万次，随之出现了半导体存储器。

这一时期，计算机同时向标准化、多样化、通用化、机型系列化发展。高级程序设计语言在这个时期有了很快的发展。操作系统和计算机会话式语言出现了。操作系统是第三代计算机发展的主要特征之一。操作系统能自动地管理计算机系统内各种设备和各种程序的高效运行。既扩充了计算机的使用功能，又提高了计算机的使用效率。计算机开始广泛应用在各个领域。尤其是一些小型计算机在程序设计技术方面形成了三个独立的系统：操作系统、编译系统和各类高级语言设计的应用程序，总称为计算机软件。

3. 第四代：大规模和超大规模集成电路计算机

1971 年，IBM 公司开始生产 IBM 370 系列计算机。该机采用大规模集成电路做存储器，小规模集成电路做逻辑元件，被称为三代半计算机。美国的 ILLIAC-Ⅳ型计算机是第一台全面采用大规模集成电路的计算机，它标志着计算机真正发展到第四代。该机是在美国国防部的资助下，由伊利诺伊大学特洛尼克为首进行设计，巴勒斯公司合作生产的。1973 年开始运行。该机运算速度达每秒 1.5 亿次，被安装在美国宇航局的阿姆斯研究中心。

1975 年美国阿姆斯公司研制成功的 470V/6 型计算机和随后日本富士通公司生产的 M-190 型计算机，是全面采用大规模集成电路的比较有代表性的第四代计算机。由于超大规模集成电路的发展，在硅半导体上集成了 1000～100 000 个以上电子元器件，使计算机向着微型化和巨型化两个方向发展。集成度很高的半导体存储器代替了服役达 20 年之久的磁芯存储器，计算机的运算速度可以达到上千万次到千万亿次。操作系统不断完善，而且发展了数据库管理系统和通信软件等；同时计算机的发展已进入以计算机网络为特征的时代。

从 20 世纪 80 年代开始，美国、日本等一些发达国家开展了称为“智能计算机”的新一代计算机系统的研制，企图打破现有的体系结构，使计算机具有思维、推理和判断能力，并称为第五代计算机，但目前尚未有突破性进展。计算机最重要的核心部件是芯片。由于存在磁场效应、热效应、量子效应以及物理空间的限制，以硅为基础的芯片制造技术的发展是有限的，必须开拓新的制造技术。目前，生物 DNA 计算机、量子计算机和光子计算机等正在研制中。

2.1.4 计算机的分类

计算机科学的发展，使计算机的类型更为多样化、实用化。关于计算机的分类方式，人们根据计算机性能的差异、应用方式等侧重面不同，一般采用多种分类方式。

1. 根据计算机的应用范围分类

这种分类方式将计算机分为通用计算机和专用计算机。

1）通用计算机

通用计算机适用的领域多，是能解决各类问题的计算机。它的综合处理信息能力强，性能价格比较低，它在工作效率、速度等方面不如专用计算机。

2）专用式计算机

专用式计算机是指针对某类问题能显示出最有效、最快速和最经济的特性，但它的适应性较差，不适用于其他方面的应用。如网络中的路由器，银行用的取款机、工业上专用的控制机等。

2. 按计算机的综合指标分类

根据计算机的综合指标和规模大小分类，可分为巨型机、大型机、小型机、微型机、单片机等。

1）巨型机

巨型机也称超级计算机，主机非常庞大，通常由许多中央处理器（CPU）协同工作，具有超大的内存，海量存储系统，运算速度可达 1000 万亿/秒以上（浮点运算），使用专用的操作系统和应用软件。它是目前运算速度最快的计算机，处理信息能力最强，造价最高。主要应用于尖端科学技术研究、国防科学技术、天文、气象、地质等领域的科学研究。如我国的银河、曙光系列计算机等。它标志着一个国家的计算机发展水平。

2）大型机

大型机是指性能指标和规模仅次于巨型机的大型通用计算机。它的通用性好，具有较强的综合处理能力和较快的速度。一般将大型机作为大型“客户机/服务器”系统的服务器，或用于尖端的科学研究领域、天气预报的计算等。如 IBM 公司生产的 IBM 360、IBM 370 系列等。

3）小型机

小型机是指结构简单、成本低、规模较小、易操作、便于维护、推广、普及和应用的计算机。一般将小型机应用于工业自动化控制和事务处理等，如许多大型分析仪器、测量仪器、医疗仪器使用小型机进行数据采集、处理、分析、计算等。

美国 DEC 公司的 PDP-11 系列机是 16 位小型机的早期代表。到 20 世纪 70 年代中期 32 位高档小型机开始兴起。DEC 公司的 VAX-11/780 机于 1978 年开始生产，应用极为广泛。80 年代以后，精简指令系统计算机（RISC）的问世，导致小型计算机性能大幅提高，价格降低，使计算机的应用普及更为广泛。

4）微型机

微型机也称为 PC，即个人计算机（Personal Computer）。它体积小、性能好、价格低，是大规模、超大规模集成电路的产品。Intel 公司利用 4 位微处理器，Intel 4004 组成的 MCS-4 是世界上第一台微型机，它于 1971 年问世。到 1981 年后 IBM 公司推出了 IBM PC 系列机。该机采用 Intel 80x86（当时为 8086）微处理器和微软公司的 MSDOS 操作系统。同时 IBM 公司还公布了 IBM PC 的总线结构。这些开放措施为微型计算机的大规模产生和推广打下了基础。后来又推出了扩充性能的 IBM 386、IBM 486、IBM 586 和 Pentium 等多种机型。同时微软公司又推出了 Windows 操作系统。由于具有设计先进、软件丰富、功能齐全、价格便宜和兼容性好等特点，微型机成为应用最广泛的计算机，成为现代社会中不可缺少的有效工具。

5）单片机

单片机，又称超微处理器。结构简单，价格便宜，应用广泛。将单片机嵌入到应用系统或设备中而构成嵌入式应用。即超大规模集成电路产品。例如，嵌入到医疗仪器中协助医生进行治疗控制和结果分析；使用在个人数字助理(PDA)和手机中，从而实现计算机与通信相结合的应用；嵌入到家用电器中实现微处理器控制；嵌入到IC卡中而成为银行卡、电子钱包、电子车票或身份证。作为电子标签(RFID)来鉴别商品，管理物流等。

2.1.5 计算机的应用

随着微型计算机的普及，计算机被广泛应用于各行各业中，已渗透到人们生产、生活的方方面面，改变了人们传统的工作、学习和生产方式，推动着社会的发展。计算机的应用主要体现在以下几方面。

1. 科学计算

科学计算一直是计算机的主要应用领域之一。例如在天文学、量子化学、空气动力学和核物理学等领域中，都需要依靠计算机进行复杂的运算。在军事上，导弹的发射及飞行轨道的计算控制，先进防空系统等现代化军事设施通常都是计算机控制的大系统。现代的航空、航天技术发展，例如超音速飞行器的设计，人造卫星与运载火箭轨道计算更是离不开计算机。

科学计算的特点是计算量大和数据变化范围大，要求运算精度高且结果可靠。早期的计算机价格贵、数量少，主要用于科学计算，使用通用的计算机系统(主机系统)或针对某方面应用的计算机。

2. 信息处理

信息处理又称数据处理，指对大量信息进行存储、加工、分类、统计、查询等操作，从而形成有价值的信息。信息处理涉及的数据量较大，包括数据的采集、记载、分类、排序、计算、加工、传输、统计分析等方面的工作。结果一般以表格或文件的形式存储或输出。例如，在银行系统中，用计算机处理储户的存款、取款、发放工资或为信用卡系统销售网点系统提供服务等。

在企业数据处理领域中，计算机广泛应用于财会统计与经营管理。如编制生产计划、统计报表、成本核算、销售分析、市场预测、利润评估、采购订货、库存管理、工资管理等。

以提供信息服务为主要目的的数据密集型计算机应用系统称为信息系统。该系统除具有数据采集、传输、存储和管理等基本功能外，还可以向用户提供信息检索、统计报表、事务处理、规划、设计、指挥、决策、报警和提示等信息服务。其特点是数据量大，并需要长期保存在系统中，一般采用数据管理系统(DBMS)。属于这个范畴的应用系统有管理信息系统、地理信息系统、指挥信息系统、决策支持信息系统、办公自动化信息系统、情报检索系统、医学信息系统和图书检索系统等。信息系统的用户多数是非计算机专业人员，友好的用户界面非常重要。

3. 过程控制

过程控制也称实时控制，指用计算机及时地采集和检测被控对象运行情况的数据，通过计算机的分析处理后，按照某种最佳的控制规律发出控制信号，控制对象进行自动控制或自动调节。由于这类控制对计算机的要求并不高，通常使用微控制器芯片或低挡处理器芯片，制作成嵌入式的系统。

在现代化工厂里，计算机普遍用于生产过程的自动控制。例如，在化工厂中用计算机来控制配料、温度控制、阀门的开闭等；在炼钢车间用计算机控制加料、炉温、冶炼时间等；程控机床加工的机械零件具有尺寸精确的特点，而且不需要专用卡具工、模具工和熟练技工就可制造出形状复杂的产品。

用于控制的计算机，其输入信息往往是电压、温度、机械位置等模拟量，要先将它们转换成数字量，称为模数转换，然后计算机才能进行处理或计算。当从被控制对象测量到的信息是温度、位置等非电量时，要先将它们转换成电量，然后再转换成数字量。如何测量，用什么仪表测量也是一个很重要的问题。计算机的处理结果，一般要将它们转换成模拟量去控制对象，称为数模转换。如有需要，可将结果打印输出或显示在屏幕以供观察监控。

4. 计算机辅助技术

计算机辅助技术是采用计算机作为工具，将计算机用于产品的设计、制造和测试等过程的技术，是辅助人们在特定应用领域完成任务的理论、方法和技术。设计人员和计算机构成了一个密切的人机交互系统。

计算机辅助技术包括计算机辅助设计(Computer-Aided Design，CAD)、计算机辅助制造(Computer-Aided Manufacturing，CAM)、计算机辅助教学(Computer-Aided Instruction，CAI)和计算机辅助测试(Computer-Aided Testing，CAT)等领域。例如，在超规模集成电路的设计和生产过程中，要经过设计、制图、照相制版、光刻、扩散和内部链接等多道复杂工序，这是人工难以解决的。

5. 人工智能

人工智能(Artificial Intelligence，AI)技术是用计算机模拟人类的智能活动，如智能机器人、专家系统、仿真系统、自然语言理解等。它是集控制论、计算机科学、人体科学、认知科学和行为科学等学科的综合产物，是第五代计算机研究和发展的主要目标。目前，一些发达国家正在对第五代计算机进行深入的研究，新的研究成果不断出现。在未来社会，智能型、超智能型计算机将给人类的生产、生活带来翻天覆地的变化。

2.2 计算机系统的组成

2.2.1 计算机系统的层次结构

计算机系统由密切相关的硬件系统和软件系统组成。硬件系统是各种物理部件的有机组合，是计算机系统赖以工作的实体。软件系统是各种程序和相应文档，用于指挥全系统按指定的要求进行有序工作。硬件包括中央处理器(CPU)、存储器和外部设备等。软件包括计算机的系统软件、应用软件和相应的文件。从使用语言的角度出发，可把计算机系统按功能划分成如图 2-1 所示的多级层次结构。每一层以一种不同的语言为特征。按照计算机语言从低级到高级的次序，这些层次依次为：微程序机器级、传统机器语言机器级、操作系统机器级、汇编语言机器级、高级语言机器级、应用语言机器级(如 SQL)。对于每一层的使用者来说，都可以用其相

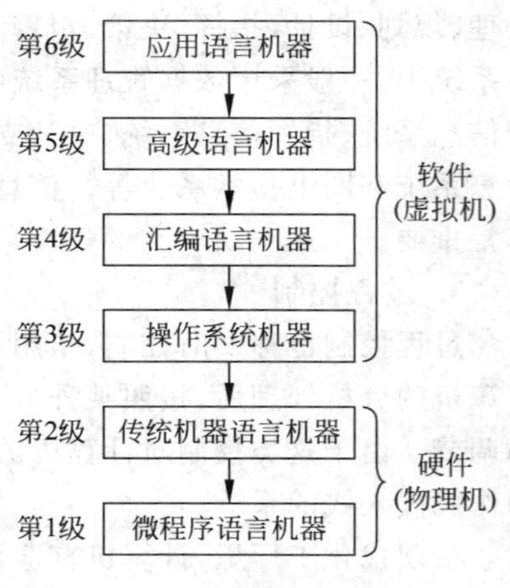

图 2-1 计算机系统的层次结构

应的语言进行编程,并在该层次上运行所编出的程序。

第1级是微程序机器。这一级的机器语言是微指令,其使用者是计算机硬件的设计人员,他们用微指令编写的微程序直接由固件/硬件来解释实现。

第2级是传统机器语言机器。这一级的机器语言就是传统的机器指令。程序员用该指令系统编写的程序由第1级上的微程序进行解释执行。

由微程序解释指令系统又称作仿真(Simulation)。有的计算机中没有采用微程序技术,因此没有微程序机器级。这时第2级的指令系统是由硬连逻辑电路直接解释执行的。硬连逻辑电路的优点是速度快,RISC处理器经常采用这种实现方法(因指令系统比较简单)。

第3级是操作系统机器。这一级的机器语言由两部分构成。一部分是传统机器级指令,另一部分是操作系统级指令。后者用于实现对操作系统功能的调用,例如打开/关闭文件,读/写文件等。用这一级语言编写的程序是由第3级和第2级来共同执行,其中只有操作系统指令是由操作系统进行解释执行的。

第4级是汇编语言机器。这一级的机器语言是汇编语言。用汇编语言编写的程序首先翻译成第3级或第2级语言,然后再由相应的机器执行。完成这个翻译的程序称为汇编程序。

第5级是高级语言机器。这一级的机器语言就是各种高级语言(如C语言、JAVA语言等)。用高级语言编写的程序一般是由编译器翻译到第4级或第3级机器上的语言。个别的高级语言也用解释的方法实现,如BASIC语言。

第6级是应用语言机器。这一级是为使计算机满足某种用途而专门设计的,因此这一级的语言就是各种面向具体应用问题的应用语言。用应用语言编写的程序一般是用应用程序包翻译成第5级机器上的语言。

各机器级的实现主要靠翻译或解释执行。翻译(Translation)是先用转换程序把高一级机器上的程序转换为低一级机器上等效的程序,然后在低一级机器上运行,实现程序的功能。解释(Interpretation)则是对于高一级机器上的程序中的每一条语句或指令,都是转去执行低一级机器上的一段程序。执行完后,再去高一级机器取下一条语句或指令,再进行解释执行,如此反复,直到解释执行完成整个程序。这两种技术都被广泛使用。

在上述6级层次中,下面3级一般是用解释实现,而上面3级则经常用翻译的方法实现。另外,最下面的两级机器是用硬件/固件实现的,称为物理机(Physical Machine)。上面4层一般是由软件实现的。用软件实现的机器称为虚拟机(Virtual Machine)。

虚拟机不一定是完全由软件实现,由此操作可以由硬件或固件实现。所谓固件(Firmware)是指具有软件功能的硬件。例如,把软件固化在只读存储器中就是一种固件。通过修改固件中的软件代码,就可以改变其功能。与硬连逻辑相比,固件的特点是灵活性大,但速度较慢。

2.2.2 计算机软件

计算机软件系统是指在计算机硬件上运行的所有程序和相关的文档资料。它由系统软件和应用软件组成。软件在运行时,它能够提供所要求的功能和性能的指令或计算机程序集合。程序是能够合理、实时地处理信息的数据结构和数据。

1. 软件的特点

(1) 软件不同于硬件,它是计算机系统中的逻辑实体而不是物理实体,具有抽象性。

(2) 软件的生产不同于硬件,它没有明显的制作过程。一旦开发成功,被使用者证实即可行。使用者可以大量复制同一内容的副本,生产过程就是复制过程。

(3) 软件在运行过程中不会因为使用时间过长而出现磨损、老化等问题。

(4) 软件的开发、运行在很大程度上以来依赖于计算机系统、受计算机系统的限制,因此,在客观上出现了软件移植问题。

(5) 软件开发复杂程度高,开发周期长,成本较高。

2. 软件分类

软件主要可以分为系统软件和应用软件。

1) 系统软件

系统软件为计算机使用提供最基本的功能,可分为操作系统和支撑软件。其中操作系统是基本的系统软件。它负责管理计算机硬件和软件的所有资源,也是计算机系统的内核与基石,负责管理存储系统、决定系统资源供需的优先次序,控制输入与输出设备、操作网络与管理文件系统功能。操作系统也是使用者与系统交互的操作接口。

支撑软件是指支撑各种软件的开发与维护软件,又称软件开发环境。它主要包括环境数据库、各种接口软件和工具组,也包括一系列基本的工具、各类计算机语言、编译器、数据库管理、存储器格式化、文件系统管理、用户身份验证、驱动管理、网络连接等方面的工具。

2) 应用软件

应用软件是针对一特定领域应用的软件,不同的应用软件根据用户所服务的领域提供不同的功能。应用软件是为某种特定的用途而开发的软件,例如一个信息管理系统,也可以是一组功能联系紧密、互相协作的程序的集合,还可以是一个由众多独立程序组成的庞大软件包等。图 2-2 给出了计算机系统内容的概括性描述。

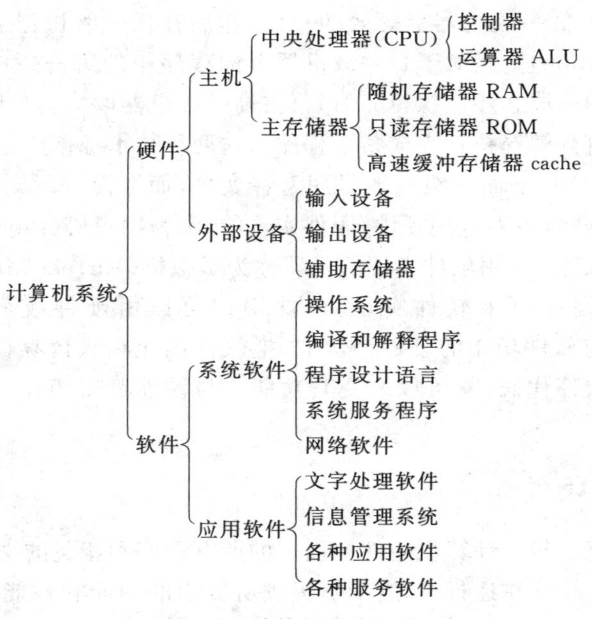

图 2-2 计算机系统组成

存储程序式计算机最早是由冯·诺依曼等人于1946年提出来的，它由运算器、控制器、存储器、输入设备和输出设备5部分组成，如图2-3所示，人们经常称其为冯·诺依曼结构计算机。

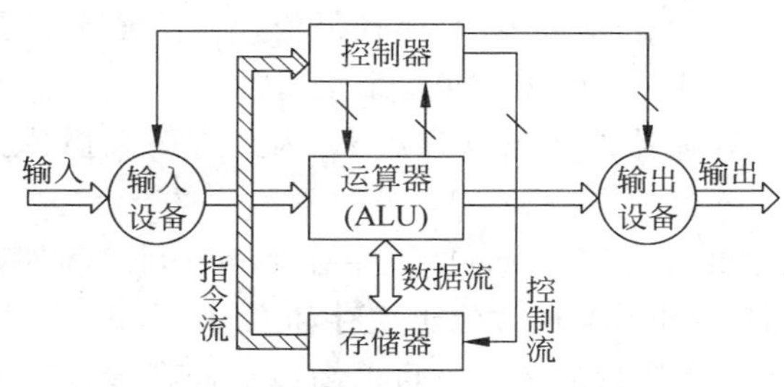

图2-3 存储程序计算机的结构

1. 控制器

控制器是整个计算机系统的控制中心，它指挥计算机各部分协调工作，保证计算机按照预先规定的目标和步骤有条不紊地进行操作与处理。

控制器的主要功能就是依次从内存中取出指令，并对指令进行分析，然后根据指令的功能向有关部件发出控制命令，指挥计算机各种操作部件协同工作以完成指令所规定的功能。控制器由程序计数器(PC)、指令寄存器(IR)、指令译码器(ID)、时序控制电路以及微操作控制电路等组成。控制器和运算器合在一起被称为中央处理器，简称CPU。CPU是指令的解释和执行部件，计算机发生的所有动作命令都是受CPU控制的，所以说它是计算机的核心。它的性能(主要是工作速度和计算精度)对计算机的整体性能有全面的影响。

2. 运算器

运算器又称为算术逻辑运算单元(Arithmetic Logic Unit，ALU)，其主要功能就是进行算术运算(加、减、乘、除等)和逻辑运算("与"、"或"、"非"、"比较"、"移位"等)。

计算机中最主要的工作是运算，大量的数据运算任务是在运算器中进行。运算器处理的数据来自内存，处理后的结果数据又送回内存。运算器对内存的读写操作是在控制器的控制之下进行的。

3. 存储器

存储器的主要功能是存储程序和数据。存储器是具有"记忆"功能的设备，它采用具有两种稳定状态的物理器件来存储信息，这些器件也称为记忆元件。在计算机中采用只有两个数符(即0和1)的二进制来表示数据，记忆元件的两种稳定状态分别表示为0和1。

存储器由一个个存储单元组成，每个存储单元可以存放一个字节(8个二进制位)的二进制信息，存储容量为存储器中所包含的存储单元个数，以字节为单位。

下面将简述存储器的有关术语。

(1) 位(b)。计算机存储和处理信息的最小单位是一位二进制数，称为一个比特(bit)。一个比特的数值只能是0或1。

(2) 字节(B)。最基本的存储单元是由8个二进制位组成，称为一个字节，字节是不可分割的基本存储单元，一般情况内存的存/取是以字节为单位的。

(3) 存储字(Word)。一个存储字所包括的二进制位数称为字长,一个存储字是由若干个"字节"组成。字长越长,数的表示范围越大,精度也越高。内存单位采用顺序的线性方式组织,所有单元排成一队,排在最前面的单元定为 0 号单元,即其地址为 0,其他单元的地址顺序排列。地址通常使用十六进制数表示,而且每个存储单元地址是唯一的。因此,地址可以作为存储单元的标识,访问内存单元是按地址进行的。

(4) 存储单位。由于存储器的容量越来越大,因此常用来描述存储器容量的单位还有 KB、MB、GB 和 TB 等。

存储器通常分为高速缓冲存储器(cache)、主存储器(内存)和外存储器(简称外存)。

(1) 高速缓冲存储器(cache)。通常位于主存和 CPU 之间,存放当前要执行的程序段,以便向 CPU 高速提供马上要执行的指令。目前高速缓冲存储器一般采用双极型半导体存储器,存取速度较快,可以与 CPU 速度相匹配,存取时间只需几个 ns(纳秒),高速缓冲存储器容量一般在 1KB 至几十 KB。

(2) 主存储器,简称主存(又称内存储器),是计算机信息交流的中心。根据读写功能来分类,可分为随机存储器(RAM)、只读存储器(ROM)。用户通过输入设备把程序和数据最先送入主存,控制器从主存中取指令,运算器从主存中取数据进行运算并把中间结果和最后结果保存在主存,输出设备输出的数据来自主存。总之,主存要与计算机的各个部件进行数据交换。因此,主存的存储速度直接影响计算机的运算速度。现代计算机中主存的存取时间只需几个至几十个 ns(纳秒)。现代的计算机主存大多为半导体存储器,由于价格和技术方面的原因,内存的存储容量受到限制,而且大部分内存是不能长期保存信息的随机存储器(断电后信息丢失)。

(3) 外存储器,也称辅助存储器,用来长期存放系统程序、大型数据文档等当前暂不参与运行的大量信息。它不能与 CPU 直接交换信息。外存设在主机外部,容量大而速度较低,必须通过专门的程序把所需要的信息与主存进行成批交换,调入主存后才能使用。常用的外存有磁盘、磁带、U 盘和光盘等。

4. 输入设备

输入设备是计算机输入数据和程序的设备。它是计算机与用户或其他设备通信的桥梁。输入设备用来将人们熟悉的信息形式转换为机器能识别的信息形式。常见的有键盘、鼠标、摄像头、扫描仪、光笔、手写输出板、游戏杆和语音输入装置等。

5. 输出设备

输出设备用于将存放在计算机主存中处理结果转换为人们所能接受的信息形式,显示或打印输出。常用的输出设备有显示器、打印机、绘图仪、影像输出系统、语音输出系统和磁记录设备等。

6. 系统总线

除以上介绍的计算机五大部件外,还有连接计算机各部件之间的通信线路,这个通信线路称为系统总线。CPU 通过系统总线与存储器、输入输出设备进行信息交换。总线信号线一般分为 3 组:

(1) 传送地址信息的总线称为地址总线(Address Bus,AB)。CPU 在 AB 总线输出将要访问的内存单元的地址或 I/O 端口的地址,所以地址总线为单向输出总线。

(2) 传送数据信息的总线称为数据总线(Data Bus,DB)。在 CPU 进行读操作时,内存或外设的数据通过数据总线送往 CPU；在 CPU 进行写操作时，CPU 数据通过数据总线送往内存或外设。所以数据总线为双向总线。

(3) 传送控制信息的总线称为控制总线(Control Bus，CB)。控制信号用于协调系统中各部件的操作。其中，有些信号线将 CPU 的控制信号或状态信号送往外界；有些信号线将外界的请求或联络信号送往 CPU。个别的信号线兼有以上两种情况。

由于系统总线是传送信息的公共通道，因此它非常繁忙。其使用特点是：

- 在某一时刻，只能由一个总线主控制设备来控制系统总线。
- 在连接系统总线的各个设备中，某一时刻只能有一个发送者向总线发送信号，但可以有多个设备同时从总线上获取信号。

采用总线连接系统中各个功能部件是微型计算机系统的一大特色，正是由于采用了总线结构才使得微机系统具有组态灵活，扩展方便的特点。

2.3 计算机硬件的主要技术指标

计算机是一种现代化的信息处理工具，它能够准确、快速、自动地对各类信息进行收集、整理、变换、存储和输出。计算机使人类的智能得以放大。作为人类智力劳动的工具，它的强生命力得以飞速发展的原因是计算机本身具有以下的主要特点和技术指标。

2.3.1 计算机的特点

1. 运算速度快

计算机的运算速度通常用每秒钟执行定点加法运算的次数或平均每秒钟执行指令的条数来衡量。运算速度快是计算机的一个突出特点。计算机的运算速度已由早期的每秒几千次(如 ENIAC 机每秒钟仅完成 5000 次定点加法)发展到现在的最高可达每秒几千亿次乃至亿亿次。曾有许多数学问题，由于计算量太大，数学家们终其一生也无法完成，现在使用计算机则可轻易地解决。

2. 计算精度高

在科学研究和工程设计中，对计算的结果精度有很高的要求。一般的计算工具只能达到几位有效数字(如果过去常用的 4 位数学用表，8 位数学用表等)，而计算机对数据处理结果的精度可达到十几位、几十位有效数字，也可根据需要达到任意的精度。

3. 存储容量大

计算机的存储器可以存储大量数据，这使计算机具有了“记忆”功能。目前计算机的存储容量越来越大，通常使用 KB、MB、GB 和 TB 等来表示存储单位。随着大数据的出现，又相继出现了更大数量级的存储单位，如 PB、EB、ZB、YB、BB、NB 和 DB 等。

4. 具有逻辑判断能力

计算机不仅进行算术运算，同时也能进行各种逻辑运算，具有可靠的逻辑判断能力，并能根据判断结果自动决定下一步执行的操作，因而能解决各种各样的问题。计算机的逻辑判断能力也是计算机智能化所必备的基本条件。

5. 自动化程度高

由于计算机的工作方式是将程序和数据先存放在存储器中，工作时按程序规定的操作一步步自动完成，一般无须人工干预，因此自动化程度高。这也是计算机区别于其他工具的本质特征。

2.3.2 主要技术指标

评价计算机性能主要有下述基本技术指标。

1. 主频

主频是计算机的主要技术指标之一，主频决定了计算机的运算速度，主频的单位是兆赫(MHz)，如 Intel 8086 主频为 5MHz，80286 主频为 8MHz，奔腾(Pentium)芯片已达到 GHz 数量级。Intel 酷睿 i7-3960X 主频为 3.3GHz。一般来说，主频越高，运算速度就越快。

2. 机器字长

机器字长是指 CPU 一次能处理数据的位数，通常与 CPU 中的寄存器位数有关。字长越长，数的表示范围越大，精度也越高。机器的字长也会影响运算速度。倘若 CPU 字长较短，又要运算位数较多的数据，那么需要经过两次或多次的运算才能完成，这样势必影响机器的运算速度。

机器字长对硬件的造价也有较大的影响。它将直接影响加法器(或 ALU)、数据总线以及存储字的位数。所以机器字长的确定是一个很重要的技术指标。如微型计算机的字长有 8 位、16 位、32 位等，Pentium 芯片已达 64 位字长。

3. 存储容量

存储器的容量包括主存容量和辅存容量。

主存容量是指主存中存放二进制代码的总位数。即存储容量＝存储单元个数×存储字长

例如：65 536×16　表示存储单元数 65 536 个，每个存储单元字长为 16 位。

辅助存储器通常用字节数来表示，例如某机辅存(硬盘)容量为 80GB。即存储容量为 80G×8b＝80GB。

4. 运算速度

计算机的运算速度与许多因素有关，如机器的主频，执行什么样的操作，主存本身的速度(主存速度快、取指、取数快)等。早期用完成一次加法或乘法运算所需的时间来衡量运算速度，即普通法，显然是很不合理。后来采用吉普森(Gipson)法，它综合考虑每条指令的执行时间以及它们在全部操作中所占的百分比，即

$$T_{\mathrm{m}} = \sum_{i=1}^{n} f_i t_i$$

其中，T_{m} 为机器运行速度；f_i 为第 i 种指令全部操作的百分比数；t_i 为第 i 种指令的执行时间。

现在机器的运行速度普遍采用单位时间内执行指令的平均条数来衡量，并用 MIPS (Million Instruction Per Second，百万条指令/每秒)作计量单位。例如，某机每秒能执行 200 万条指令，则记作 2MIPS。也可以用 CPI(Cycle Per Instruction)即执行一条指令所需的时钟周期数(机器主频的倒数)，或用 Flops(Floating point Operations Per Second，浮点运算次数/每秒)来衡量运算速度。

2.4　计算机的基本工作过程

1. 指令格式

计算机的性能与它新设置的指令系统有很大的关系，而指令系统的设置又与机器的硬件结构密切相关。通常性能较好的计算机都设置有功能齐全、通用性强、效率高、指令丰富的指令系统，但这需要复杂的硬件结构和组织来支持。

计算机之所以能够从外部世界接收程序和数据，并且进行处理，然后把处理结果送往外部世界，是由于计算机能够按照给定的命令来执行特定的操作。在计算机中，这种计算机硬件能够直接识别和执行的命令称为指令。一台计算机所有机器指令的集合称为这台计算机的指令系统。指令系统的格式与功能不仅直接影响到计算机的硬件结构，而且也直接影响到系统软件，影响计算机的适用范围，是衡量计算机性能的重要因素。

指令是由操作码和地址码两部分组成，其基本格式如图 2-4 所示。

操作码指出指令应该进行什么样的操作，操作数表示执行指令操作时需要的数值和数值在计算机中的地址。

操作码	操作数(地址码)

图 2-4　指令格式

当人们需要计算机完成某种任务时，首先要将任务分解成若干个基本操作的集合，并将每一种操作按相应规则转换为指令，然后按一定的顺序组织起来，这就是程序。所以说，计算机程序是实现既定任务的指令序列。计算机严格按照程序安排的指令顺序有条不紊地执行规定操作，完成预定的任务。

一个完善的指令系统应满足如下 4 个方面的要求。

(1) 完备性：是指编写各种程序时，指令系统直接提供的指令足够使用。这就要求指令丰富、功能齐全、使用方便。

(2) 有效性：是指利用该指令系统所编写的程序能够高效率地运行。高效率主要表现在程序占据存储空间小，执行速度快。

(3) 规整性：是指指令系统对称性，指令格式和数据格式的一致性，以便节省存储空间、缩短取指时间。

(4) 兼容性：至少要能做到“向上兼容”，即低挡机上运行的程序可以在高档机上运行。

2. 工作原理

计算机的工作过程实际上是快速地执行程序中的每条指令的过程。在计算机工作时，CPU 逐条执行程序中的指令，就可以完成一个程序的执行，从而完成一项特定的任务。

计算机在执行程序的过程中，现将每条指令分解一条或多条机器指令，然后按照指令顺序一条一条地执行，直到遇到结束运行的指令为止。如图 2-5 所示。

计算机执行指令的过程分为 4 个步骤。

(1) 取指令：将程序中要执行的指令从内存中取出送入控制器中。

(2) 分析指令：由控制器对取出的指令进行译码，将指令的操作码转换成相应的微操作信号，由地址码确定操作数的个数及操作数的来源，并取出操作数。

(3) 执行指令：由微操作控制器发出完成该操作所需要的一系列微控制信息，然后去完成该指令所要求的操作。

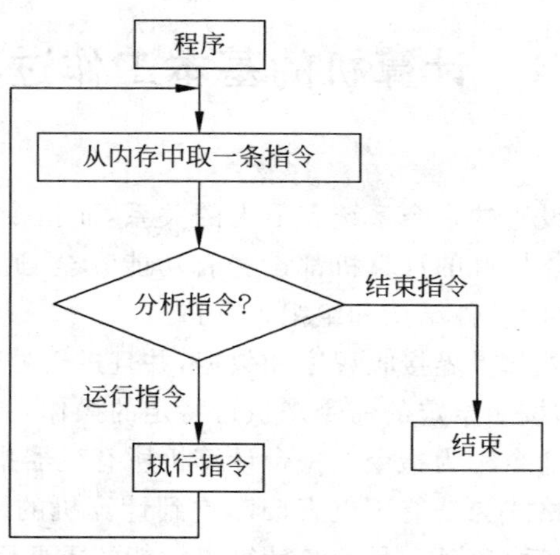

图 2-5 计算机执行指令的过程

(4) 到内存中取下一条指令。如此周而复始,构成了一个封闭的循环,直到遇到停机指令,程序结束。

计算机在运行某一程序时,首先由操作系统将该程序由外存装入内存,然后 CPU 从内存读出一条指令到 CPU 内执行,指令执行完,再从内存读出下一条指令到 CPU 内执行。CPU 不断地取指令、分析指令和执行指令。这就是程序的执行过程。

总之,计算机的工作就是执行程序,即自动连续地执行一系列指令。而程序开发人员的工作就是编写程序。一条指令的功能虽然有限,但是一系列指令组成的程序可完成的任务是无限的。

习 题 2

一、填空题

1. CPU 是由________和________组成,而主机是由________和________组成。
2. 运算器能进行算术运算和________运算。
3. 计算机的指令内容由________和________两部分组成。
4. 常用的输入设备有________、________、________。常用的输出设备有________、________、________。
5. 计算机断电会丢失其中信息的存储器是________。
6. 根据软件的用途分类,可将计算机软件分为________和________两大类。
7. 计算机在工作时,执行下一条指令的内容存储在________寄存器中。
8. 世界上第二代电子计算机采用的电子逻辑器件是________。

二、单项选择题

1. CPU 指的是(　　)。

A. 控制器与运算器　　B. 控制器与内部存储器

C. 运算器与内存储器　　D. 控制器、运算器与内存储器

2. 运算器又称为(　　)。

A. 算术运算部件　　B. 逻辑运算部件

C. 算术逻辑部件　　D. 加法器

3. 办公自动化是计算机的一项应用,按计算机应用的分类,它属于(　　)

A. 科学计算　　B. 数据处理

C. 实时控制　　D. 辅助设计

4. 在计算机中,用来存储和表示数据的最小单位是(　　)。

A. 字符　　B. 位　　C. 字节　　D. 字

5. (　　)不是计算机的性能指标。

A. 存取周期　　B. 字长　　C. 主频　　D. 存储容量

6. 一个完整的计算机系统包括(　　)。

A. 主机、键盘和显示器　　B. 计算机与外部设备

C. 硬件系统与软件系统　　D. 系统软件与应用软件

7. 下列存储器中读写速度最快的是(　　)。

A. 硬盘　　B. 光盘　　C. 内存　　D. U 盘

8. 64 位计算机的 64 位指的是(　　)

A. 计算机型号　　B. 机器字长　　C. 内存容量　　D. 存储单位

9. 在存储器中,预被取出的指令所对应的地址保存在(　　)中。

A. 地址寄存器　　B. 指令寄存器　　C. 数据寄存器　　D. 程序计数器

三、思考题

1. 计算机由哪几部分组成?

2. 说明计算机硬件的主要技术指标。

3. 一台服务器的 IP 地址是 202.113.88.213,它是由 4 个十进制数表示的,在计算机内部以二进制存储在 4 个字节中,请写出该地址对应的 4 个二进制数。

4. 计算中如何表示正负数?如何表示整数和实数?

5. 计算机系统总线的功能什么?计算机系统总线由哪几部分组成?

6. ROM 与 RAM 的主要区别是什么?

第3章 操作系统

本章学习目标

- 操作系统的概念、发展历史、分类、主要功能、典型的几种操作系统。
- Windows 7 操作系统的版本介绍、系统特点、桌面和“开始”菜单。
- Windows 7 操作系统的文件系统、文件的命名和组织、文件和文件夹的管理。
- Windows 7 的个性化设置、资源管理器、软硬件管理。
- Windows 7 账户控制、系统的备份与还原及防火墙使用等。

3.1 操作系统概述

计算机技术的基本特征是以操作系统为主体，以计算机硬件为依托而构成的一种称为基本平台的综合保障体系，或者说是保障整个计算机系统正常运行的工作环境。学习计算机技术的首要任务就是学会一种或几种操作系统的使用方法。

3.1.1 操作系统的概念

1. 操作系统概念

操作系统（Operating System，OS）的出现、使用和发展是近六十余年来计算机软件的一个重大进展。它经历了从无到有、从小到大、从简单到复杂、从原始到先进的发展历程，随之产生许多相关的基本概念、重要理论和核心技术。尽管操作系统尚未有一个严格的定义，但一般认为操作系统是管理系统资源、控制程序执行，改善人机界面，提供各种服务，合理组织计算机工作流程和为用户使用计算机提供良好运行环境的一种系统软件。

2. 计算机系统的层次结构

计算机系统包括硬件和软件两个组成部分。硬件是所有软件运行的物质基础，软件能充分发挥硬件潜能和扩充硬件功能，完成各种系统及应用任务，两者互相促进、相辅相成、缺一不可。图 3-1 给出了一个计算机系统的软硬件层次结构。其中，每一层具有一组功能并提供相应的接口，接口对层内掩盖了实现细节，对层外提供了使用约定。

（1）硬件层。硬件层提供了基本的可计算性资源，包括处理器、寄存器、存储器，以及各种 I/O 设施和设备，是操作系统和上层软件赖以工作的基础。

（2）操作系统层。操作系统层通常是最靠近硬件的软件层，对计算机硬件作首次扩充和改造，主要完成资源的调度和分配，信息的存取和保护，并发活动的协调和控制等许多工作。操作系统是上层其他软件运行的基础，为编译程序和数据库管理系统等系统程序的设计者提供了有力支撑。

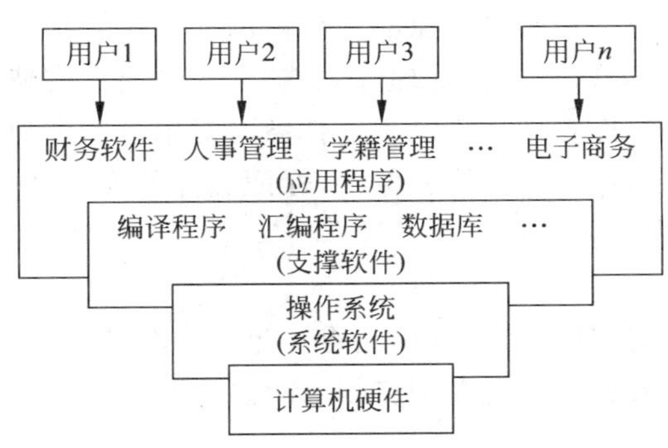

图 3-1 计算机软硬件层次结构

(3) 支撑软件层。它的工作基础建立在操作系统改造和扩充过的机器上，利用操作系统提供的扩展指令集，可以较为容易地实现各种各样的语言处理程序、数据库管理系统和其他系统程序。此外，还提供种类繁多的实用程序，如连接装配程序、库管理程序、诊断排错程序、分类/合并程序等供用户使用。

(4) 应用程序层。它解决用户特定的或不同应用需要的问题，应用程序开发者借助于程序设计语言来表达应用问题，开发各种应用程序，既快捷又方便。而最终用户则通过应用程序与计算机系统交互来解决他的应用问题。

3.1.2 操作系统的功能

在计算机系统中，能分配给用户使用的各种硬件和软件设施总称为资源。资源包括两大类：硬件资源和信息资源(或称为软件资源)。其中，硬件资源分为处理器、存储器、I/O设备等；I/O设备又分为输入型设备、输出型设备和存储型设备；信息资源则分为程序和数据等。资源管理是操作系统的一项主要任务，而控制程序执行、扩充机器功能、提供各种服务、方便用户使用、组织工作流程、改善人机界面等都可以从资源管理的角度去理解。

1. 硬件资源管理

硬件资源管理包括处理器、存储器和各类外围设备(输入设备、输出设备等)的管理。

(1) 处理器管理。处理器是计算机系统中一种稀有和宝贵的资源，应该最大限度地提高处理器的利用率。现代操作系统采用了多道程序设计技术，组织多个作业或任务执行时，就要解决处理器的调度、分配和回收等问题。为了实现处理器管理的功能，描述多道程序的并发执行，操作系统引入了进程(process)的概念。处理器的分配和执行都是以进程为基本单位的。

(2) 存储器管理。它的主要任务是管理存储器资源，为多道程序运行提供有力的支撑，便于用户使用存储资源，提高存储空间的利用率。主要功能包括：存储分配、存储共享、地址转换与存储保护、存储扩充。

(3) 设备管理。其主要任务是管理各类外围设备，完成用户提出的I/O请求，加快I/O信息的传送速度，发挥I/O设备的并行性，提高I/O设备的利用率，以及提供每种设备的设备驱动程序和中断处理程序，为用户隐蔽硬件细节，提供方便简单的设备使用方法。

2. 文件管理

文件管理则是针对系统中的信息资源的管理。在现代计算机中，通常把程序和数据以文件形式存储在外存储器(又称作辅存储器)上,供用户使用。这样,外存储器上保存了大量文件。对这些文件如不能采取良好的管理方式,就会导致混乱或破坏,造成严重的后果。为此,在操作系统中配置了文件管理。它的主要任务是对用户文件和系统文件进行有效管理,实现按名存取;实现文件的共享、保护和保密,保证文件的安全性;并提供给用户一整套能方便使用文件的操作和命令。

3. 网络与通信管理

计算机网络源于计算机与通信技术的结合。近二十年来,从单机与终端之间的远程通信,到今天全世界成千上万台计算机联网工作,计算机网络的应用已十分广泛。网络操作系统至少应具有以下管理功能。

(1) 网上资源的管理功能。计算机网络的主要目的之一是共享资源,网络操作系统应实现网上资源的共享,管理用户应用程序对资源的访问,保证信息资源的安全性和完整性。

(2) 数据通信管理功能。计算机联网后,节点之间可以互相传送数据,进行通信,通过通信软件,按照通信协议的规定,完成网络上计算机之间的信息传送。

(3) 网络管理功能。包括故障管理、安全管理、性能管理、记账管理和配置管理等。

4. 用户接口

为了使用户能灵活、方便地使用计算机和系统功能,操作系统还提供了一组友好的使用其功能的手段,称用户接口。它包括两大类:程序接口和操作接口。用户通过这些接口能方便地调用操作系统功能,有效地组织作业及其工作和处理流程,并使整个系统能高效地运行。

3.1.3 主流操作系统简介

1. DOS 操作系统

DOS(Disk Operating System)的含义是磁盘操作系统,是一种单用户、普及型微机操作系统,主要用于以 Intel 公司的 86 系列芯片为 CPU 的微机及其兼容机,曾经风靡了整个 20 世纪 80 年代。DOS 由 IBM 公司和 Microsoft 公司开发,包括 PC-DOS 和 MS-DOS 两个系列。

DOS 的主要功能有:命令处理、文件管理和设备管理。DOS 4.0 版以后,引入了多任务概念,强化了对 CPU 的调度和对内存的管理。DOS 采用汇编语言书写,系统开销小,运行效率高。另外,DOS 针对 PC 环境来设计,实用性好,较好地满足了低档微机工作的需要。但是,随着 PC 性能的突飞猛进,DOS 的缺点不断显露出来,已经无法发挥硬件的能力,又缺乏对数据库、网络通信、多媒体等的支持,没有通用的应用程序接口,加上用户界面不友善,操作使用不方便,因此,逐步让位于 Windows 等其他操作系统。

2. Windows 操作系统

Microsoft 公司成立于 1975 年,到现在已经成为世界上最大的软件公司,其产品覆盖操作系统、编译系统、数据库管理系统、办公自动化软件和因特网支撑软件等各个领域。从 1983 年 11 月 Microsoft 公司宣布 Windows 诞生到今天的 Windows 7,Windows 已经走过了 30 多个年头,微软公司几乎垄断了 PC 操作系统。1992 年 4 月 Windows 3.1 发布后,Windows 逐步取代 DOS 开始在全世界范围内流行。1995 年 8 月推出了 Windows 95,随后相继推出了 Windows 98、Windows 98 SE、Windows Me(Windows Millennium Edition)、Windows 2000、Windows XP、Windows Vista、Windows Server 2008、Windows 7 等后继版本。除家用操作系统版本外,Windows 还有商用操作系统版本。

3. UNIX 操作系统

UNIX 操作系统是一个通用、交互型分时操作系统。它最早由美国电报电话公司贝尔实验室的 Kenneth Lane Thompson 和 Dennis MacAlistair Ritchie 于 1969 年在 DEC 公司的小型系列机 PDP-7 上开发成功，1971 年被移植到 PDP-11 上。1973 年 Ritchie 在 BCPL (Basic Combined Programming Language，M. Richard 于 1969 年开发)语言基础上开发出 C 语言，这对 UNIX 的发展产生了重要作用，用 C 语言改写后的第 3 版 UNIX 具有高度易读性、可移植性，为迅速推广和普及走出了决定性的一步。最早外界可获得的 UNIX 是 1975 年的 UNIX 第 6 版。1978 年的 UNIX 第 7 版，可以看作当今 UNIX 的先驱，该版为今天 UNIX 的繁荣奠定了基础。

4. Linux 操作系统

Linux 是由芬兰藉科学家 Linus Benedict Torvalds 于 1991 年编写完成的一个操作系统内核。当时他还是芬兰首都赫尔辛基大学计算机系的学生，在学习操作系统课程中，自己动手编写了一个操作系统原型。从此，一个新的操作系统诞生了。Linux 把这个系统放在 Internet 上，允许自由下载，许多人对这个系统进行改进、扩充、完善，对其发展做出了关键性的贡献。Linux 由最初一个人写的原型变化成在 Internet 上由无数志同道合的程序高手们参与的一场运动。Linux 属于自由软件，短短几年，Linux 操作系统已得到广泛使用。1998 年，Linux 在构建 Internet 服务器上超越 Windows NT。计算机的许多大公司如 IBM、Intel、Oracle、Sun、Compaq 等都大力支持 Linux 操作系统，各种成名软件纷纷移植到 Linux 平台上，运行在 Linux 下的应用软件越来越多。Linux 的中文版已开发出来，Linux 已经开始在中国流行，同时也为发展我国自主操作系统提供了良好条件。

3.2 Windows 7 简介

Windows 7 是微软公司于 2009 年推出的一款具有革命性变化的操作系统，与此前的 Windows 操作系统版本相比，其界面更友好，操作更加简单和快捷，功能更强大，系统更稳定，为人们提供了更高效易行的工作环境。

3.2.1 Windows 7 特点

1. Windows 7 版本的介绍

Windows 7 操作系统为满足不同用户的需要开发了 6 个版本。

1) Windows 7 Starter(初级版)

可以加入家庭组，任务栏有不小变化，也有 Jumplists 菜单，但没有 Aero。

2) Windows 7 Home Basic(家庭基础版)

主要特性有大量应用程序、实时缩略图预览、增强视觉体验(仍无 Aero)、高级网络支持、移动中心。满足最基本的计算机应用，适用于上网本等低端计算机。

3) Windows 7 Home Premium(家庭高级版)

有 Aero Glass 高级界面、高级窗口导航、改进的媒体格式支持、媒体中心和媒体流增强、多点触摸、更好的手写识别等。拥有针对数字媒体的最佳平台，适宜家庭用户游戏玩家。

4) Windows 7 Professional(专业版)

支持加入管理网络(Domain Join)、高级网络备份和加密文件系统等数据保护功能、位置感打印技术(可在家庭或办公网络上自动选择合适的打印机)等。是为企业用户设计的，提供了高级别的扩展性和可靠性。

5) Windows 7 Enterprise(企业版)

提供一系列企业级增强功能：内置和外置驱动器数据保护、锁定非授权软件运行(App Locker)、无缝连接(Direct Access)、基于 Windows Server 2008 R2 企业网络等。

6) Windows 7 Ultimate(旗舰版)

拥有新操作系统所有的消费级和企业级功能，适用于高端用户。

微软在中国发布的 Windows 7 仅有 4 个版本：家庭普通版、家庭高级版、专业版和旗舰版。本章将以旗舰版为例介绍 Windows 7 的使用。

2. Windows 7 的系统特点

(1) 提供了玻璃效果(Aero)的图形化用户界面。其操作直观、简便，不同应用程序保持操作和界面方面的一致性，为用户带来方便。

(2) 做了许多方便用户的设计。如快速最大化、窗口半屏显示、跳转列表、系统故障快速修复等，这些新功能令 Windows 7 成为最易用的 Windows。

(3) 提高系统的安全性。Windows 7 包括改进了安全和功能合法性，还会把数据保护和管理扩展到外围设备。Windows 7 改进了基于角色的计算方案和用户账户管理，在数据保护和坚固协作的固有冲突之间搭建沟通的桥梁，同时也会开启企业级的数据保护和权限许可。

(4) 增强了网络功能和多媒体功能。Windows 7 进一步增强了移动工作能力，无论何时何地，任何设备都能访问数据和应用程序；开启了坚固的特别协作体验，无线连接、管理和安全功能会进一步扩展；令性能和当前功能以及新兴移动硬件得到优化，拓展了多设备同步、管理和数据保护功能。

(5) Windows 7 的资源消耗低、执行效率高，笔记本的电池续航能力也大幅增加，堪称是最绿色的系统。

3.2.2 Windows 7 系统安装要求及启动和关机

1. Windows 7 系统安装对硬件的要求

Windows 7 安装要求如表 3-1 所示。

表 3-1 Windows 7 安装要求

设备名称	基本要求	备注
CPU	2.0GHz 及以上	Windows 7 有 32 位和 64 位两种版本
内存	1GB DDR 及以上	建议 2GB 以上，最好是 4～8GB
硬盘	60GB 以上可用空间	系统分区尽可能大一些对日后使用有很大帮助
显卡	显卡支持 DirectX 9 带有 WDDM 1.0 或更高版本	否则无法启用 Aero 特效

注：Windows 7 分 32 位和 64 位两种，64 位的操作系统对目前的一些软件不能提供支持。

2. Windows 7 启动、关机

电脑设备分为主机与外设两大部分。外部设备是指外接于机箱的设备，如打印机、扫描仪、显示器等。

1）Windows 7 系统启动

启动电脑时，最正确的方法是先打开具有独立电源供电的外部设备，例如先打开打印机、多媒体音箱等设备的电源，待这些设备就绪后，再按下电脑机箱上的电源开关启动主机，这样可以避免外部设备打开时因不稳定的电流通过数据线等冲击主机，影响主机的运行。

开机后，计算机进行开机自检。通过自检后，进入 Windows 7 登录界面。若有多个账户，则有多个用户选择。选择需要登录的用户名，然后在用户名下方的文本框中输入登录密码，再按 Enter 键即可。

2）Windows 7 系统关机

关机方法与开机刚好相反，应先关闭主机然后关闭外部设备。主机的电源应由操作系统切断，让系统有充足的时间去处理程序关闭、磁盘读写指针归位等工作。Windows 7 操作系统的关机操作如图 3-2 所示。单击“开始”按钮→单击“关机”按钮。

3）Windows 7 睡眠和唤醒

电脑闲置时，除了关机之外，用户还可以考虑将电脑设为休眠或睡眠状态。与关机相比，系统休眠或睡眠具有以下优点：

(1) 不需要关闭正在进行的工作，电脑唤醒后，所有打开的程序、窗口马上恢复至休眠或睡眠之前的状态，方便用户继续完成中断的工作。

(2) 唤醒的速度比开机快得多。

方法：单击“开始”按钮→“关机”右边三角按钮 →“睡眠”命令即可，如图 3-2 所示。

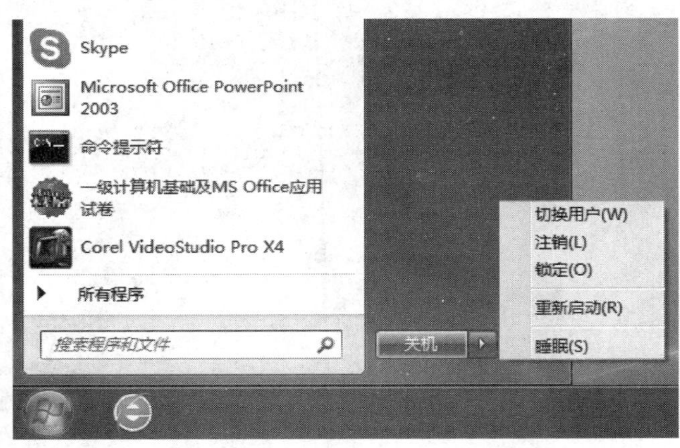

图 3-2　Windows 7 的“关机”命令

唤醒方法：按下机箱上电源开关键或单击鼠标左键即可唤醒计算机。

4）重新启动

选择“重新启动”选项后，系统将自动保存相关信息，然后将计算机重新启动并进入“用户登录界面”再次登录即可。

5）锁定

当用户需暂时离开计算机，但是正在进行某些操作又不方便停止，也不希望其他人查看自己机器，这时就可以选择“锁定”选项使电脑锁定，恢复到“用户登录界面”，再次使用时通过重新输入用户密码才能开启计算机进行操作。

6）注销

Windows 7 同样允许多用户操作，每个用户都可以拥有自己的工作环境并对其进行相应的设置。当需要退出当前的用户环境时，可以通过选择“注销”选项后系统将个人信息保存到磁盘中，并切换到“用户登录界面”。注销功能和重新启动相似，在注销前要关闭当前运行的程序，以免造成数据的丢失。

7）切换用户

选择“切换用户”选项后系统将快速地退出当前用户，并回到“用户登录界面”，以实现用户切换操作。

3.2.3 Windows 7 的个性化设置

Windows 7 默认的设置不一定适合每个人的使用习惯与审美观。因此，用户可以通过个性设置，自定义操作系统界面的外观、提示声音等项目，打造一个极具个性化的 Windows 7 界面。

1. 认识 Windows 7 界面

尽管 Windows 7 是一个操控十分人性化的操作系统，对于初学者而言，仍需要花费一些时间去了解桌面组件、窗口的使用方法，才能灵活操控它进行有效应用。用户登录系统后，可以看到 Windows 7 初始桌面。该桌面由开始菜单、桌面图标、任务栏、通知区域和桌面小工具五大部分组成，如图 3-3 所示。

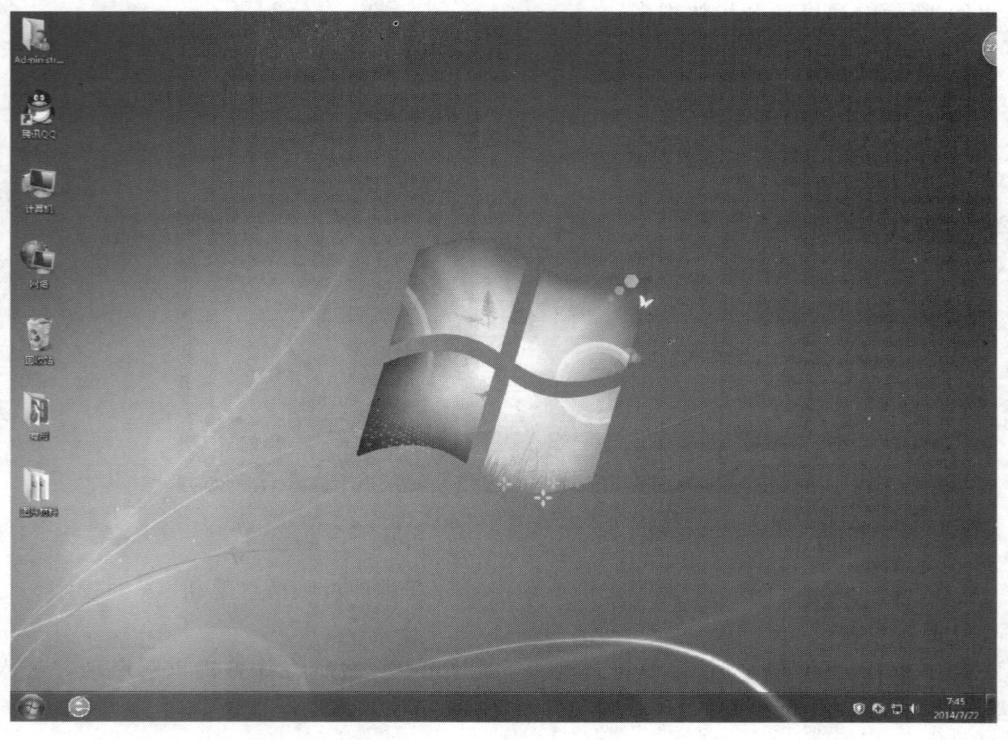

图 3-3　Windows 7 界面图

1）桌面图标

桌面图标由一个形象的小图片和说明文字组成。初始化的 Windows 7 桌面给人清新明亮、简洁的感觉。系统安装成功之后，桌面上呈现的只有“回收站”图标。在使用过程中，用户可以根据需要将自己常用的应用程序的快捷方式、经常要访问的文件或文件夹的快捷方式放置到桌面上，通过对其快捷方式的访问，达到快捷访问应用程序、文件或文件夹本身的目的。因此不同计算机的桌面也呈现出不同的图标。

2）“开始”按钮

“开始”按钮是用来运行 Windows 7 应用程序的入口，是执行程序最常用的方式。

3）回收站

回收站是硬盘上的一块存储空间，被删除的对象往往先放入回收站，而并没有真正地删除。将所选文件删除到回收站中，是一个不完全的删除。如果下次需要使用该删除文件时，可以从回收站中还原，因此还可以将回收站中的内容清空。

4）任务栏

任务栏是指桌面底部的长条方块，它由“开始”按钮、任务栏主体及通知区域三部分构成。一般情况下，所指的任务栏是指任务栏主体。

2. 桌面设置

1）使用 Windows Aero 界面

从 Windows Vista 系统开始，微软在系统中引入了 Aero 功能。只要电脑的显卡内存大于 128MB，并支持 DirectX 9 或以上版本，就可以打开该功能。打开该功能后，Windows 7 窗口呈现透明化，将鼠标悬停在任务栏的图标上，还可以预览对应窗口，打开和调整 Aero 功能的方法如下。

(1) 在桌面的空白处右击→选择“个性化”命令选项。

(2) 打开“个性化”窗口后，在 Aero 主题列表中选择一种 Aero 主题，系统便自动切换到该主题，单击“窗口颜色”图标，在打开的窗口中可以修改所选择的 Aero 主题，如图 3-4 所示。

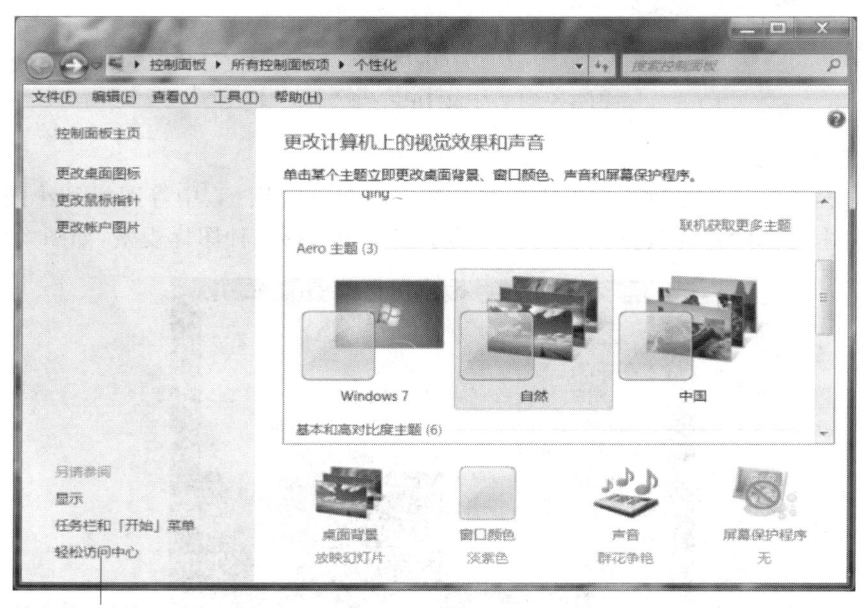

图 3-4 个性化设置窗口

注意：打开 Windows Aero 功能会占用系统资源，如果用户的硬件配置较低，例如内存容量小于 1.5GB，建议关闭此功能，以加快系统速度。在“个性化”窗口的“基本和高对比度主题”列表中选择 Windows 7 Basic 主题，即可关闭 Windows Aero 功能。

2) 设置桌面字体大小

使用 22 英寸或以上尺寸的显示器时，系统默认的字体偏小，有的用户阅读屏幕文字时可能会感到吃力，这时可以通过调整 DPI 来调整字体的大小，操作方法如下。

(1) 在桌面空白处右击，选择“屏幕分辨率”选项，然后在打开的窗口中单击“放大或缩小文本和其他项目”按钮。

(2) 打开“显示”窗口后，单击“设置自定义文本大小”按钮，弹出“自定义 DPI 设置”对话框，调整缩放百分比即可，如图 3-5 所示。

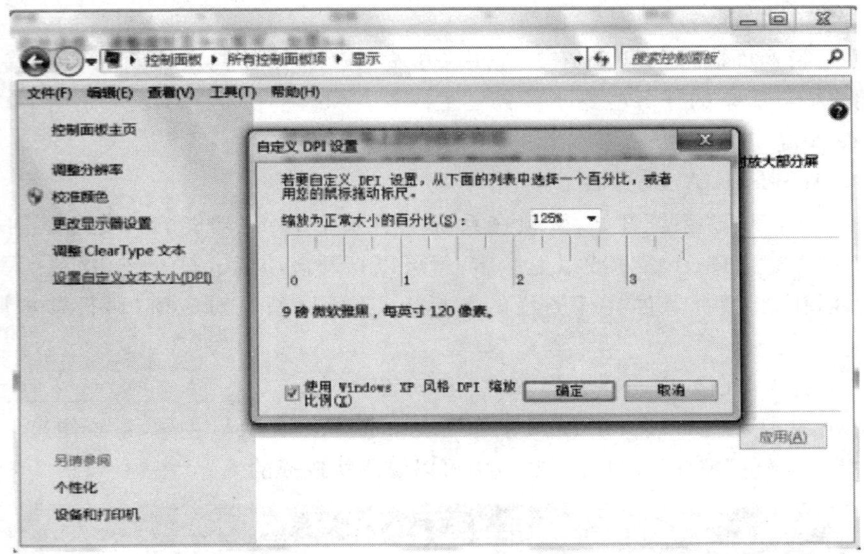

图 3-5 “自定义 DPI 设置”对话框

3) 桌面图标设置

Windows 7 为用户提供了三种大小规格的图标包括大图标、中等图标和小图标。在桌面空白处右击，选择“查看”选项，可在展开的子菜单中选择一种图标规格，如图 3-6 所示。

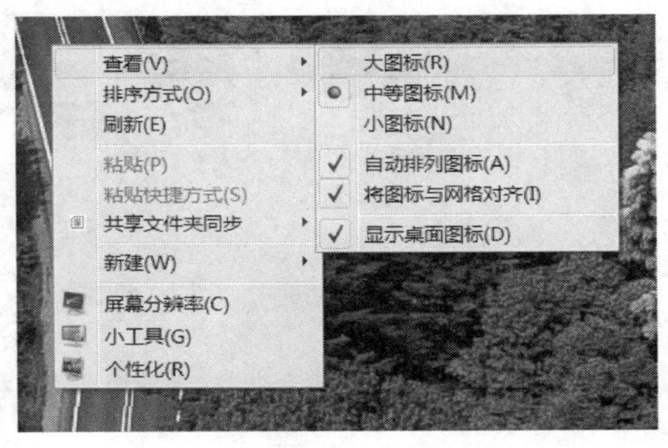

图 3-6 桌面图标设置示意图

默认情况下，桌面图标将显示阴影。如果用户想要去除此阴影，可以按照以下方法操作。

(1) 单击“开始”按钮，展开菜单后，在“计算机”选项上右击，选择“属性”选项。

(2) 打开“系统”窗口后，在左窗格中单击“高级系统设置”按钮。

(3) 弹出“系统属性”对话框后，如图 3-7 所示，默认显示“高级”选项卡，在“性能”区域中单击“设置”按钮，接着在“性能选项”对话框中取消选择“在桌面上为图标标签使用阴影”复选框即可，如图 3-8 所示。

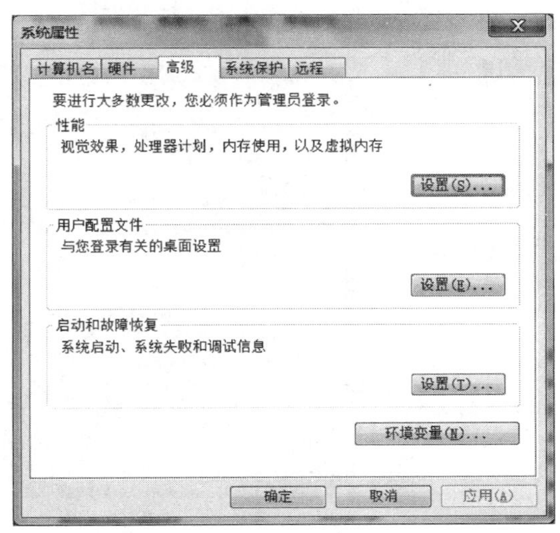

图 3-7　系统属性

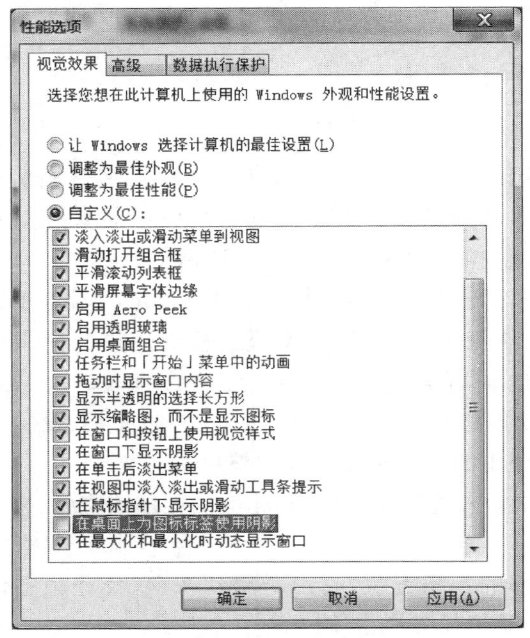

图 3-8　性能选项

4）自定义鼠标形状

Windows 7 系统提供了多套鼠标指针方案，用户可根据喜好选择其中的一种。另外Internet 上提供了很多样式可爱、色彩绚丽的鼠标指针图标（文件后缀名为.ani 或.cur），用户可以根据需要下载和自定义鼠标指针，方法如下。

（1）在桌面空白处单击右键，选择“个性化”选项，在打开的窗口中单击“更改鼠标指针”按钮。

（2）打开“鼠标属性”对话框后，单击“浏览”按钮，然后可在出现的窗口中选择要使用的图标，如图 3-9 所示。

(a)　　　　　　　　　　　　(b)

图 3-9　鼠标形状设置图

（3）完成自定义鼠标后，建议保存当前方案，方便以后快速应用。

3.2.4 开始菜单和任务栏

1. “开始”菜单的设置

“开始”按钮是用来运行 Windows 7 应用程序的入口，是执行程序最常用的方式。单击桌面左下角的“开始”按钮，即可显示“开始”菜单。“开始”菜单由应用程序列表、常用文件夹和功能设置选项及搜索框三部分组成，如图 3-10 所示。

（1）应用程序列表。它分为三部分，顶部是用户指定的附着于开始菜单的应用程序项目，中间是用户近期经常使用的应用程序（系统会根据用户的使用情况动态修改此部分内容），底部是“所有程序”选项，单击它可显示详细的程序列表。

（2）常用文件夹和功能选项。提供图片、音乐、控制面板、设备和打印机、关机等选项，方便用户快速打开经常使用的文件夹或系统调整项目。

（3）搜索框。在其中输入关键词，可找到相应的程序或文件。

2. 任务栏

任务栏是指桌面底部的长条方块，它由“开始”按钮、任务栏主体及通知区域三部分构成。一般情况下，任务栏是指任务栏主体。

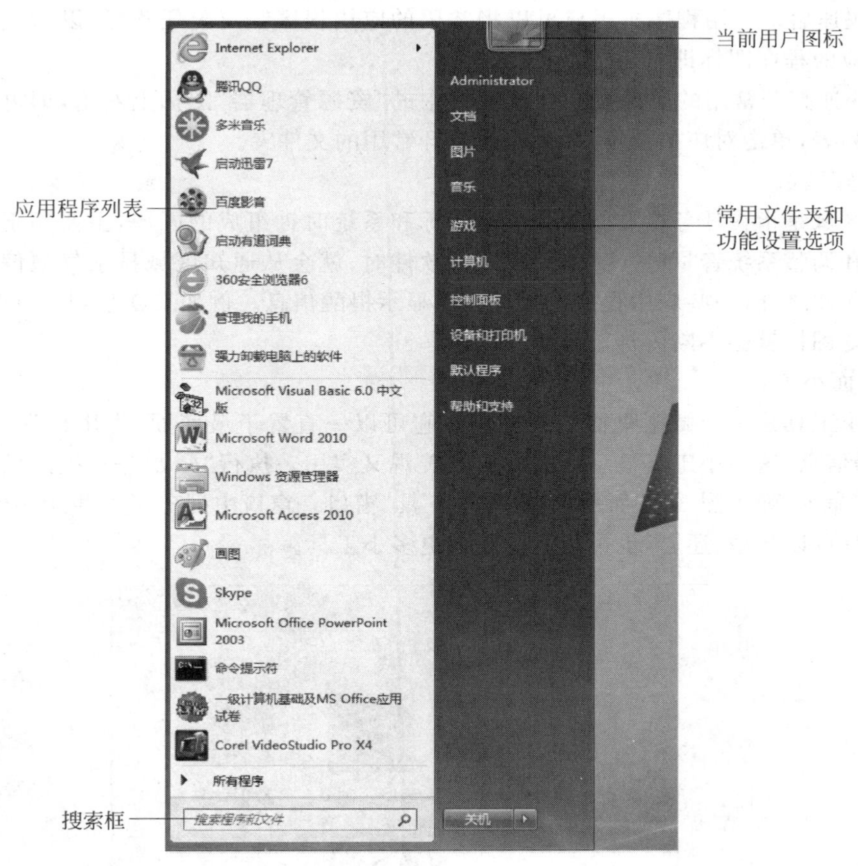

图 3-10 “开始”菜单

1）任务栏介绍

任务栏最早出现于 Windows 95 操作系统，它的作用是方便用户快速切换运行中的程序，而 Windows 7 系统将任务栏功能及作用扩展为以下 4 个。

（1）快速预见程序状态或窗口缩略图。用户所打开的窗口以及大多数应用程序均会在任务栏驻留图标，将鼠标移到相应的图标上即可，一些应用程序甚至会提供运行状态信息，如图 3-11 所示。

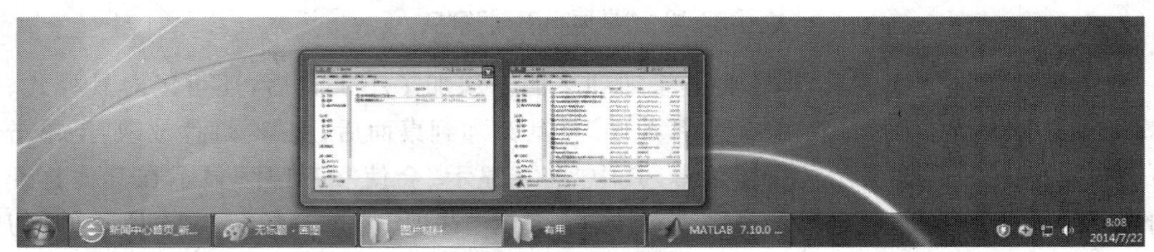

图 3-11 展示快速预览程序或窗口缩略图

（2）切换程序或窗口。单击程序或窗口的缩图，即可将缩图对应用的程序或窗口置于最前方，供用户进一步操作。

(3) 快速启动应用程序。用户可以将常用的应用程序锁定至任务栏，以后只需单击任务栏上相应的程序图标即可运行该程序。

(4) 快速打开常用的文件夹。在任务栏中的“资源管理器”图标上右击，即可查看常用的文件夹列表，单击对应的选项，即可快速打开常用的文件夹。

2) 通知区域

通知区域是指在任务栏右侧由几个小图标和系统时钟组成的区域，主要用于显示系统状态信息和调整系统音量等。例如关闭防毒软件时，就会从通知区域显示气泡信息提醒用户注意。除此之外，一些应用程序也在该区域显示提醒信息。例如 QQ 收到信息时，通知区域中的 QQ 图标就会不断闪烁。

3) 桌面小工具

桌面小工具是一个微型桌面应用程序。它可以一直置于最前面，为用户提供天气、系统、股市等信息，这些小工具显示在桌面上既美观又实用。执行“开始”→“控制面板”→“桌面小工具”命令，弹出图 3-12 所示的“桌面小工具”窗口。窗口中列出了一些实用的小工具，这些小工具可以卸载、还原，也可以联机获取更多小工具。

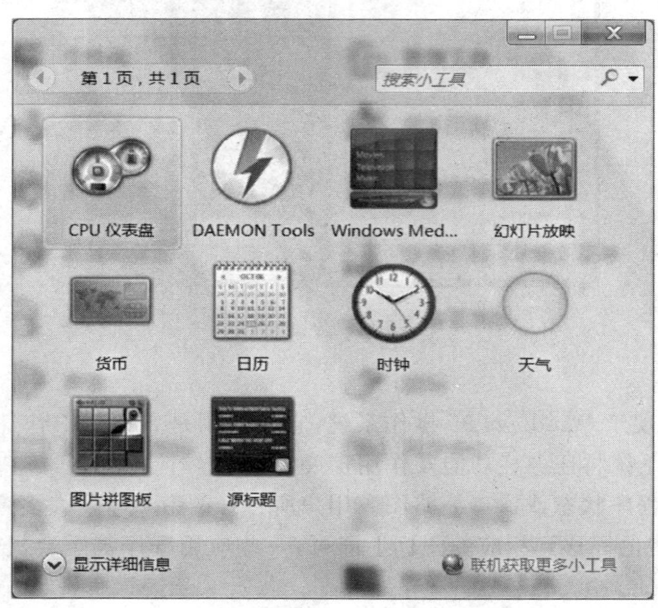

图 3-12 “桌面小工具”窗口

双击需要添加的小工具，即可将其添加到桌面。添加了小工具后，还可以对其样式、显示效果等进行设置。例如，双击“幻灯片放映”将其添加到桌面后，在“幻灯片放映”上单击鼠标右键，弹出如图 3-13 所示的快捷菜单，其中“前端显示”会使“幻灯片”显示在其他打开窗口的前端；“不透明度”可以对透明度进行选择；选择“选项”则打开如图 3-14 所示的“幻灯片放映”对话框。在“文件夹”区域，用户可以通过单击右侧的 ▾ 下拉列表选择，也可以单击 ... 按钮，通过打开的浏览对话框，打开需要设置的幻灯片；在“每张图片显示的时间”和“图片之间的转换”区域分别设置每张幻灯片显示的时间和幻灯片之间如何转换，设置完成后单击“确定”按钮。

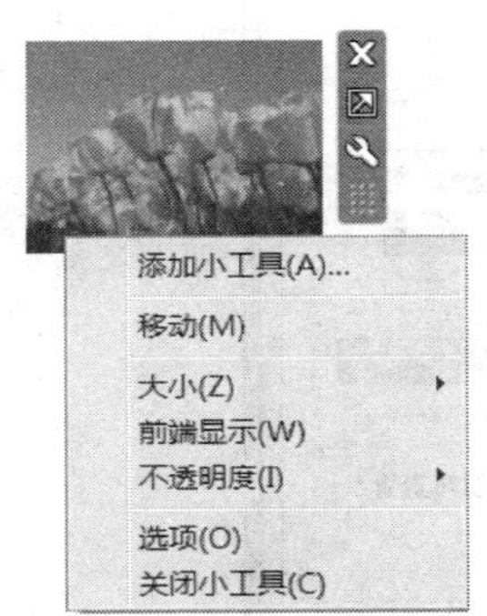

图 3-13 “幻灯片放映”快捷菜单

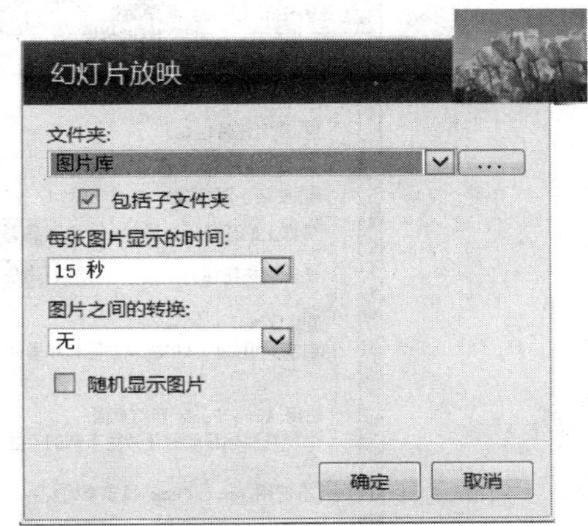

图 3-14 “幻灯片放映”对话框

3. 任务栏的设置

1）调整任务栏的大小

若未“锁定任务栏”，将鼠标移到任务栏的边线，当鼠标指针变成⇕形状时，按住鼠标左键不放，拖动鼠标到合适大小即可。若已“锁定任务栏”可先右击任务栏空白处，取消锁定，再操作即可。

2）调整任务栏位置

在任务栏空白处右击鼠标，在弹出的快捷菜单中选择“属性”，弹出图 3-15 所示的“任务栏和「开始」菜单属性”对话框，在“屏幕上的任务栏位置”下拉列表框中选择所需选项，单击“确定”按钮；若未“锁定任务栏”，也可直接使用鼠标进行拖拽，即将光标移动到任务栏的空白位置，按下鼠标左键拖动鼠标到屏幕的上方、左侧或右侧，即可将其移动到相应位置。

3）设置任务栏外观

在图 3-15 的“任务栏和「开始」菜单属性”对话框中，可以设置是否锁定任务栏、是否自动隐藏任务栏、是否使用小图标以及任务栏按钮显示方式等。

4）设置任务栏通知区

任务栏的“系统通知区”用于显示应用程序的图标。这些图标提供有关接收电子邮件更新、网络连接等事项的状态和通知。初始时“系统通知区”已经有一些图标，安装新程序时有时会自动将些程序的图标添加到通知区域，用户可以根据自己的需要决定哪些图标可见，哪些图标隐藏等。具体步骤如下。

(1) 在图 3-15 的“任务栏和「开始」菜单属性”对话框的“通知区域”单击“自定义”按钮，打开如图 3-16 所示的“自定义通知图标”窗口。

(2) 在窗口中部的列表框中，可以设置图标的显示及隐藏方式。在窗口左下角单击“打开或关闭系统图标”链接，可以打开“系统图标”窗口，在此窗口中可以设置“时钟”、“音量”等系统图标是打开还关闭，如图 3-17 所示。

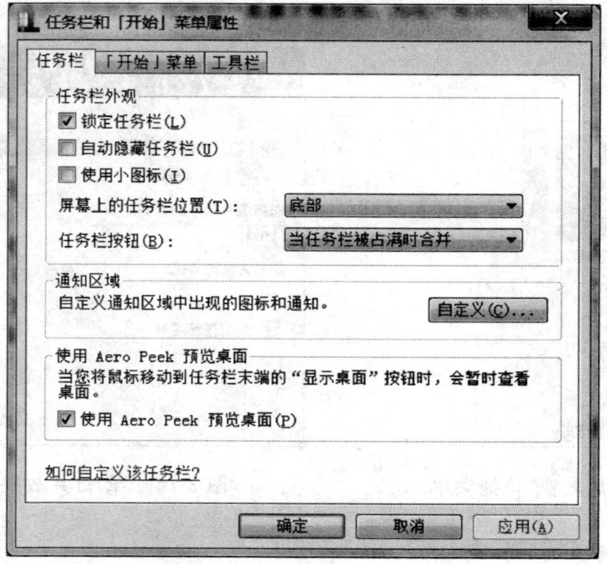

图 3-15 “任务栏和「开始」菜单属性”对话框

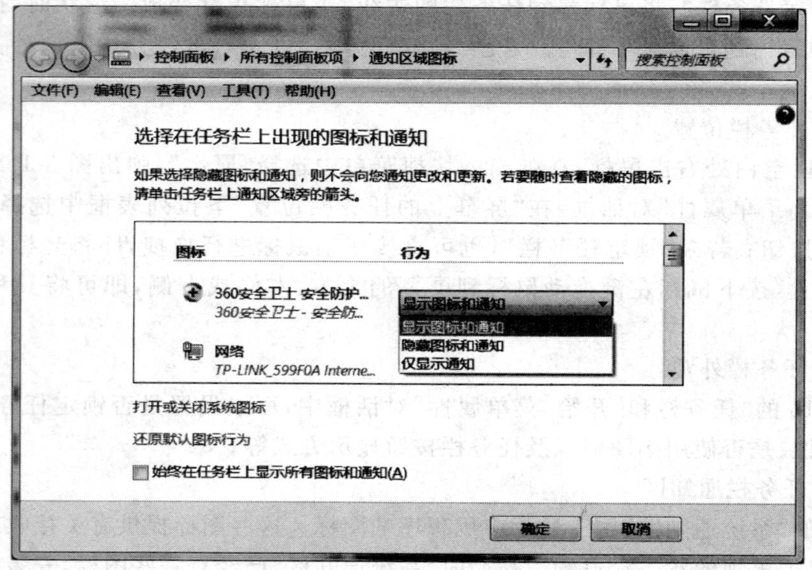

图 3-16 “自定义通知图标”设置窗口

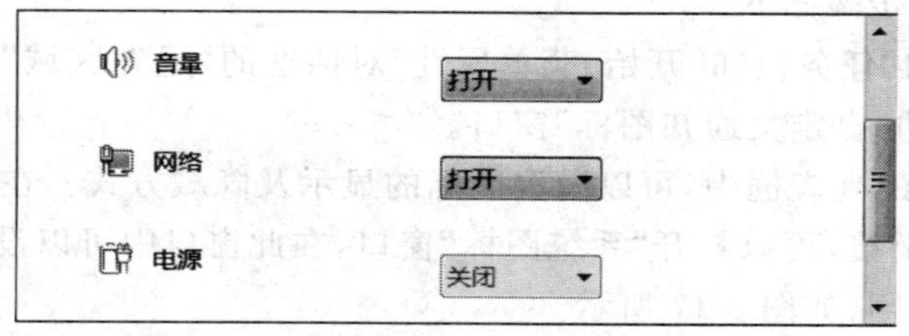

图 3-17 设置系统图标的显示或隐藏

(3) 使用鼠标拖拽的方法显示或隐藏图标。方法是：单击通知区域旁边的箭头，然后将隐藏的图标拖动到如图 3-18 所示的溢出区；也可以将任意多个隐藏图标从溢出区拖动到通知区。

图 3-18　溢出区

4. 添加显示工具栏

任务栏中还可以添加显示其他的工具栏。右击任务栏的空白处，弹出快捷菜单，从工具栏的下一级菜单中选择，可决定任务栏中是否显示"地址"、"链接"、"桌面"或"语言栏"工具栏等。

3.2.5　窗口及常见组件

在 Windows 7 操作系统中，大多数的交互操作均在"窗口"完成。所以了解"窗口"及其基本操作，是初学者的必学内容。

1. 窗口组成

显示程序、文件夹等内容的矩形架就是"窗口"。常见的窗口是由标题栏、窗口控制按钮、边框、导航窗格、工具栏、滚动条、窗口工作区域、功能按钮、搜索栏以及菜单共同组成的，如图 3-19 所示。

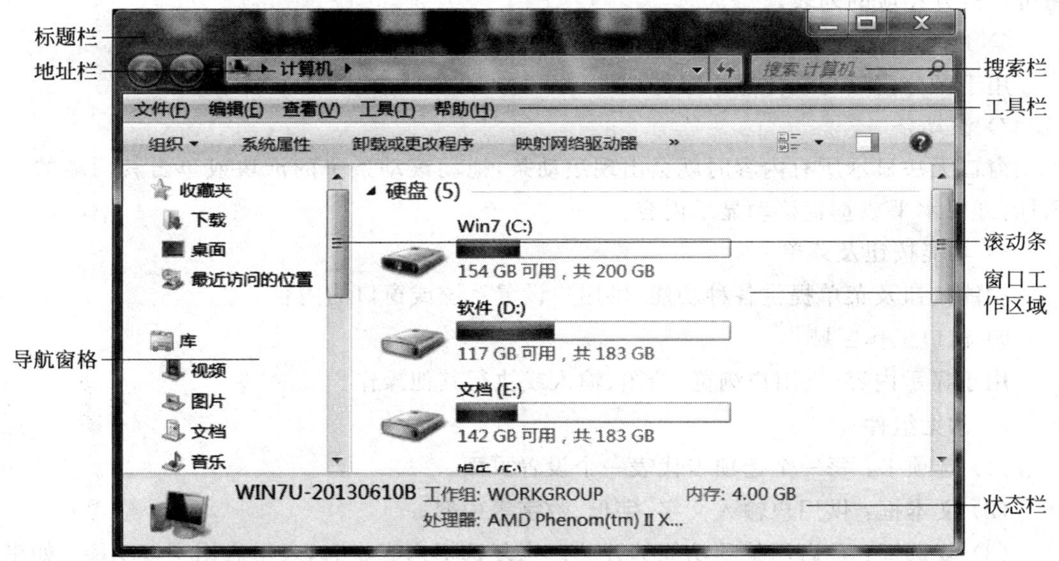

图 3-19　窗口组成

1) 标题栏

标题栏位于窗口顶部，除小部分窗口的标题栏为空白之外，大部分窗口的标题栏会显示当前打开的文件及程序名称。

在标题栏的右侧有三个按钮，即"最小化"按钮、"最大化"按钮和"关闭"按钮。最大化状态可以使一个窗口占据整个屏幕，窗口在这种状态时不显示窗口边框；最小化状态以 Windows 图标按钮的形式显示在任务栏上；"关闭"按钮关闭整个窗口。在最大化的情况下，中间的按钮为"还原"按钮，还原状态下(既不是最大化也不是最小化的状态，该状态下中间的按钮为"最大化"按钮)使用鼠标可以调节窗口的大小。

单击窗口左上角或按 Alt ＋空格键，将显示窗口的控制菜单。在系统菜单中通过选择相应的选项，可以使窗口处于恢复状态、最大化、最小化或关闭状态。另外，选择“移动”选项，可以使用键盘的方向键在屏幕上移动窗口，窗口移动到适当的位置后按 Enter 键完成操作；选择“大小”选项，可以使用键盘的方向键来调节窗口的大小。

2）地址栏

显示当前窗口文件在系统中的位置。其左侧包括“返回”按钮和“前进”按钮，用于打开最近浏览过的窗口。

3）搜索栏

用于快速搜索计算机中的文件，后面将详细介绍。

4）工具栏

该栏会根据窗口中显示或选择的对象同步进行变化，以便用户进行快速操作。

5）导航窗格

导航窗格位于工作区的左边区域，与以往的 Windows 系统版本不同的是 Windows 7 操作系统的导航窗格包括“收藏夹”、“库”、“计算机”和“网络”4 个部分，单击其前面的 ◢ 按钮可以打开相应的列表。

6）边框

用于区分窗口与其他桌面组件。

7）滚动条

窗口无法显示所有内容时就会出现滚动条，拖动滚动条中的滑块或单击其两端的三角图标，即可水平或垂直移动显示内容。

8）功能按钮及菜单

功能按钮及菜单提供各种功能，供用户设置系统或窗口的内容。

9）窗口工作区域

用于显示内容，供用户浏览、绘图、输入或执行其他操作。

2．常见组件

(1) 选项卡：每一个选项卡代表一个设置页面。

(2) 文本框：供用户输入文字、字母、数字等内容。

(3) 复选框：是启用某项功能的开关。当复选框内有√时，表示启用了该功能：如果为空白状态，表示该功能未启用。

(4) 单选按钮：是多选一的功能开头。当单选按钮内有实心点时，表示该项处于选择状态。

(5) 链接文字(按钮)：当鼠标指针移到链接文字时会呈现手状，单击即可打开链接文字所指向的某项功能或设置窗口。

(6) 滑块：滑块是一种直观调控的组件。用户只需拖动滑块，即可调控颜色、安全级别等项目。

(7) 下拉菜单：当多个选项只需选择其中一个时，除了单选按钮外，下拉菜单也相当常见。只需单击三角按钮即可展开下拉菜单，然后选择所需选项即可。

3.3 资源管理

Windows 7 资源管理器和“计算机”是 Windows 7 提供的用于管理文件和文件夹的两个应用程序，两者的功能类似。其原因是它们调用的都是同一个应用程序 explorer. exe。本书以资源管理器为例介绍文件和文件夹的管理。

3.3.1 Windows 7 资源管理器

资源指计算机中所有可以利用的东西，如硬件资源、软件资源、功能资源、控制资源等。资源管理器是一个非常重要的应用程序。它是 Windows 中各种资源的管理中心，除能对文件和文件夹进行管理外，它还能够对计算机系统的所有硬件、软件、控制面板、回收站和公文包进行管理。

1. Windows 7 资源管理器的启动

Windows 7 资源管理器的启动方法。

(1) 单击桌面“开始”菜单按钮，在开始菜单中单击“Windows 7 资源管理器”命令按钮即可打开，如图 3-20 所示。

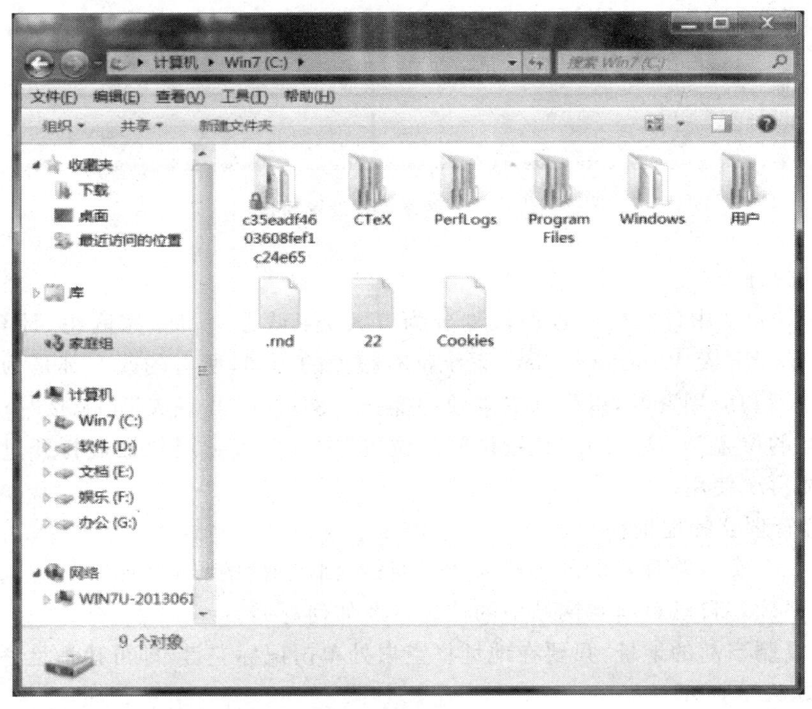

图 3-20　资源管理窗口

(2) 右击“开始”菜单按钮，在弹出的快捷菜单中单击“Windows 7 资源管理器”命令按钮即可打开。

2. Windows 7 资源管理器窗口功能

默认情况下，Windows 7 资源管理器的菜单处于隐藏状态，只有按 Alt 键后，菜单栏才会显示出来。习惯使用传统菜单的用户可以设置菜单栏始终显示，方法如下。

打开资源管理器，单击“组织”按钮，在其下拉菜单选择“布局”→“菜单栏”选项即可，如图 3-21 所示。

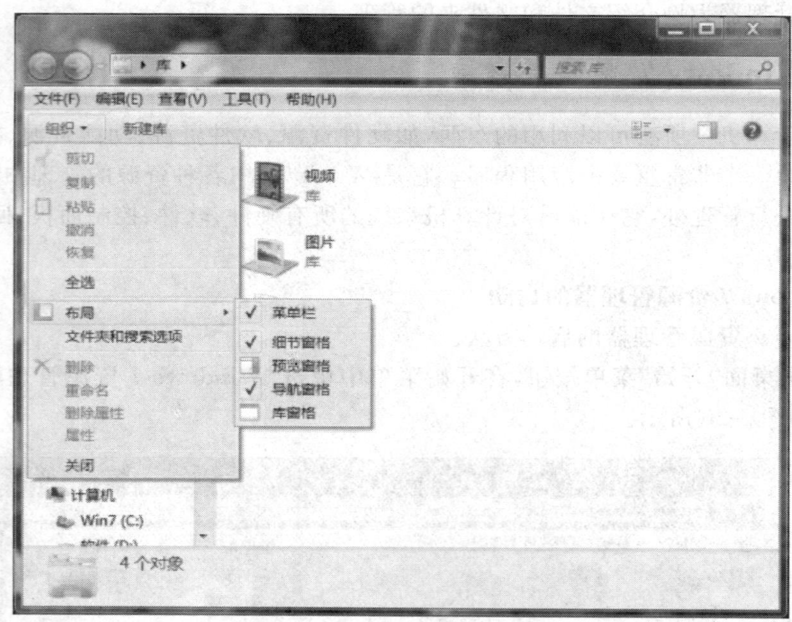

图 3-21　资源管理设置窗口

1）资源的分类

在 Windows 7 中计算机的资源被划分为五大类：收藏夹、库、家庭组、计算机和网络。这与 Windows XP 及 Windows Vista 系统都有很大的不同，所有的改变都是为了让用户更好地组织、管理和应用资源，以带来更高效的操作。例如在“收藏夹”下包括“下载”、“桌面”和“最近访问的位置”三项，如在“最近访问的位置”中可以查到用户最近打开过的文件和系统功能，方便再次使用。

2）资源管理器的地址栏

Windows 7 资源管理器的地址栏采用了叫做“面包屑”的导航功能，“面包屑”导航功能使用户能方便确定自己目前在网站中的位置以及如何返回。

如果要复制当前的地址，只要在地址栏空白处单击鼠标左键，即可让地址栏以传统的方式显示，如图 3-22 所示。

3）菜单栏

在菜单栏方面，Windows 7 的布局方式发生了很大变化，它不再显示工具栏，一些最常用的功能被直接作为顶级菜单而置于菜单栏上，如“新建文件夹”命令，如图 3-20 所示。

4）搜索框

在地址栏右侧，可以再次看到 Windows 7 无处不在的搜索框。在搜索框中输入搜索关键词后按 Enter 键，立刻就可以在资源管理器中得到搜索结果，不仅搜索速度快，且搜索过程的界面表现也很出色，包括搜索进度条、搜索结果条目显示等，如图 3-23 所示。

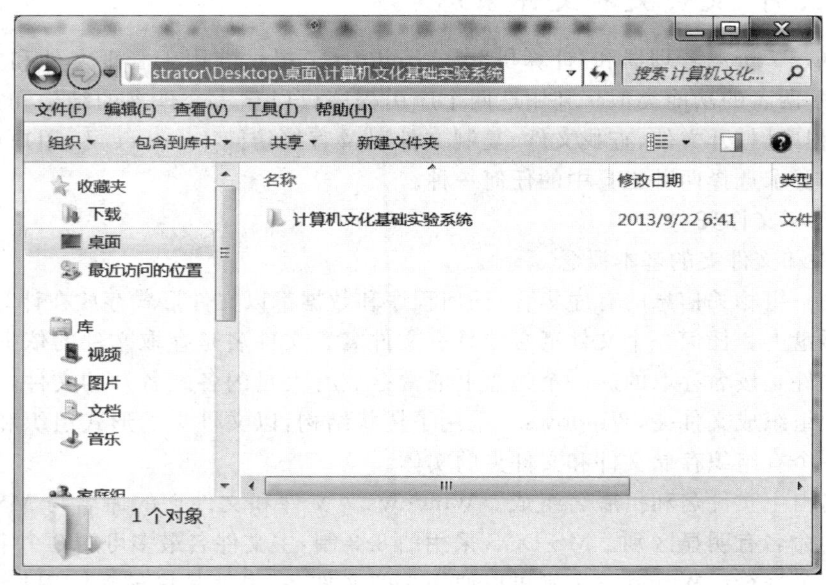

图 3-22　地址栏复制图

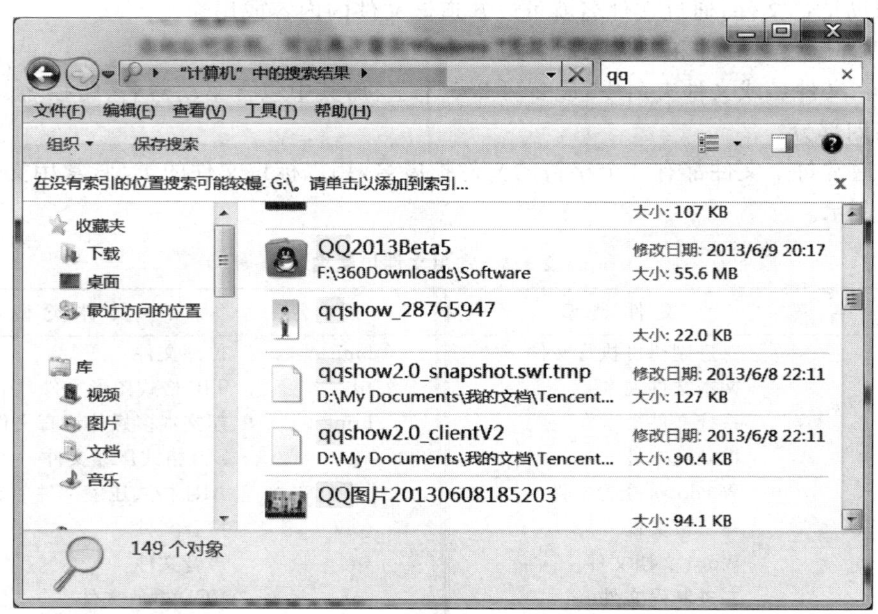

图 3-23　搜索管理器中搜索框

5）预览功能

Windows 7 资源管理器的预览曾经是个很鸡肋的功能，现在 Windows 7 不仅可以实现对图片的预览，还可以预览文本、Word 文件、字体文件等，这些预览效果可以方便用户快速了解其内容。用户按 Alt+P 快捷键或者单击菜单栏的按钮即可隐藏或显示预览窗口。

3.3.2 文件、文件夹和文件系统

Windows 7 资源管理器和“计算机”是 Windows 7 提供的用于管理文件和文件夹的两个应用程序,两者的功能类似。利用这两个应用程序可以显示文件夹的结构和文件的详细信息、启动程序、打开文件、查找文件、复制文件以及直接访问 Internet 网,用户可以根据自身的习惯和要求选择两种工具中的任何一种。

1. 文件和文件夹

1) 文件和文件夹的基本概念

文件是一组相关信息的有序集合,任何程序和数据都以文件形式存放在计算机辅存中,通常放在磁盘上。任何一个文件都必须具有文件名。文件名是存取文件的依据,也就是说计算机的文件是按名存取的。一个磁盘上通常存放有大量的各式各样的文件,必须把这些分门别类地组织成文件夹,Windows 7 采用了树状结构,以文件夹的形式组织和管理文件。文件夹是一个有组织存储文件和文件夹的实体。

文件名由主文件名和扩展名组成。Windows 7 文件和文件夹的命名与 MS-DOS 文件和文件夹的命名有明显区别。MS-DOS 采用的 8.3 制,主文件名最多可用 8 个字符,扩展名最多可用 3 个字符。Windows 7 则可以使用长的文件名,也就是说最多使用长达 255 个字符作为文件名和文件夹名,其中还可以包含空格。使用长文件名的用途是可以使用描述性的名称帮助记忆文件,通过文件名就可以知道该文件的内容或用途。

2) Windows 7 文件和文件夹命名规则

(1) 在文件名或文件夹名中,最多可 255 个字符,其中包含驱动器名、路径名、主文件名和扩展名四部分。

(2) 通常每个文件都有 3 个字符的文件扩展名,用以标识文件的类型,常用文件扩展名如表 3-2 所示。

表 3-2 常用文件扩展名

扩 展 名	文 件 类 型	扩 展 名	文 件 类 型
.exe	二进制码可执行文件	.bmp	位图文件
.txt	文本文件	.tif	TIP 格式图形文件
.sys	系统文件	.html	超文本多媒体语言文件
.bat	批处理文件	.zip	ZIP 格式压缩文件
.ini	Windows 配置文件	.arj	ARJ 格式压缩文件
.wri	写字板文件	.wav	声音文件
.docx	Word 文档文件	.au	声音文件
.bin	二进制码文件	.dat	VCD 播放文件
.cpp	C++语言源程序文件	.mpg	MPG 格式压缩移动图形文件

(3) 文件名或文件夹名中不能出现以下字符:

\ /: * ? “ < > |

(4) 查找文件名或文件夹名时可以使用通配符 * 和“?”。

(5) 可以使用多分隔符的名字,例如 yourname.book.bag。

2. Windows 7 文件名转换成 MS-DOS 文件名

Windows 7 文件名转换成 MS-DOS 文件名的规则如下：

(1) 如果长文件名有多个点“.”，则最后一个点后的前 3 个字符作为扩展名。

(2) 如果文件的主文件名小于或等于 8 个字符，则可以直接作为短文件名。否则选择前 6 个字符，然后加上一个～符号，再加上一个数字。

(3) 如果 Windows 7 的长文件名中包含有 MS-DOS 文件命名规则中的非法字符，如空格，则在转换过程中将把非法字符去掉。

3. 文件系统

文件系统是操作系统用于明确磁盘或分区上的文件的方法和数据结构，即在磁盘上组织文件的方法，也指用于存储文件的磁盘或分区，或文件系统种类。

举个通俗的比喻，一块硬盘就像一块空地，文件就像不同的材料。首先得在空地上建起仓库(分区)，并且指定好(格式化)仓库对材料的管理规范(文件系统)，这样才能将材料运进仓库保管。

文件系统是对应硬盘的分区的，而不是整个硬盘。不管是硬盘只有一个分区，还是几个分区，不同的分区可以有不同的文件系统，主流的文件系统有 FAT、FAT32、NTFS 等。

1) FAT

FAT 的全称是 File Allocation Table(文件分配表系统)，最早于 1982 年开始应用于 MS-DOS 中。FAT 文件系统主要的优点就是它可以允许多种操作系统访问，如 MS-DOS、Windows 3. x、Windows 9x、Windows NT 等。这一文件系统在使用时遵循 8.3 命名规则。

2) FAT32

FAT32 主要应用于 Windows 98 系统，它可以增强磁盘性能并增加可用磁盘空间。与 FAT 相比，它的一个簇的大小要比 FAT 小很多，所以可以节省磁盘空间，而且它支持 2GB 以上大小的分区。

3) NTFS

NTFS 是专用于 Windows NT/2000 等以上操作系统的高级文件系统，它支持文件系统故障恢复，尤其是大存储媒体、长文件名。

NTFS 文件系统相比 FAT32 和 FAT 的最大优点在于支持文件加密；其次就是能够很好地支持大硬盘，且硬盘分配单元非常小，从而减少了磁盘碎片的产生。NTFS 更适合现今硬件配置(大硬盘)和操作系统(Windows XP、Windows 7 等)；另外，NTFS 文件系统相比 FAT32 有更好的安全性。

在运行 Windows XP 的计算机上，用户可以选用上述三种文件系统，一般推荐使用 NTFS 文件系统，但是在 Windows 7 系统中，只能采用 NTFS 的文件系统。

4. 更改文件或文件夹的属性

在某一文件或文件夹上单击鼠标右键，在弹出的快捷菜单中选择“属性”，弹出如图 3-24 所示的“属性”对话框。该对话框提供了该对象的有关信息，包括文件类型、大小、创建时间、文件的属性等。

(1) “只读”属性。被设置为只读型的文件，只能允许读操作，即只能运行，不能被修改和删除。将文本设置为“只读”属性后，可以保护文件不被修改和破坏。

(2) “隐藏”属性。设置为隐藏属性的文件不能在窗口中显示。对隐藏属性的文件，如

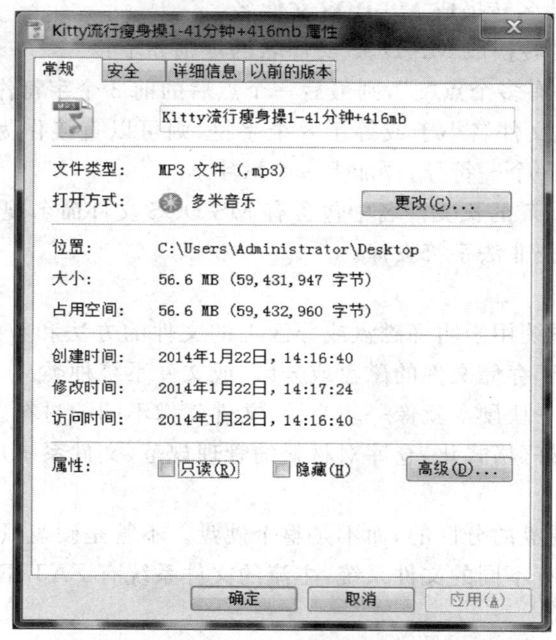

图 3-24 "属性"对话框

果不知道文件名,就不能删除该文件,也无法调用该文件。如果希望能够在"Windows 7 资源管理器"或"计算机"窗口中看到隐藏文件,可以在菜单栏中的"工具"→"文件夹选项"→"查看"选项卡中进行设置,如图 3-25 所示,选中"显示隐藏的文件、文件夹和驱动器"选项即可。

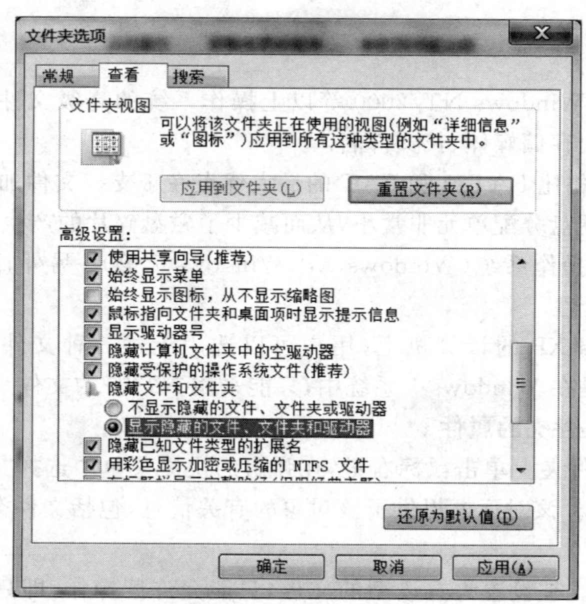

图 3-25 "文件夹选项"对话框

使用“属性”对话框还可以设置未知类型文件的打开方式。在选择的文件上单击鼠标右键，在弹出的快捷菜单中选择“属性”选项，单击“更改”按钮，在“打开方式”对话框中选择打开该文件的应用程序。

3.3.3 文件或文件夹的基本操作

在 Windows 7 中无论程序、歌曲、影片还是文本资料，均以文件的方式存储和管理，所以文件的操作是最基本的操作。

1. 选择文件

在 Windows 7 中，无论是复制、剪切还是删除操作，都需要先选择，以确定操作的对象，然后再操作。

(1) 选择单个文件或文件夹。方法是单击要选择的文件(或文件夹)，当文件(或文件夹)图标外显示浅色的方框时，表示已成功选中该文件(或文件夹)。

(2) 选择多个连续排列的文件或文件夹。方法是单击鼠标选择第一个文件或文件夹，然后按 Shift 键，再选择最后一个文件或文件夹，首尾文件之间所有文件或文件夹均处于选中状态。

(3) 选择多个不连续排列的文件或文件夹。方法是按住 Ctrl 键不放，逐一选中文件或文件夹，完成后松开 Ctrl 键，即可选择多个不连续的文件或文件夹。

(4) 选择全部文件和文件夹。方法是选择菜单栏中“编辑”→“全选”命令，或按快捷 Ctrl＋A，可选择全部文件和文件夹。

(5) 选择大部分文件和文件夹。方法是先选择小部分文件和文件夹，然后选择菜单栏“编辑”→“反向选择”命令即可。

2. 创建新文件夹

首先选定创建新文件夹所在位置，然后使用以下几种方法可以创建新文件夹。

(1) 选择菜单栏“文件”→“新建”→“文件夹”命令，右窗口中出现临时的“新建文件夹”名称，输入新文件夹的名称，按 Enter 键或用鼠标单击其他任何位置，即创建了新文件夹。

(2) 在所选的位置的空白处右击鼠标，弹出快捷菜单，选择“新建”→“文件夹”命令，出现“新建文件夹”名称的文件夹，输入新文件夹的名称，按 Enter 键或用鼠标单击其他任何位置，即创建了新文件夹。

(3) 单击工具栏中的“新建文件夹”按钮，在右侧工作区出现临时的“新建文件夹”，输入新文件夹的名称，按 Enter 键或用鼠标单击其他任何位置，即创建了新文件夹。

3. 删除文件或文件夹

回收站是一个系统文件夹，其作用是把删除的文件或文件夹临时存放在一个特定的磁盘空间中，删除文件或文件夹的操作方法如下。

(1) 选中要删除的文件或文件夹，然后按 Delete 键，弹出“删除文件夹”对话框，单击“是”按钮，如图 3-26 所示。

(2) 选定要删除的文件或文件夹，然后选择“文件”→“删除”命令，弹出“删除文件夹”对话框，单击“是”按钮。

(3) 右击要删除的文件或文件夹，在快捷菜单中选择“删除”命令，弹出“删除文件夹”对话框，单击“是”按钮，如图 3-26 所示。

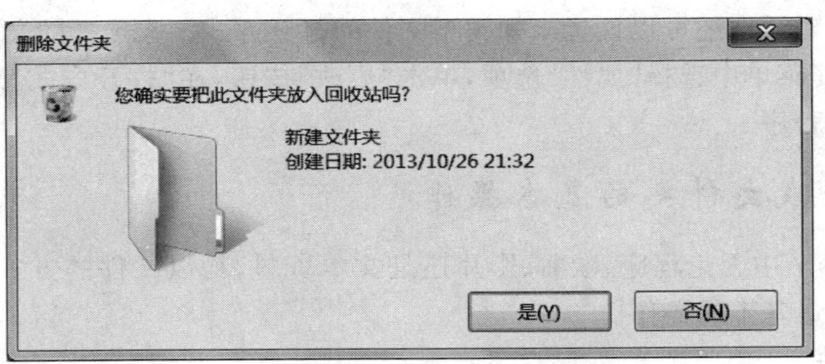

图 3-26 “删除文件夹”对话框

注意：

- 上述删除操作并没有将文件或文件夹从磁盘上删除，而是将它们移动到回收站。
- 拖动文件到回收站也可以删除该文件或文件夹。
- 使用“删除”命令时按住 Shift 键，可以直接将它们从磁盘上删除，而不送入回收站。

4. 恢复已删除的文件或文件夹及回收站的使用

当删除一个文件或文件夹后，如果还没有执行其他操作，那么可以选择“编辑”→“撤销删除”命令，将刚刚删除的文件或文件夹恢复，然后选择“查看”→“刷新”命令，更新“资源管理”窗口中的显示信息。

如果删除磁盘上的文件或文件夹后，又执行了其他的操作，这时要恢复被删除的文件或文件夹，就需要在“回收站”中进行。其具体步骤如下。

(1) 双击桌上的“回收站”图标或单击资源管理器中的“回收站”图标，打开“回收站”窗口，如图 3-27 所示。

图 3-27 “回收站”窗口

(2) 在回收站中选中要恢复的对象。

(3) 单击回收站任务栏中的“还原此项目”命令，即可恢复。也可选择“文件”→“还原”

命令。

5. 复制文件或文件夹

文件或文件夹的复制步骤完全相同，不过在复制文件夹时，该文件夹内的所有文件和下级文件夹以及下级文件夹内的文件都被复制。即文件和文件夹的复制可以同步进行。复制文件或文件夹有多种方法，可以使用“计算机”，也可以使用资源管理器，或利用剪贴板来完成。下面介绍四种方法。

1）选定文件后执行“复制”操作，操作方法有 4 种。

（1）单击鼠标右键，在弹出的快捷菜单中选择“复制”命令。

（2）选择菜单栏“编辑”→“复制”命令。

（3）单击工具栏“组织”→“复制”按钮。

（4）按“复制”命令的快捷键 Ctrl＋C。

2）选定目标位置后，再执行“粘贴”操作，操作方法如下。

（1）单击鼠标右键，在弹出的快捷菜单中选择“粘贴”命令。

（2）选择菜单栏“编辑”→“粘贴”命令。

（3）单击工具栏中“组织”→“粘贴”按钮。

（4）按“粘贴”命令的快捷键 Ctrl＋V。

6. 移动文件或文件夹

移动文件或文件夹就是将文件或文件夹从一个位置移动到另一个位置。与复制操作不同的是移动操作后被操作的文件或文件夹不在原先的位置。

“移动”操作有如下几种方法。

（1）使用“剪切”和“粘贴”命令移动文件或文件夹。

（2）使用鼠标右键移动文件或文件夹。将按住右键拖选中的文件或文件夹，拖到目标位置后，松开右键，弹出快捷菜单，单击“移动到当前位置”命令按钮，如图 3-28 所示。

（3）使用鼠标左键移动文件或文件夹。选择文件夹，同时按住鼠标左键和 Shift 键不放，拖动鼠标至目标文件后释放鼠标左键，即可完成文件夹的移动。

（4）使用“编辑”菜单栏中的命令移动文件或文件夹。第一，在资源管理器窗口中选中需移动的文件或文件夹，单击“编辑”菜单，选择“移动到当前位置”命令。弹出如图 3-29 所示的对话框；第二，在对话框中选择目标文件夹，然后单击“移动”按钮。

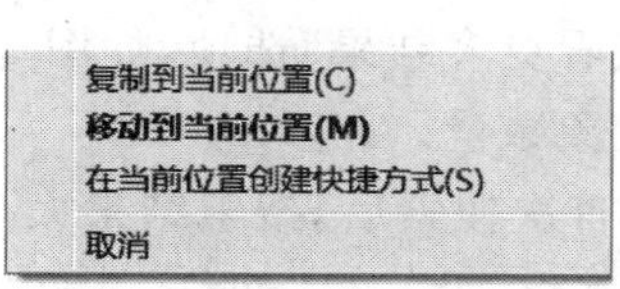

图 3-28 移动列表

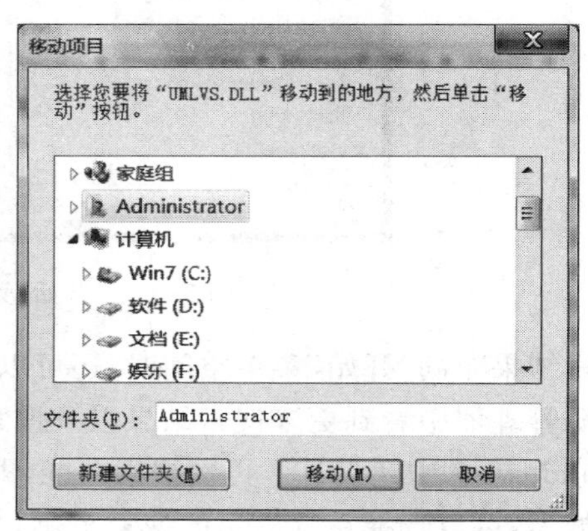

图 3-29 “移动项目”对话框

7. 重命名

选定要重命名的文件或文件夹，单击菜单栏的“编辑”项(或右击弹出快捷菜单)，选择“重命名”命令，此时被选定的文件或文件夹的名称将变成蓝色，输入新的名称即可。

8. 查找文件或文件夹

在 Windows 7 系统中对搜索功能进行了改进，不仅在“开始”菜单可以进行快速搜索，而且对于硬盘文件搜索推出了索引功能。下面介绍如何利用 Windows 7 搜索功能快速高效地查找需要的文件。

1) 从“开始”菜单快捷搜索

Windows 7“开始”菜单设计了一个搜索框，可用来查找存储在计算机上的文件资源。操作方法：在搜索框中输入关键词(例如“QQ”)后，可自动开始搜索，搜索结果会即时显示在搜索框上方的“开始”菜单中，并会按照项目类进行分门别类，如图 3-30 所示。搜索结果还可以根据输入关键词的变化而变化，例如将关键词改成文件时，搜索结果会即刻改变，非常智能化。

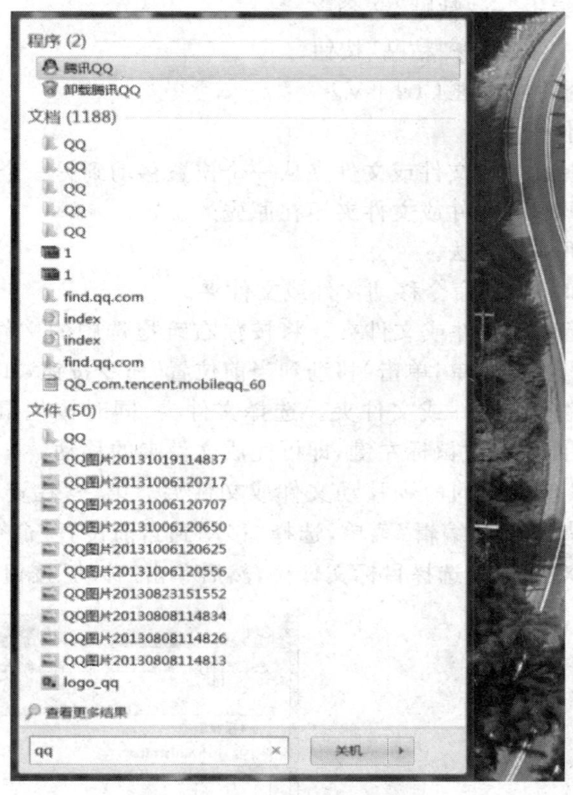

图 3-30 “开始”菜单中搜索框

当搜索结果布满“开始”菜单空间时，还可以单击“查看更多结果”选项，如图 3-31 所示，即可在资源管理器中看到更多搜索结果以及搜索到的对象数量。

在 Windows 7 中还设计了再次搜索功能，即在经过首次搜索后，搜索结果太多时，可以进行再次搜索，可以选择系统提示的搜索范围，如库、家庭组、计算机、网络、文件内容等，也可以自定义搜索范围。如图 3-32 所示，在右上角搜索框里可以再根据名称、修改日期、类型、大小进行进一步的搜索。

图 3-31　查看更多结果

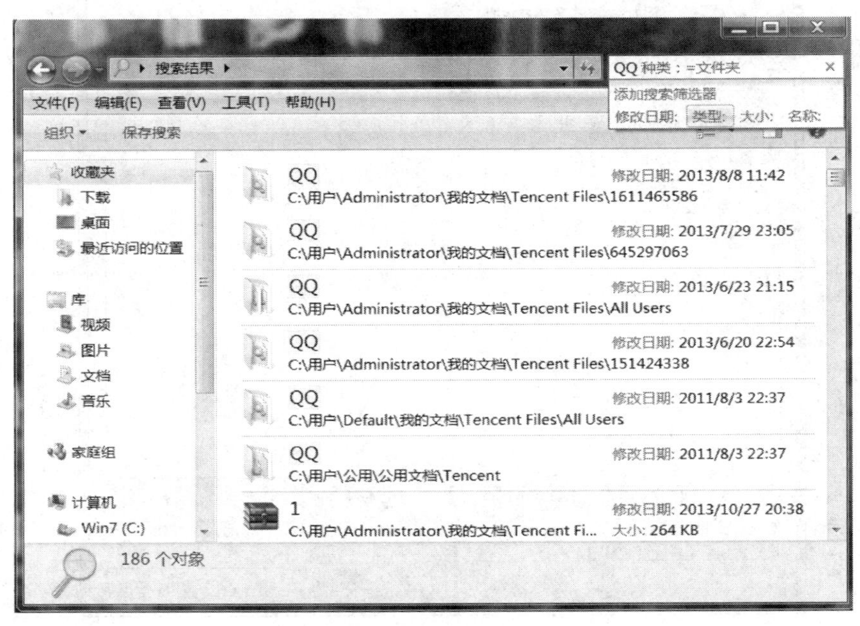

图 3-32　添加搜索筛选器图

2）添加索引，快速搜索

当 Windows 7 系统中索引式搜索仅对被加入到索引选项中的文件进行搜索时，可以缩小搜索范围，加快搜索的速度，方法如下。

（1）在 Windows 7 资源管理器窗口中搜索时，在屏幕上方出现"在没有索引的位置搜索可能较慢：D:\请单击以添加到索引…"文字命令按钮。

（2）单击该按钮后，会提示用户确认对此位置进行索引，如图 3-33 所示。单击"添加到索引"命令按钮，弹出如图 3-34 所示的对话框，用户单击"添加到索引"按钮。

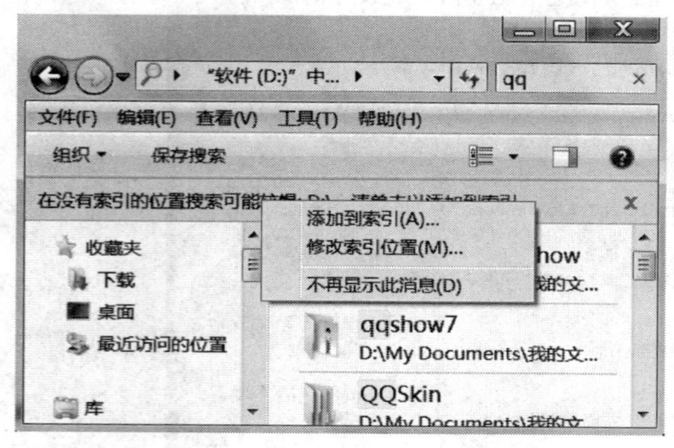

图 3-33 "添加索引"对话框

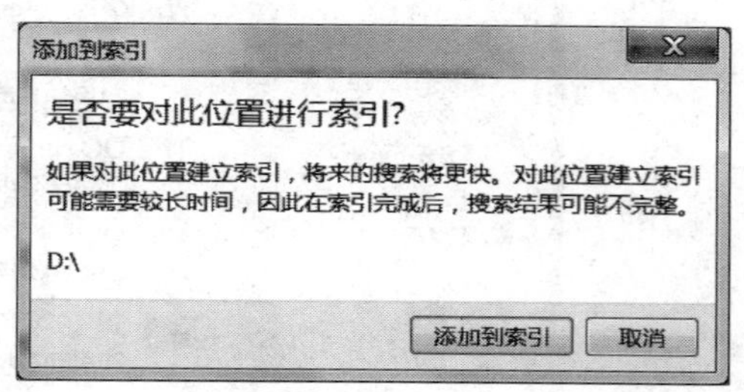

图 3-34 "添加到索引"对话框

（3）若修改索引位置用户单击"修改索引位置"命令按钮，在弹出对话框中，单击"修改"命令按钮，在弹出的对话框中选择索引的位置，然后单击"确定"按钮，返回到如图 3-35 所示的对话框。

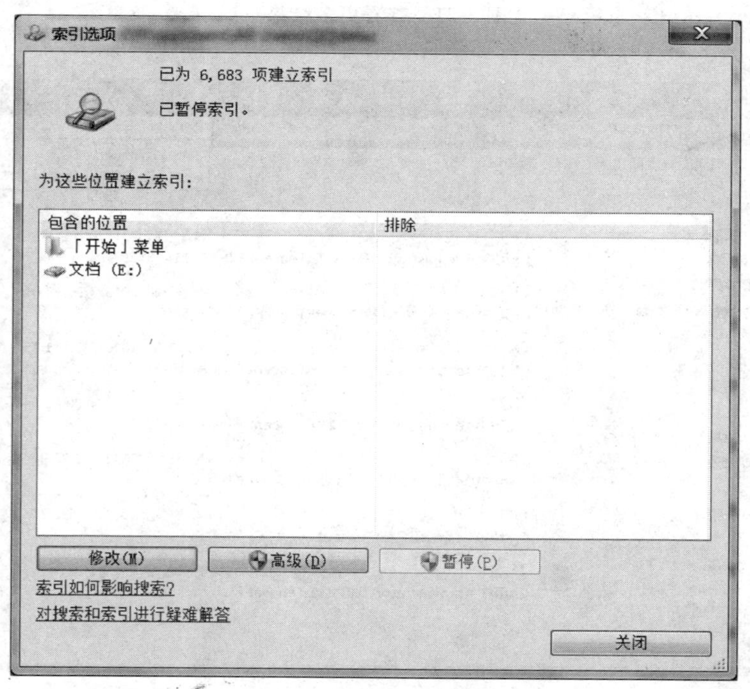

图 3-35 "索引选项"对话框

一般情况下，用户无须手动设置索引项，Windows 7 系统会自动根据用户习惯管理索引选项，并且为用户使用频繁的文件和文件夹建立索引。

9. 创建快捷方式

快捷方式是一种无须进入安装位置即可启动程序或打开文件、文件夹的方法。快捷方式图标的特点是，图标左下方都有一小箭头。快捷方式可以放置在任何位置，如桌面、“开始”菜单或者其他文件夹中，其扩展名为.lnk。创建快捷方式的方法如下。

在需要创建方式位置（如桌面、文件夹）的空白处，单击鼠标右键（弹出快捷菜单），选定“新建”→“快捷方式”命令，出现如图 3-36 所示的对话框，单击“浏览”按钮弹出如图 3-37 所示的对话框，通过该对话框查找并选中要创建快捷方式的应用程序或文件，然后单击“确定”按钮即可返回“创建快捷方式”对话框，单击“下一步”按钮，直到完成。

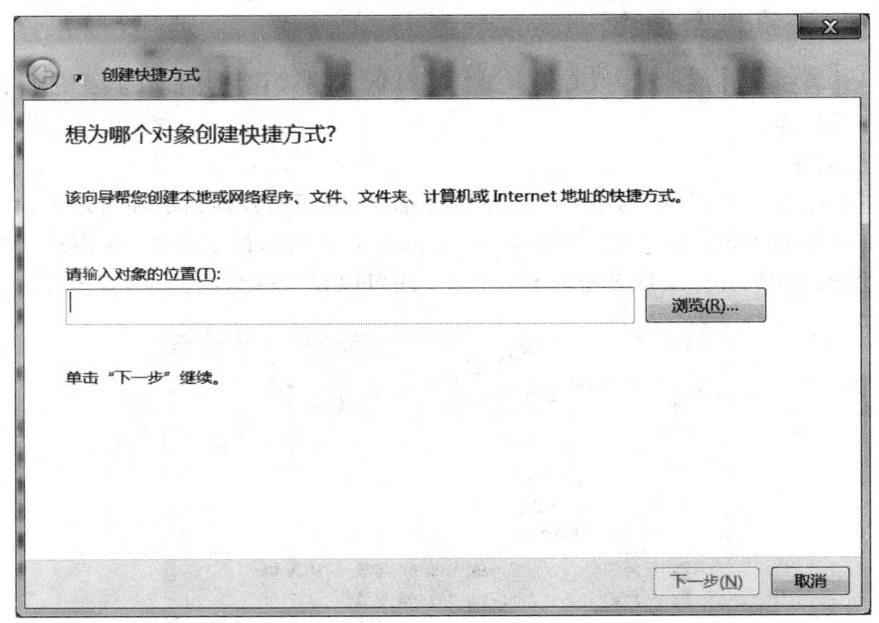

图 3-36 “创建快捷方式”对话框

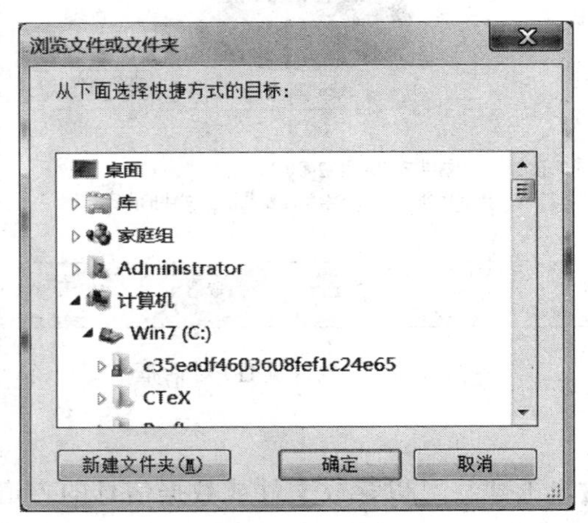

图 3-37 “浏览文件或文件夹”对话框

一般来说，快捷方式就是一种用于快速启动程序的命令行或图标，它与程序既有区别又有联系。打个简单比方，如果把程序比作一台电视机的话，快捷方式就像是一个遥控器。通过遥控器，用户可以轻松快捷地控制电视的开关、频道的选择等。没有了遥控器还可以走到电视机面前进行操作，只是没有遥控那么方便罢了，并不会影响到电视机的使用。但没有了电视机，遥控器显然是无所作为。快捷方式也是一样，当快捷方式配合实际安装的程序时，非常便利。删除了快捷方式还可以通过“资源管理器”去找到目标程序，去运行它。而当程序被删除后，只有一个快捷方式也是毫无用处的。

3.4 Windows 7 系统维护与安全

3.4.1 磁盘的组织管理

磁盘是计算机的外部设备，只有硬盘进行了分区和格式化后才能在其上进行保存文件或安装程序等操作。

1. 磁盘属性

通过查看磁盘属性，可帮助用户了解磁盘的信息，以便更好地组织和管理磁盘。

右击要操作的磁盘，选择“属性”命令，弹出如图 3-38 所示的对话框，在该对话框中可查看磁盘的卷标、类型、文件系统及空间利用情况，还可以设置磁盘的共享、安全等。

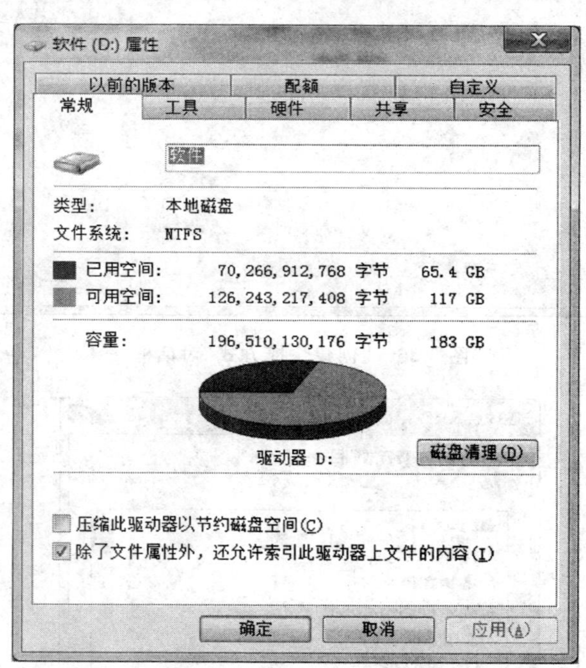

图 3-38 “软件属性”对话框

2. 格式化磁盘

格式化磁盘就是在磁盘上建立可以存放文件或数据信息的磁道和扇区。格式化操作会删除磁盘上的所有数据，并重新创建文件分配表。格式化还可以检查磁盘上是否有坏的扇区，并将坏扇区标出，以后存放数据时会绕过这些坏扇区。Windows 7 和应用程序都无法向一个没有格式化的磁盘中写入文件或数据信息。所以，新的软盘或硬盘在使用之前首先要对其进行格式化，然后才能存放文件。磁盘格式化具体的操作步骤如下。

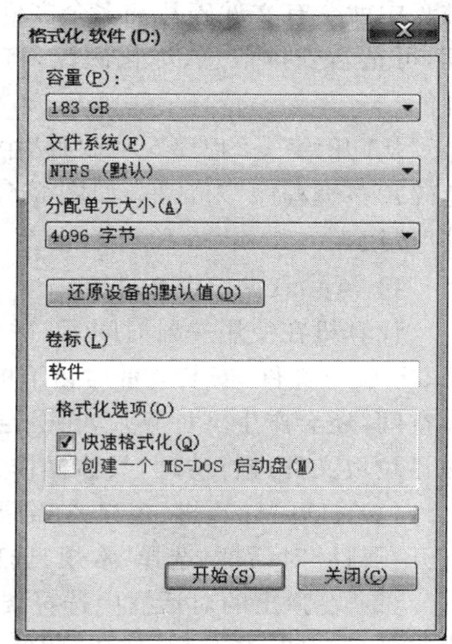

图 3-39 “格式化软件”对话框

(1) 右击需格式化的磁盘，在弹出快捷菜单中选择“格式化”命令，打开“格式化软件”对话框，如图 3-39 所示。

(2) 选择“文件系统”的类型、“分配单元大小”、使用的“卷标”及“格式化选项”等。

(3) 单击“开始”按钮进行格式化，完毕后在“格式化结果”对话框中显示格式化的结果。

3. 磁盘维护

磁盘维护工作主要是指磁盘备份、磁盘扫描、磁盘碎片整理等，通过“附件”组中的“系统工具”或磁盘“属性”对话框中的“工具”选项可实现对磁盘的管理。

1) 磁盘备份

磁盘备份工具是重要的磁盘优化工具，也是磁盘检查和修复的工具。用于备份信息到其他的硬盘、软盘、网络磁盘或其他存储媒介上。

2) 检查磁盘

打开需进行检查的磁盘“属性”对话框，选择“工具”标签，单击“开始检查”按钮，弹出“检查磁盘”对话框，如图 3-40 所示，选中检查选项后，单击“开始”按钮即可，如图 3-41 所示。

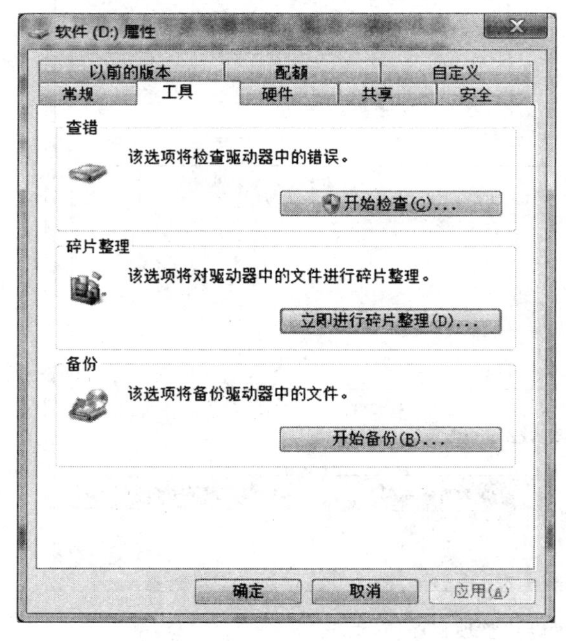

图 3-40 “工具”标签

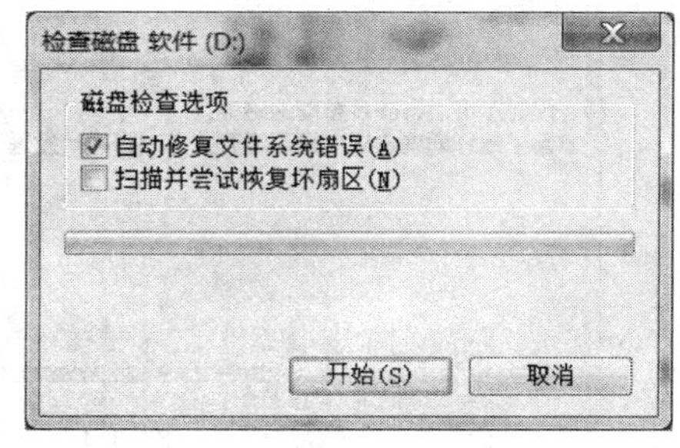

图 3-41 “检查磁盘 软件”对话框

3）磁盘碎片整理

一个文件可能保存在硬盘不相连的区域中，对磁盘进行读写操作时，经过一段时间后，磁盘中就会有文件碎片和多余文件，它们将会影响数据的存取速度。对磁盘的碎片进行整理，可重新安排信息、优化磁盘，将分散的碎片整理为物理上连续的文件，有助于提高磁盘性能。

从“开始”→“程序”→“附件”中，选择“系统工具”→“磁盘碎片整理程序”命令，弹出“磁盘碎片整理程序”对话框，如图 3-42 所示。选中需进行碎片整理的磁盘，然后单击“碎片整理”按钮。

4）清除磁盘垃圾文件

计算机在使用一段时间后，磁盘就会产生许多垃圾文件，如卸载软件时遗留的残余信息、IE 临时文件、安装软件时留下的临时文件、系统错误文件等。这些垃圾文件不但占用磁盘空间，还会产生文件碎片，在一定程度上影响了系统的运行速度。因此，建议用户定期对磁盘垃圾文件进行清理，具体操作方法如下。

（1）打开“计算机”窗口，在需要清理垃圾文件的驱动器上右击，选择“属性”选项，然后打开“属性”对话框，选择“常规”选项卡，单击“磁盘清理”按钮。

（2）在弹出的对话框中选择要清理的项目后，下方会显示该项目的描述，选择完毕，单击“确定”按钮，并在弹出的对话框中单击“删除文件”按钮，如图 3-43 所示。

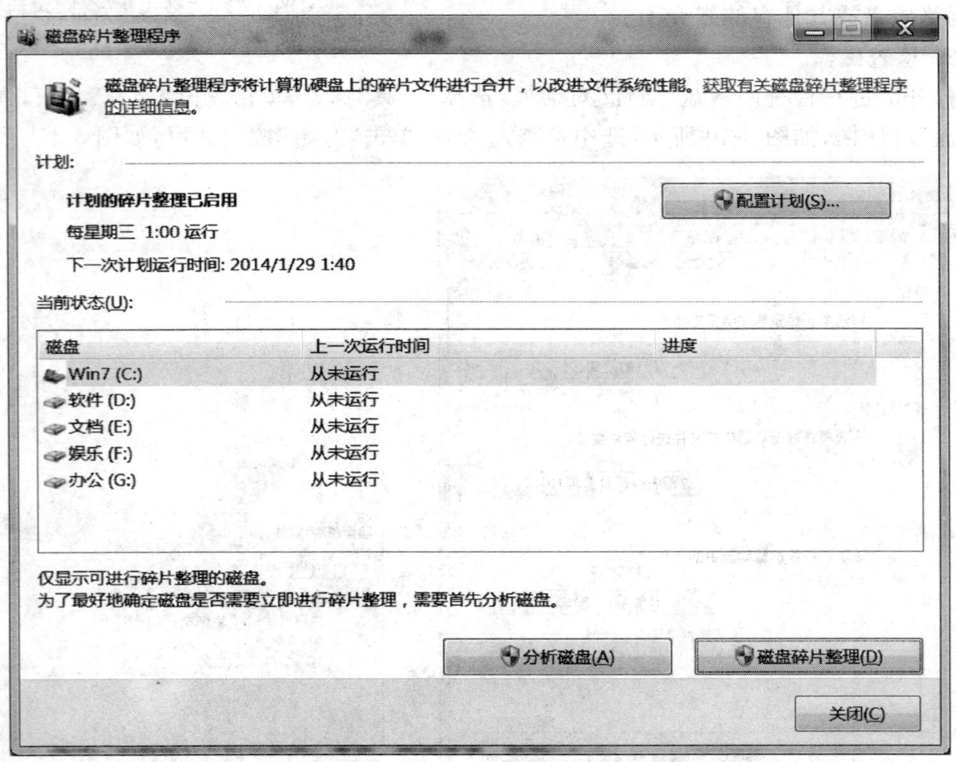

图 3-42 “磁盘碎片整理程序”对话框

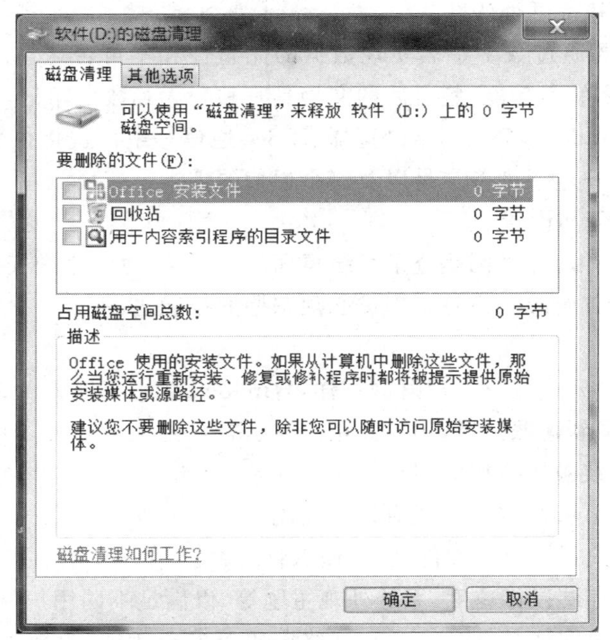

图 3-43 "磁盘清理"对话框

3.4.2 Windows 7 系统安全性

1. Windows 7 系统安全组成

操作系统的安全通常由身份认证、访问控制、数据保密性、数据完整性和不可否认性四大部分共同组成，从而避免系统的数据被他人非法访问和窃取。

1）基本方式

Windows 7 除了提供基本账户、密码的传统认证方式之外，还支持智能卡与指纹识别。只要计算机具有相应的硬件即可使用高度安全的智能卡、指纹登录，从而避免账户、密码被他人盗用。

2）访问控制

访问控制分为系统控制和文件访问控制两大部分。系统控制部分，Windows 7 提供了家长控制功能，协助家长了解并监管未成年人使用计算机；而文件访问部分，Windows 7 提供了 NTFS 访问权限设置，协助管理员分配各个文件的访问权限，提供磁盘配额功能协助管理员分配可用磁盘空间。为了防止流氓软件、木马程序在后台偷偷修改用户数据 Windows 7 还提供了 UAC 用户账户控制以保护系统文件。

3）数据保密性

Windows 7 提供了 EFS 加密和 Bitlocker 驱动器加密两种加密功能，以协助用户保护机密数据。其中 Bitlocker 使用 128 位或 256 位 AES-CBD+difuser 混合算法对硬盘分区或移动存储设备进行高强度加密，防止黑客从盗取的硬盘信息中获取机密数据或者从账户数据中解密 EFS 密钥；而 EFS 加密则以 PKI 公钥架构为基础，为用户提供一种安全易用的数据保密方式，避免隐私资料被他人轻易获取。

4）数据完整性和不可否认性

Windows 7 主要通过数字签名实现数据的完整性和不可否认性。其内部集成的 XPS 文档查看器具有数字签名功能，签署后的文档具有独一无二数字印记，一旦被非法修改即可识别。除此之外，Windows 7 在网络浏览器、IPSec 通信等组件也提供数据完整性和不可否认性支持，以满足用户电子商务交易以及安全通信的需求。

2. 用户账户管理与设置

Windows 7 用户账户/密码是登录系统桌面的第一关，也是系统安全中身份认证的重要组成部分。因此，妥善管理账户是管理员必须掌握的技能之一。

1）账户的作用

如同银行为储户开设账户管理财富一样，Windows 7 也以账户为基础为用户提供身份识别服务。当管理员新建账户后，用户凭用户名、密码、指纹或智能卡向操作系统证明自己的身份，从而避免系统被未授权的用户使用。

除此之外，Windows 7 账户还具有以下作用：

- 为每一个用户提供个人文件夹，方便保存资料。
- 个性化设置存储鼠标速度、系统外观主题等，以满足不同用户的使用习惯。
- 存储用户的数字证书、EFS 密钥、网络密码等安全凭证，为数据加密、电子签名等提供支持。

2）创建账户

Windows 7 是一个多用户操作系统，管理员可以根据使用电脑的用户数量创建用户账户，对于不需要使用的账户，建议将其删除或者停用，以节省磁盘空间，并防止他人继续使用这些账户登录系统。

单击“开始”按钮，选择“控制面板”选项，打开“控制面板”窗口，单击“添加或删除用户账户”按钮，打开“管理账户”窗口。

如图 3-44 所示，根据需求创建管理员账户或标准账户，完成创建新账户后，为了保护系统的安全，建议给其设置密码。

3）删除账户

对于不再使用的账户，管理员可以将其删除，需要注意的是，删除账户的同时也会删除该账户的密钥，在没有设置加密代理或备份密钥的情况下，随着密钥丢失，该用户使用 EFS 加密过的文件将无法打开，故应谨慎执行删除账户操作。删除账户的方法如下：

(1) 单击“开始”按钮，选择“控制面板”选项，打开“控制面板”窗口，单击“用户账户”按钮，打开“管理账户”窗口。

(2) 在删除账户之前，系统会自动将该账户的桌面、文档、收藏夹、音乐和图片等保存在桌面上一个新文件夹，可根据实际情况选择删除或保留文件，具体操作步骤如下。

第一，打开如图 3-45(a)所示的窗口，选择需要删除的账户 asd。

第二，单击“删除账户”按钮。

第三，打开如图 3-45(b)所示的窗口，单击“保存文件”按钮，可保存待删除用户的部分个人资料。

第四，单击“删除文件”按钮，将删除用户个人资料。

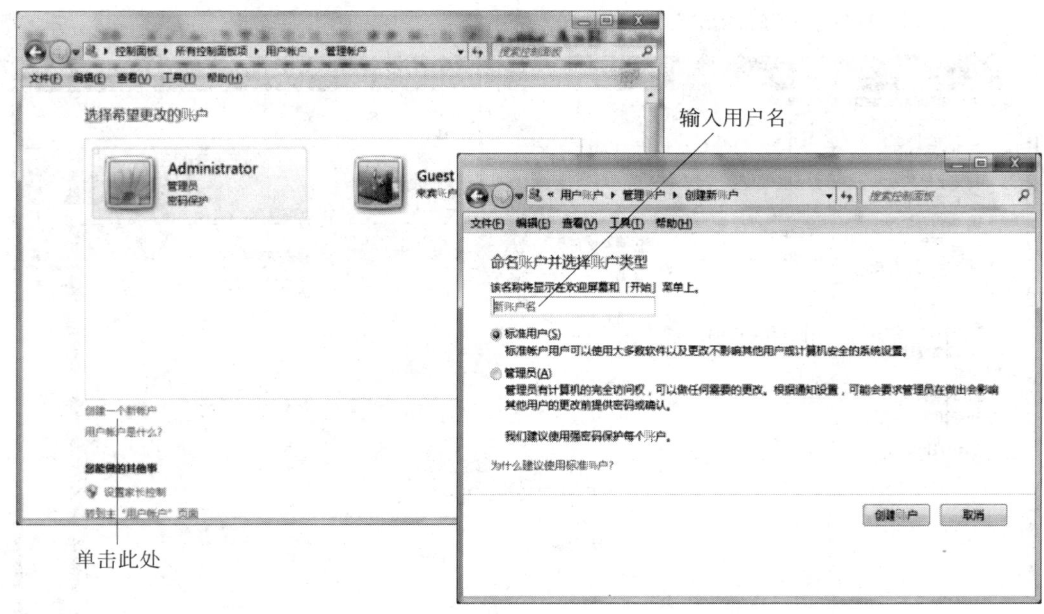

图 3-44　设置新账户对话框

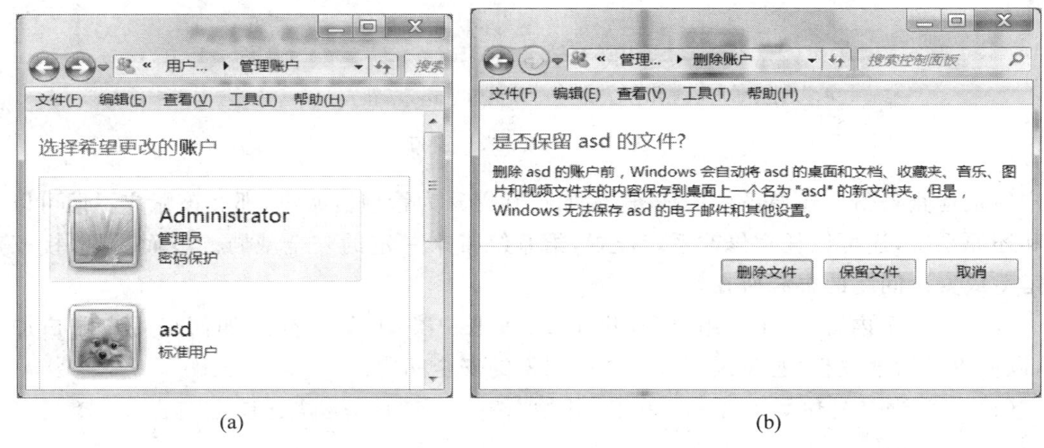

(a)　　　　(b)

图 3-45　“删除账户”窗口

4）停用账户

停用账户就是暂时让账户处于冻结状态，保留全部资料，但该账户在解除停用之前无法登录。例如，办公室人员离职或调动，管理员就可以停用其账户。设置如下。

（1）单击“开始”按钮，在“计算机”选项上右击，选择“管理”选项。

（2）如图 3-46 所示，禁用指定的账户。若日后需要重新启用该账户，只要再次打开该账户的属性对话框，取消选择“账户已禁用”复选框即可。

5）账户类型和组

通过控制面板，只能将标准账户变更为管理员或将管理员账户降级为标准账户，这种变更操作虽然可以满足大多数应用需求，但面对更细化的应用需求时却无力应对。例如想某

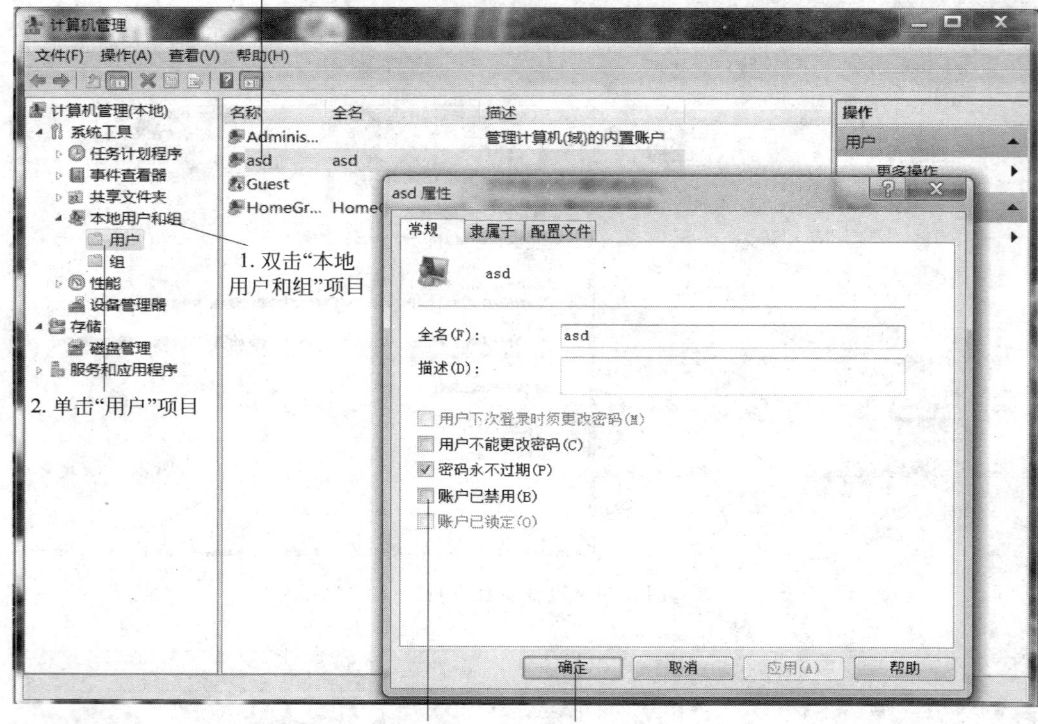

图 3-46 禁用账户窗口

账户肩负检查备份与还原系统的任务，假如将其提升为管理员账户，那么该账户不但可以备份和还原系统，还可以任意修改系统设置，给系统带来一定的安全威胁。显而易见，授权过大是造成安全问题的根源所在。

Windows 7 内置了 11 个组，即提供了 11 种账户类型，下面介绍如何将用户账户加入组，以便更灵活地授权，避免因授权不当而引发的安全问题。

(1) 以管理员身份登录系统，单击“开始”按钮，在“计算机”选项上右击，选择“管理”选项。

(2) 如图 3-47 所示，将用户添加至不同的组，即可改变其账户类型。

(3) 若移除组内的账户，双击打开相应的组，然后选择对应的账户后，单击“删除”按钮即可。

6) 11 种内置组的权限描述

(1) Administrators，管理员账户组，每台计算机至少保留一个管理员账户，它拥有管理计算机的所有权限。

(2) Backup Operators，该组用户既具有一般的计算机操作权限，也可以使用系统的备份和还原功能。

(3) Cryptographic Operators，该组用户具有加密权限。

(4) Distributed COM Users，该组用户具有管理计算机分布式 COM 对象的权限。

(5) Event Log Readers，该组用户具有访问本机事件日志的权限。

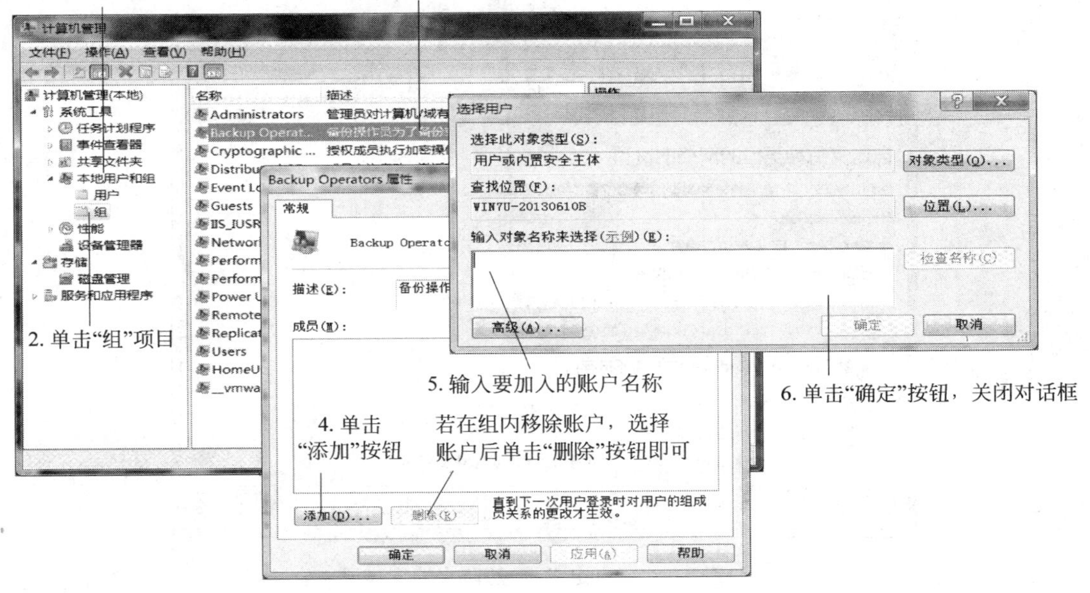
1. 双击"本地用户和组"项目
3. 双击准备添加账户的组
2. 单击"组"项目
5. 输入要加入的账户名称
6. 单击"确定"按钮，关闭对话框
4. 单击"添加"按钮
若在组内移除账户，选择账户后单击"删除"按钮即可

图 3-47　账户分组对话框

(6) Guests,该组用户具有一定的计算机访问权限,但没有安装/删除程序,更改系统设置等高级权限。

(7) IIS_IUSERS,该组用户具有管理本机 Internet 信息的权限。

(8) Performance Log Users,该组用户具有管理、跟踪性能计数器日志、事件日志的权限。

(9) Network Configuration Operators,该组用户可以通过客户端设置 IP 地址,但不具有安装/删除程序、更改系统设置、调整其他网络服务器功能的权限。

(10) Power Users,其管理权限次于管理员,比标准用户的权限稍高,可以管理其他用户账号。

(11) Remote Desktop Users,该组用户可以通过远程桌面访问计算机。

(12) Users,标准用户,具有运行程序的基本权限,但无法更改系统设置、安装/删除程序,也无法管理其他用户账户。

3. Windows 7 防火墙

Windows 7 是一个十分注重安全的操作系统。系统一安装,立即启用防火墙为计算机提供入侵防御服务。Windows 7 默认为所有连接启用防火墙,并根据网络类型自动配置防火墙,以满足不同的使用需求。然而家庭网络或小型办公网络使用防火墙,可能会妨碍资源共享,导致其他计算机无法发现自己的计算机问题,这时可以参阅以下操作关闭内部网络连接的防火墙,但仍保持外部连接的防火处于启用状态。操作如下。

(1) 选择"开始"→"控制面板"→"系统和安全"→"Windows 防火墙"命令,打开"Windows 防火墙"窗口。

(2) 在该窗口中选择"打开或关闭 Windows 防火墙"命令,打开"自定义设置"窗口。在"家庭或工作(专用)网络位置设置"区域,选择"关闭 Windows 防火墙";在"公用网络位置设置”区域，选择“启用 Windows 防火墙”，如图 3-48 所示。

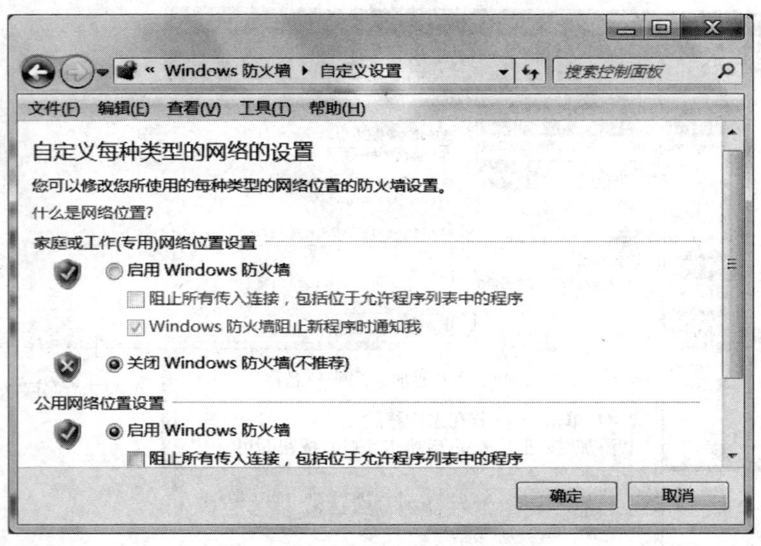

图 3-48 “自定义设置”防火墙窗口

习 题 3

一、选择题

1. 任务栏上的应用程序按钮处于被按下状态时，对应(　　)。
   A. 最小化的窗口　B. 当前活动窗口　C. 最大化的窗口　D. 任意窗口
2. 在菜单中，前面有√标记的项目表示(　　)。
   A. 复选选中　B. 单选选中　C. 有级联菜单　D. 有对话框
3. 在菜单中，后面有▶标记的命令表示(　　)。
   A. 开关命令　B. 单选命令　C. 有级联菜单　D. 有对话框
4. 快捷方式确切的含义是(　　)。
   A. 特殊文件夹　B. 特殊磁盘文件
   C. 各类可执行文件　D. 指向某对象的指针
5. “控制面板”窗口(　　)。
   A. 是硬盘系统区的一个文件　B. 是硬盘上的一个文件夹
   C. 是内存中的一个存储区域　D. 包含一组系统管理程序
6. 关于窗口的描述，正确的是(　　)。
   A. 窗口最大化后都将充满整个屏幕，不论是应用程序窗口还是文档窗口
   B. 当应用程序窗口被最小化时，就意味着该应用程序暂时停止运行
   C. 文档窗口只存在于应用程序窗口内，且没有自己的菜单栏
   D. 在窗口之间切换时，必须先关闭活动窗口才能使另外一个窗口成为活动窗口
7. 在菜单中，后面有…标记的命令表示(　　)。
   A. 开关命令　B. 单选命令　C. 有子菜单　D. 有对话框

8. 在计算机系统中，操作系统是(　　)。

A. 处于系统软件之上的用户软件　　B. 处于应用软件之上的系统软件

C. 处于裸机之上的第一层软件　　D. 处于硬件之下的低层软件

9. 剪贴板是在(　　)中开辟的一个特殊存储区域。

A. 硬盘　　B. 外存　　C. 内存　　D. 窗口

10. 在“资源管理器”窗口中，当选中文件或文件夹之后，下列操作中不能删除选中的对象的是(　　)。

A. 鼠标左键双击文件或文件夹

B. 按 Delete 键

C. 选择“文件”下拉菜单中的“删除”命令

D. 用鼠标右击要删除的文件或文件夹，在打开的快捷菜单中选择“删除”菜单项

11. 能够提供即时信息及可轻松访问常用工具桌面元素是(　　)。

A. 桌面图标　　B. 桌面小工具　　C. 任务栏　　D. 桌面背景

12. 同时选择某一位置下全部文件或文件夹的快捷键是(　　)。

A. Ctrl＋C　　B. Ctrl＋V　　C. Ctrl＋A　　D. Ctrl＋S

13. 直接永久删除文件而不是先将其移至回收站的快捷键是(　　)。

A. Esc＋Delete　　B. Alt＋Delete　　C. Ctrl＋Delete　　D. Shift＋Delete

14. 如果一个文件的名字是“AA. BMP”，则该文件是(　　)。

A. 可执行文件　　B. 文本文件　　C. 网页文件　　D. 位图文件

15. 在“计算机”窗口中，使用(　　)可以按名称、类型、大小、日期排列窗口中的内容。

A. “文件”菜单　　B. 快捷菜单　　C. “工具”菜单　　D. “编辑”菜单

二、填空题

1. 在 Windows 7 启动之前按________键，可以进入 Windows 7 的“高级启动选项”界面。

2. 一般单击鼠标右键打开的菜单称为________。

3. 复制文件的快捷键是________，粘贴的快捷键是________。

4. 文件名通常由________和________两部分构成，其中________能反映文件的类型。

5. MS-DOS 是一种________用户、________任务的操作系统。

6. 若一个文件夹有子文件夹，那么在资源管理器的导航窗格中，单击该文件夹的图标或标识名的作用是________。

7. 添加的桌面小工具可以拖放到桌面的________位置，如果不再需要打开的小工具，可将光标移动小工具的右侧出现的按钮上，单击关闭按钮即可。

8. 库是 Windows 7 系统引入的一项新功能，其目的是快速地访问用户重要的资源，其实现方式有点类似于应用程序或文件夹的“快捷方式”。默认情况下，库中存在 4 个子库，分别是：________库、________库、________库和________库。

9. 利用 Windows 7 系统自带的压缩程序生成的压缩文件的扩展名为________，利用 WinRAR 压缩程序生成的压缩文件的扩展名为________。

10. Windows 7 桌面上可以有________个活动窗口。

三、思考题

1. 什么是操作系统？操作系统能实现哪些功能？
2. Windows 7 有几种版本？其中旗舰版有哪些特点？
3. 资源管理器的主要功能是什么？
4. 如何选择多个连续和不连续的对象？
5. 在 Windows 7 中如何管理和设置桌面小工具？
6. 如何隐藏、锁定和控制任务栏可见？
7. 在 Windows 7 中如何搜索指定文件？
8. 在 Windows 7 中如何设置新账户？删除账户？
9. 在 Windows 7 中 Guests 账户有什么特点？
10. 如何通过控制面板将不常用的软件删除？
11. 列出三种复制文件的方法。
12. 列出至少三种打开“资源管理”的方法。

第4章 文字处理软件

本章学习目标

- Word 2010 文档的管理、编辑和打印。
- Word 2010 文档中处理图形、图片、表格、图表。
- Word 2010 文档中处理图文混排。
- Word 2010 文档的审阅和保护及其他高级应用功能。

文字是多媒体世界中最普遍的一种信息表现形式，利用计算机对文字信息进行加工处理的过程，称为文字信息处理。其处理过程一般包括信息录入、加工处理、信息输出 3 个基本环节。本章以 Word 2010 版本为基础，讲述 Word 2010 文字处理系列软件基本概念、基本操作、图文混排、表格制作及打印等通用知识内容。

4.1 Word 2010 概述

Word 2010 是 Microsoft 公司开发的 Office 办公组件之一，主要用于文字处理工作。Word 的最初版本是由 Richard Brodie 为了运行在 IBM 计算机上的 DOS 系统而编写的。随后的版本可运行于 Apple Macintosh(1984 年)，SCO UNIX 和 Microsoft Windows(1989 年)，并成为 Microsoft Office 的一部分，Word 2010 于 2010 年 6 月 18 日上市。Microsoft Word 2010 提供了世界上最出色的功能，其增强后的功能可创建专业水平的文档。用户不但可以更加轻松与他人协同工作，而且还可以在任何地点访问自己的文件。

Word 2010 旨在向用户提供上乘的文档格式设置工具，利用它还可以更轻松、高效地组织和编写文档，并使这些文档使用方便。

4.1.1 新增改进

1. 发现改进的搜索与导航体验

在 Word 2010 中，可以更加迅速、轻松地查找所需的信息。利用改进的新“查找”体验，用户可以在单个窗格中查看搜索结果的摘要，并单击以访问任何单独的结果。改进的导航窗格会提供文档的直观大纲，以便于用户对所需的内容进行快速浏览、排序和查找。

2. 与他人协同工作，而不必排队等候

Word 2010 重新定义了人们可针对某个文档协同工作的方式。利用共同创作功能，用户可以在编辑论文的同时，与他人分享自己的观点，也可以查看正与自己一起创作文档的他人的状态，并在不退出 Word 2010 的情况下轻松发起会话。

3. 几乎可从任何位置访问和共享文档

在线发布文档，然后通过任何一台计算机或用户的 Windows 系统对文档进行访问、查看和编辑。借助 Word 2010 用户可以多个位置使用多种设备来尽情体会非凡的文档操作过程。

当用户离开办公室、出门在外或离开学校时，可利用 Web 浏览器来编辑文档，同时不影响用户的查看体验的质量。

Microsoft Word Mobile 2010 利用专门适合于用户的 Windows 电话的移动版本的增强型 Word，保持更新并在必要时立即采取行动。

4. 向文本添加视觉效果

利用 Word 2010，用户可以像应用粗体和下划线那样将诸如阴影、凹凸效果、发光、映像等格式效果轻松应用到文档文本中，可以对使用了可视化效果的文本执行拼写检查，并将文本效果添加到段落样式中，还可将很多应用于图像的效果同时应用于文本和形状中，从而能够无缝地协调全部内容。

5. 将文本转化为引人注目的图表

利用 Word 2010 提供的更多选项，可将视觉效果添加到文档中，也可以从新增的 SmartArt 图形中进行选择，从而只需输入项目符号列表，即可构建精彩的图表。使用 SmartArt 可将基本的要点句文本转换为引人入胜的视觉画面，以更好地解释用户的观点。

6. 向文档加入视觉效果

利用 Word 2010 中新增的图片编辑工具，无须其他照片编辑软件，即可插入、剪裁和添加图片特效。也可以更改颜色饱和度、亮度以及对比度，能轻松将简单文档转化为艺术作品。

7. 恢复用户认为已丢失的文档

在打开某个文档工作一会儿之后，你是否在未保存该文档的情况下意外地将其关闭。没关系，Word 2010 可以让用户像打开任何文件一样恢复最近编辑的草稿，即使没有保存该文档。

8. 跨越沟通障碍

利用 Word 2010 可以轻松跨不同语言沟通交流，比以往更轻松地翻译某个单词、词组或文档，可针对屏幕提示、帮助内容和显示，分别对语言进行不同设置。利用英语文本到语音转换功能为以英语为第二语言的用户提供额外的帮助。

9. 将屏幕快照插入到文档

直接从 Word 2010 中捕获和插入屏幕快照，快速、轻松地将视觉插入图纳入到用户的工作中。如果使用已启用 Tablet 的设备(如 Tablet PC 或 Wacom Tablet)，则经过改进的工具使设置墨迹格式与设置形状格式一样轻松。

10. 利用增强的用户体验完成更多工作

Word 2010 简化了用户使用功能的方式。新增的 Microsoft Office Backstage 视图替换了传统文件菜单，用户只需单击几次鼠标即可保存、共享、打印和发布文档。利用改进的功能区，可以快速访问常用的命令，从而通过工作风格体现用户个性化经验。

4.1.2 Word 2010 的基本操作

1. Word 2010 的启动

Word 2010 的启动方法与常规应用程序启动方法相同，常用的方法有以下几种。

(1) 以快捷方式启动：双击桌面上的 Microsoft Word 2010 快捷方式图标，即可启动 Word 2010。

(2) 利用“开始”菜单启动：选择“开始”→“程序”→Microsoft Office→Microsoft Word 2010 命令。

(3) 利用“运行”命令启动：选择“开始”→“附件”→“运行”命令，打开“运行”对话框，如图 4-1 所示，在文本框中输入 winword 可执行文件名，单击“确定”按钮，即可启动 Word 2010。

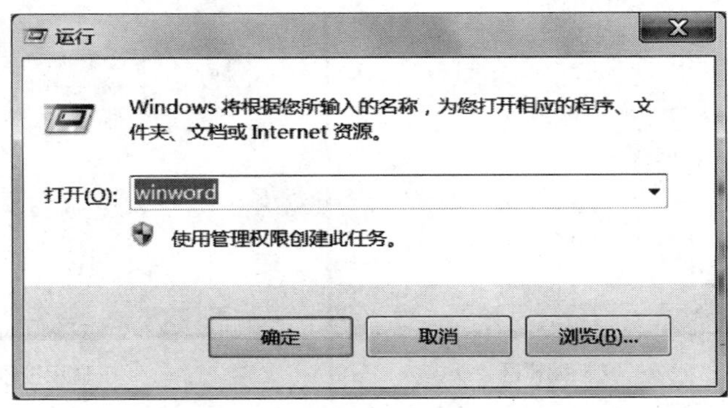

图 4-1　利用“运行”命令启动 Word 2010

2. Word 2010 的退出

Word 2010 的退出与其他应用程序相同，可任选择以下方法中的一种。

(1) 直接单击 Word 2010 文档右上角的“关闭”按钮。

(2) 选择“文件”→“退出”命令。

(3) 执行 Alt＋F4 组合键。

(4) 单击“控制菜单”按钮，执行“关闭”命令。

(5) 光标指向“任务栏”中相应图标，右击需要关闭的任务项，弹出快捷菜单，单击“关闭”命令。如果在退出 Word 2010 之前没有保存文档，系统就会现一个消息框询问用户是否存盘，如图 4-2 所示。单击“保存”按钮，保存当前文档后退出 Word 文档；单击“不保存”按钮，则表示不保存当前文档并退出 Word；单击“取消”按钮，表示既不存盘也不退出 Word，而是继续编辑文档。

图 4-2　利用任务栏退出对话框

4.1.3　窗口的组成

启动 Word 2010 软件后，屏幕上会出现 Word 2010 的编辑窗口，如图 4-3 所示。窗口主要由标题栏、功能选项卡、功能区的工具栏、文档编辑区、标尺及状态栏等组成。

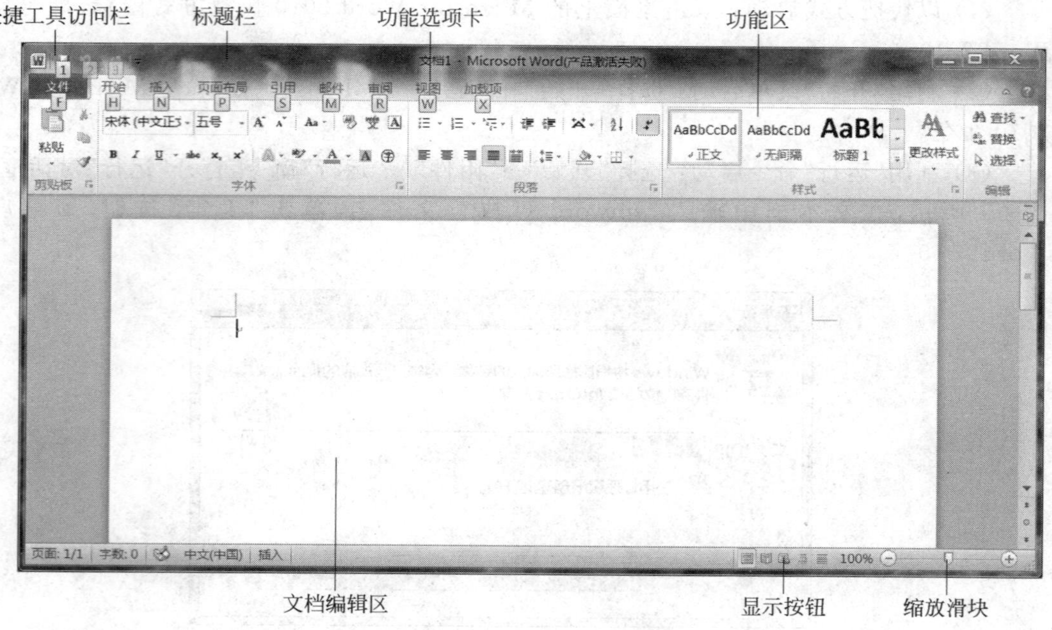

图 4-3　Word 2010 启动后的窗口

1. 标题栏

位于窗口的最上端,用来显示文档的名称。

2. 功能选项卡

Word 2010 为了方便用户操作,根据命令功能和用途,把命令分成若干类,每个选项卡中包含一类命令(或工具)。当切换到某一选项卡时,它所包括的命令显示出来,单击右上角 ⌃ 按钮可将功能命令区隐藏,单击 ⌄ 按钮显示功能区。由于"开始"功能区命令最常用,打开文档默认是"开始"选项卡(也常称为"开始"功能区)。

3. 文档编辑区

文档编辑区是 Word 中面积最大的区域,是用户的工作区,可用于显示编辑的文档和图形,在这个区域中有两个重要的控制符,它们是:

(1) 插入点也称光标。它指明了当前文本的输入位置。用鼠标单击文本区的某处,可定位插入点,也可以使用键盘上的光标移动键来定位插入点。

(2) 段落标记。它标志一个段落的结束。

另外,在文本区还有一些控制标记,如空格等。选择"开始"功能区中的"显示/隐藏编辑标记"按钮,就可以显示或隐藏这些标记。

4. 标尺

标尺是位于功能区下面包含有刻度的栏,常用于调整页边距、文本的缩进、快速调整段落和编排及精确调整表格等。Word 2010 有水平和垂直两种标尺,水平标尺中包括左缩进、右缩进、首行缩进、悬挂缩进、制表符等标记。

5. 状态栏

状态栏是位于 Word 窗口底部的一个栏,提供当前文档的当前页数、总页数、字数统计等信息,还包括插入/改写状态转换按钮、拼写和语法状态检查按钮等。

4.1.4 功能区

Microsoft Word 2010 其最显著的变化就是使用“文件”按钮代替了 Word 2007 中的 Office 按钮,使用户更容易适应从 Word 2003 旧版本到 Word 2010 的转移。此外,Word 2010 同样取消了传统的菜单操作方式,取而代之的是各种功能区。在 Word 2010 窗口上方看起来像菜单的名称,其实是功能区的名称。当单击这些名称并不会打开菜单,而是切换到与之相对应的功能区面板。每个功能区根据功能的不同又分为若干个组,其所拥有的功能如下。

1. “开始”功能区

“开始”功能区中包括剪贴板、字体、段落、样式和编辑 5 个功能分组。该功能区主要用于帮助用户对 Word 2010 文档进行文字编辑和格式设置,是用户最常用的功能区,所以在启动 Word 2010 后,默认打开“开始”功能区。

2. “插入”功能区

“插入”功能区包括页、表格、插图、链接、页眉和页脚、文本以及符号等功能分组。该功能区主要用于在 Word 2010 文档中插入各种元素。

3. “页面布局”功能区

它包括主题、页面设置、稿纸、页面背景、段落、排列 6 个功能分组,主要用于 Word 2010 文档的页面样式的设置。

4. “引用”功能区

它包括目录、脚注、引文与书目、题注、索引及引文目录 6 个功能分组,主要用于 Word 2010 文档插入目录等。

5. “邮件”功能区

它包括创建、开始邮件合并、编写和插入域、预览结果及完成 5 个功能分组,该功能区的作用是在 Word 2010 文档中进行邮件合并操作。

6. “审阅”功能区

它包括校对、语言、中文简繁转换、批注、修订、更改、比较及保护 8 个功能分组,其主要作用在于对 Word 2010 文档进行校对和修订等操作,适用于多人协作处理 Word 2010 长文档。

7. “视图”功能区

它包括文档视图、显示、显示比例、窗口及宏 5 个功能分组,其主要用于帮助用户设置 Word 2010 操作窗口的视图类型,以方便操作。

8. “加载项”功能区

它仅包括特殊符号一个功能分组,“加载项”可以为安装的附加属性,如自定义的工具栏或其他命令扩展。“加载项”功能区则可以在 Word 2010 中添加或删除加载项。

4.1.5 Word 2010 视图模式的介绍

在 Word 2010 中提供了多种视图模式供用户选择,这些视图模式包括“页面视图”、“阅读版式视图"、"Web 版式视图"、"大纲视图"及"草稿"五种视图模式。用户可以在"视图"功能区中选择需要的文档视图模式，也可以在 Word 2010 文档窗口的右下方单击视图按钮选择视图。

1. 页面视图

"页面视图"可以显示 Word 2010 文档的打印结果外观，主要包括页眉、页脚、图形对象、分栏设置、页面边距等元素，是最接近打印结果的页面视图。

2. 阅读版式视图

"阅读版式视图"以图书的分栏样式显示 Word 2010 文档，"文件"按钮、功能区等窗口元素被隐藏起来。在阅读版式视图中，用户还可以单击"工具"按钮选择各种阅读工具。

3. Web 版式视图

"Web 版式视图"可以预览具有网页效果的文本。在这种方式下，会发现原来换行显示两行的文本，重新排列后在一行中就全部显示出来。这是因为要与浏览器的效果保持一致。使用 Web 版式可快速预览当前文本在浏览器中的显示效果，便于再做进一步的调整。Web 版式视图适用于发送电子邮件和创建网页。

4. 大纲视图

在"大纲视图"中，能查看文档的结构，还可以通过拖动标题来移动、复制和重新组织文本，因此它特别适合编辑那种含有大量章节的长文档，能让你的文档层次结构清晰明了，并可根据需要进行调整。在查看时可以通过折叠文档来隐藏正文内容而只看主要标题，或者展开文档以查看所有的正文。另外大纲视图中不显示页边距、页眉和页脚、图片和背景。它广泛用于 Word 2010 长文档的快速浏览和设置中。

5. 草稿视图

"草稿"视图取消了页面边距、分栏、页眉页脚和图片等元素，仅显示标题和正文，是最节省计算机系统硬件资源的视图方式。当然现在计算机系统的硬件配置都比较高，基本上不存在由于硬件配置偏低而使 Word 2010 运行遇到障碍的问题。

4.1.6 文档的创建

在 Word 2010 中，通常可以通过两种方式创建一个新文档：创建一个空白文档，利用 Word 2010 提供的模板创建文档。

1. 创建文档

新建空白文档的主要方法有以下两种。

(1) 直接单击快速访问工具栏的"新建"按钮。

(2) 使用快捷键 Ctrl＋N。

2. 利用模板创建文档

Word 2010 提供了很多不同类型的模板供用户选择，利用模板创建文档的方法如下。

选择"文件"菜单中的"新建"命令，打开"新建"窗口，从中选择需要的文档类别及模板样式，如图 4-4 所示。在计算机联网的情况下，还可以利用 office. com 的方式来创建模板。

图 4-4　利用模板创建文档窗口

4.1.7　文档的保存

输入或编辑好文档后，需要将其保存在磁盘中，以便再次打开进行编辑或使用。

1. 保存新文档

保存新文档常用的方法有以下几种。

(1) 执行“文件”→“保存”命令。

(2) 单击快速访问工具栏上的“保存”按钮。

(3) 执行 Ctrl＋S 组合键。

以上几种方法都会弹出“另存为”对话框，如图 4-5 所示。在这个对话框中，需要指定文档的保存位置、文档名称及文档类型(默认情况下，保存类型为 Word 文档，文档的扩展名为. docx)，单击“保存”按钮，完成保存操作。

2. 保存已命名文档

对于已命名并保存过的文档，只需要单击常用工具栏中的“保存”按钮，或执行“文件”→“保存”命令来保存当前文档，系统自动将当前文档的内容保存在同名的文档中并覆盖先前文档，不再显示“另存为”对话框。

1) 重命名保存文档或更改位置

有时需要将文档以另外一个名称保存或更改文档的保存位置，可以执行“文件”→“另存为”命令，在弹出的“另存为”对话框中，重新为文档命名或重新指定文档的保存位置，单击“保存”按钮，如图 4-5 所示。

图 4-5 “另存为”对话框

2）自动保存

在文档的输入过程中，时常会出现死机、停电等意外事故而中断工作的情况，这样就会丢失已经完成的输入文档，造成不必要的损失。为了避免这类事件的发生，Word 提供了在指定时间间隔内自动保存文档的功能。

其操作方法是：执行“文件”→“选项”→“高级”命令，找到“保存”选项，把“允许后台保存”复选框选中，如图 4-6 所示。再执行“文件”→“选项”→“保存”命令，打开“保存”选项卡对话框，如图 4-7 所示。在“保存自动恢复信息时间间隔”编辑框中设置合适的数值，并单击“确定”按钮。

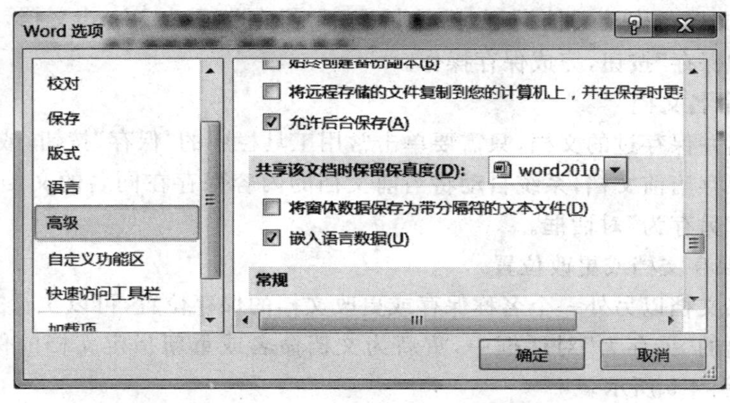

图 4-6 后台保存设置对话框

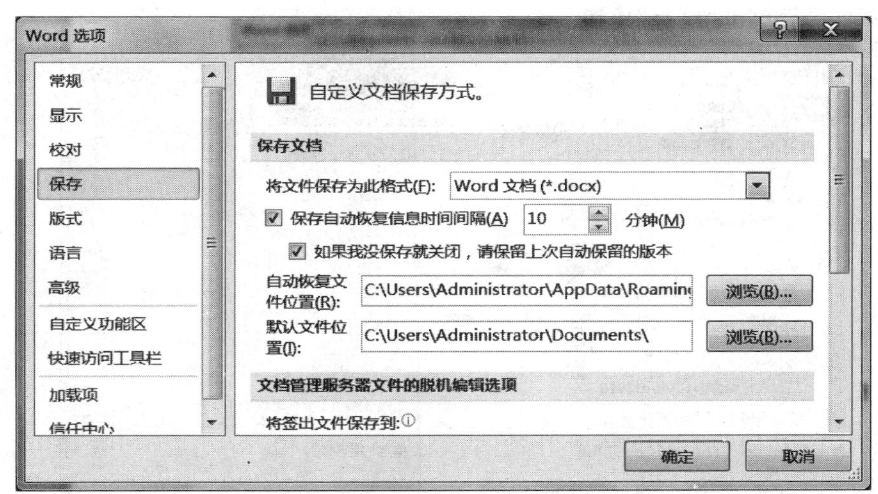

图 4-7 “保存”选项卡对话框

3. 另存为 PDF 格式文档

PDF 格式是一种应用非常广泛的格式，与 Word 文档格式相比，PDF 格式的阅读体验更好，而 Word 更适合编辑。那么怎样把编辑好的 Word 文档转换成 PDF 的格式呢？Word 2010 为我们提供了非常方便的工具。其操作方法如下。

首先，文档编辑好后，单击文档左上角的“文件”选项卡，如图 4-8 所示。设置相关的信息和操作。

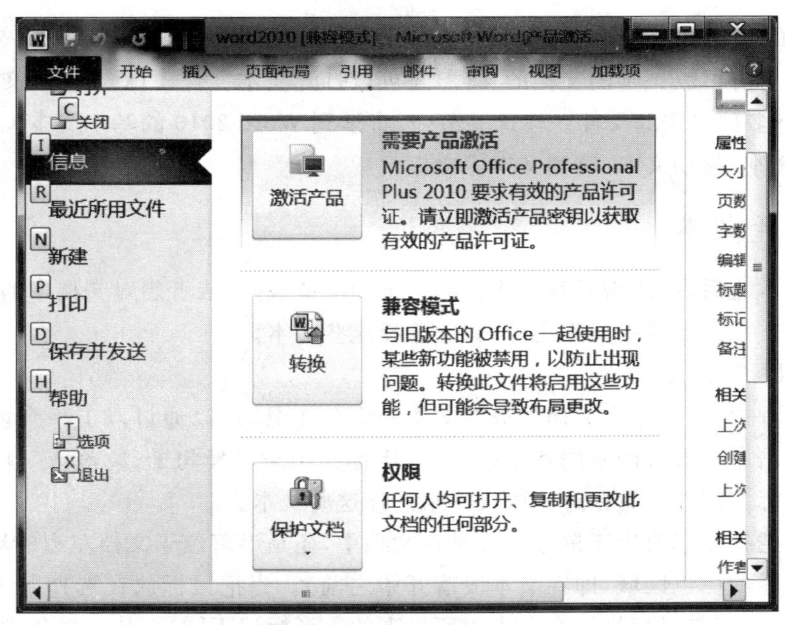

图 4-8 “文件”选项卡窗口

其次，单击“文件”→“另存为”命令，弹出如图 4-9 所示的对话框，单击“保存类型”右边的三角按钮，打开其下拉列表，里面有多种可以转换的格式，选择 PDF 格式。然后再选择保存位置、名称，最后单击“保存”按钮。

图 4-9 转换 PDF 对话框

4.2 文本的编辑

Word 2010 文档以文件形式存放于磁盘中，其文件扩展名为.docx。Word 2010 并不只限于能够处理自身可以识别的文档的文件，还可以打开文本文件(.txt)、模板文件(.dotx)、WPS 文件等十多种格式的文件。在这一节中，将学到 Word 2010 的基本文本编辑，例如，插入文本、删除文本、移动文本、复制文本等操作。

4.2.1 选择文本

在输入文本之后，可能需要移动或删除一个句子或段落，或者想对文档中的某些文本进行排版等操作。在进行这些操作之前，需要选择这些文本。

1. 使用鼠标选择文本

在编辑过程中，鼠标是在文档中选择文本的出色工具，可以通过双击一个词来选择它，也可以通过单击鼠标次数的不同和鼠标与 Shift 键共用来选择句子、段落或一块文本，还可以通过按住鼠标左键并将它拖过一段文本来选择这些文本。

使用鼠标选择文本取决于鼠标指针是在文档中，还是沿着位于文档左边的选择条(位于文档窗口左边界的白色区域，即在文本段落开始之前)。当把鼠标放在选择条上时，鼠标指针将变成一个箭头(与鼠标指针在文本中所呈现的 I 形标记不同)。从选择条中选择句子和段落将使选择一行或整个文档的过程变得很简单。表 4-1 为如何使用鼠标来选择不同的文本项目。

表 4-1 使用鼠标在文档中快速选择文本

文本选择	鼠标动作
选择一个词	双击这个词
选择文本块	单击并拖动
选择文本块(另一种方法)	单击文本开头再按 Shift 键同时单击尾处
选择一行	单击该行左边的选择条
选择多行	单击左边的选择条并从多行旁边拖过
选择句子	在按住 Ctrl 键的同时单击句子
选择段落	双击段落旁边的选择条
选择段落(另一种方法)	在段落中单击三次鼠标
不连续选择多行	按住 Ctrl 键同时用拖动鼠标选择各个部分
选择整个文档	按住 Ctrl 键并单击选择条

编辑文档时,这些鼠标的操作是很有用的,被选择的文本可以快速地被删除、移动或复制。

2. 使用键盘选择文本

当利用键盘选择文本时,必须先将插入点移到想选择文本开始处,然后使用表 4-2 中的组合键进行操作。

表 4-2 使用键盘选择文本及移动光标

按键	功能
Shift+←	选择插入点左边的一个字符或汉字
Shift+→	选择插入点右边的一个字符或汉字
Shift+↑	选择到上一行同一位置之间的所有字符
Shift+↓	选择到下一行同一位置之间的所有字符
Shift+Home	由插入点位置选择至该行的开头
Shift+End	由插入点位置选择至该行的结尾
Ctrl+Shift+↑	由插入点位置选择至该段的开头
Ctrl+Shift+↓	由插入点位置选择至该段的结尾
Ctrl+Shift+Home	由插入点位置选择至文档的开头
Ctrl+Shift+End	由插入点位置选择至文档的结尾
Ctrl+A	选择整个文档
PgUp	移动到前一个窗口
PgDn	移动到下一个窗口
Ctrl+PgUp	翻到上一页
Ctrl+PgDn	翻到下一页

3. 使用扩展功能选择文本

在 Word 中,可以使用扩展功能键(F8 键)选择文本。当按 F8 键时,状态栏上的"扩展"文字变成黑色,表明已经打开扩展选取方式。

当打开扩展选取方式后,可以使用方向键选择文本。例如,按编辑←键可以选择插入点左边的一个字符;按 End 键可以将插入点至该行末尾的文本全部选中。

除了可以使用扩展功能与定位键结合起来选择文本外,F8 键本身也可以选择文本。例如，把插入点放置在某个单词之中，第一次按 F8 键，状态栏中“扩展”两字黑色，表明扩展选取方式被开；第二次按 F8 键，选择插入点所在位置的单词；第三次按 F8 键，选择插入点所在位置的句子；第四次按 F8 键，选择插入点所在位置的段落；第五按 F8 键，选择一个节。如果文档中只有一节，则选择整个文档。按 Esc 键则关闭扩展选取方式，然后按任一方向键取消反白显示的文本。

4. 调节选择区域

如果选择了文本区域之后，发现选择范围过小或过大(尤其是初学使用鼠标用户)，可以调节该选择区域。最常用的方法是重新选择区域，也可以在原选择区域的基础上调节区域。在调节选择区域时，按住 Shift 键，然后按方向键扩展或收缩选择区域。

4.2.2 复制和移动文本

在 Word 2010 中，对重复输入的文字，利用复制和粘贴功能比较方便。而移动跟复制差不多，所不同的是复制只将选定的部分复制到剪贴板中，而移动则在复制到剪贴板的同时将原来的选中部分也从原位置删除了。

1. 使用剪贴板移动文本

文本的移动可以通过“开始”功能区的“剪切”和“粘贴”命令，具体的方法如下。

(1) 选择要移动的文本。

(2) 选择“开始”功能区中的“剪切”命令；或按 Ctrl＋X 键；或右击被选中的文本弹出快捷菜单，选择“剪切”命令，被选择的文本将被删除。

(3) 将插入点移到需要插入文本的新位置(新位置可以在其他文档或软件中，如果新位置在其他软件中，则需切换到其他软件)。

(4) 按 Ctrl＋V 组合键；或选择“开始”功能区中的“粘贴”命令；或在插入点右击弹出快捷菜单，选择“粘贴”命令。在“粘贴”命令中有三种可选的粘贴方法：保留原格式、合并格式和保留文本。三个选项都可以实现对文字的粘贴，只是粘贴时对格式的要求不同。

注意：

① 单击功能区粘贴下的小三角形，单击“选择性粘贴”命令，在弹出的对话框中可以选择自己需要的粘贴形式，如图 4-10 所示。

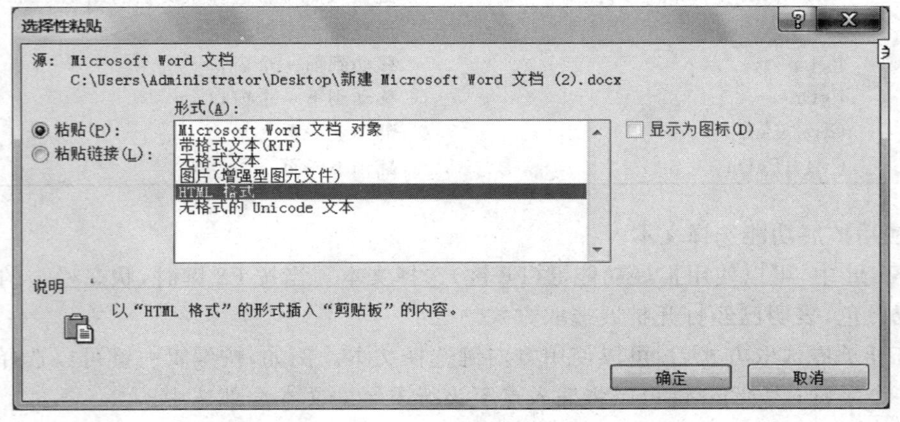

图 4-10 “选择性粘贴”对话框

② Windows 7 提供了暂时存放公用数据的存储区，并称为剪贴板。当剪切和复制应用程序的信息时，会将它们存放在剪贴板中，而且放在剪贴板上的信息会一直保留到再次用“剪切”和“复制”命令存放新内容为止，但是当退出 Windows 7 或关机时，剪贴板中的内容将消失。

2. 使用拖动操作移动

当文档有许多页或从一个文档转移到另一个文档时，使用“剪切”和“粘贴”命令移动文本非常方便。如果想在一个较短的文档中移动文本，可以使用鼠标拖动文本完成移动的操作，这样就无须把文本放到剪贴板中。具体操作步骤如下。

(1) 选择要移动的文本。

(2) 把鼠标指针置于被选中的文本的任一位置，使其变成指向左上方的箭头。

(3) 按住鼠标左键在文档中拖动，随着鼠标指针的移动会出现一虚线插入点，表明文本将要插入的新位置。

(4) 松开鼠标左键之后，即可将选择的文本移到新位置处。

3. 使用剪贴板复制文本

如果想使用剪贴板复制文本，可以按照以下步骤。

(1) 选择要移动的文本。

(2) 选择“开始”功能区中的“复制”命令；或按 Ctrl＋C 键；或右击被选中的文本弹出快捷菜单，选择“复制”命令。

(3) 将插入点移到需要插入文本的新位置(新位置可以在其他文档或软件中，如果新位置在其他软件中，则需切换到其他软件)。

(4) 按 Ctrl＋V 组合键；或选择“开始”功能区中的“粘贴”命令；或右击被选中的文本弹出快捷菜单，选择“粘贴”命令(方法与移动完全相同)。

4. 使用拖动操作复制文本

如果想在短距离内复制文本，可以使用鼠标拖动文本完成复制的操作，这样无须把被选中的文本放到剪贴板中，具体操作方法如下。

(1) 选择要移动的文本。

(2) 把鼠标指针置于被选中的文本的任一位置，使其变成指向左上方的箭头。

(3) 按住 Ctrl 键同时，再按住鼠标左键在文档中拖动，随着鼠标指针的移动会出现一虚线插入点，表明文本将要插入的新位置。

(4) 松开鼠标左键后再放开 Ctrl 键，即可将选择的文本移到新位置处。

4.2.3 插入日期和时间

在 Word 2010 的文档中，要插入日期和时间，其具体操作方法如下。

首先将光标固定在插入点，然后切换到“插入”功能区，在“文本”分组中单击“日期和时间”命令，打开“日期和时间”对话框，先在“语言(国家/地区)”下拉列表框中选择所需要的语言，然后在“可用格式”列表框中选择所需要的格式，单击“确定”按钮，在文档中就出现了 Windows 系统的日期，如图 4-11 所示。

在“日期和时间”对话框中，若选中“自动更新”复选框，单击“确定”按钮，就可以对日期和时间自动更新，它的作用是随着用户的系统日期改变，插入的这个日期和时间会跟着改变。

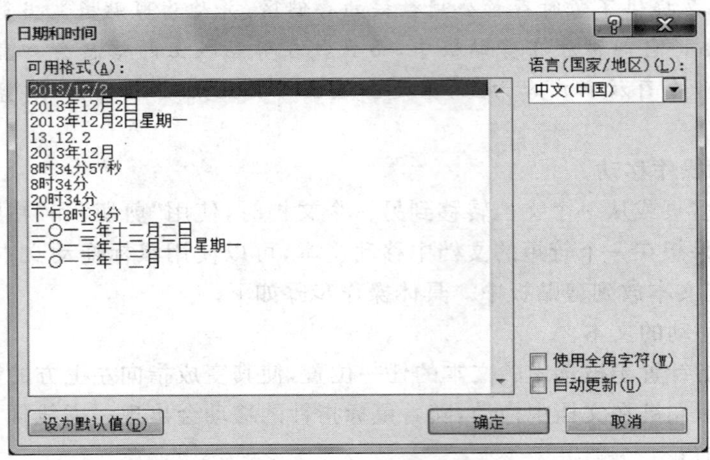

图 4-11 “日期和时间”对话框

4.2.4 插入符号

在 Word 2010 文档窗口中，用户可以通过“符号”对话框插入任意字体的任意字符和特殊符号，操作方法如下。

(1) 将光标移动到想插入符号的位置。

(2) 打开 Word 2010 文档窗口，切换到“插入”功能区，在“符号”功能组中单击“符号”按钮。

(3) 在打开的“符号”面板中可以看到一些最常用的符号，如图 4-12(a)所示，单击所需要的符号即可将其插入到 Word 2010 文档中。如果“符号”面板中没有所需要的符号，可以单击“其他符号”按钮，打开如图 4-12(b)所示的“符号”对话框。

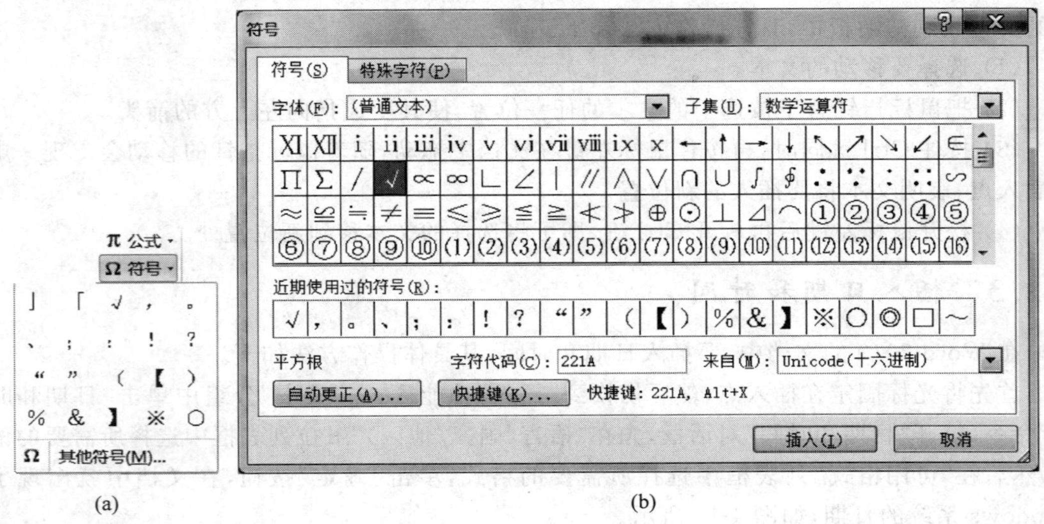

(a)　　(b)

图 4-12 “符号”对话框

(4) 在“符号”选项卡中单击“子集”右侧的下拉三角按钮，在打开的下拉列表中选中合适的子集（如“数学运算符”），然后在符号表格中单击选中需要的符号，单击“插入”按钮。

4.2.5 自动更正

1. 常见设置

自动更正功能能够在输入文本时，自动更正一些特定的错误，例如用户无意在文档中输入错误单词“teh”，再按一下空格键输入下面的单词时，Word 2010 会自动纠正这个错误，将“teh”改为“the”。如果用户在文档中输入“teh”按 Space 键后没有被改为“the”，说明自动更正的某些选项被关闭。如果要打开自动更正的某些选项，可以执行“文件”→“选项”→“校对”命令，在该对话框中单击“自动更正选项”按钮，选择“自动更正”选项卡，弹出如图 4-13 所示的对话框。

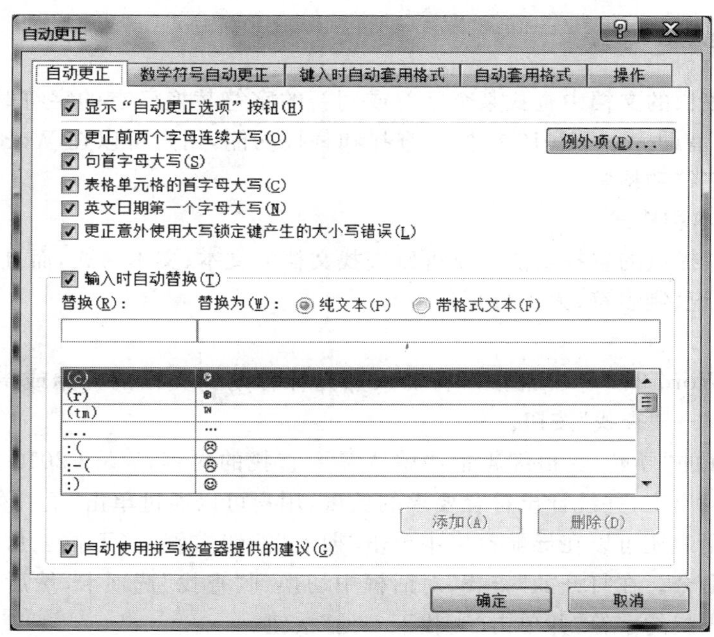

图 4-13 “自动更正”对话框

(1) “更正前两个字母连续大写”：当选中复选框之后，如果不小心将单词的前两个字母都输入为大写，系统会自动将第二个大写字母改为小写字母。

(2) “句首字母大写”：当选中该复选框之后，系统自动将每句的第一个英文字母改为大写。

(3) “英文日期第一个字母大写”：当选中该复选框之后，系统自动将表示星期几的英文单词为首的字母大写。

(4) “输入时自动替换”：该选项让用户决定是否用下面“替换为”列表框中的词条替换“替换”列表框中词条名。当清除了该复选框中的选中之后，在文档中输入“teh”，再按 Space 键时，将不会自动更正为“the”。默认情况下，该复选框选中。

2. 为常用符号添加"自动更正"条目

为了能够利用键盘直接输入键盘上没有的符号，用户可以通过在 Word 2010 中为常用符号添加"自动更正"条目来实现，方法如下。

(1) 打开 Word 2010 文档窗口，切换到"插入"功能区，在"符号"功能分组中单击"符号"按钮，并单击"其他符号"选项。

(2) 在打开的"符号"对话框中，查找并选中准备添加自动更正条目的符号，并单击"自动更正"按钮。

(3) 在打开的 Word 2010"自动更正"对话框中切换到"自动更正"选项卡，在"替换"编辑框中输入准备使用的替换键，并依次单击"添加"→"确定"按钮。

(4) 返回"符号"对话框，继续为其他符号添加自动更正条目，设置完毕单击"取消"按钮，关闭"符号"对话框。

4.2.6 查找和替换

想在一篇很长的文档中查找某个字符或用新的字符替换已有的字符时，用人工来完成既费力又费时，借助 Word 2010 提供的查找和替换功能，用户可以在 Word 2010 文档中快速查找特定的字符和格式。

1. 查找文本和格式

Word 2010 提供的查找功能不仅可以查找文档的文本、文本格式，而且还可以查找特殊字符(如段落标记、制表符、人工分页符等)。

1) 简单查找

(1) 打开 Word 2010 文档窗口，将插入点光标移动到文档的开始或指定的位置，单击"开始"→"编辑"→"查找"按钮。

(2) 在打开的"导航"窗格编辑框中输入需要查找的内容，Word 2010 立即把要查找的内容以反白显示出来，并统计出符合要求的数量，用户可以通过单击"上一处"或"下一处"三角按钮查看。用户还可以在导航窗格中单击"搜索"按钮右侧的"下拉三角"，在打开的列表中选择"查找"命令。在打开的"查找"对话框中切换到"查找"选项卡，然后在"查找内容"编辑框中输入要查找的字符，并单击"查找下一处"按钮。

(3) 查找到的目标内容将以蓝色矩形底色(设置不同可以出现不同的颜色)标识，单击"查找下一处"按钮继续查找。

2) 设置查找条件

如果查找纯中文的文本，直接在"查找内容"框中输入文本，然后单击"查找下一处"按钮即可。如果查找某个英文单词，可能会遇到这样一个情况，当在"查找内容"框中输入了"format"，系统可能会找到"formatted"和"unformat"等单词。如果不想发生类似的情况，需要在"查找和替换"对话框中选中"全字匹配"复选框。

单击"开始"→"编辑"功能分组中"查找"按钮右边的三角下拉按钮，在下拉列表中单击"高级查找"命令，弹出如图 4-14 所示的"查找和替换"对话框。

(1) 查找内容：在"查找内容"框中可输入查找的内容，或者单击列表框右边的向下按钮，列表框中将列出最近四次查找的内容，可以从列表框中选择要查找的内容。

(2) 搜索：在"搜索"列表框提供了"全部"、"向下"或"向上"三个选项。默认情况下，单

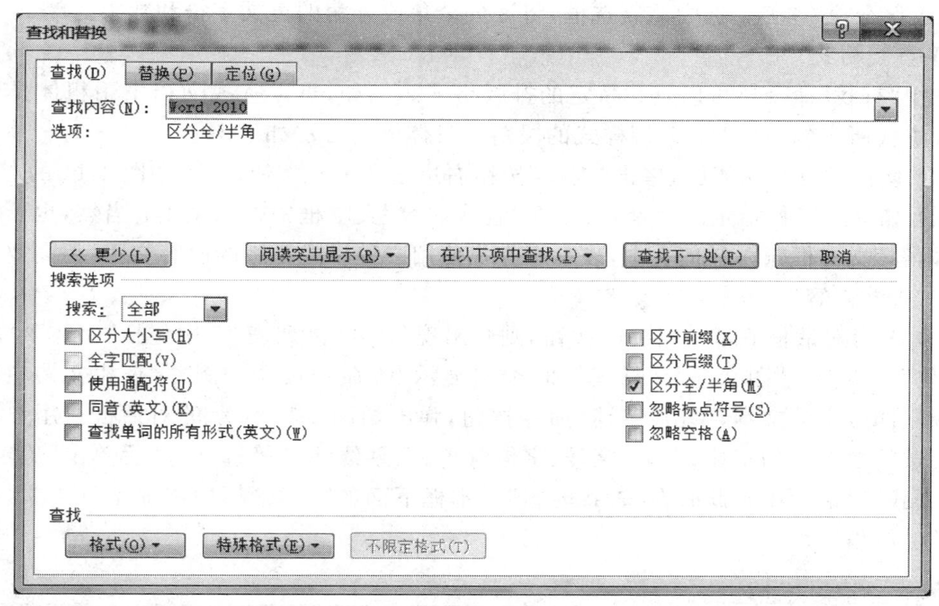

图 4-14 “查找和替换”对话框

击“全部”命令,即告诉系统从插入点位置开始搜索到文档的末尾,然后再从文档开头搜索到插入点位置处。如果单击“向上”命令,将从插入点位置向上搜索,当搜索到文档的开头时,会出现一个消息框,询问是否从结尾继续搜索。同样,如果单击“向下”命令,将从插入点位置向下搜索,当搜索到文档的结尾时,也会出现一个类似的消息框。如果想让 Word 2010 跳到另一端继续搜索,单击“是”按钮;如果想停止搜索,单击“否”按钮。

(3) 区分大小写:默认情况下,Word 2010 查找文档时并不区分字母的大小写,例如,当在“查找内容”文本框中输入“Windows”时,将能在文档中搜索到“Windows”、“WINDOWS”、“windows”等。如果选中“区分大小写”复选框,Word 2010 就只查找大小写完全匹配的单词“Windows”。

(4) 全字匹配:为了使查找更有效,可以选中“全字匹配”复选框,将只查找作为整体出现的单词。例如,单词“format”包括在“formatted”和“unformat”之中,如果选中复选框,则只能查找到“format”本身。

(5) 使用通配符:选中“使用通配符”复选框,可以在“查找内容”框中使用通配符。该选项与“区分大小写”、“区分全/半角”和“全字匹配”复选框互相排斥。输入文本时可以使用通配符“?”来代表任意一个字符。例如,在“查找内容”文本框中输入“星期?”,系统将找到“星期一”、“星期二”、…、“星期日”等;也可以使用通配符“*”来代表任意数量的字符,例如,在“查找内容”文本框中输入“第*月”,系统将找到“第 1 月”、…、“第 11 月”、“第 12 月”等。

(6) 同音(英文):如果选中“同音”复选框,Word 2010 将会找与“查找内容”文本框中输入单词有相同发音的单词。

(7) 查找单词和各种形式:如果选中“查找单词各种形式”复选框,Word 2010 将会查找在“查找内容”文本框中输入单词的所有形式。

(8) 区分全/半角：选中该复选框，将区分全角或半角的英文字符和数字。

3) 查找格式

利用“查找”命令还可以查找特定的排版格式。例如，可以查找文档中用粗体排版的字符或者查找所有的应用“标题 1”样式的段落。具体操作方法如下。

(1) 切换“开始”功能区，单击“查找”按钮右边三角下拉按钮，弹出如图 4-14 的对话框。

(2) 如果想查找指定的文本，可以在“查找内容”文本框中输入文本；当然，也可以不在“查找内容”文本框输入任何文本，表示想查找使用某种格式排版的所有文本，但需要将光标固定在“查找内容”文本框中。

(3) 单击对话框底部的“格式”按钮，则会出现“格式”的列表，其中包括“字体”、“段落”、“制表位”、“语言”、“图文框”、“样式”和“突出显示”等命令按钮。例如，查找文档中所有楷体、倾斜、四号字的文本，单击“字体”命令按钮，弹出如图 4-15 所示的对话框。用户可以根据需要选择要查找的字体、字形、字号、字体颜色、下划线线型等选项，之后单击“确定”按钮返回“查找”对话框中。此时在“查找内容”文本框下面的“格式”框中将显示“(中文)楷体”、“四号”、“倾斜”。

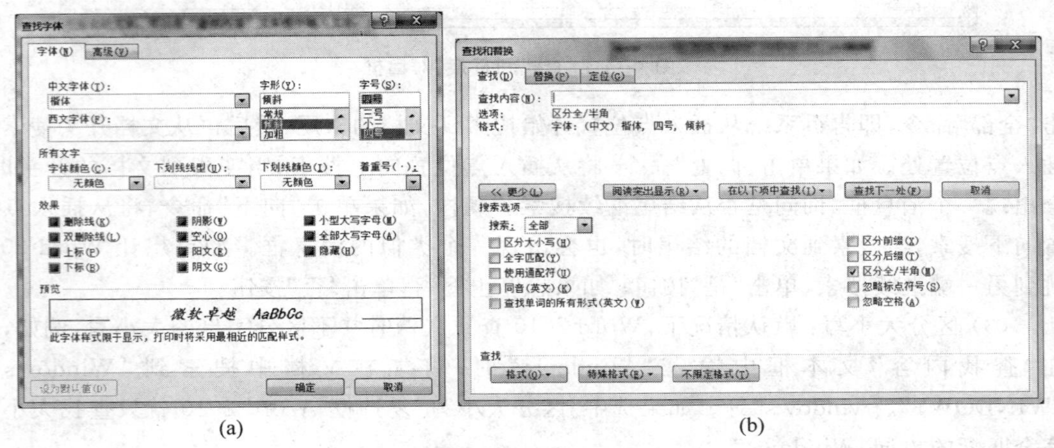

(a) (b)

图 4-15 “查找字体”对话框

(4) 单击“查找下一处”按钮，将在文档中查找符合要求的内容。

(5) 当设置了某种查找格式之后，“不限定格式”按钮变为可选，单击“不限定格式”按钮，可以去除查找文本中的格式信息。

(6) 单击“取消”按钮，返回到文档中。

4) 查找特殊字符

“查找”命令的另一项功能是查找特殊字符，例如，段落标记、制表符以及省略号等，具体操作如下。

(1) 切换“开始”功能区，单击“查找”按钮右边三角下拉按钮，选择“高级查找”命令项，弹出“查找和替换”对话框。

(2) 把插入点光标固定在“查找内容”文本框中，然后单击“特殊字符”按钮，出现“特殊字符”列表。

(3) 从特殊字符列表中选择要查找的特殊字符。例如，要查找文档中的段落标记符，则从列表中单击“段落标记”命令，在“查找内容”文本框中插入一个代码。

(4) 单击“查找下一处”按钮，将在文档中每段的末尾移动。

(5) 单击“取消”按钮，返回到文档中。

2. 替换文本和格式

查找功能与替换功能密切相关，它们均有查找的操作，而替换功能在找到指定的文本之后，还可用新文本取代它。另外，利用替换功能也可以查找和替换排版格式。

1) 替换文本

(1) 切换“开始”功能区，在“编辑”功能分组中，单击“替换”按钮，弹出“查找和替换”对话框，如图 4-14 所示。

(2) 在“查找内容”文本框中输入要查找的内容。例如，输入“燕山大学”。

(3) 在“替换为”文本框中输入要替换后的文本。例如，输入“里仁学院”。

(4) 单击“查找下一处”按钮，Word 2010 将根据“查找内容”文本框中的文本开始查找。当找到之后，会将查找到的文本反白显示。

(5) 如果继续单击“查找下一处”按钮，则不替换被反白显示的文本，继续查找下一个出现的位置；如果单击“替换”按钮，会用“替换为”文本框中的文本取代被反白显示的文本，并且查找下一次出现的位置。如果单击“全部替换”按钮，将查找出“查找内容”文本框中输入的内容所有出现的位置，并用“替换为”文本框中输入的内容取代。

(6) 全部替换完毕后，会现一个消息框告诉用户已完成对文档的搜索，单击“确定”按钮关闭消息框。单击“关闭”按钮关闭“查找和替换”对话框。

2) 替换指定的格式

有时需要将文档中某一格式(所有粗体排版)用另一种格式(倾斜)替换，其具体步骤如下。

(1) 切换“开始”功能区，在“编辑”功能分组中，单击“替换”按钮，弹出“查找和替换”对话框。

(2) 如果要搜索指定格式的文本，可以“查找内容”文本框中输入文本；如果只搜索指定的格式，则删除“查找内容”文本框中的文本。

(3) 单击“格式”按钮，从“格式”列表中选择“字体”命令，弹出“字体”对话框。

(4) 在“字体”对话框的“字形”下拉列表中选择“加粗”命令。

(5) 单击“确定”按钮，则在“查找内容”文本框下方的“格式”区中显示“加粗”字样。

(6) 在“替换为”文本框中输入用作替换的文本(若是替换所有该格式的文本此处为空)。

(7) 单击“格式”按钮，从“格式”下拉列表中选择“字体”命令，在弹出的“字体”对话框中，从“字形”列表框中单击要选择的字形，在此选择“倾斜”命令，然后单击“确定”按钮，返回“查找和替换”对话框。

(8) 单击“全部替换”按钮，即可将文档中所有粗体格式替换为倾斜格式。Word 会显示一个消息框提示替换的次数，单击“确定”按钮关闭消息框。单击“关闭”按钮关闭“查找和替换”对话框。

4.2.7 撤销和恢复

在编辑 Word 2010 文档的时候，如果所做的操作不合适，而想返回到当前结果前面的状态，则可以通过“撤销输入”或“恢复输入”功能实现。“撤销”功能可以保留最近执行的操作记录。用户可以按照从后到前的顺序撤销若干步骤，但不能有选择的撤销不连续的操作。用户可以按 Ctrl+Z 组合键执行撤销操作，也可以单击快速访问工具栏中的“撤销输入”按钮。执行撤销操作后，还可以将 Word 2010 文档恢复到最新编辑的状态。当用户执行一次撤销操作后，用户可以按 Ctrl+Y 组合键执行恢复操作，也可以单击快速访问工具栏中已经变成可用状态的“恢复输入”按钮。

4.3 美化文档

一份图文并茂的文档，常常需要有文字的变化，例如，利用字体、字号、字形、颜色、段落等来强化文字效果。

4.3.1 字符设置

字符是指字母、空格、标点符号、数字、符号(如 &、@、#、* 等)及汉字。字符设置主要包括设置不同的字体、字号、字形、修饰和颜色等。

1. 字体、字号的选择

与 Word 其他版本一样，用户可以在 Word 2010 文档窗口中方便对设置文本，具体方法如下。

1) 利用功能区命令

(1) 选中需要设置的文本。例如，可以是一句话、一个自然段或是一篇文档。

(2) 切换到“开始”功能区，在“字体”分组中单击字体下拉三角按钮，在打开的“字体”列表中显示出三组字体，其中“主题字体”是通过“页面布局”分组中的“主题”设置功能设置字体；“最近使用的字体”显示最近经常使用的字体；“所有字体”则显示当前计算机中已安装的完整字体列表。将鼠标指针指向目标字体，则选中的文字块将同步显示应用字体后的效果，确认该字体符合要求后，单击鼠标左键即可。

(3) 在“开始”功能区的“字体”分组中单击字号下拉三角按钮，在打开的字号列表中显示可供选择的字号，当用户用鼠标指针指向该字号时，则选中的文字块将同步显示应用字号后的效果，确认该字号符合要求后，单击鼠标左键即可；若列表中的字号都不能满足用户需要，用户可以直接在“字号”设置框中输入所需要字号大小，然后按 Enter 键。

2) 利用“字体”命令对话框设置字体和字号

(1) 选中需要设置的文本。例如，可以是一句话、一个自然段或是一篇文档。

(2) 切换到“开始”功能区，单击“字体”分组右下角“字体”按钮 ，弹出“字体”对话框，如图 4-16 所示，选择“字体”选项卡。

(3) 根据用户的需要，单击“中文字体”列表框右边的三角按钮，在下拉列表中选择用户需要的中文字体，也可单击“西文字体”三角形下拉按钮，从中选择所需的西文字体。此时可以从对话框下方的“预览”区域中看到字体的变化。

(4) 单击“确定”按钮。

2. 改变字形和颜色

如果想调整文档中的某些部分，可以考虑改变它的字形。在“开始”功能区提供了两个改变字形和一个改变字体颜色的按钮："加粗"(快捷键 Ctrl+B) **B** 、倾斜(快捷键 Ctrl+I) *I* 和一个"字体颜色" A ，也可以选择"字体"对话框进行设置字形和颜色，具体方法如下。

1）利用功能区命令

(1) 选中需要设置的文本。

(2) 切换到"开始"功能区，单击"字体"分组中的"加粗"按钮；若需斜体也可以单击"倾斜"按钮，所选中文本设置为所需的字形。若想取消该字形，可以再次单击该按钮，使其呈弹起状态。

(3) 单击"字体颜色"右边三角形按钮，用鼠标指针指向要选择的颜色时，则选中的文字块将同步显示应用颜色后的效果，确认该颜色符合要求后，单击鼠标左键。

2）利用"字体"命令对话框设置字形和颜色

(1) 选中需要设置的文本，如上所述方法打开"字体"对话框，如图 4-16 所示。

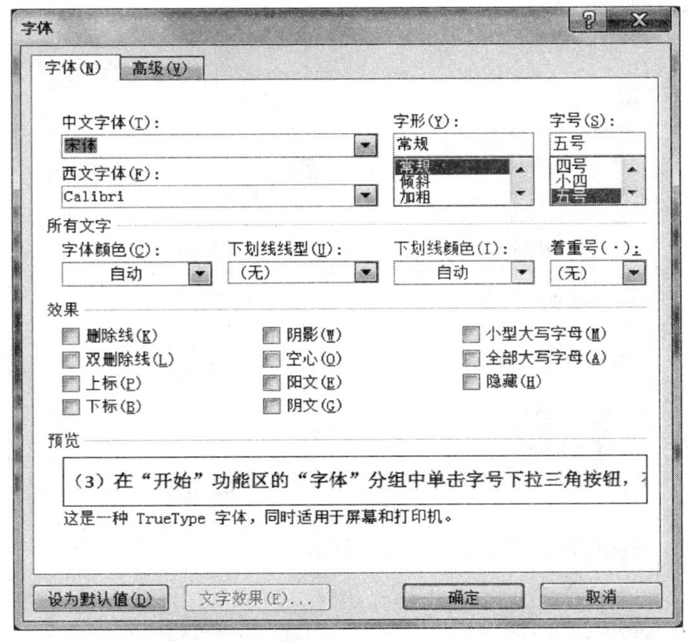

图 4-16 "字体"对话框

(2) 在"字形"的列表框中，单击选中的字形。

(3) 在"字体颜色"框中，单击右边的三角按钮，在打开的面板中用户单击选中的颜色，在"字体颜色"框中显示用户刚选中的颜色，并可以在"预览"窗口显示应用颜色后的效果。确认该颜色符合要求后，单击"确定"按钮。

3. 下划线、着重号的添加

1）下划线的设置

选中需要设置的文本，在"开始"功能区的"字体"分组中单击"下划线"下拉三角按钮，可以在列表中选择一种下划线。如果不满意列表中的内容，可以单击"其他下划线"按钮，在打开的"字体"对话框中设置其他的效果，如删除线、双删除线、上下标、阴影、阳文、空心等。单击"下划颜色"按钮，可以调整下划线颜色。

2）着重号的设置

选中需要设置的文本，按上述方法打开“字体”对话框，单击“着重号”选择框右边的三角按钮，在下拉列表中选择着重号，并可以在“预览”窗口显示应用后的效果。确认符合要求后，单击“确定”按钮。

4. 设置字符底纹和边框

选定要格式化的文本，在“开始”功能区的“字体”分组中单击“字符底纹”、“字符边框”、“带圈字符”等按钮，即可实现字符底纹、边框和带圈字符的设置。

5. 改变字符间距

在屏幕上显示字符时，Word会在字符之间设置一定的间距。如果想改变默认的字符间距，可以按照如下方法进行：选中需要设置的文本，单击“字体”命令按钮，在打开的“字体”对话框中选择“高级”选项卡，如图4-17所示。它包括“缩放”、“间距”、“位置”和“为字体调整字间距”等设置项。

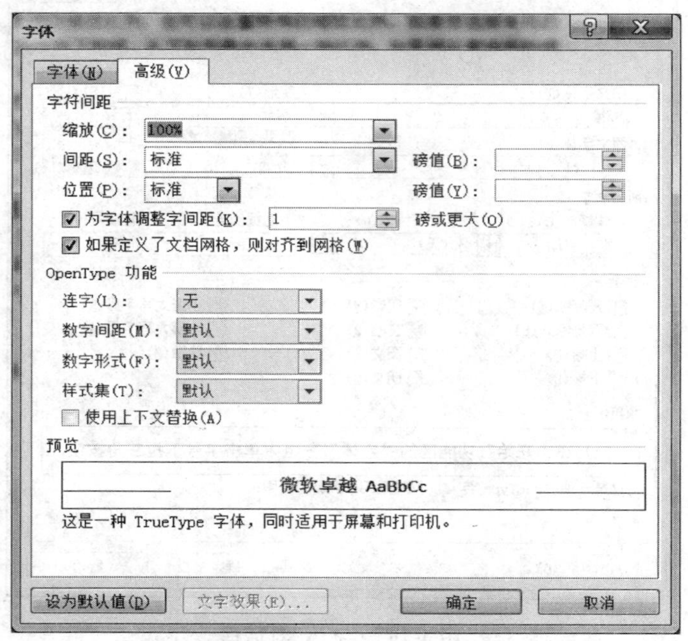

图4-17 “字体”高级选项对话框

“缩放”：可以选择一些常用的缩放比例，也可以设置特殊的缩放比例。如果想选择常用的缩放比例，则单击列表框右边三角按钮，从下拉列表中选择一种比例；如果想设置特殊的缩放比例，必须在“放缩”的编辑框中输入一个比例值。

“位置”：在“位置”列表框中有“标准”、“提升”和“降低”三个选项，默认设置为“标准”选项，右边“磅值”框中不显示设置值；当单击“提升”或“降低”命令时，则可以在“磅值”框中设置提升或降低的高度。

“间距”：在“间距”列表框中有“标准”、“加宽”和“紧缩”三个选项。默认设置为“标准”选项，右边“磅值”框中不显示设置值，也就是系统本身自动调整字符间距；当单击“加宽”或“紧缩”命令时，则可以在“磅值”框中设置字符间距值。

“为字体调整字间距”：当选中该复选框后，可以从“磅或更大”框中选择字体大小，针对等于或大于选定字体大小的字符，Word 会自动调整字符间距。

4.3.2 清除与复制文本格式

1. 清除字符格式

若用户对设置的字符格式不满意，欲恢复为默认的字符格式，可以选中要清除字符格式的文本，再按 Ctrl+Shift+Z 组合键，设置的字符格式即被清除并恢复为默认的字符格式。

2. 复制字符格式

Word 2010 中的格式刷工具可以将特定文本的格式复制到其他文本中，当用户需要为不同文本重复设置相同格式时，可以用格式刷工具来提高工作效率。具体操作是：选中已经设置好格式的文本块，并在“开始”功能区的“剪切板”分组中双击“格式刷”按钮，将鼠标指针移动至 Word 文档文本区域，鼠标指针已经变成刷子形状。按住鼠标左键拖选需要设置格式的文本，则使用“格式刷”刷过的文本将应用被复制的格式。释放鼠标左键，再次拖选其他文本实现同一种格式的多次复制。完成格式的复制后，再次单击“格式刷”按钮关闭格式刷；如果是单击“格式刷”按钮，则格式刷复制的文本格式只能被复制一次，不利于同一种格式的多次复制。

4.3.3 给文本添加边框和底纹

1. 给文本添加边框

1）简单设置

选中需要设置边框的文本，在“开始”功能区的“段落”分组中单击“下框线”下拉三角按钮，在打开的列表中选择合适的边框即可。

2）利用“边框和底纹”对话框设置

选中要设置的文本，单击“开始”→“段落”→“下框线”下拉三角按钮，并在打开的列表中选择“边框和底纹”命令，打开“边框和底纹”对话框，如图 4-18 所示。具体的设置如下。

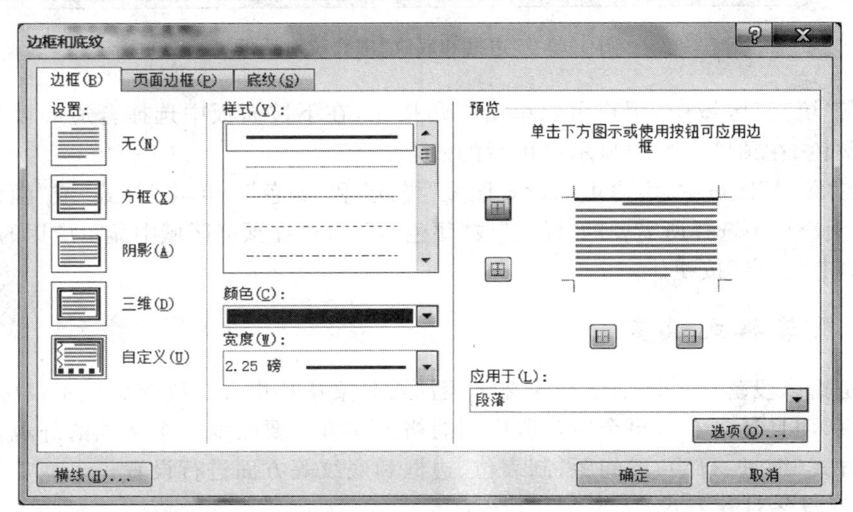

图 4-18 “边框和底纹”中边框对话框

(1) 在“样式”框中选择合适的线型。

(2) 在“颜色”框中选择线条的颜色。

(3) 在“宽度”框中选择线条的宽度。

(4) 在“预览”框中，通过单击“上框线”、“下框线”、“左框线”和“右框线”按钮，添加相应边框，得到用户想要的效果。

(5) 单击“确定”按钮。

2. 给文本添加底纹

1) 设置纯色底纹

选中要设置的文本，在“开始”功能区的“段落”分组中，单击“底纹”下拉三角按钮，打开“底纹颜色”面板，当鼠标指针指向用户欲选的颜色时，选中的文本块显示设置后的效果，若用户满意单击鼠标即可。

2) 设置图案底纹

选中需要设置图案底纹的文本，在“开始”功能区的“段落”分组中单击“下框线”下拉三角按钮，并在打开的“下框线”下拉列表中选择“边框和底纹”命令，在打开的“边框和底纹”对话框中切换到“底纹”选项卡，如图 4-19 所示。

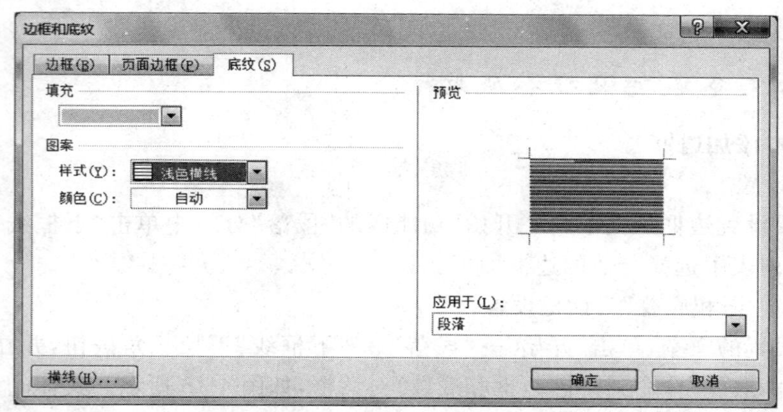

图 4-19 “边框和底纹”中底纹对话框

(1) 在“填充”区域中，用户可以单击三角按钮，在下拉面板中选择合适的填充颜色，单击选中的颜色，在预览区域中显示应用后的效果。

(2) 在“图案”区域中，用户可以设置图案“样式”和“颜色”。单击“样式”或“颜色”右边的下拉按钮，用户从中选择所需要的“样式”或“颜色”，并可以在预览区域中显示应用的效果。

(3) 单击“确定”按钮。

4.3.4 段落格式设置

段落是指以段落结束标记结束的文字、图形、对象及其集合。段落标记不仅标识了一个段落的结束，而且还带有对每个段落所应用的格式编排。要改变一个文档的外观，可以从字符的对齐方式、缩进、行距、段间距、制表位、边框和底纹等方面进行设置。

1. 改变段落对齐方式

文本有两种对齐方式：一是水平对齐，一是垂直对齐。水平对齐方式是指段落中的文字或其他内容相对于左、右页边距的位置。Word 共提供了 5 种水平对齐方式：左对齐、右对齐、居中、两端对齐和分散对齐。默认的水平对齐是左对齐。垂直对齐方式有：靠页面顶端对齐、在上下页宽之间均匀分布的两端对齐、居中对齐。

对齐方式的应用范围为段落，在 Word 2010 的“开始”功能区和“段落”对话框中均可以设置文本对齐方式。

1）利用“开始”功能区设置

打开 Word 2010 文档窗口，选中需要设置对齐方式的段落，然后在“开始”功能区的“段落”分组中单击“左对齐”按钮、“居中对齐”按钮、“右对齐”按钮、“两端对齐”按钮或“分散对齐”按钮设置水平对齐的方式。

2）利用“段落”对话框设置

打开 Word 2010 文档窗口，选中需要设置对齐的段落，在“开始”功能区的“段落”分组中单击“段落”按钮，在打开的“段落”对话框中单击“对齐方式”下拉三角按钮，然后在“对齐方式”下拉列表中选择合适的对齐方式。

3）利用快捷键设置

打开 Word 2010 文档窗口，选中需要设置对齐的段落，然后按以下的快捷键。

（1）按 Ctrl＋J 键，使选择的段落两端对齐。

（2）按 Ctrl＋L 键，使选择的段落左对齐。

（3）按 Ctrl＋E 键，使选择的段落居中对齐。

（4）按 Ctrl＋R 键，使选择的段落右对齐。

（5）按 Ctrl＋Shift＋D 组合键，使选择的段落分散对齐。

2. 设置段落缩进

通过设置段落缩进，可以调整文档正文内容与页边距之间的距离。

1）通过“页面布局”功能区设置缩进

在 Word 2010 文档窗口的“页面布局”功能区中，可以快速设置被选中文档的缩进值。具体操作是：在打开的 Word 2010 文档窗口中选中需要设置缩进的段落，切换到“页面布局”功能区，然后在“段落”分组中调整左、右缩进值即可。

2）通过“段落”对话框设置段落缩进

打开 Word 2010 文档窗口，选中需要设置段落缩进的文本段落，在“开始”功能区的“段落”分组中单击“段落”对话框按钮。在打开的“段落”对话框中切换到“缩进和间距”选项卡，在“缩进”区域调整“左侧”或“右侧”编辑框设置缩进值。单击“特殊格式”下拉三角按钮，在下拉列表中选中“首行缩进”选项，并在“磅值”编辑框中输入缩进值，单击“确定”按钮。

3）增加和减少缩进量

在 Word 2010 文档中，用户可以使用“增加缩进量”和“减少缩进量”按钮快速设置 Word 文档段落缩进，其操作方法是：在打开的 Word 2010 文档窗口中选中需要增加或减少缩进量的段落，在“开始”功能区的“段落”分组中单击“减少缩进量”或“增加缩进量”按钮设置 Word 2010 文档缩进量。

注意：使用“增加缩进量”和“减少缩进量”命令能在页边距以内设置缩进，而不能超出页边距之外。

4）使用标尺设置段落缩进

借助 Word 2010 文档窗口中的标尺用户可以方便地设置 Word 文档段落缩进，其操作方法如下：在打开的 Word 2010 文档窗口中切换到“视图”功能区，在“显示”分组中选中“标尺”上出现四个缩进专用滑块，拖动首行缩进滑块可以调整首行缩进，拖动悬挂缩进滑块设置悬挂缩进的字符，拖动左缩进和右缩进滑块设置左右缩进，如图 4-20 所示。

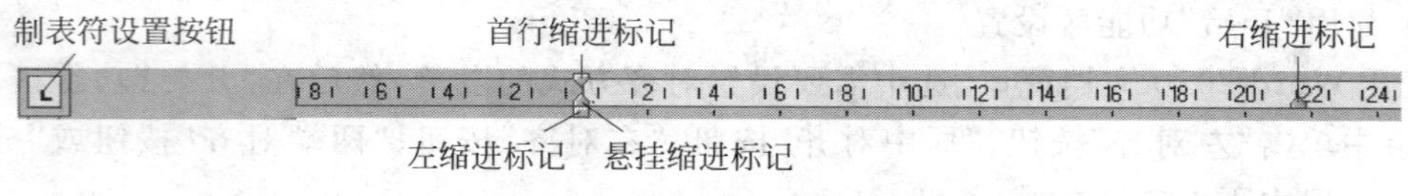

图 4-20　标尺中的缩进滑块

3. 设置段落间距

段落间距有段前距和段后距之分。段前距指上一段落的最后一行与当前段落的第一行之间的距离。段后距指当前段落的最后一行与下一段落的第一行之间的距离。在 Word 2010 中，用户可以通过多种渠道设置段落间距，操作方法如下。

（1）选中需要设置段落间距的段落，然后在“开始”功能区的“段落”分组中单击“行和段落间距”按钮。在打开的“行和段落间距”列表中单击“增加段前间距”和“增加段后间距”命令，以设置段间距。

（2）选中需要设置段落间距的段落，在“开始”功能区的“段落”分组中单击“段落”对话框按钮。打开“段落”对话框，在“缩进和间距”选项卡“间距”区域中设置段前和段后的数值，以设置段落间距，如图 4-21 所示。

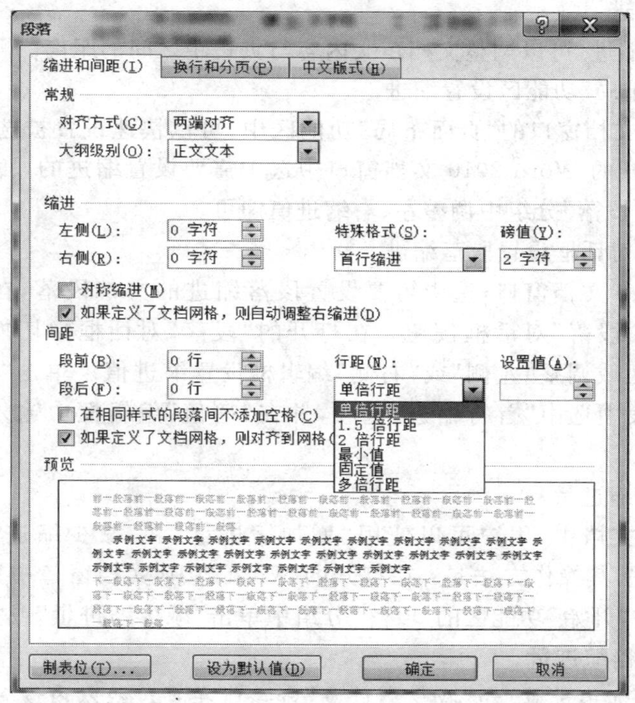

图 4-21　“段落”对话框

(3) 切换到“页面布局”功能区，在“段落”分组中调整段前和段后间距的数值，以设置段落间距。

4. 设置行距

行距可以控制正文行之间的距离，控制行距是美化文档的重要手段之一。在 Word 2010 中，大多数快速样式集的默认间距是：行之间为 1.15，段落间有一个空白行。设置行距的方法是：选中要更改其行距的段落，在“开始”功能区的“段落”分组中，单击“行和段落间距”按钮，在打开的“行和段落间距”面板列表中，鼠标指针指向所需的行距值，选中的段落呈现设置后的效果，若适合单击即可；或者单击“行距选项”，打开“段落”对话框，切换到“缩进和间距”选项卡，然后在“间距”区域的“行距”框中选择所需的选项，如图 4-21 所示。

在“行距”下拉列表中包含 6 种行距类型，分别具有如下意义。

单倍行距：行与行之间的距离为标准的 1 行。

1.5 倍行距：行与行之间的距离为标准行距的 1.5 倍。

2 倍行距：行与行之间的距离为标准行距的 2 倍。

最小值：行与行之间使用大于或等于单倍行距的最小行距值，如果用户指定的最小值小于单倍行距，则使用单倍行距值，如果用户指定的最小值大于单倍行距，则使用用户指定的最小值。

固定值：行与行之间的距离使用用户指定的值，需要注意该值不能小于字体的高度，否则不能完整显示字体。

多倍行距：行与行之间的距离使用用户指定的单倍行距的倍数值。

提示：如果某个行包含大文本字符，图形或公式等，则 Word 会增加该行的间距。若要均匀分布段落中的各行，请使用固定间距，并指定足够大的间距以适应所在行中的最大字符或图形。如果出现内容显示不完整的情况，则应增加间距量。

4.4 页面设置

建立新文档时，对纸张大小、方向、分隔符、页码及其他选项应用默认值，但是根据需要用户也可随时改变这些设置值。如果从开始就已确定了要设置的文档外观，那么在建立文档之前，就可以设置这些选项。

4.4.1 页面设置简介

在页面设置时，人们往往先对纸张、页边距、方向等进行设置。

1. 设置纸张大小

1) 利用功能区命令设置

切换到“页面布局”功能区，在“页面设置”分组中单击“纸张大小”按钮，并在打开的“纸张大小”列表中选择合适的纸张即可。

2) 利用“页面设置”对话框设置

如果上述纸张类型不能满足用户需求，可以利用“页面设置”对话框进一步设置，具体步骤如下。

(1) 切换到“页面布局”功能区，在“页面设置”分组中单击“页面设置”按钮，打开“页面设置”对话框。切换到“纸张”选项卡，在“纸张大小”区域可选择更多的纸张类型；若系统提供的纸张不能满足用户需要，可以选择“自定义大小”，然后分别在“宽度”和“高度”编辑框中输入合适的宽度和高度数值。

（2）在“纸张来源”区域可以为Word文档的首页和其他页分别选择纸张的来源方式，这样使得Word文档首页可以使用不同于其他页的纸张类型。在“应用于”下拉列表中可以选择当前纸张设置的应用范围，默认作用于整篇文档，也可选择“插入点之后”。

（3）单击“确定”按钮即可，如图4-22所示。

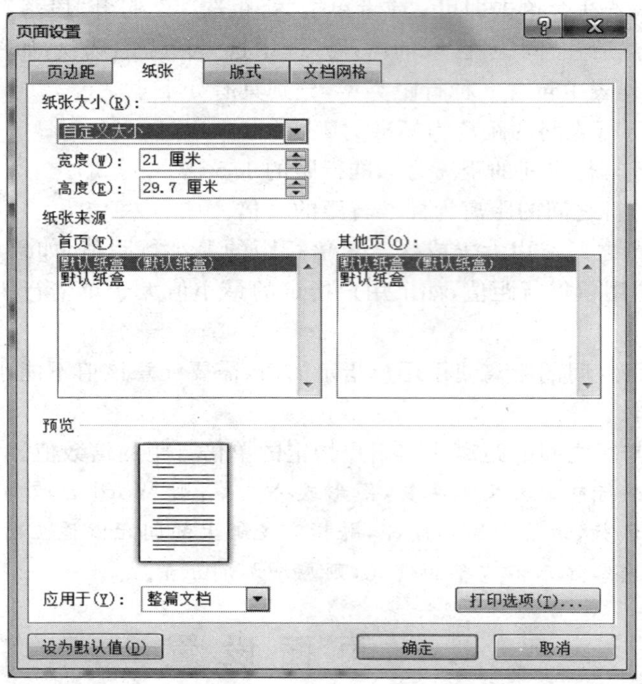

图4-22 “页面设置”对话框

2. 设置页边距

设置页边距可以使文档的正文部分跟页面边缘保持比较合适的距离。这样不仅使Word文档看起来更加美观，还可以达到节约纸张的目的。如图4-23所示纸张、页边距等示意图，设置页面边距有两种方式。

（1）切换到“页面布局”功能区，在“页面设置”分组中单击“页边距”按钮，并在打开的常用“页边距”列表中选择合适的页边距。

（2）如果常用“页边距”列表中没有合适的页边距，可以在“页面设置”对话框自定义页边距设置。操作方法是：在“页面设置”分组中单击“页边距”按钮，并在打开的常用“页边距”列表中选择“自定义边距”命令，在打开的对话框中切换到“页边距”选项卡，在“页边距”区域分别设置上、下、左、右的数值，并单击“确定”按钮。

3. 设置纸张方向

纸张方向包括“纵向”和“横向”两种方向。用户可以根据页面版式要求选择合适的纸张方向。方法如下：在“页面设置”分组中单击“纸张方向”按钮，并在打开的“纸张方向”列表

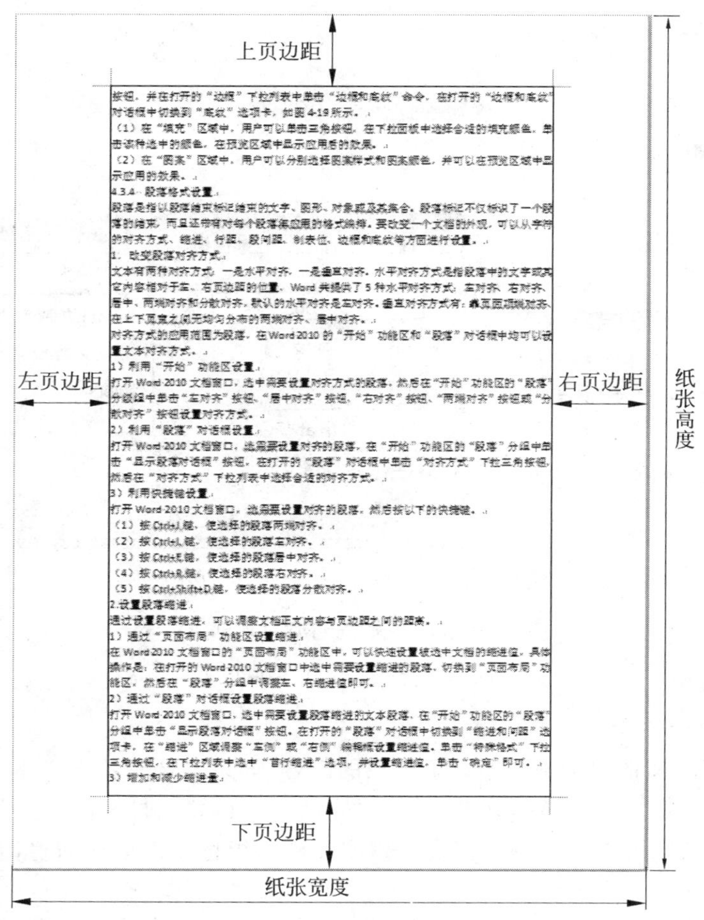

图 4-23　纸张、页边距等示意图

中选择"横向"或"纵向"类型的纸张。

4. 设置文字方向

通常文字的排版方式为水平排版，但是在中文的排版中也可以设置为竖排方式，方法如下：选中需要设置排版方向的文本，单击"页面布局"→"页面设置"→"文字方向"按钮，在下拉列表中包括"水平"、"垂直"、"将所有文字旋转 90°"、"将所有文字旋转 270°"和"将中文字符旋转 270°"五种文字设置方式，用户可以选择一种。若不能满足要求，可以单击"文字方向选项"命令，在打开的对话框中选择文字的排版方向，在"应用于"下拉列表中选择应用范围，单击"确定"按钮，如图 4-24 所示。

4.4.2　设置分栏和首字下沉

所谓分栏就是将 Word 2010 整篇文档（或本节）或选中的内容设置为多栏，从而呈现出多栏排版页面。默认情况下 Word 2010 提供 5 种分栏类型，即一栏、两栏、三栏、偏左、偏右。用户可以根据实际需要选择合适的分栏类型。

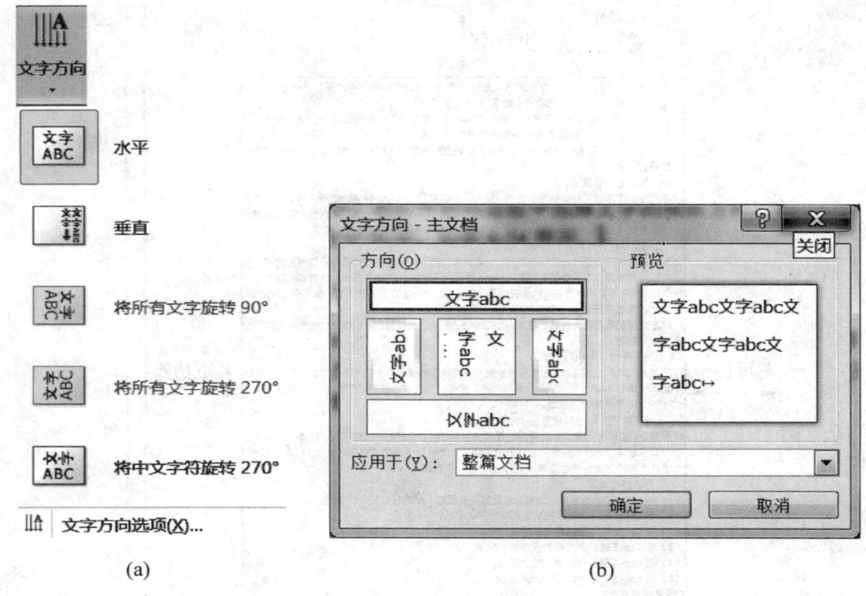

(a) (b)

图 4-24 “文字方向”对话框

1. 分栏的设置

1）简单设置分栏

在 Word 2010 文档中选中需要设置分栏的内容，如果不选中特定文本则为整篇文档或为本节设置分栏。在“页面设置”分组中单击“分栏”按钮，并在打开的“分栏”列表中选择合适的分栏类型单击即可。其中“偏左”或“偏右”分栏是指将文档分成两栏，且左边或右边栏相对较窄。

2）自定义分栏

如果上述分栏类型无法满足用户的实际需求，可以在“分栏”对话框中进行自定义分栏设置，以获取更多的分栏选项，具体的方法如下。

(1) 选中需要分栏的内容或把光标定位到要分栏的节。

(2) 切换到“页面布局”功能区，在“页面设置”分组中单击“分栏”按钮，在打开的“分栏”下拉列表中选择“更多分栏”命令，打开“分栏”对话框，如图 4-25 所示。

(3) 在“栏数”编辑框中调整或输入分栏数；如果选中“栏宽相等”复选框，则每个栏的宽度均相等。若取消“栏宽相等”复选框选中，可以分别为每一栏设置栏宽；在“宽度”和“间距”编辑框中设置每个栏的宽度数值和两栏之间的距离大小，最后单击“确定”按钮。

2. 首字下沉的设置

首字下沉是指将 Word 文档中段首的第一个文字放大，并进行下沉或悬挂设置，凸显段落或整篇文档的开始位置。

1）简单设置

首先将光标定位到需要设置首字下沉的段落中或选中需要首字下沉的段落，然后切换到“插入”功能区，在“文本”分组中单击“首字下沉”按钮，在图 4-26 所示的“首字下沉”列表中选择“下沉”或“悬挂”命令，来设置首字下沉或悬挂效果。

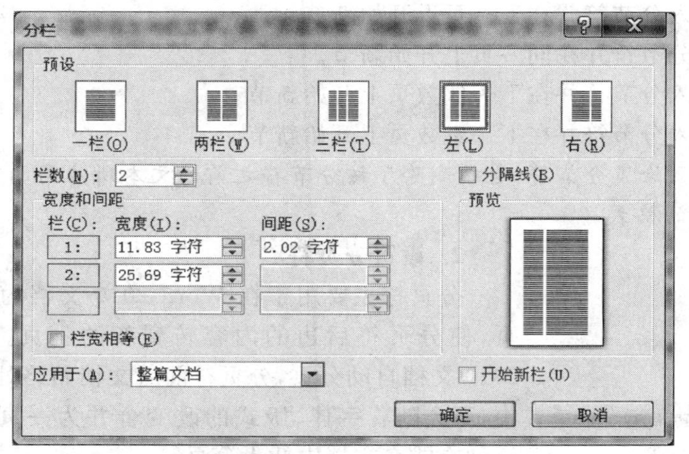

图 4-25 “分栏”对话框

2）利用“首字下沉”对话框设置

如果需要对设置下沉的文字有字体、下沉行数、距正文的要求，在图 4-26 所示的“首字下沉”列表中选择“首字下沉选项”，弹出如图 4-27 所示的“首字下沉”对话框。先选中“下沉”或“悬挂”选项；在“字体”区域框中单击右边下拉按钮，在下拉列表中选择合适的字体；在“下沉行数”框中输入要下沉的数值；在“距正文”框中输入的数值；最后单击“确定”按钮。

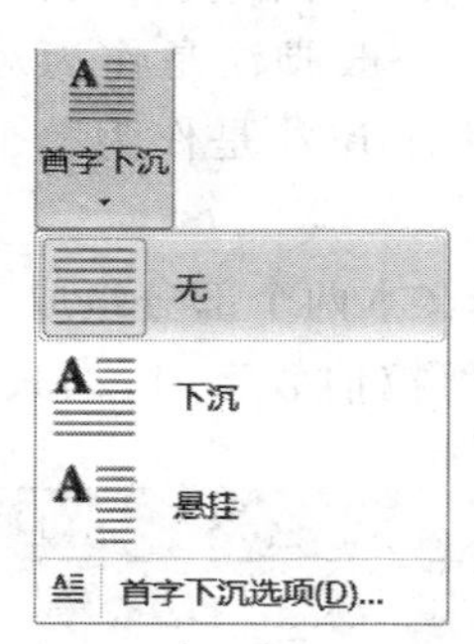

图 4-26 设置首字下沉

图 4-27 “首字下沉”对话框

4.4.3 设置分隔符

Word 2010 的分隔符用来在插入点位置插入分页符、分栏符或分节符。

1. 设置分节符

通过在 Word 2010 文档中插入分节符，可以将 Word 文档分成多个部分。每个部分可以有不同的页边距、页眉、纸张大小等页面设置。在文档中插入分节符的步骤如下：将光标定位到准备插入分节符的位置，然后切换到“页面布局”功能区，在“页面设置”分组中单击“分隔符”按钮，在打开的分隔符列表中，“分节符”区域列出 4 种不同类型的分节符，选择合适的分节符插入到文档中即可，各分节符含义如下。

下一页：插入分节符并在下一页上开始新节。

连续：插入分节符并在同一页上开始新节。

偶数页：插入分节符并在下一偶数页上开始新节。

奇数页：插入分节符并在下一奇数页上开始新节。

提示：一旦删除了分节符，也就删除了该分节符之前的文本所应用的节格式，这一节就将应用其后一节的格式。

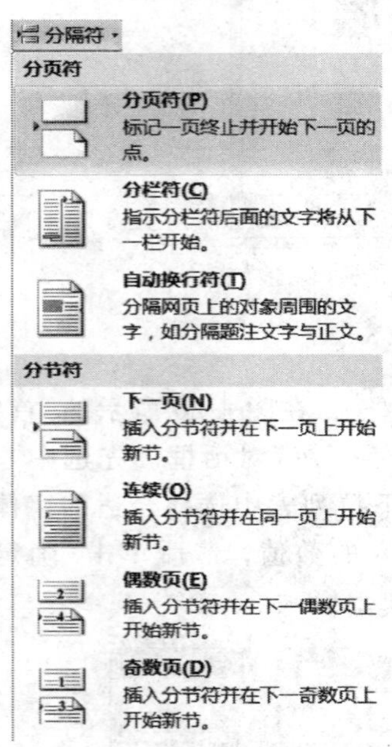

图 4-28 “分页符”列表

2. 设置分页符

分页符主要用于在 Word 2010 文档的任意位置强制分页，使分页符后边的内容转到新的一页。它不同于 Word 2010 文档自动分页，分页符前后文档始终处于两个不同的页中，不会随着字体、版式的改变合并为一页。用户可以通过三种方式在文档中插入分页符。

(1) 将插入点定位到需要分页的位置。切换到“页面布局”功能区。在“页面设置”分组中单击“分隔符”按钮，并在打开的“分隔符”下拉列表中单击“分页符”按钮，如图 4-28 所示。

(2) 将插入点定位到需要分页的位置，按 Ctrl＋Enter 组合键插入分页符。

(3) 将插入点定位到需要分页的位置，切换到“插入”功能区，在“页”分组中单击“分页”按钮。

3. 设置脚注和尾注

文档中的脚注和尾注是一种解释性或说明性的文本，是提供给文档正文的参考资料。一般脚注是作为对正文的说明，出现在文档中每一页的末尾；尾注是作为整个文档的引用文献，位于整篇文章的末尾。

脚注和尾注由相互连接的注释引用标记和其对应的注释文本两个部分组成。引用标记由 Word 自动编号，也可以创建自定义标记。标记通常采用阿拉伯数字(1、2、3、…)或中文数字(一、二、…)，也可以采用英文字母形式。脚注和尾注的标记是连续编号的，在添加、删除或移动自动编号的注释时，Word 将自动对引用注释标记重新编号。

将插入点移到要插入脚注或尾注的位置，切换到“引用”功能区。单击“脚注”右下角的箭头，打开“脚注和尾注”对话框，如图 4-29 所示。在“位置”和“格式”处选择适合的选项后，单击“插入”按钮回到文档中，此时在文档需插入脚注或尾注的字符后面已插入了编号为“1”的引用标记(当选择的是“自动编号”时)，同时在该页的底端显示一条水平线，为注释分隔符。在分隔下部的窗口中可以输入注释文本。

图 4-29 “脚注和尾注”对话框

4. 查看文档中的脚注和尾注

在 Word 文档中，查看脚注和尾注文本的方法是：将鼠标指向文档中的注释引用标记，注释文本将出现在标记上。

5. 删除脚注或尾注

选定要删除的引用标记，然后按 Delete 键。

4.4.4 设置页眉、页脚和页码

页眉可以包含文字或图形，通常在每一页的顶端，如公司的标志、章节标题等。页脚通常在页面的底端，如日期、单位地址等。页眉和页脚不属于文档正文内容，如果设置了页眉和页脚，Word 会自动将页眉和页脚的内容应用到文档的每一页上。

1. 插入页眉和页脚

在文档窗口中切换到“插入”功能区。在“页眉和页脚”分组区域单击“页眉”或“页脚”按钮，在打开的“页眉或页脚样式”列表中选择合适的页眉或页脚样式即可。

1）编辑页眉和页脚

默认情况下，Word 2010 文档中的页眉和页脚均为空白内容，只在“页眉和页脚”区域输入文本或插入页码等对象后，用户才能看到页眉或页脚。在文档中编辑页眉和页脚的步骤如下：在打开的“页眉”面板中单击“编辑页眉”按钮，在“页眉或页脚”区域输入文本内容，还可以在打开的“设计”功能区选择插入页码、日期和时间等对象。完成编辑后单击“关闭页眉和页脚”按钮即可。

2）在页眉库中添加自定义页眉

所谓“库”就是一些预先格式化的内容集合，例如页眉库、页脚库、表格库等。在 Word 2010 文档窗口中，用户通过使用这些具有特定格式的库可以快速完成一些版式或内容方面的设置。Word 2010 中的库主要集中在“插入”功能区，用户也可将自定义的设置添加到特定的库中，以便减少重复操作，在页眉库中添加自定义页眉的操作步骤如下。

(1) 在文档窗口中切换到“插入”功能区，在“页眉和页脚”分组中单击“页眉”按钮，编辑页眉文字，并进行版式设置。

(2) 选中编辑完成的页眉文字，单击“页眉和眉脚”分组中的“页眉”按钮，并在打开的“页眉”列表中选择“将所选内容保存到页眉库”命令。

(3) 打开“新建构建基块”对话框，分别输入“名称”和“说明”，其他选项保持默认设置，并单击“确定”按钮，如图 4-30 所示。要插入自定义的页眉，则只需从 Word 2010 页眉库中选择即可。

3）删除 Word 2010 库中的自定义页眉

在 Word 2010 文档窗口中，切换到“插入”功能区，在“页眉和页脚”分组中单击“页眉”按钮，在打开的页眉库中右击用户添加的自定义库，并选择快捷菜单中的“整理和删除”命令，打开“构建基块管理器”对话框，单击“删除”按钮，在打开的“是否确认删除”对话框中单击“是”按钮，并单击“关闭”按钮。

4）在奇数和偶数页上添加不同的页眉和页脚

在文档中双击“页眉”区域或“页脚”区域，打开“页眉和页脚工具”选项卡，在选项卡的“选项”组中，选中“奇偶页不同”复选框。在其中一个奇数页上，添加要在奇数页上显示的页

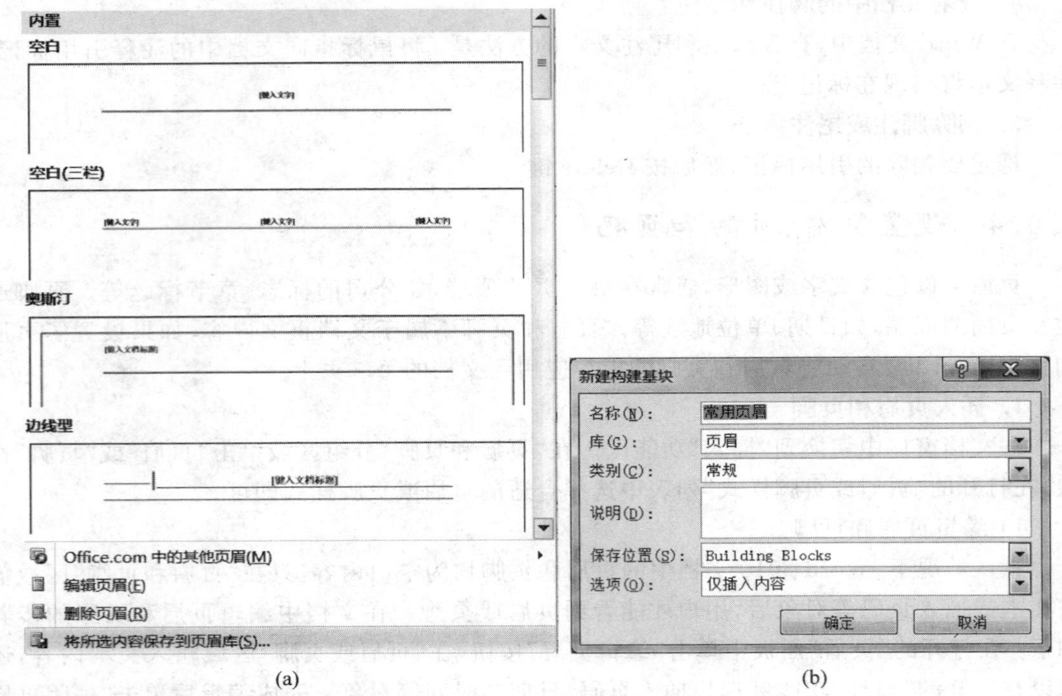

(a) (b)

图 4-30　向“库”中添加自定义页眉

眉、页脚和页码编号；在其中偶数页上，添加要在偶数页上显示的页眉、页脚和页码编号。

5）在首页建立不同的页眉和页脚

在篇幅较长或比较正规的文档中，往往需要在首页、奇数页、偶数页使用不同的页眉或页脚，以体现不同页面的特色，具体步骤如下。

(1) 在文档窗口切换到“插入”功能区，在“页眉页脚”分组中单击“页眉”或“页脚”按钮。

(2) 在打开的“页眉”或“页脚”面板中(此处以打开“页眉”为例)选择“编辑页眉”命令。

(3) 打开“页眉和页脚工具”功能区，在“设计”选项卡的“选项”分组中选中“首页不同”和“奇偶页不同”复选框即可，如图 4-31 所示。

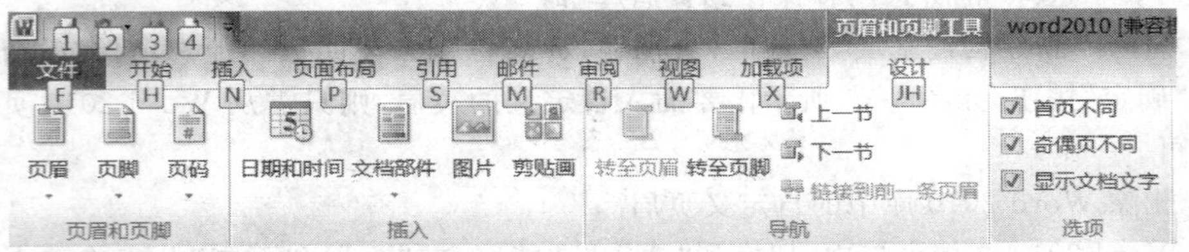

图 4-31　首页不同设置功能区

2. 设置页码

Word 文档能够自动记录文档中的页码，可以在状态栏中看到当前的页码。如果想打印出页码，则用户必须将它们插入到文档中。以插入页脚底部为例，具体步骤如下。

(1) 在文档窗口中切换到“插入”功能区，在“页眉和页脚”分组中单击“页码”按钮，弹出下拉列表，如图 4-32 所示。

(2) 单击“页面底端”命令按钮，并在打开的“页码样式”列表中选择“普通数字 2”或其他样式的页码即可。

(3) 在上述页码设置列表中，单击“设置页码格式”命令按钮，弹出如图 4-33 所示的“页码格式”对话框，在“编号格式”区域单击下拉三角按钮，在下拉列表中选择合适的页码数字格式。

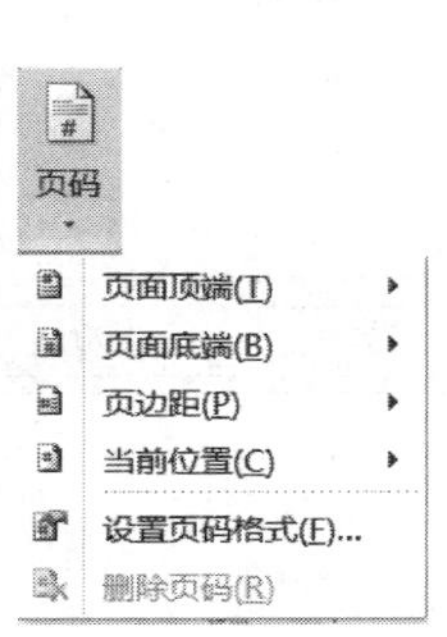

图 4-32　页码设置列表

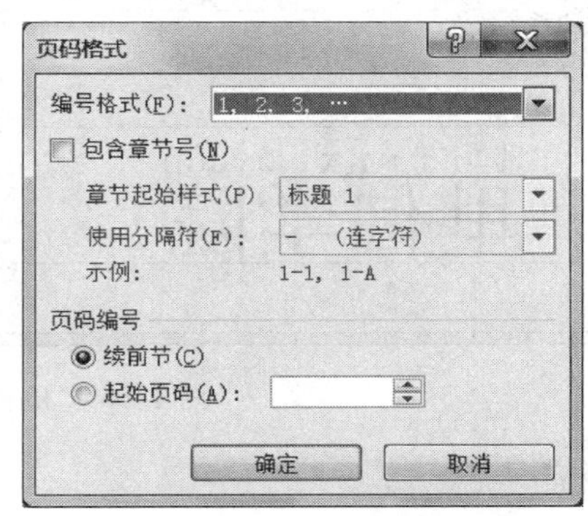

图 4-33　“页码格式”对话框

(4) 如果当前 Word 文档包括多个章节，并且希望在页码位置能体现出当前章节号，可以选中“包含章节号”复选框。然后，在“章节起始样式”列表中选择重新编号所依据的章节样式；在“使用分隔符”列表中选择章节分隔符。

(5) 如果在 Word 文档中需要从当前位置开始重新开始编号，而不是根据上一节的页码连续编号，则可以将插入点光标定位到需要重新编号的位置，然后在“页码编号”区域选中“起始页码”单选按钮，并设置起始页码。

(6) 单击“确定”按钮。

4.5　特殊编排功能

本节将介绍一些特殊的编辑功能：文字拼音、创建动态文字、设置艺术字、三维设置和阴影设置、竖排文字、项目符号和编号列表等。

4.5.1　设置文字拼音

在 Word 2010 文档中，用户可以借助“拼音指南”功能为汉字添加汉语拼音。在“拼音指南”对话框中为每一个被选中文字提供了所对应的拼音，用户可以修改读音，也可以使用系统默认读音，并可以设置拼音文字对齐方式、字体、偏移量和字号。默认情况下拼音会被添加到汉字上方，且汉字和拼音被合拼成一行，从而使得汉字和拼音的字号很小。因此常常需要将拼音添加到汉字的右侧，方法如下。

(1) 选中需要添加汉语拼音的汉字，切换到“开始”功能区，在“字体”分组中单击“拼音指南”按钮，打开的如图 4-34 所示对话框中，被选中的每一个汉字在“拼音文字”列都给出相应拼音。

(2) 确认所选汉字的读音是否正确，若不正确在该汉字所对应的“拼音文字”框中修改

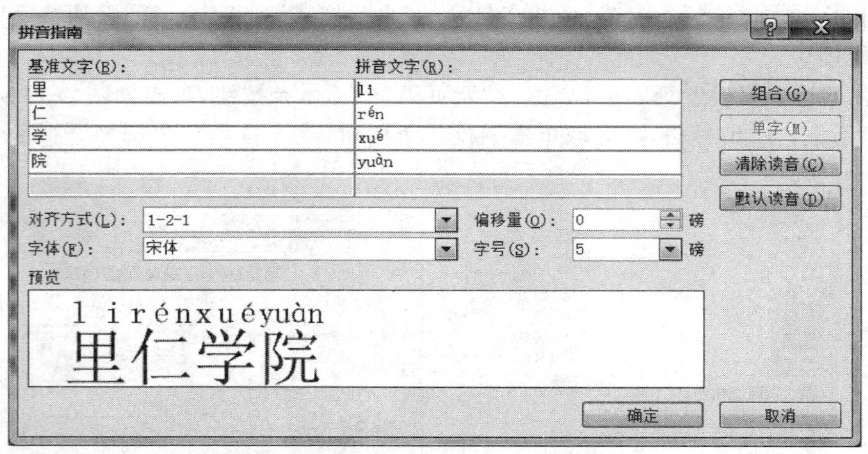

图 4-34 “拼音指南”对话框

其对应的拼音。

(3) 对拼音文字的“对齐方式”、“字体”、“偏移量”和“字号”进行设置，在“预览”区域显示设置后的效果。

(4) 最后单击“确定”按钮。

(5) 若将汉字拼音放置到汉字的右侧，可以选中已经添加拼音的汉字，右击被选中的汉字，在打开的快捷菜单中选择“复制”命令，然后在空白位置单击鼠标右键，在打开快捷菜单“粘贴选项”区域中单击“只保留文本”命令，则汉字拼音被放置到汉字的右侧。

4.5.2 设置项目符号与编号

在排版文档时，常常要为一些段落添加项目符号或编号，编号可使文档条理清楚和重点突出，以增强文档的可读性。在 Word 2010 中输入可以自动创建项目符号或编号列表，也可以为已输入的文本添加项目符号或编号。

1. 输入项目符号

项目符号主要用于区分 Word 2010 文档中不同类别的文本内容，使用圆点、星号等符号表示项目符号，并以段落为单位进行标识。Word 2010 中输入项目符号的方法如下。

1) 先输入内容再加符号

打开 Word 2010 文档窗口，选中需要添加项目符号的段落，在“开始”功能区的“段落”分组中单击“项目符号”下拉三角按钮。在“项目符号”下拉列表中选中合适的项目符号即可。

2) 先加符号再输入内容

打开 Word 2010 文档窗口，在“开始”功能区的“段落”分组中单击“项目符号”下拉三角按钮。在“项目编号”下拉列表中选中合适的项目符号类型，然后当前项目符号所在行输入内容，按 Enter 键，自动产生另一个项目符号。如果连续按两次 Enter 键将取消项目符号输入状态，恢复到 Word 常规输入状态。

3）定义新项目符号

在 Word 2010 中内置有多种项目符号，用户可以在 Word 2010 中选择合适的项目符号，也可以根据实际需要自定义新项目符号，使其更具有个性化特征，操作方法如下。

(1) 打开 Word 2010 文档窗口，在“开始”功能区的“段落”分组中单击“项目符号”下拉三角按钮。在打开的“项目符号”下拉列表中选择“定义新项目符号”选项，打开“定义新项目符号”对话框，如图 4-35(a)所示。

(2) 用户可以单击“符号”或“图片”按钮（在此以单击“符号”为例），弹出如图 4-35(b)所示的对话框，从对话框中选择合适的符号，单击“确定”按钮，返回“定义新项目符号”对话框。

(3) 单击“确定”按钮。

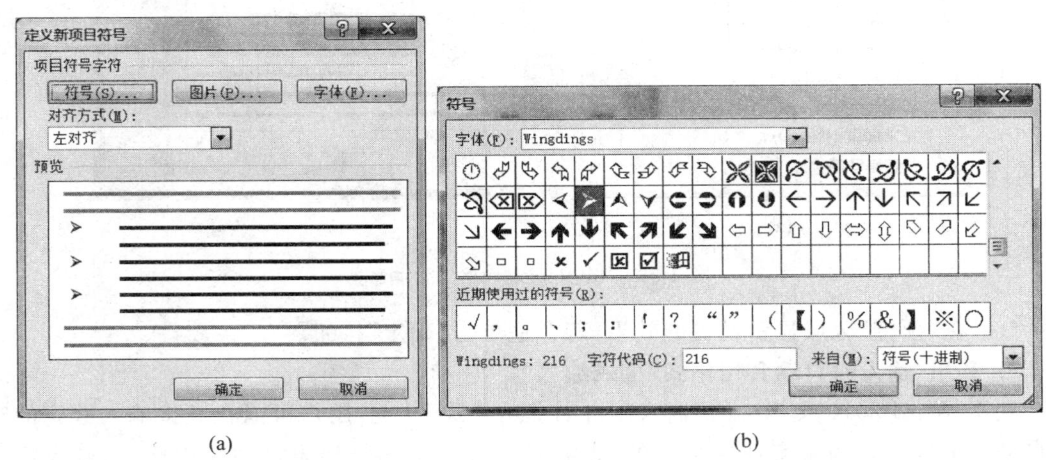

(a)

(b)

图 4-35 “定义新项目符号”和“符号”对话框

2. 输入编号

编号主要用于 Word 2010 文档中相同类别文本的不同内容，一般具有顺序性。编号一般使用阿拉伯数字、中文数字或英文字母，以段落为单位进行标识。在 Word 2010 文档中输入编号的方法有以下两种。

1）先输入编号再输入内容

打开 Word 2010 文档窗口，在“开始”功能区的“段落”分组中单击“编号”下拉三角按钮。在“编号”下拉列表中选中合适的编号类型即可，如图 4-36 所示。然后在当前编号所在行输入内容，当按 Enter 键会自动产生下一个编号。如果连续按两次回车键将取消编号输入状态，恢复到 Word 常规输入状态。

2）先输内容再加编号

打开 Word 2010 文档窗口，选中准备输入编号的段落。在“开始”功能区的“段落”分组中单击“编号”下拉三角按钮，在打开的“编号”下拉列表中选中合适的编号单击即可。

3）定义新的编号格式

若系统提供的编号不能满足用户要求，可以定义新的编号格式，具体方法如下。

(1) 在图 4-36(a)中，单击“定义新编号格式”命令按钮，弹出如图 4-36(b)所示的“定义新编号格式”对话框。

(2) 在“编号格式”区域中，设置“编号样式”、“字体”、“编号格式”和“对齐方式”等项目。

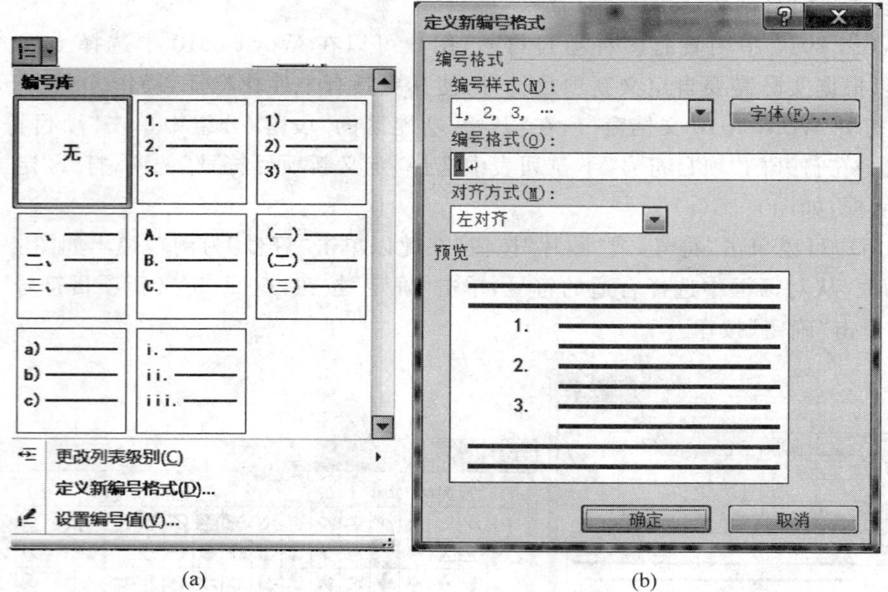

(a) (b)

图 4-36 “定义新编号格式”对话框

(3) 在“预览”区域显示设置的效果,若合适单击“确定”按钮。

3. 利用“输入时自动套用格式”生成编号

利用 Word 2010 文档中的“输入时自动套用格式”功能,用户可以在直接输入数字的时候自动生成编号。为了实现这个目的,先需要启用自动编号列表自动套用选项,操作步骤如下。

(1) 打开 Word 2010 文档窗口,单击“文件”→“选项”按钮。

(2) 在打开的 Word 2010 选项对话框中切换到“校对”选项卡,在“自动更正选项”区域单击“自动更正选项”按钮。

(3) 打开“自动更正”对话框,如图 4-37 所示,切换到“输入时自动套用格式”选项卡。在“输入时自动应用”区域确认“自动编号列表”复选框处于选中状态,并单击“确定”按钮。

(4) 返回文档窗口,在文档中输入任意数字(例如阿拉伯数字 1),然后按 Tab 键,再输入具体的文本内容,按 Enter 键自动生成编号。连续按两次 Enter 键取消编号状态,或者在“开始”功能区的“段落”分组中单击“编号”下拉三角按钮,在打开的编号列表中选择“无”选项取消自动编号状态。

4.5.3 设置样式

样式是用有意义的名称保存的字符格式和段落格式的集合,这样在编排重复格式时,先创建一个该格式的样式,然后在需要的地方套用这种样式,就无须一次次地对它们进行重复的格式化操作。样式中包含字符的字体、大小、文本的对齐方式、文本的行间距和段落间距等。用户只要预先定义好所需要的样式,就可以直接应用它到指定的文本进行格式编排。可以用三种方式设置样式:使用 Word 2010 系统自带样式、用户自建新样式和对原有样式修改得到。

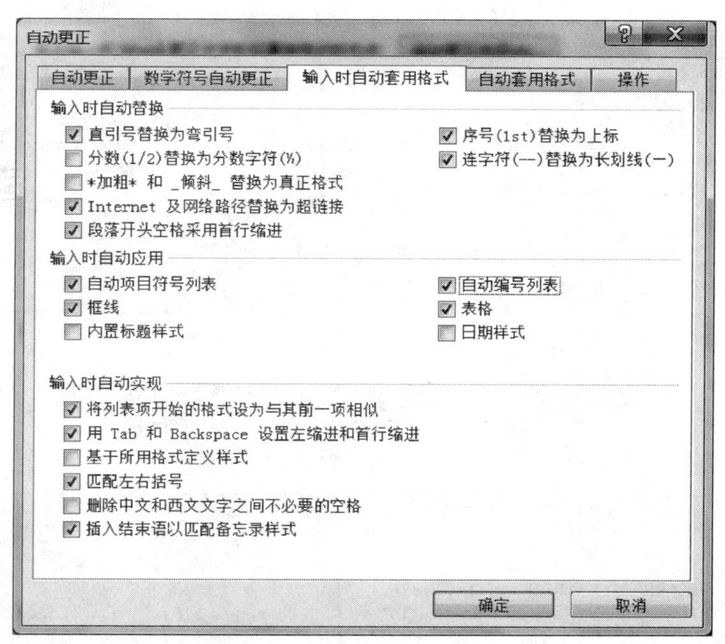

图 4-37 “自动更正”对话框

1. 使用 Word 2010 系统自带样式

(1) 打开 Word 2010 文档窗口，选中需要应用样式的段落或文本块。在“开始”功能区的“样式”分组中单击“样式”按钮。

(2) 在打开的“样式”任务窗格中单击“选项”按钮。

(3) 打开如图 4-38 所示的“样式窗格选项”对话框，在“选择要显示的样式”下拉列表中选中“所有样式”选项，并单击“确定”按钮。

(4) 返回“样式”窗格，可以看到已经显示出所有的样式。选中“显示预览”复选框可以显示所有样式的预览。

(5) 在所有样式列表中选择需要应用的样式，即可将该样式应用到被选中的文本块或段落中。

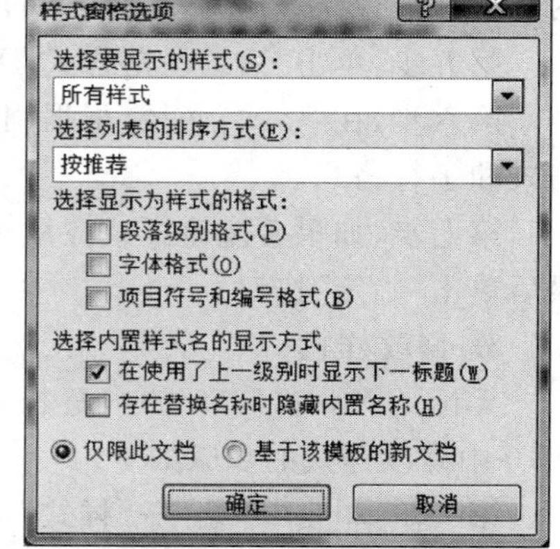

图 4-38 “样式窗格选项”对话框

2. 建立新样式

在 Word 2010 的空白文档窗口中，用户可以新建一种全新的样式，步骤如下。

第一步，打开 Word 2010 文档窗口，单击“开始”→“样式”→“新建样式”按钮，打开“根据格式设置创建新样式”对话框，如图 4-39 所示。

第二步，在“名称”编辑框中输入新建样式名称。

第三步，单击“样式类型”下拉三角按钮，在下拉列表中包含五种类型，选择一种样式类型。“段落”指新建的样式将应用于段落级别；“字符”指新建的样式仅用于字符级别；“链接段落和字符”指新建的样式将用于段落和字符两种级别；“表格”指新建的样式主要用于

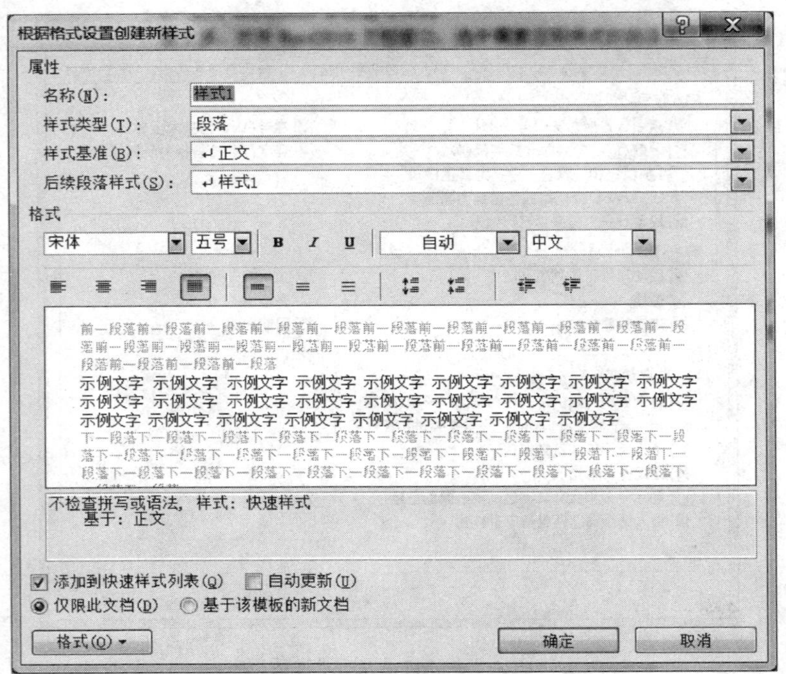

图 4-39 “根据格式设置创建新样式”对话框

表格；“列表”指新建的样式主要用于项目符号和编号列表。

第四步，单击“样式基准”下拉三角按钮，在“样式基准”下拉列表中选择 Word 2010 中的某一种内置样式作为新建样式的基准样式。

第五步，单击“后续段落样式”下拉三角按钮，在下拉列表中选择新建样式的后续样式。

第六步，在“格式”区域，根据用户需要设置字体、字号、颜色、段落间距、对齐方式等段落格式和字符格式。

第七步，如果希望该样式应用于所有文档，则需要选中“基于该模板的新文档”单选框，最后单击“确定”按钮。

3. 修改样式

无论是 Word 2010 的内置样式，还是自定义样式，用户可以对其进行修改，在 Word 2010 中修改样式的步骤如下。

第一步，单击“开始”→“样式”按钮，右击准备修改的样式，在打开的快捷菜单中单击“修改”命令。或在打开的“样式”窗格中用鼠标指向准备修改的样式，其右侧出现三角下拉按钮，单击此按钮打开下拉列表，单击“修改”命令，如图 4-40 所示。

第二步，打开“修改”对话框，用户可以根据需要重新设置字体、字号、颜色、段落间距、对齐方式等段落格式和字符格式。

4. 显示和隐藏样式

用户可以通过在 Word 2010 中设置特定样式的显示和隐藏属性，以确定该样式是否出现在样式列表中，其操作步骤如下。

第一步，单击“开始”→“样式”按钮，在打开“样式”窗格中单击“管理样式”按钮，打开“管理样式”对话框，如图 4-41 所示。

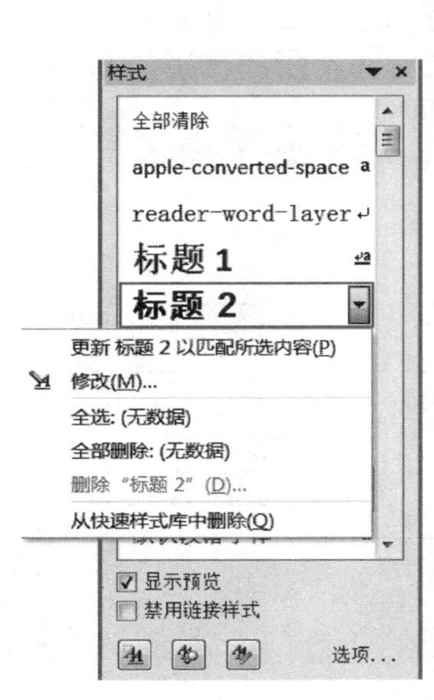

图 4-40　修改样式操作

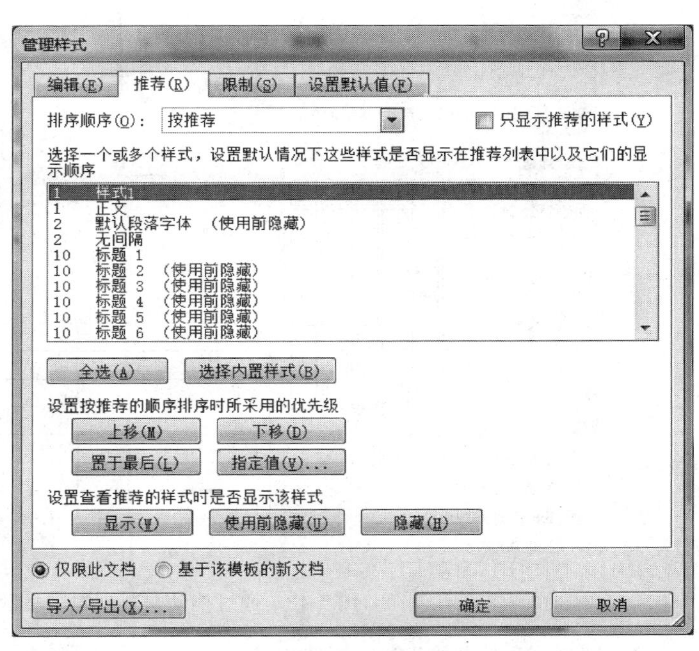

图 4-41　“管理样式”对话框

第二步，切换到“推荐”选项卡，在“样式”列表中选中一种式，然后单击“显示”、“使用前隐藏”或“隐藏”按钮，设置样式的属性。

第三步，单击“确定”按钮，回到样式窗格，单击“选项”按钮，在打开的“样式窗格选项”对话框，如图 4-38 所示。

第四步，单击“选择要显示的样式”下拉三角按钮，然后在打开的列表中选择“推荐的样式”，并单击“确定”按钮，在文档的“样式”列表中只显示设置为“显示”属性的样式。

4.6　表　　格

表格是一种简明、概要的表达方式，其结构严谨，效果直观，在现实生活中经常会使用表格。Word 2010 提供了强大的制表功能，它不仅可以让用户快捷创建表格，还可以编辑表格、排版表格，表格和文本相互转换，甚至可以在表格中进行类似于电子表格的公式计算。

4.6.1　创建表格

一张简单的表格由多行和多列组成，在 Word 2010 中创建简单表格的方法主要有以下几种。

1. 利用“插入”功能区“表格”命令制表

首先把插入点置于文档要插入表格的位置，切换到“插入”功能区。在“表格”分组中单击“表格”按钮，在打开的“表格”列表中，拖动鼠标选中合适数量的行数和列数。在拖动的同时，模型表格的上方显示表的行数和列数，在插入点显示相应行数和列数的表格，松开鼠标左键即可，如图 4-42 所示。

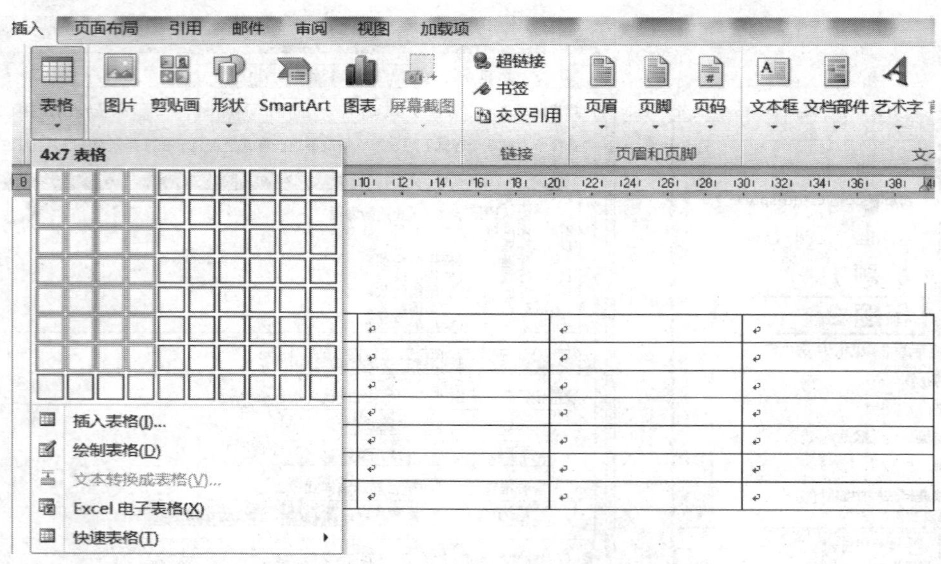

图 4-42 通过拖动快速创建表格示意图

2. 利用"插入表格"命令创建空表

首先，将插入点置于文档插入表格的位置，然后切换到"插入"功能区，执行"表格"→"插入表格"命令，如图 4-43 所示。在该对话框的"列数"数值框中输入表格的列数；在"行数"数值框中输入表格的行数。另外，还有一个"列宽"数值框，可以指定单元格的列宽。默认情况下，该文本框中的显示"自动"选项由 Word 自定列宽，单击"确定"按钮，同样可以创建类似表格。

3. 绘制表格

可以利用绘制表格命令创建用户自定义表格，具体步骤是：切换到"插入"功能区，选择"表格"→"绘制表格"命令，鼠标指针呈现铅笔形状，在 Word 2010 文档中按住左键拖动鼠标绘制表格边框，然后在适当的位置绘制行和列。完成表格的绘制后，按 Esc 键，或者在"表格工具"功能区的"设计"选项卡中，单击"绘图边框"分组中的"绘制表格"按钮结束表格绘制状态，如图 4-44 所示。

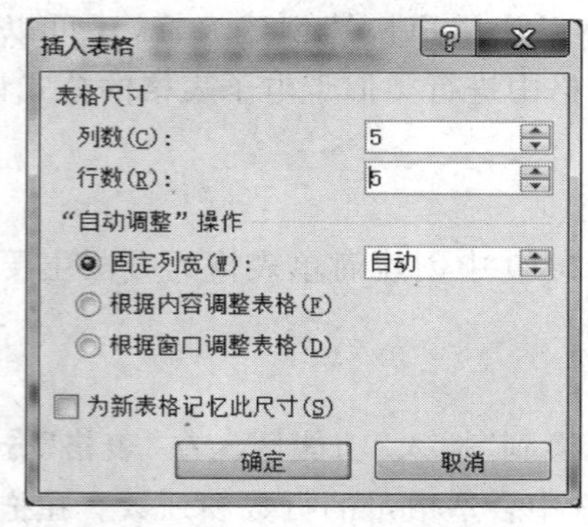

图 4-43 "插入表格"对话框

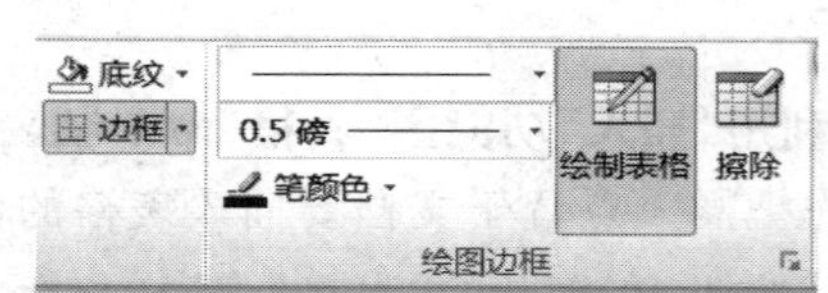

图 4-44 绘制表格工具组

4. 将文本转换为表格

有些用户喜欢在输入文本时连同表格中的文本一起输入，并且喜欢用空格或者制表符将文本上下排列得整整齐齐。Word 2010 可以很方便地将文本转换为表格，方法是：必须用换行符号控制行，需用逗号、制表符、空格或者其他特殊的字符（系统认知的符号）分隔文本的列，便于 Word 2010 知道将隔开的文本送入不同的单元格中。例如，选择已用制表符分隔的文本，切换到“插入”功能区，单击“表格”→“文本转换成表格”命令按钮，弹出如图 4-45 所示的对话框。从中可以看出，Word 2010 对使用的单元格和表的行列数做尽可能的猜测。例如，判断单元格结束是否由段落、逗号、空格、制表符或其他指定的符号。通常情况下，系统的猜测往往符合要求。当然，用户也可以根据自己的实际情况修改相应的选项，然后，单击“确定”按钮。

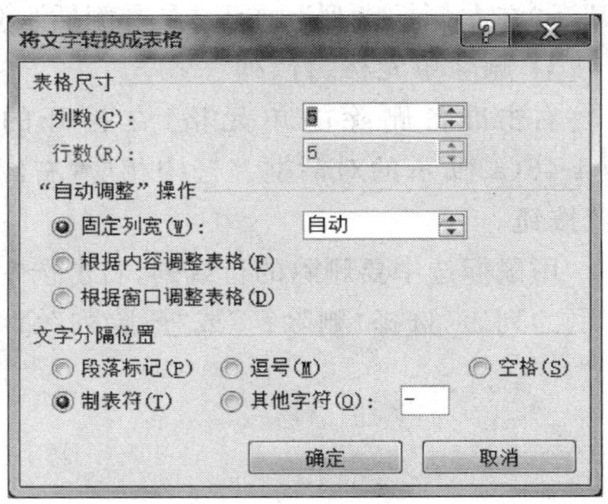

图 4-45 “将文字转换成表格”对话框

4.6.2 编辑表格

用上述方法创建的表格有时不能满足用户的要求，用户可以利用系统提供的工具对表进行编辑。

1. 选中表格对象

1）选定单元格

将鼠标指针移到某单元格左下角，指针变成右箭头时单击左键，或将插入点移到该单元格中均可选定该单元格。

2）选定行或列

将鼠标指针移动到表格左边，当鼠标指针呈向右指的白色箭头形状时，单击鼠标左键可以选中整行；如果按下鼠标左键向上或向下拖动鼠标，则可以选中多行；如果按住 Ctrl 用鼠标单击相应行，可以选中不连续的多行。将鼠标指针移动到表格顶端，当鼠标指针呈向下黑色箭头时，单击鼠标左键可以选中整列；如果按下鼠标左键向左或向右拖动鼠标则可以选中多列；如果按 Ctrl 键再单击相应的列可以选中不连续的多列。

3）选定表格

如果需要设置表格属性或删除整个表格，将鼠标指针从表格上划过，然后单击表格左上角的全部选中按钮即可选中整个表格，或者通过在表格内部拖动选中整个表格。

2. 修改表格结构

在实际应用中经常出现最初设计的表格的行或列，或行列数不能满足需求，需要用户添加或删除。

1）插入单元格

在准备插入单元格的相邻单元格中单击鼠标右键，然后在打开的快捷菜单中选择“插入”→“插入单元格”命令，在打开的对话框中选中“活动单元格右移”或“活动单元格下移”单选框，并单击“确定”按钮。

2）插入行或列

在准备插入行或列的相邻单元格中单击鼠标右键，然后在打开的快捷菜单中选择“插入”→“在左侧插入列”（或者“在右侧插入列”、“在上方插入行”、“在下方插入行”）命令即可。

3）删除单元格、行、列

右击准备删除的单元格，在打开的快捷菜单中选择“删除单元格”命令，弹出如图4-46(a)所示的对话框。选中相应“右侧单元格左移”或“下方单元格上移”，然后单击“确定”按钮。

用鼠标选中要删除的行或列，右击选中的行或列，在打开的快捷菜单中，弹出如图4-46(b)所示的列表，选择“删除行”或“删除列”命令。

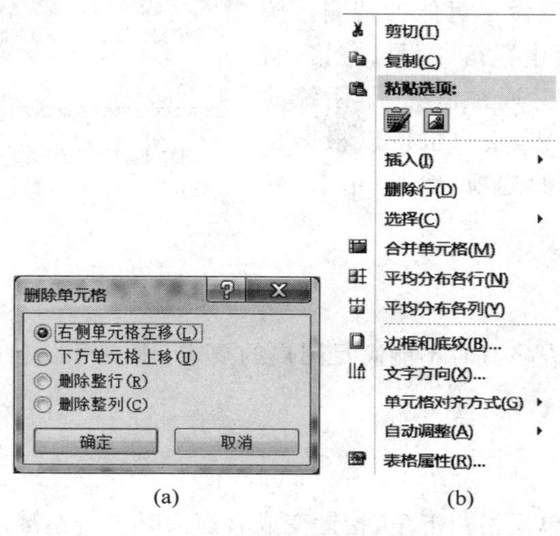

(a) (b)

图4-46 “删除单元格”对话框

4）合并单元格

表格内的单元格，不论是上下排列的还是左右排列的均可以合并为一个单元格，但要求这些单元格必须是相邻的。选中准备合并的单元格（至少两个或两个以上），右击被选中的单元格区域，在打开的快捷菜单中选择“合并单元格”命令即可。也可以在“表格工具”功能区中选定“布局”选项卡，在“合并”分组中选择“合并单元格”命令即可，如图4-47所示。

5）拆分单元格

拆分单元格是把一单元格拆分成含有若干行和列的复杂单元格，其方法如下：右击准备拆分的单元格，在打开的快捷菜单中单击“拆分单元格”命令，在弹出的对话框中设置需要的行和列的数值，然后单击“确定”按钮。

3. 设置表格的行高和列宽

1）改变表格的行高

在默认情况下行高会根据用户在单元格中输入内容自动调整行高。如果想改变行高，可以通过表格属性对话框对表格的行高进行调整。具体方法如下：右击要改变行高的单元格，选择“表格属性”命令，弹出如图4-48所示的“表格属性”对话框。切换到“行”选项卡，选中“指定高度”复选框，可设置当前行的高度数值。在“行高值是”下拉列表中，用户可选择所

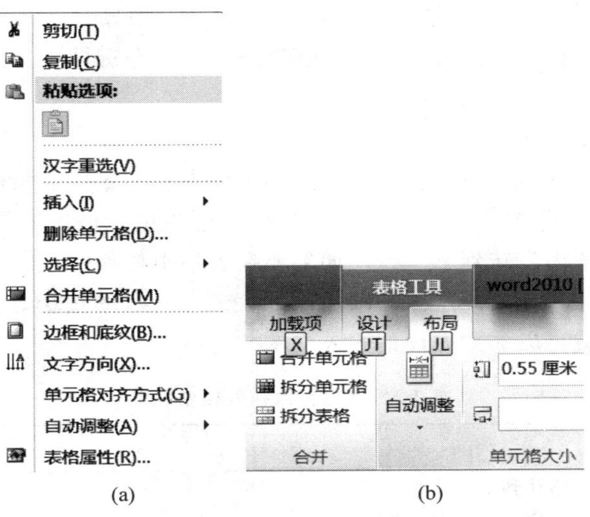

(a) (b)

图 4-47 “合并单元格”命令

设置的行高值为最小值或固定值。其最小值和固定值的意义与 4.3.4 节的段落格式设置中所讲相同。

用户还可以用鼠标拖动的方法调整行高,其方法为:用鼠标指向要调整行的下边线,当鼠标指针变为一条带有两个向外箭头短横线时,按下左键即可拖动该边线上、下移动调整行高。

2)改变表格列宽

在图 4-48 所示中,切换到“列”选项卡,选中“指定宽度”复选框,并设置当前列宽数值,单击“前一列”或“后一列”按钮改变当前列的宽度。

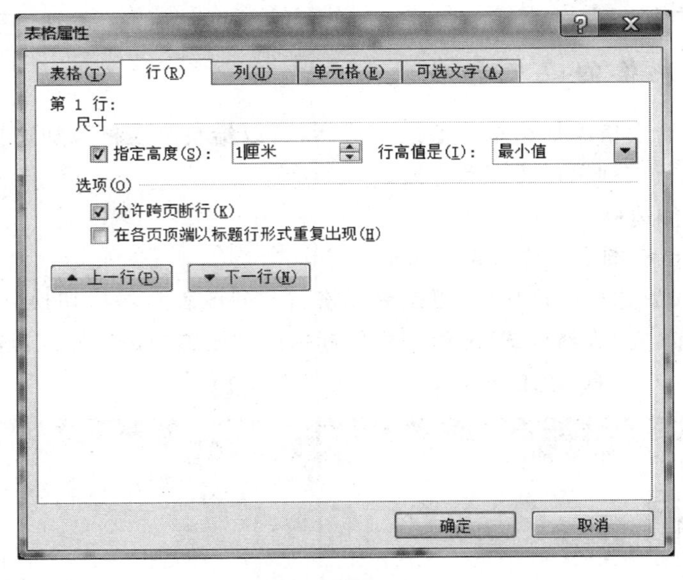

图 4-48 “表格属性”对话框

用户还可以用鼠标拖动的方法调整列宽，其方法为：用鼠标指向要调整列的右边线，当鼠标指针变为一条带有两个向外箭头短竖线时，按下鼠标左键即可拖动该边线左、右移动调整列宽。

4. 在表格中输入内容

当利用命令或绘制表格工具创建一个空表时，插入点一般位于表格的第一个单元格中，这时可以在表格的第一个单元格输入文本。当输入到该单元格的末尾时，单元格的高度会自动加大，并将余下的内容转到下一行。如果要在表格中移动插入点，只需在那个单元格中单击；如果要使用键盘移动插入点，可以使用如表 4-3 所示的按键。熟悉了在表格中移动插入点的方法之后，就可以非常方便地输入文本。

表 4-3 使用键盘在表格中移动

按键	结果
Tab 键	移动到下一个单元格中或下一行
Shift＋Tab	移到上一个单元格中或上一行
←	向左移动一个字符或上一个单元格
→	向右移动一个字符或下一个单元格
↑ ↓	向上或向下移动一行
Alt＋Home 键	移到当前行的第一个单元格中，也可按 Alt＋7 键（数字键盘上的 7，且 Num Lock 关闭）
Alt＋End 键	移到当前行的最后一个单元格中，也可按 Alt＋1 键（数字键盘上的 1，且 Num Lock 关闭）
Alt＋PgUp 键	移到当前列的第一个单元格中，也可按 Alt＋9 键（数字键盘上的 9，且 Num Lock 关闭）
Alt＋PgDn 键	移到当前列的最后一个单元格中，也可按 Alt＋3 键（数字键盘上的 3，且 Num Lock 关闭）

4.6.3 设置表格的边框和底纹

在 Word 中，给表格添加边框和底纹很灵活，可以给整个表格添加边框和底纹，也可以仅对某个单元格、行或列添加边框和底纹。

1. 给表格添加边框

1）使用系统已有的表格样式设置边框

先选中需要设置边框的区域（可以是单元格、行、列或表），然后切换到“表格工具”功能区的“设计”选项卡，在“表格样式”分组中用鼠标指向欲设置的边框样式，选中的区域显示设置后的效果。若用户满意，单击该样式即可，如图 4-49 所示。

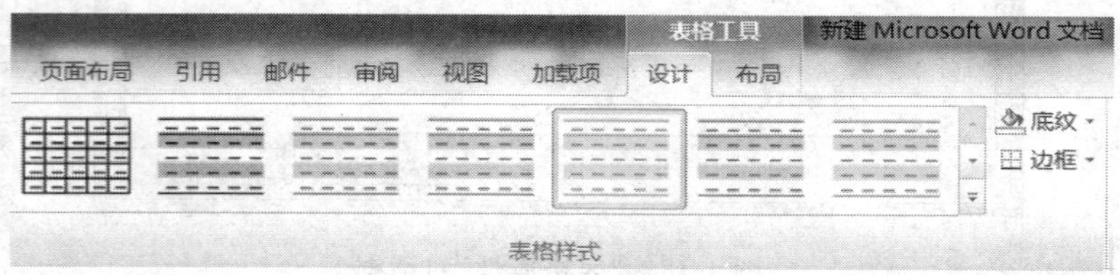

图 4-49 边框设置

2）利用“边框”命令自定义边框

先选中需要设置边框的区域，然后切换到“表格工具”→“设计”功能区，在“绘图边框”分组中按顺序依次设置笔样式、笔画粗细和笔颜色，在“设计”功能区的“表格样式”分组中，单击“边框”下拉三角按钮，在打开的“边框”列表中设置边框的显示位置即可，如图 4-50 所示。

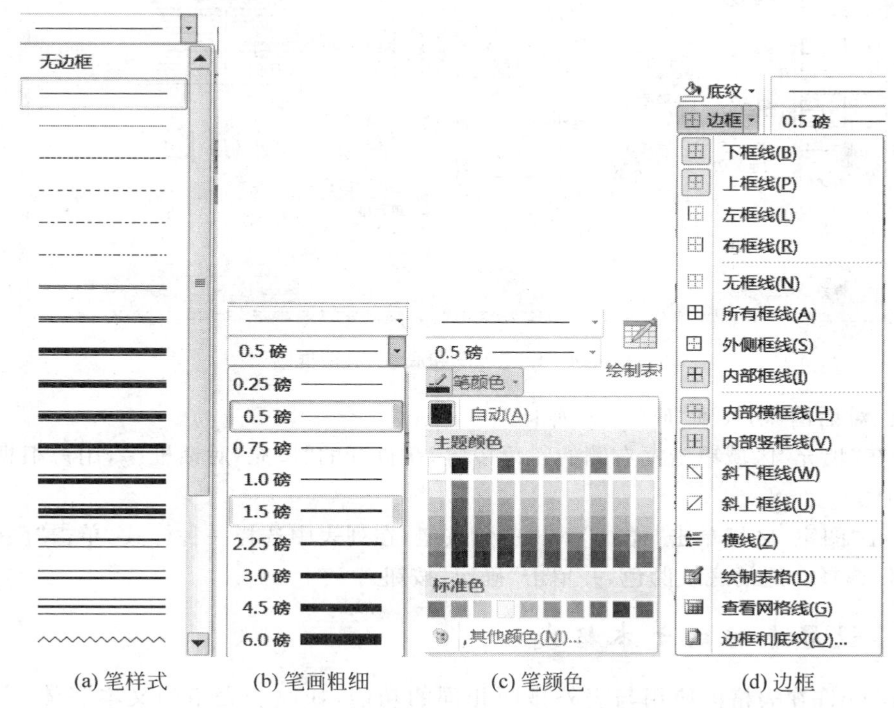

(a) 笔样式　　(b) 笔画粗细　　(c) 笔颜色　　(d) 边框

图 4-50　表格边框对话框

3）利用光标直接绘制边框

当设置好笔样式、笔画粗细和笔颜色以后，用户可以单击“设置表格”按钮，此时光标呈笔状，用户直接拖动光标绘制相关的表格线即可。

4）利用“边框和底纹”命令设置

当选中需要设置边框的区域后，右击选中的区域，在打开的快捷菜单中选择“边框和底纹”命令；也可以执行“表格工具”→“设计”功能区，在“表格样式”分组中，选择“边框”→“边框和底纹”命令，弹出“边框和底纹”对话框。切换到“边框”选项卡，如图 4-51 所示。用户依次设置线的“样式”、“颜色”和“宽度”，然后在“预览”区域通过单击“上边线”、“下边线”、“左边线”、“右边线”等按钮设置边框线，最后单击“确定”按钮。

2. 给表格添加底纹

在 Word 2010 中，用户不仅可以为表格设置单一颜色的背景色，还可以为指定的区域设置图案底纹，具体步骤如下。

(1) 在表格中选中需要设置底纹的区域，选择“表格工具”→“设计”功能区，在“表格样式”分组中，单击“边框”下拉三角按钮，在打开的列表中单击“边框和底纹”命令按钮；或右击选中的区域，在打开的快捷菜单中单击“边框和底纹”命令按钮，弹出如图 4-51 所示的“边

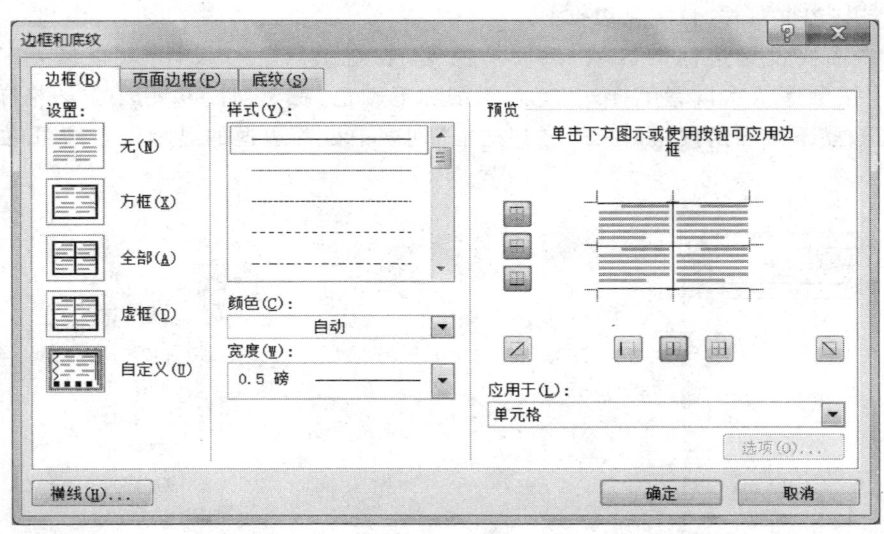

图 4-51 “边框和底纹”对话框

框和底纹”对话框，切换到“底纹”选项卡。

(2) 在“填充”区域单击框右侧的三角按钮，在打开的“填充”对话框中，用户根据需要选择底纹颜色。

(3) 在“图案”区域单击“样式”下拉三角按钮，在列表中选择一种样式，单击“颜色”下拉三角按钮，选择合适的底纹颜色，并单击“确定”按钮。

4.6.4 设置表格的文本格式

Word 允许在表格内使用与表外排版相同的功能，如改变表格的文本字体、字体大小等。另外，在表格的单元格中可以单独进行排版，如缩进、对齐方式以及行距等。要改变表格中的文字格式，首先选中要设置的对象，然后选择特定的排版命令。

1. 改变表格中文本的字体、字号等

表格中字体的设置与 Word 文档中其他文本设置一样。首先，选中表格中要设置的内容，然后切换到“开始”功能区，在“字体”分组中设置所选对象的字体、字号、字形和颜色等。也可以单击“字体”按钮，在弹出的“字体”对话框中设置。

2. 改变表格中文本的对齐方式

选中要设置文本对齐的区域，然后右击选中的区域，在打开的快捷菜单中用鼠标指向“单元格对齐方式”命令，出现如图 4-52 所示的级联列表。它包括 9 种对齐方式：靠上两端对齐、靠上居中对齐、靠上右对齐、中部两端对齐、中部水平居中、中部右对齐、靠下两端对齐、靠下居中对齐、靠下右对齐。当鼠标指向某种对齐方式时，选中区域显示设置效果，若适合，用户单击即可。

3. 设置制表位

用户可以在 Word 中设置制表位选项，以确定制表位的位置、对齐方式、前导符号类型，具体步骤如下。

(1) 打开文档窗口，在设置制位处右击鼠标，在打开的快捷菜单中选择“段落”命令；也可选择“开始”→“段落”命令，在对话框中单击“制表位”按钮，打开如图 4-53 所示对话框。

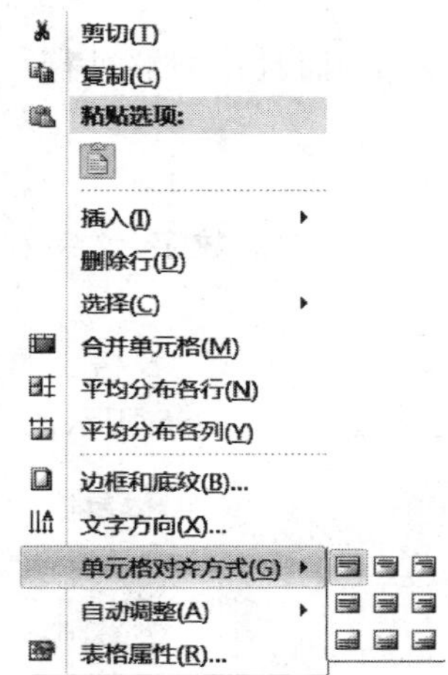

图 4-52 “单元格对齐方式”级联列表

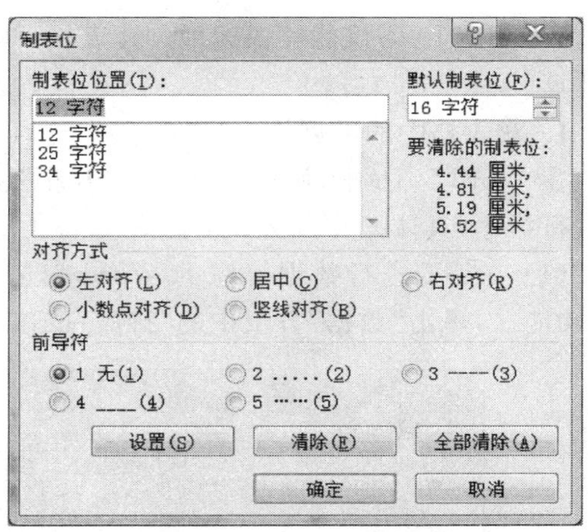

图 4-53 “制表位”对话框

(2) 在“制表位”对话框中，首先在“制表位位置”编辑框中输入制表位的位置数值；然后调整“默认制表位”编辑框的数值，以设置制表位间隔；在“对齐方式”区域选择制表位的类型；在“前导符”区域选择前导符样式，最后单击“确定”按钮。

另外，Word 中也可以使用水平标尺设置制表位。例如，在表格中以小数点对齐数字，选择表格中含有小数点数字的单元格，单击水平标尺左端的制表符标记以出现小数点制表符，在标尺的适当位置单击以设置制表位。在文档也可以用 Tab 键快速移动到下一个制表位，Tab 键也可用来移动到下一个单元格。如果想在单元格中插入制表符，可以按 Ctrl+Tab 键。

4. 改变单元格中的文字方向

在 Word 中，用户可以改变单元格中的文字方向。例如，可以使单元格中的文本由横向显示改为纵向显示。先选中要改变文字方向的单元格，然后右击选中的单元格，在打开的快捷菜单中单击“文字方向”命令按钮；或单击“页面布局”→“页面设置”→“文字方向”命令按钮。在下拉列表中选择“文字方向选项”命令。弹出“文字方向-表格单元格”对话框，在“方向”区域中，单击所需的文字方向，如图 4-54 所示，最后单击“确定”按钮。

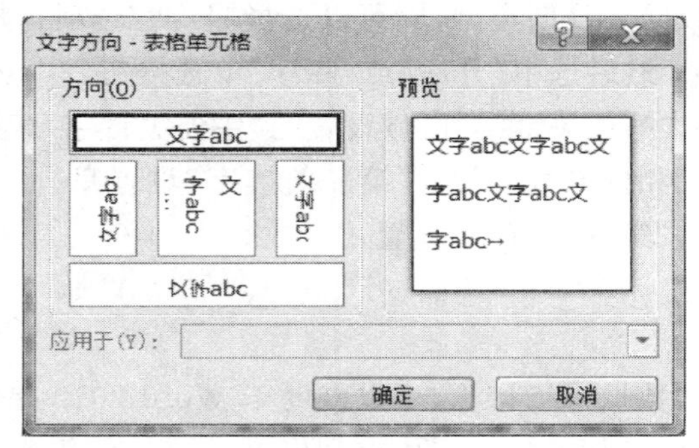

图 4-54 “文字方向-表格单元格”对话框

4.6.5 表格排序与计算

Word 2010 不仅能够快速地创建表格、修改表格、排版表格，而且还能够进行一些排序和计算。

1. 对表格中的数据进行排序

在 Word 2010 中，用户可以使用"升序"或"降序"命令对表格中的数字、文字和日期数据进行排序，具体操作方法如下。

(1) 在需要进行数据排序的 Word 表格中，单击任意单元格。选择"表格工具"→"布局"功能区，单击"数据"分组中的"排序"按钮，打开"排序"对话框，如图 4-55 所示。

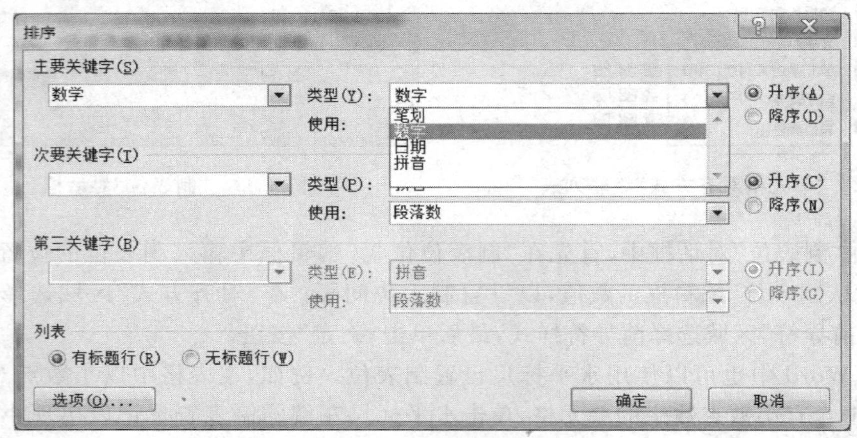

图 4-55 "排序"对话框

(2) 在"排序"对话框中，"列表"区域决定表格的标题是否参与排序。在"列表"区域选中"有标题行"单选框，标题不参与排序；如果选中"无标题行"单选框，则表格中的标题也参与排序。如果当前表格已经启用"重复标题行"设置，则"有标题行"或"无标题行"单选按钮无效。

(3) 在"主要关键字"区域，单击其右侧三角按钮，在下拉列表中选择排序依据的主要关键字。单击"类型"下拉三角按钮，在类型列表中选择按哪一种方式排序，它包括"笔画"、"数字"、"日期"或"拼音"四种选项。如果参与排序的数据是文字，则可以选择"笔画"或"拼音"选项；如果参与排序的数据是日期类型，则可以选择"日期"选项；如果参与排序的数值型，则可以"选择"数字"选项；然后选中"升序"或"降序"单选按钮。

(4) "次要关键字"和"第三关键字"区域设置与"主要关键字"相同。所谓"次要关键字"设置只有在"主要关键字"相同它才有效："第三关键字"设置只有在"主要关键字"和"次要关键字"不能确定排序时，"第三关键字"设置才有效。

(5) 单击"确定"按钮。

2. 表格的计算

有时需要对表格中的数据进行计算，可以借助于 Word 2010 提供的数学公式对表格中的数据进行数学运算，其包括加、减、乘、除、求和以及求平均值等常见运算。用户可以使用有效公式进行计算，具体方法如下。

(1) 把光标移动到要放置计算结果的单元格中，选择“表格工具”→“布局”功能区，单击“数据”→“公式”按钮，打开如图 4-56 所示对话框。

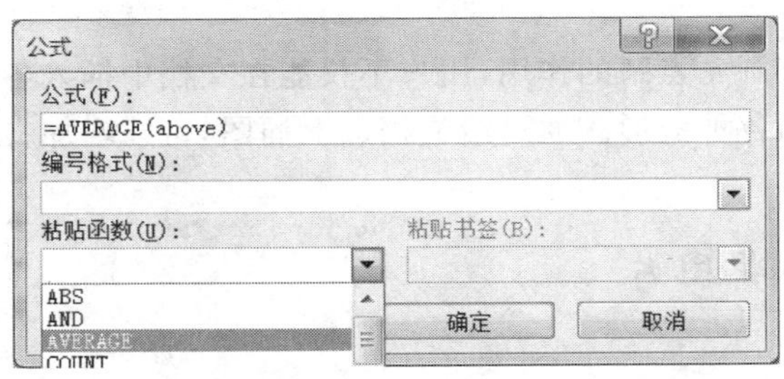

图 4-56 “公式”对话框

(2) 在“公式”对话框中，“公式”编辑框中会根据表格中的数据和当前单元格所在位置自动推荐一个公式，例如，“＝AVERAGE(above)”指计算当前单元格上方单元格的数据平均值。用户可以单击“粘贴函数”下拉三角按钮，在弹出下拉列表选择合适的函数。例如，SUM 求和函数、COUNT 计数函数等。其中函数括号内的参数包括四个，分别是左侧(LEFT)、上方(ABOVE)、右侧(RIGHT)和下方(BELOW)，但公式的开始必须是以等号开头。完成公式的编辑后单击“确定”按钮即可得到计算结果。

(3) 若进行简单计算，也可在“公式”编辑框中直接输入公式，但必须以等号开头。

(4) 如果要创建很多类似的公式，在 Word 中可以实现快速填充的操作。方法是复制已经创建的公式，将其粘贴到其他单元格中，选中复制的公式，单击鼠标右键，选择“更新域”，这时所有的计算公式都创建完成了。

注意：单元格是由行与列相交构成。同一水平位置的单元格构成一行，每行有用来标识该行的行号，行号用阿拉伯数字表示；同一垂直位置的单元格构成一列，每列有用来标识该列的列标，列标用英文字母来表示(如 A、B、C 等)；每个单元格都有一个唯一的地址，该地址用所在列的列标和所在行的行号来表示，列标在前行标在后。例如，单元格 B7 表示其行号为 7 列标号为 B。区域的范围可以用左上角单元格与右下角单元格及冒号(“:”区域运算符，对两个引用之间，包括两个引用在内的所有单元格进行引用)。例如，图 4-57 所示图中底纹灰色区域可以表示为 B2:D4。若对图 4-57 所示底纹灰色区域数据求和，首把光标移动存放结果的单元格中，然后在出现如图 4-56 对话框的公式编辑框中输入“＝SUM(B2:D4)”，单击“确定”按钮。

姓名	计算机	数学	英语	总分
刘玉林	78	74	80	
马尧	86	45	88	
陈明	70	87	75	
平均值	78	68.67	81	

图 4-57 表格计算

4.7 图文混排

图形在文档中具有画龙点睛的作用，用户不仅能在文档中插入各种照片，而且还可以利用“绘图”工具来绘制图各种图形。通过给文档加上插图，可以增加文档的可读性，使文档更加生动有趣。

4.7.1 插入和编辑图片

1. 插入图片

图片是以图形文件形式保存在磁盘中的，可以在文档中插入各种图形文件，包括位图、GIF、JPEG 和 PNG 等。此外，Word 还提供了剪贴画库，其中包括大量可供使用的图片、声音及动画剪辑等。

在 Word 中要插入图形文件可以通过以下步骤实现。

(1) 将插入点置于欲插入图片的位置。

(2) 切换到“插入”功能区，在“插图”分组中单击“图片”按钮，打开“插入图片”对话框，如图 4-58 所示。

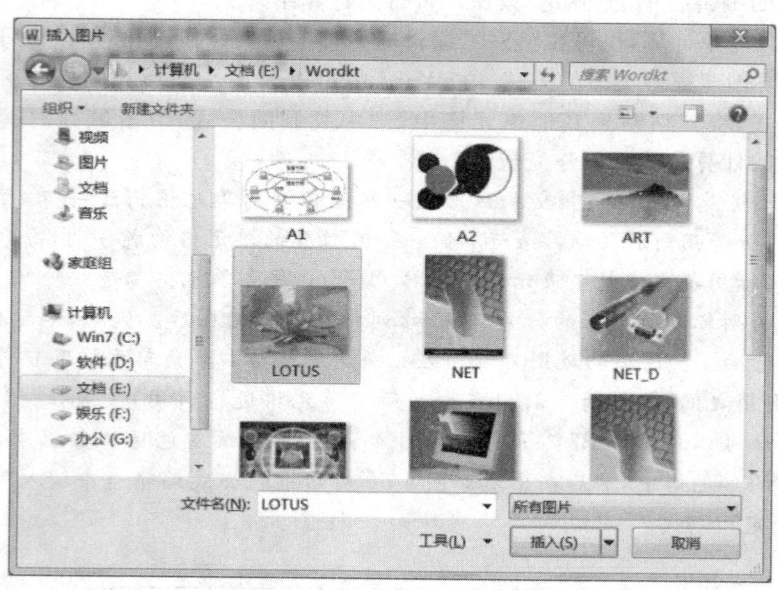

图 4-58 “插入图片”对话框

(3) 在“导航窗格”中选择图片所在的位置，在显示区选中要插入的图片，单击“插入”按钮即可。

2. 设置图片格式

刚插入到文档中的图片一般不符合要求，用户可以修改图片的样式、大小、位置，或者进行剪裁等。

1) 设置图片样式

在 Word 2010 中新增了针对图片等对象的样式设置，样式包括渐进效果、颜色、边框、形状和底纹等多种效果，可以帮助用户快速设置上述对象的格式，具体操作如下。

（1）单击插入的图片，会自动打开“图片工具”功能区的“格式”选项卡。

（2）在“图片样式”分组中，可以使用预置的样式快速设置图片的格式。当鼠标指针悬停在一种图片样式上方时，文档中的图片会即时预览实际效果，如图 4-59 所示。

图 4-59 “图片样式”设置对话框

2）改变图片的大小

（1）利用控制柄修改图片大小。如果对图片大小没有严格的要求，可以拖动控制柄（选中图片后，图片的周围会出现 8 个控制点），设置图片的大小。具体方法是：选中要设置的图片，出现 8 个控制柄，用鼠标拖动相应方向的控制柄即可改变图片在相应方向的大小。若按下 Shift 键的同时拖动控制柄，可以使图片横纵比例保持不变。

（2）利用“图片工具”精确设置图片大小。如果对图片大小要求严格，可以用“图片工具”来修改。方法是选中要设置的图片，系统自动切换到“图片工具”功能区的“格式”选项卡，在“大小”分组中可以准确的设置图片的高度和宽度大小。或在“大小”分组中单击“大小”按钮，打开“布局”对话框，然后切换到“大小”选项卡，设置图片的“高度”、“宽度”、“旋转”和“缩放”等参数，如图 4-60 所示。

（3）利用快捷菜单设置。右击选中要设置的图片，在弹出的快捷菜单中可以直接设置图片高度和宽度，如图 4-61 所示。

3. 裁剪图片

裁剪图片是指保持图片的大小不变，但将不需要显示的部分隐藏起来，或者在图片周围增加更多的空白区域。

（1）利用裁剪工具设置图片。如果要求不严格，可以选中图片，系统自动切换到“图片工具”功能区，单击“格式”选项卡，在“大小”分组中单击“裁剪”按钮；或右击选中的图片，在弹出的快捷菜单中，单击“裁剪”命令按钮。用鼠标拖动控制柄对图片在相应方向进行

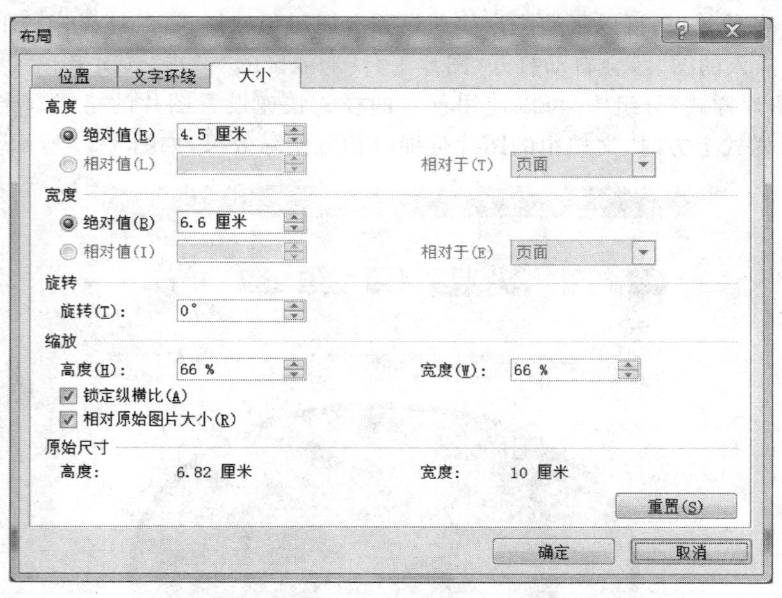

图 4-60 “布局”对话框

裁剪,同时可以拖动控制柄将图片复原,直到符合用户要求。

(2) 利用“裁剪”命令设置。先选中要设置的图片,系统自动切换到“图片工具”功能区。选择“格式”选项卡,在“大小”分组中单击“裁剪”按钮,在下拉列表中用户可以根据需求设置图片的“裁剪为形状”、“纵横比”、“填充”和“调整”等,如图 4-62 所示。

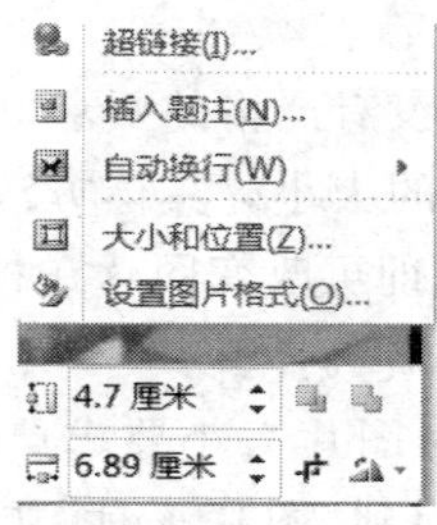

图 4-61 快捷菜单设置图片大小

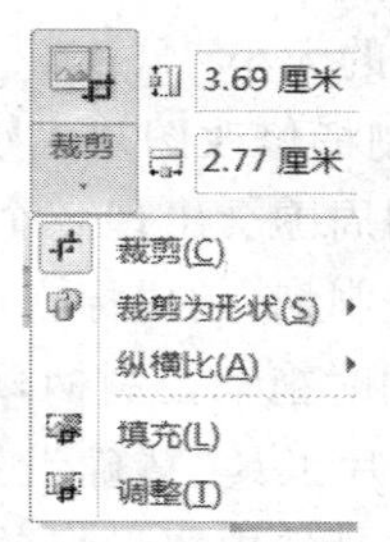

图 4-62 “裁剪”设置列表

4. 旋转图片

对于文档中的图片,用户可以根据需要对选中的图片进行旋转,在 Word 中旋转图片方法有以下几种。

1) 利用旋转控制柄设置

如果用户对旋转的角度要求不严格,可以使用旋转控制柄旋转图片。先选中要旋转的图片,图片的上方出现一个旋转控制柄。将鼠标移动到旋转控制柄上,光标呈现旋转箭头的形状,按住鼠标左键沿圆圈方向顺时针方向或逆时针方向旋转图片即可。

2) 利用“旋转”命令设置

选中需旋转的图片,执行“图片工具”→“格式”→“排列”→“旋转”命令;或右击选中的图片,在弹出的快捷菜单中,单击“旋转”命令。在打开的“旋转”菜单中选择用户合适的设置命令，然后单击该命令即可，如图 4-63 所示。例如单击“向左旋转 90°”命令，选中的图片向左旋转 90 度。

3）设置任意角度的旋转

选中需旋转的图片，执行“图片工具”→“格式”→“排列”→“旋转”→“其他旋转选项”命令，弹出图 4-60 所示的“布局”对话框，切换到“大小”选项卡，用户可以在“旋转”框中设置要旋转的角度，然后单击“确定”按钮即可。

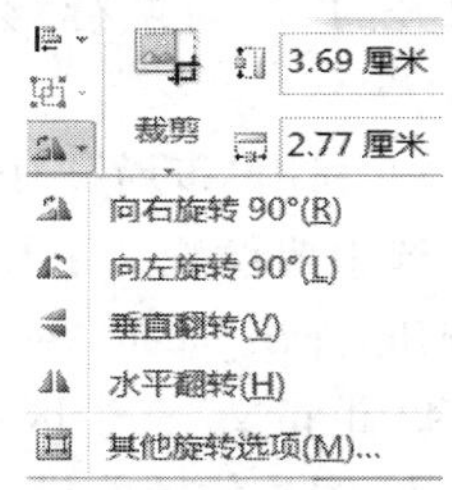

图 4-63　旋转设置列表

5. 设置图片叠放次序

在文档中插入或绘制多个对象时，用户可以设置对象的叠放次序，以决定哪个对象在上层，哪个对象在下层。设置时应先选择对象，在“图片工具”或“绘图工具”功能区上单击“格式”标签，在“排序”分组中可以选择相应的操作。如“上移一层”可以将对象上移一层；“置于顶层”可以将对象置于最上层；“浮于文字之上”可以将对象置于文字的前面或文字的上一层；“下移一层”可以将对象从现在层次向下一层；“置于底层”是将对象置于最底层。

用户也可以右击已选中的对象，在快捷菜单中选择“上移一层”或“下移一层”，然后再选择相应的子列表设置。

6. 设置图片文字环绕方式

默认情况下，插入到文档中的图片作为字符插入到特定位置，其位置随着其他字符的改变而变化，用户不能自由移动图片，通常人们把这种环绕方式称为嵌入型，除此之外其他环绕方式称为非嵌入型。而通过为图片设置文字环绕方式，则可以自由移动图片的位置，其方法如下。

1）利用“位置”命令设置

选中要设置环绕方式的图片，执行“图片工具”→“格式”→“排列”→“位置”命令，打开如图 4-64(a)所示的“位置”列表，它包括 9 种文字环绕方式，用户根据需要可以选择合适的一种，单击即可。

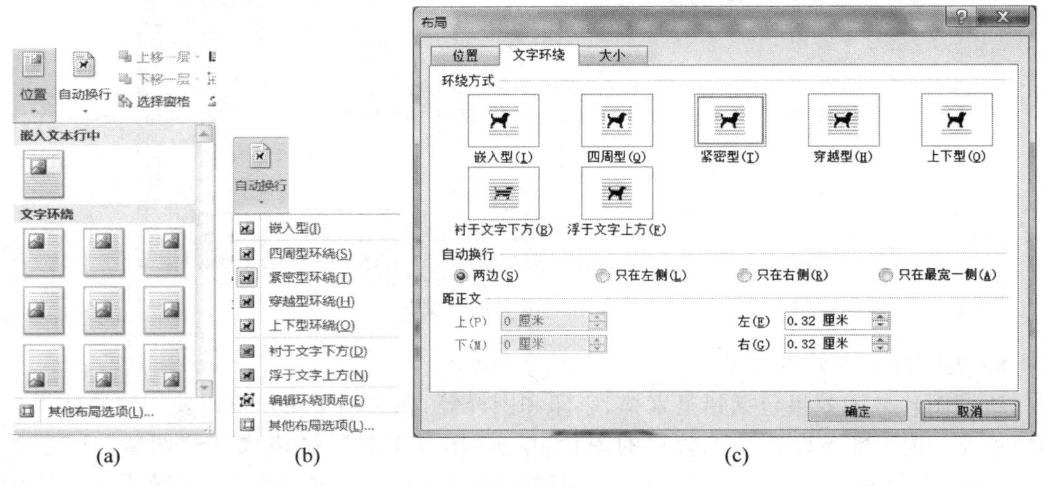

(a)　(b)　(c)

图 4-64　“文字环绕”选项卡

2）利用"自动换行"命令设置

如果要进行更丰富的文字环绕方式设置，还可以在"排列"分组中单击"自动换行"按钮，在打开的"自动换行"列表中用户可选择合适的文字环绕方式，单击即可，如图 4-64(b)所示。

3）利用"布局"中的"文字环绕"命令

选中要设置文字环绕的图片，在打开的图 4-64(a)或 4-64(b)中单击"其他布局选项"命令按钮，弹出"布局"对话框，切换到"文字环绕"选项卡。用户可以对"环绕方式"、"自动换行"和"距正文"三个区域进行设置，最后单击"确定"按钮，如图 4-64(c)所示。

7. 图片位置的设置

除了在文字环绕设置时，图片的位置可以被改变，用户还可以应用"位置"命令设置图片的位置。

选中要设置的图片，右击选中的图片，在快捷菜单中单击"大小和位置"命令按钮。在打开的"布局"对话框中，切换到"位置"选项卡，它包括"水平"、"垂直"和"选项"三个设置项，用户可以根据需要进行水平和垂直设置，最后单击"确定"按钮。例如，要求选中的某图片水平距页边距右侧 5 厘米，垂直距页距下侧 8 厘米。在"水平"区域选中"绝对位置"选项，在对应的编辑框中输入"5 厘米"，在"右侧"对应的框中单击三角按钮，在下拉列表中选择"页边距"；在"垂直"区域选中"绝对位置"选项，在对应的编辑框中输入"8 厘米"，在右边"下侧"框中单击三角按钮，在下拉列表中选择"页边距"，然后单击"确定"按钮，如图 4-65 所示。

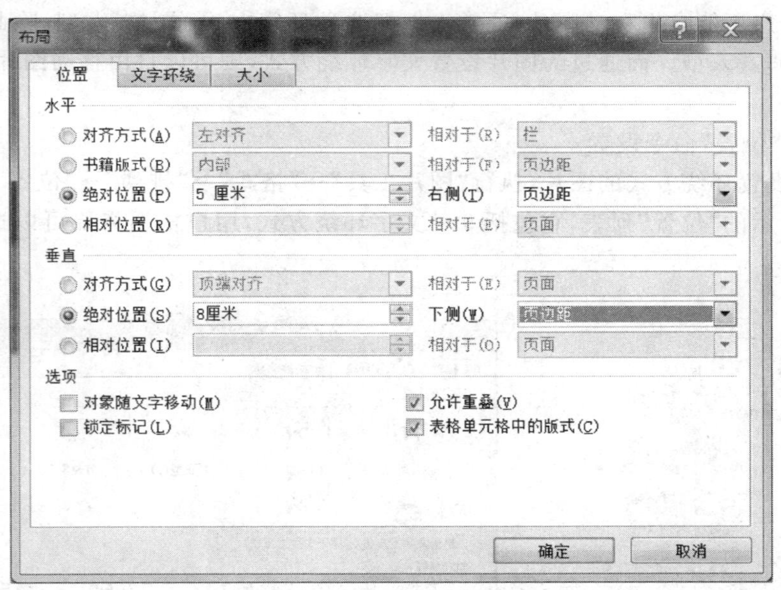

图 4-65　图片位置设置

8. 为图片设置艺术效果

所谓图片艺术效果包括铅笔素描、影印和图样等，在文档中用户可以使用这些效果。具体方法是：选中准备设置艺术效果的图片，单击"图片工具"→"格式"→"调整"→"艺术效果"按钮。在打开的"艺术效果"面板中，用鼠标指向欲设置的某一种"艺术效果"时，选中的图片显示设置后的效果。若适合，单击选中的艺术效果选项即可。

9. 创建图片超链接

Word 文档中的超链接不仅可以是文字形式，还可以是图片形式，具体方法如下。

选中要创建超链接的图片，单击“插入”→“链接”→“超链接”按钮；或右击选中的图片，在快捷菜单中单击“超链接”命令。打开“插入超链接”对话框，链接的目标包括“现有文件或网页”、“本文档中的位置”、“新建文档”和“电子邮件地址”，用户根据需要选择相应链接。例如与燕山大学网页链接，选中要创建超链接的图片，单击“插入”→“链接”→“超链接”按钮，打开“插入超链接”对话框，在“链接到”区域内，单击“现有文件或网页”按钮，在右边的“地址”编辑框中输入燕山大学网络地址 http://www.ysu.edu.cn，并单击“确定”按钮，如图 4-66 所示。返回文档窗口将鼠标指针指向图片，将显示图片超链接地址。

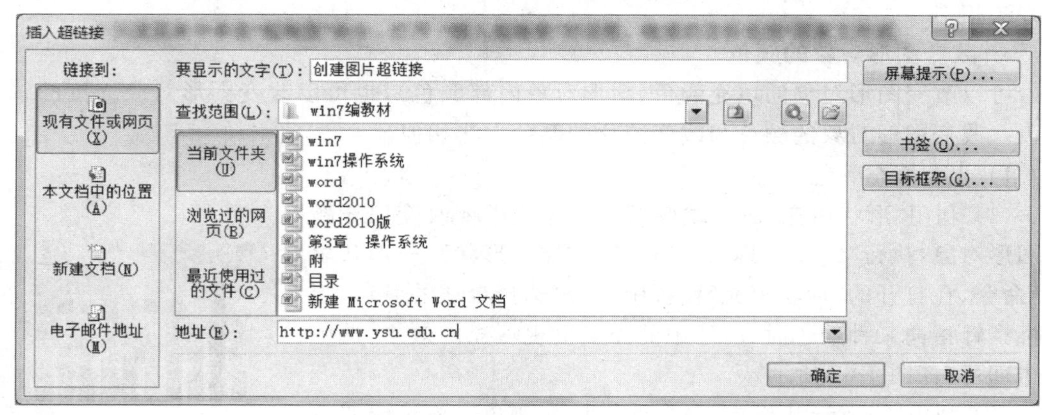

图 4-66 “插入超链接”对话框

4.7.2 绘制图形对象及其格式设置

Word 2010 提供了许多新的绘图工具和功能，可以通过这些“绘图”工具轻松绘制出所谓的图形。“绘图”工具提供了 100 多种能够任意改变形状的自选图形，可利用多种颜色过渡、纹理、图案以及图形作为填充效果，还可以利用阴影和三维效果装饰图形。

1. 绘制自选图形

自选图形是指一组现成的形状，包括矩形、圆、三角形等基本形状，以及各种线条、连接符、箭头、流程图符号、星与旗帜和标注等。用户可以直接使用系统提供的基本形状组合成更加复杂的形状，绘制方法如下。

单击“插入”→“插图”→“形状”按钮，在打开的“形状”面板中单击需要绘制的形状，将鼠标指针移动到页面位置，按下左键拖动鼠标即可绘制所需的形状。如果在释放鼠标左键前按 Shift 键，则可以成比例绘制形状；如果按住 Ctrl 键，则可以在两个相反方向同时改变形状大小。将图形大小调整至合适大小后，释放鼠标左键完成自选图形的绘制。

2. 绘制任意多边形

用户可以根据需要利用 Word 2010 提供的“任意多边形”工具绘制自定义的多边形图形。

单击“插入”→“插图”→“形状”按钮，在打开的“形状”面板中的“线条”区域选择“任意多边形”选项。将鼠标指针移动到文档中，在任意多边形起点位置单击，接着移动鼠标指针至任意多边形第二个顶点处单击，以此类推，分别在第三个顶点、第四个顶点…、第 n 个顶点单击。如果所绘制的多边形为非闭合的形状，则在最后一个顶点处双击鼠标；如果所绘制的多边形为闭合的形状，则将最后一个顶点靠近起点位置时，终点会自动附着到起点并重合，此时单击鼠标左键即可。

3. 在图形对象上添加文字

在 Word 中，用户可以在图形对象（直线、非闭合多边形除外）中添加文字，这些文字将附加在对象之上并随对象一起移动。

如果要在图形对象上添加文字，可以右击该图形，在打开的快捷菜单中单击“添加文字”按钮，就能在图形上输入文本，并且可以对输入的文本进行编辑，其方法与 Word 文档的编辑方法相同。

4. 改变图形对象的颜色

可以改变图形对象的填充颜色（图形对象内部颜色），也可以改变图形对象周围的线条颜色。改变图形对象的颜色与改变图片的颜色方法相似。

1）改变填充颜色

（1）利用“形状填充”命令改变颜色。先选中要改变填充颜色图形对象，执行“绘图工具”→“格式”→“样式形状”→“形状填充”命令，在打开的“形状填充”面板中，用户选择合适的颜色，当鼠标指针指向某种颜色时，所选中的图形呈现填充的效果，选中单击即可，如图 4-67 所示。

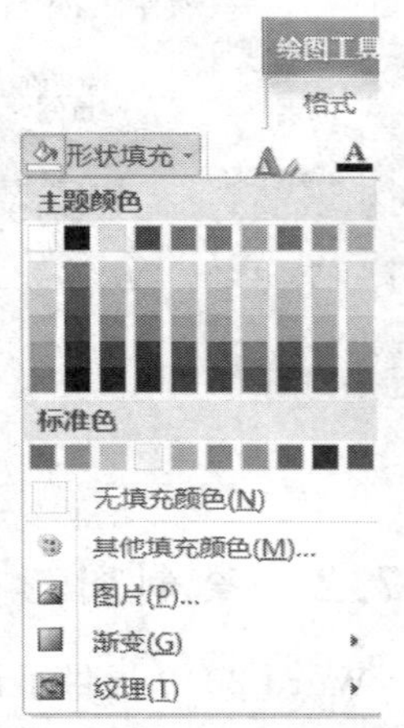

图 4-67 “形状填充”面板对话框

（2）利用“设置形状格式”命令改变填充颜色。先选中要改变填充颜色图形对象，执行“绘图工具”→“格式”→“样式形状”→“设置形状格式”命令，打开“设置形状格式”对话框。用户在左侧标题框中选中“填充”，右侧框内显示可以设置的内容，包括“无填充”、“纯色填充”、“渐变填充”、“图片或纹理填充”和“图案填充”五种，用户选择合适项单击即可。然后依次设置“预设颜色”、“类型”、“方向”、“角度”、“渐变光圈”、“亮度”和“透明度”等，如图 4-68 所示。

2）改变轮廓颜色设置

先选中要设置的图形，执行“绘图工具”→“格式”→“样式形状”→“形状轮廓”命令，在打开的“形状轮廓”面板中，依次设置“主题颜色”、“粗细”、“虚线”、“箭头”等。当鼠标指针指向选中的项时，选中的图形呈现设置的效果，用户认为合适即可单击选中。另外用户还可以在图 4-68 所示的“设置形状格式”对话框中进行设置，先在左侧框中选中“线条颜色”，在右侧框中对内容进行设置。

5. 设置图形形状效果

为了使图形更加美观可以从“阴影”、“映像”、“发光”、“柔化边缘”和“三维旋转”等方面进行美化。

1）“阴影”的设置

选中要设置的图形，执行“绘图工具”→“格式”→“样式形状”→“形状效果”→“阴影”命

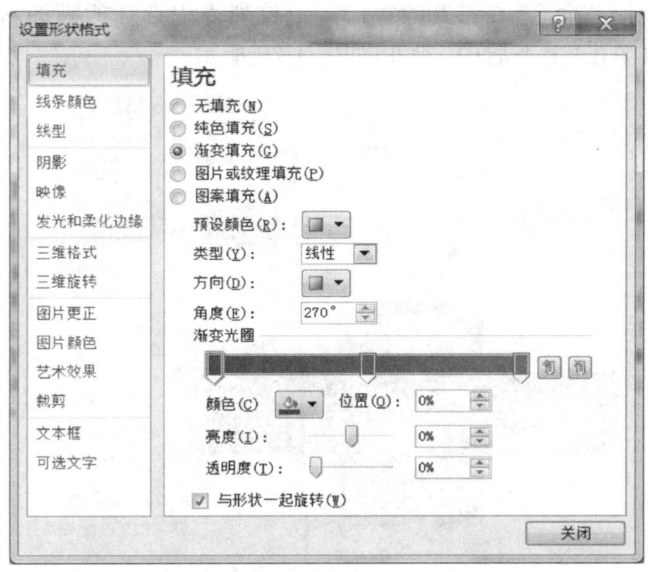

图 4-68 “设置形状格式”对话框

令，在“阴影”级联列表面板中，包括“无阴影”、“外部”、“内部”、和“透视”四种，用户根据需要选择合适“阴影”效果。当鼠标指针指向某一种时，选中的图形呈现相应效果。用户若满意单击即可，如图 4-69 所示。另外用户也可以在图 4-68 所示的“设置形状格式”对话框左侧窗格中单击“阴影”选项，在右侧框中选择符合要求的阴影效果。

2) “映像”、“发光”和“柔化边缘”的设置

选中要设置的图形，执行“绘图工具”→“格式”→“样式形状”→“形状效果”命令，在打开的“形状效果”面板中，单击“映像”命令，在“映像”级联面板中，包括“无映像”和“映像变体”两大类。默认图形是无映像，若已设置了映像，单击“无映像”按钮则取消映像。用户将鼠标指针指向欲设置的“映像变体”中的某一种，选中的图形呈现该设置的效果，若适合单击即可。另外，也可以打开图 4-68 所示的“设置形状格式”对话框，在左侧框选中“映像”，在右侧框中选择合适的设置，单击即可。

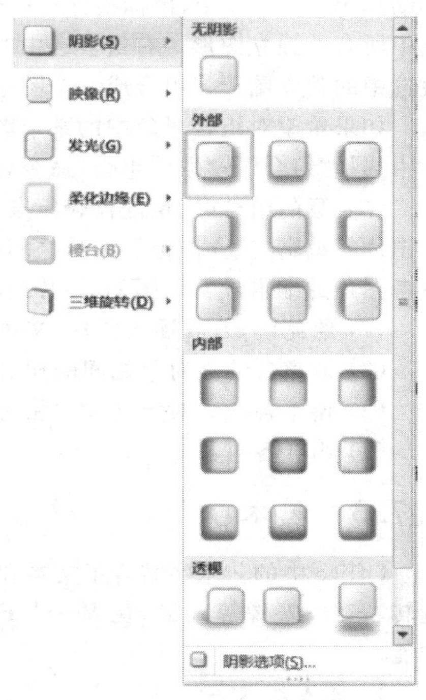

图 4-69 “阴影”设置列表

“形状效果”中的“发光”和“柔化边缘”的设置方法与“阴影”和“映像”的设置方法相似，读者可参照“阴影”的设置方法执行。

6. 图形对象的对齐

为了产生美观的视觉效果，往往要求将多个图形对象按不同的方式对齐。例如，将两个图形对象水平和垂直居中对齐。

先选中要对齐的多个图形对象，然后执行“页面

布局”→“排列”→“对齐”命令，在打开的“对齐”下拉列表中选择所需的对齐方式。例如，先单击“左右居中”，再单击“上下居中”即可，如图 4-70 所示。

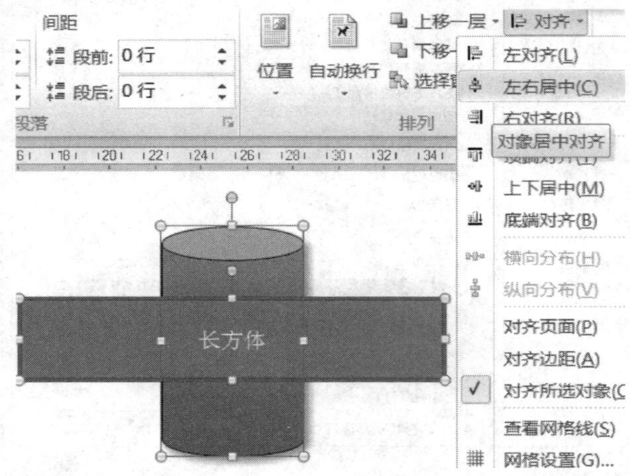

图 4-70 “对齐”设置列表

7. 组合图形对象或取消组合

使用自选图形工具绘制的图形一般包括多个独立的图形。当需要选中、移动和修改大小时，往往需要选中所有的独立图形，操作起来不太方便。用户可以借助“组合”命令将多个独立的图形组合成一个对象，然后对组合对象进行操作，具体方法如下。

执行“开始”→“编辑”→“选择”命令，在打开的列表中选择“选择对象”命令，将鼠标指针移动到 Word 页面中，鼠标指针呈白色鼠标箭头，在按住 Ctrl 键的同时单击欲组合的图形，选中所有的独立图形。右击被选中的图形，在打开的快捷菜单中选择“组合”→“组合”命令，被选中的独立图形将组合成一个图形对象，可以对其进行整体操作。

如果希望对组合对象中的某个图形进行单独操作，可以右击组合对象，在打开的快捷菜单中选择“组合”→“取消组合”命令，此组合体解体成为若干独立的图形。

在实际的组合时，情况比较复杂，它不仅涉及图形和图片等组合，还涉及每个独立图形和图片等编辑、独立图形和图片之间相对层次和位置等。图形编辑与图片的编辑相似，可以参考图片的编辑设置。图形、图片或文本框等对象的组合一般步骤如下。

(1) 绘制图形(或插入图片、文本框)并编辑每个独立的图形、图片或文本框。

(2) 调整各独立对象之间的相对层次。

(3) 调整各独立对象之间的相对位置。

(4) 组合各对象。

4.7.3 艺术字

Office 中的艺术字结合了文本和图形的特点，能够使文本具有图形的某些属性，如设置旋转、三维、映像等效果，在 Word、Excel、PowerPoint 等 Office 组件中都可以使用艺术字功能。

1. 插入艺术字

将光标移动到准备插入艺术字的位置，执行“插入”→“文本”→“艺术字”命令，并在打开的“艺术字预设样式”面板中选择合适的艺术字样式，打开“艺术字文字”编辑框，直接输入艺术字文本即可。用户可以对输入的艺术字分别设置字体和字号。

插入艺术字后，用户只要单击艺术字即可进入编辑状态，能方便地进行艺术字的文字、字体、字号、颜色等设置。因为艺术字具有图片和图形的很多属性，因此用户可以为艺术字进行与图片相似的设置，如旋转、文字环绕方式等。

2. 设置艺术字文字形状

Word 2010 提供的艺术字形状丰富多彩，包括弧形、圆形、V 形、波形等多种形状。通过设置艺术字形状，能够使文档更加美观，操作如下。

选中要设置形状的艺术字文字，执行“绘图工具”→“格式”→“艺术样式”→“文字效果”命令，在打开的列表中包括“阴影”、“映像”、“发光”、“棱台”、“三维旋转”和“转换”五种效果，用户可根据需要设置，如图 4-71 所示。如指向“转换”选项，在“转换”级联列表中列出了多种形状可供选择，用鼠标指向某一种，选中的艺术字呈现设置后的效果，若适合单击即可，如图 4-72 所示。

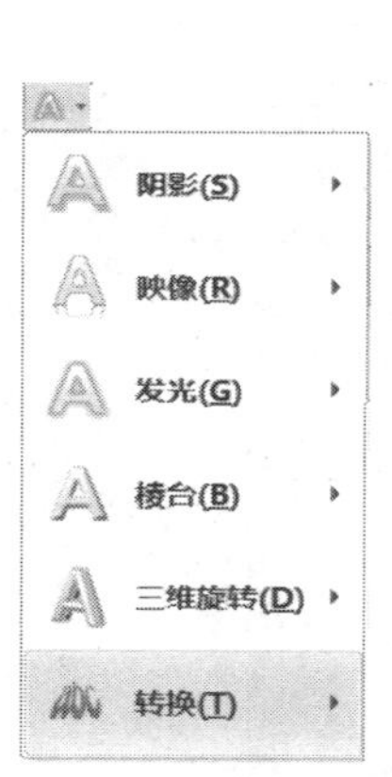

图 4-71 “文字效果”设置列表

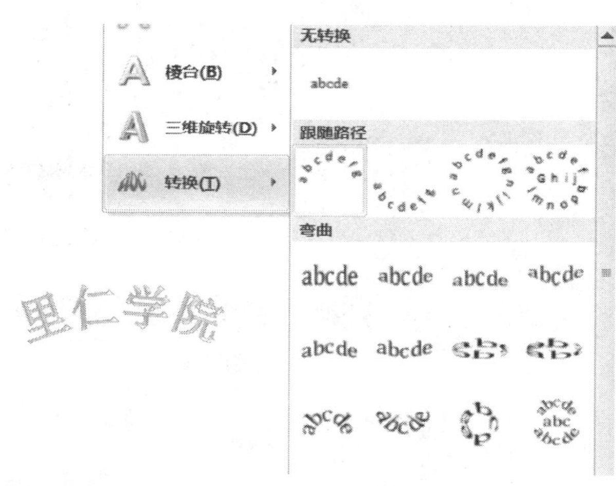

图 4-72 艺术字的转换设置

里仁学院

3. 设置艺术字文字三维旋转

通过为文档中的艺术字文字设置三维旋转，可以使艺术字呈现 3D 立体旋转效果，从而使插入艺术字的文档表现力更加丰富多彩。

1) 普通设置

(1) 选中要设置的艺术字，执行“绘图工具”→“格式”→“艺术字样式”→“文字效果”命令，打开“文字效果”列表，选择“三维旋转”选项。

(2) 在打开的“三维旋转”级联列表中，用户可以选择“平行”、“透视”和“倾斜”三种旋转类型，每种旋转类型又有多种样式可供选择。当鼠标指向某种样式，选中的艺术字呈现设置后的效果，单击即可，如图 4-73 所示。

2) 精确设置三维旋转

用户还可以对艺术字文字三维旋转做进一步精确设置，在上述“三维旋转”级联列表中单击“三维旋转选项”命令按钮，打开“设置文本效果格式”对话框。切换到“三维旋转”选项卡，用户设置艺术字文字在 X、Y、Z 三个维度上的旋转角度，或者单击“重置”按钮恢复 Word 2010 默认设置，如图 4-74 所示。

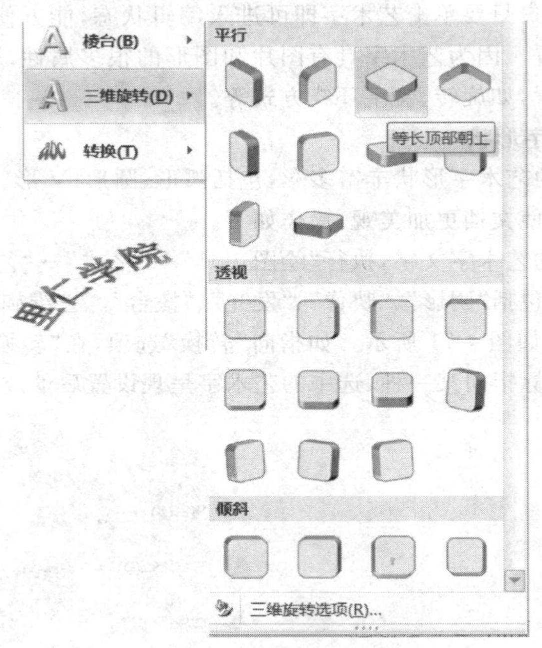

图 4-73 “三维旋转”列表

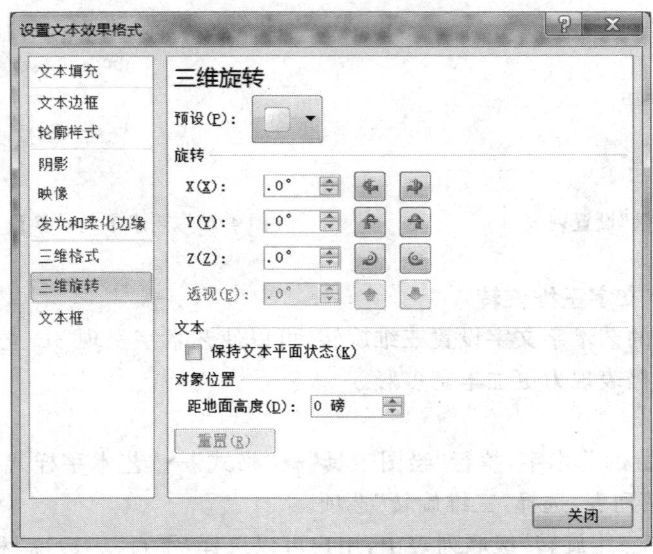

图 4-74 “三维旋转”选项卡对话框

4.7.4 文本框

如果文档中需要将一段文字独立于其他内容，使它可以在文档中任意移动，则需要使用文本框。通过使用文本框，用户可以将文本很方便地放置到文档页面的指定位置，而不必受到段落格式、页面设置等因素的影响。

文本框是一个方框形式的图形对象，框内可以放置文字、表格、图表及图形等对象。Word 2010 内置多种样式的文本框供用户选择使用。

1. 插入或绘制文本框

执行“插入”→“文本”→“文本框”命令，在打开的“内置”面板中选择合适的文本框类型单击，返回文档窗口，所插入的文本框处于编辑状态，直接输入用户的文本内容即可。

此外，用户也可以在打开的“文本框”面板中单击“绘制文本框”或“绘制竖排文本框”命令按钮。当鼠标指针置于文档中，鼠标指针变成十字形，按住鼠标左键拖动绘制一个文本框。此时插入点在文本框中闪烁，用户可以输入文本或插入图片。

2. 设置文本框的大小

在文档中插入文本框后，会自动打开“格式”功能区，在“大小”分组中可以设置文本框的高度和宽度。

用户也可以在“布局”对话框中设置文本框的大小，方法是：右击文本框的边框，在打开的快捷菜单中选择“选择其他布局选项”命令，打开“布局”对话框，切换到“大小”选项卡，在“高度”和“宽度”绝对值编辑框中分别输入具体数值，以设置文本框的大小。

如果要求精度不严格，选中文本框，文本框周围呈现八个控制柄，将鼠标移动到控制柄上，按下左键拖动也可以改变文本框的大小。

3. 设置边框

实际中为了美观或需要，有时需要为文本框设置边框样式。具体方法如下。

(1) 选中文本框，执行“格式”→“形状样式”→“形状轮廓”命令，打开“形状轮廓”面板。在“主题颜色”和“标准色”区域可以设置文本框的边框颜色。

(2) 选择“无轮廓”命令可以取消文本框的边框；将鼠标指向“粗细”选项，在打开的下一级列表中可以选择文本框的边框宽度。

(3) 将鼠标指向“虚线”选项，在打开的级联列表中选择文本框虚线边框形状。用户也可以选中文本框，单击“格式”→“形状样式”按钮，打开“设置形状格式”对话框，分别选择“线条颜色”和“线型”选项卡设置。

注意：由于文本框具有图形或图片的一些属性，所以它的一些属性的设置与图形或图片相似，参照图形或图片设置的方法进行。

4.7.5 编辑公式

输入和编辑公式是 Word 2010 操作经常遇到的任务，Word 2010 能方便实现公式输入和编辑。

1. 插入公式

Word 2010 提供了多种常用的公式供用户直接插入到文档中，用户可以根据需要直接插入内置公式，以提高效率。先将光标固定到插入点，单击“插入”→“符号”→“公式”右侧下拉三角按钮，在打开的“内置公式”列表中选择需要的公式，单击即可，如图 4-75 所示。如果内置公式中找不到用户需要的公式，则可以在公式列表中指向“office. com 中的其他公式”选项，并在打开的来自 office. com 的“更多公式”列表中选择所需要的公式。

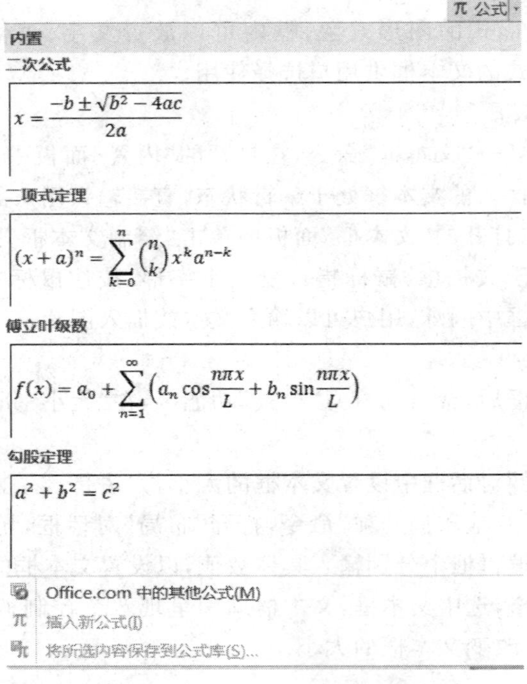

图 4-75　插入公式列表

2. 创建公式

有时内置公式不能满足用户要求，Word 2010 提供创建空白公式对象的功能，用户可以根据需要创建公式。

先将光标固定到插入点，单击“插入”→“符号”→“公式”按钮，在文档中将创建一个空白公式框架，通过键盘输入公式或“公式工具”→“设计”功能区的“符号”分组输入公式内容，如图 4-76 所示。

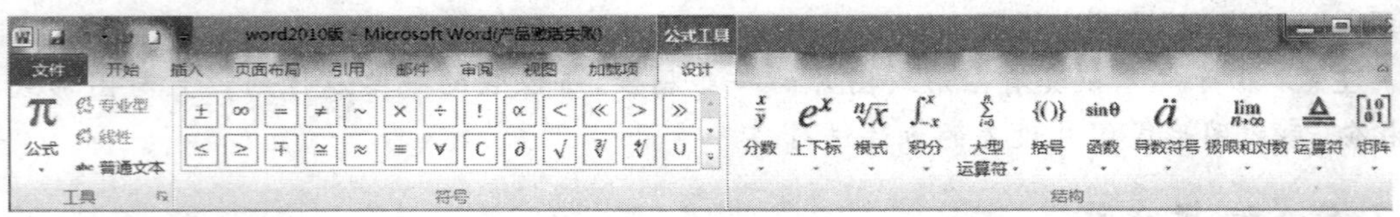

图 4-76　“公式工具”面板

3. 将公式保存到公式库或从公式库中删除

用户在文档中创建了一条自定义公式后，如果该公式经常被使用，则可以将其保存到公式库中，操作方法如下。

单击要保存到公式库中的公式使其处于编辑或被选中状态，出现公式编辑框，单击右侧“公式选项”三角按钮，并在打开的列表中选择“另存为新公式”命令。打开“新建构建基块”对话框，在“名称”编辑框中输入公式名称，其他选项保持默认设置，并单击“确定”按钮。

被保存到公式库的自定义公式将在“公式工具”→“设计”功能区“工具”分组中的“公式”列表中找到，同时用户也可以在“公式”列表中选择“将所选内容保存到公式库”命令保存新公式，如图 4-77 所示。如果用户要删除该公式，可以在上述的“公式”列表中选中该公式，在打开的列表中选择“整理和删除”命令，弹出“构建基块管理器”对话框，选中相应名称的公式，单击“删除”按钮，在弹出的对话框中，单击“是”按钮。

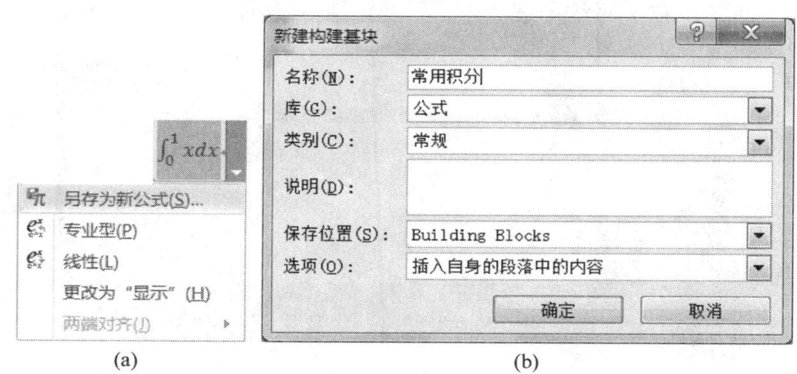

(a) (b)

图 4-77 保存自建公式

4.8 Word 高级编辑

4.8.1 邮件合并

在实际工作中，学校经常会遇到批量制作成绩单、准考证、录取通知书的情况；而企业也经常遇到给众多客户发送会议信函、新年贺卡的情况。这些工作都具有工作量大、重复率高的特点。既容易出错，又枯燥乏味，有什么解决办法呢？在 Microsoft Office Word 2010 中使用“邮件合并”功能，可以对大部分固定不变的 Word 文档内容进行批量编辑、打印，常用方法是将一个主文档与一个数据源合并。

1. 编辑主文档

主文档就是用来存放固定内容的文档，方法如同一般 Word 文档编辑。以编辑学生录取通知书为例。主文档内容如图 4-78 所示。

2. 编辑数据源文档

数据源则用于存放需要变化的内容，合并时 Word 会将数据源中的内容插入到主文档的合并域中，可以产生以主文档为模板的不同文本内容。

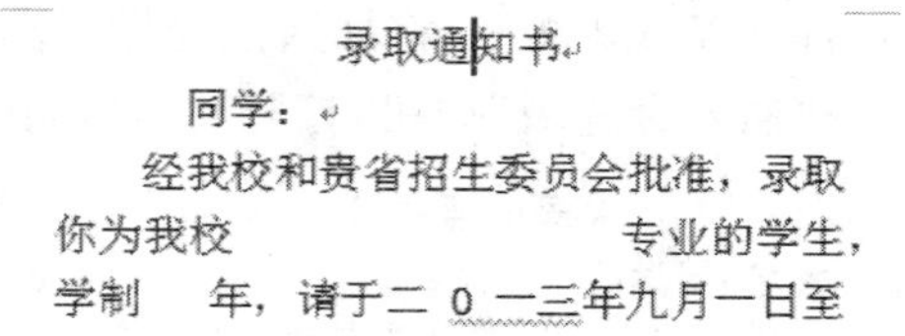

录取通知书

同学：

经我校和贵省招生委员会批准，录取你为我校　　　专业的学生，学制　年，请于二０一三年九月一日至

图 4-78 主文档示意图

1）自定义地址列表字段

执行“邮件”→“开始邮件合并”→“选择收件人”→“输入新列表”命令。打开“创建地址列表”对话框，默认情况下提供了最常用的字段名。用户可以根据需要添加、删除或重命名地址列表字段。用户单击“自定义列”按钮，打开“自定义地址列表”对话框，可以分别单击“添加”、“删除”或“重命名”按钮添加字段、删除字段或重命名字段，对字段或字段名进行编辑。另外，用户还可以单击“上移”或“下移”按钮改变字段顺序，完成设置后单击“确定”按钮，如图 4-79 所示。

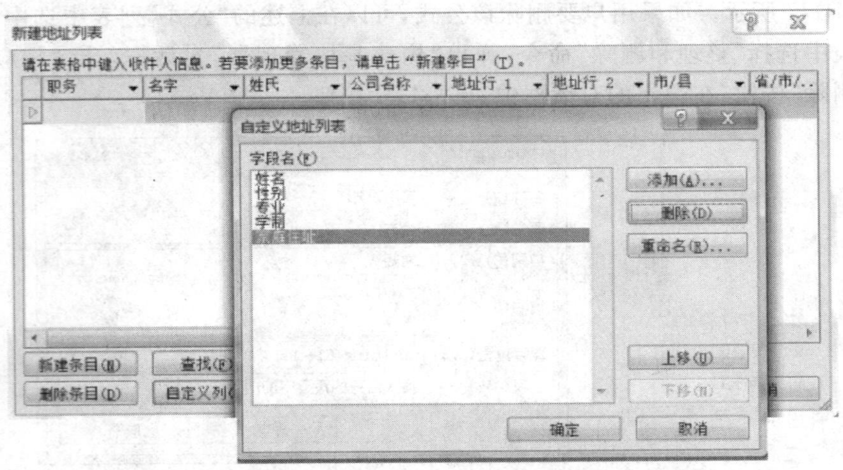

图 4-79 "新建地址列表"对话框

2）输入联系人记录

(1) 输入收件人列表。在打开的"新建地址列表"对话框中，根据实际需要分别输入第一条记录的相关信息，不需要输入的列留空即可。完成第一条记录的输入后，单击"新建条目"按钮。根据用户需要添加多个收件人条目，添加完成后单击"确定"按钮，接着打开"保存通讯录"对话框，在"文件名"编辑框输入通讯录文件名称，选择合适的保存位置，并单击"保存"按钮。

(2) 从数据源导入收件人列表。使用 Word 2010 创建的收件人列表实际上是一个 Access 数据库。如果用户的计算机系统中安装了 Access 数据库系统，用户可以使用 Access 打开并编辑该表。如果收件人的信息是以 Excel 或 Access 等形式存在的，用户可以新创建一个空收件人列表，然后把相关的信息再导入到收件人列表中。

3. 向主文档插入合并域

1）插入合并域

通过插入合并域可以将数据源引用到主文档中，其操作如下。

打开 Word 文档，将插入点光标移动到需要插入域的位置，单击"邮件"→"编写和插入域"→"插入合并域"按钮，打开对话框，在域列表中选中合适的域并单击"插入"按钮，完成插入域的操作后，在"插入合并域"对话框中单击"关闭"按钮。返回文档窗口，单击"预览结果"按钮可以预览完成合并后的结果，如图 4-80 所示。

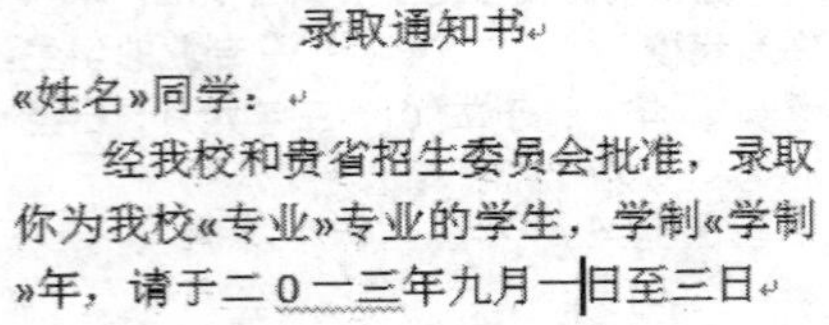

录取通知书

«姓名»同学：

经我校和贵省招生委员会批准，录取你为我校«专业»专业的学生，学制«学制»年，请于二〇一三年九月一日至三日

图 4-80 插入域合并示意图

2）插入称谓

在制作信函时，为了表示对客户的尊重，希望在姓名字段的后面加上称谓，如先生或女士等。虽然数据源文档中未直接提供称谓字段，但可以通过邮件合并的规则将性别字段转换为相应的称谓。方法如下。

单击"邮件"→"规则"→"如果…那么…否则…"命令，将域名选择为性别，在"比较对象"文本框中，输入所要比较的信息，在下方的两个文本框中，依次输入先生和女士，通过该对话框可以很容易的实现，如果当前人是男，则为“先生”，否则是“女士”，如图 4-81 所示。

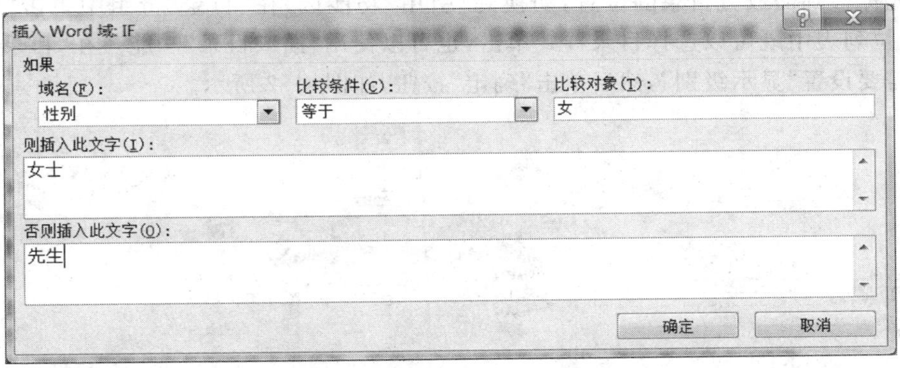

图 4-81 “插入 Word 域：IF”对话框

4. 生成文档

在文档插入了合并域后，为了确保制作的文档正确无误，在最终合并前应该选预览结果。单击“查看下一个结果”按钮可以看到合并后的其他内容。在确认文档正确无误后，就可以对文档完成最终的制作了。操作如下。

单击“邮件”→“完成”→“完成并合并”按钮，在打开的下拉列表中选择“编辑单个文档”命令，此时可以选择合并所有的记录或者选择记录范围(如合并所有记录)，最后单击“确定”按钮即可。

5. 制作信封

利用“邮件合并”功能，不仅可以很方便地制作大量的同类型文档，还能制作信封。步骤如下。

新建一个 Word 文档，单击“邮件”→“创建”→“中文信封”按钮，可调用“信封制作向导”，按照向导依次操作。执行“信封样式”→“生成信封的方式和数量”→“输入收信人信息”→“输入寄信人信息”命令，即可完成制作信封，对生成的文档进行相应的保存操作。

另外，用户可以使用“邮件合并向导”命令。该功能可以帮助用户在文档中完成信函、电子邮件、信封、标签或目录的邮件合并工作，采用分步完成的方式进行，因此更适用于“邮件合并”功能的普通用户。

4.8.2 自动生成目录

排版一本书籍，要生成本书的目录，通过插入目录可以方便地查找文档中的部分内容或是快速预览全文结构。利用 Word 2010 提供的工具能方便地生成目录，其步骤如下。

1. 使用“样式”设置标题

Word 2010 中内置了很多样式，用户可以根据需要直接使用。首先打开需要设置样式的文档，选择要在目录中显示的标题，切换到“开始”功能区，在“样式”分组中选择需要的样式，生成目录时一般主要是用到标题 1、标题 2、标题 3 三级标题，用户也可根据需要自行调整。

2. 插入目录

把光标移到需放置目录的位置，切换到“引用”功能区，在“目录”分组中单击“目录”按钮，在下拉列表中既可以选择目录样式单击，也可以使用“插入目录”功能。在“目录”对话框中根据需要设置“显示级别”，然后单击“确定”按钮，如图 4-82 所示。

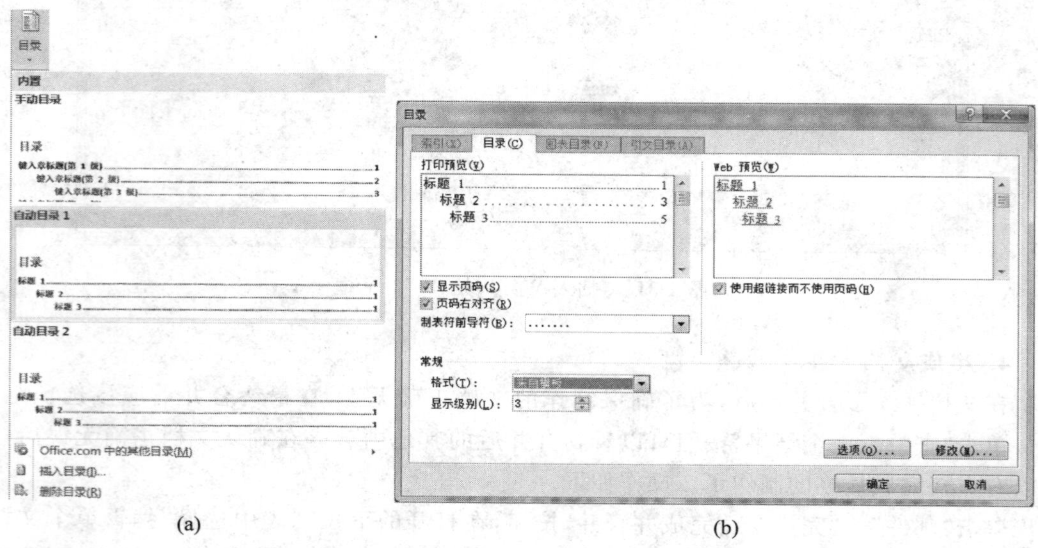

(a) (b)

图 4-82 生成“目录”对话框

习 题 4

一、选择题

1. Word 是 Microsoft 公司提供的一个(　　)。

   A. 操作系统　　B. 表格处理软件
   C. 文字处理软件　　D. 数据库管理系统

2. 在 Word 文档中，每个段落都有自己的段落标记，段落标记的位置在(　　)。

   A. 段落的起始位置　　B. 段落的中间位置
   C. 段落的尾部　　D. 每行的行尾

3. 在 Word 2010 文档的段落设置中，不能进行的操作是(　　)。

   A. 缩进　　B. 对齐方式　　C. 行距　　D. 首字下沉

4. 在 Word 编辑状态下改变文档的字体，下列叙述正确的是(　　)。

   A. 文档选中的部分字体发生变化　　B. 光标之后的文档字体发生变化
   C. 整个文档字体发生变化　　D. 光标之前的文档字体发生变化

5. 在 Word 2010 中不能直接进行的操作是(　　)。

   A. 生成超文本　　B. 图文混排
   C. 编辑表格　　D. 浏览 WWW 网站

6. 若使被插入的文档不再和源文档产生联系，这种操作称为(　　)。

   A. 嵌入对象　　B. 连接对象　　C. 插入对象　　D. 创建对象

7. 打开一个 Word 文档，通常是指(　　)。

A. 显示并打印指定文档的内容

B. 把文档内容从磁盘调入内存并显示出来

C. 把文档内容从内存中读入并显示出来

D. 为指定文件开设一个空的文档窗口

8. 在 Word 中可以通过(　　)下的命令打开最近打开的文档。

A. "文件"选项卡　　B. "开始"选项卡

C. "插入"选项卡　　D. "引用"选项卡

9. 在 Word 中可以同时显示水平标尺和垂直标尺的视图方式是(　　)。

A. 页面视图　　B. Web 版式视图

C. 普通视图　　D. 大纲视图

10. 在 Word 中对文档内容做复制操作的第一步是(　　)。

A. 按 Ctrl+V 键　　B. 按 Ctrl+S 键

C. 选择内容　　D. 按 Ctrl+X 键

11. 为 Word 文档快速生成文档目录，可使用(　　)命令。

A. "引用"→"目录"　　B. "开始"→"目录"

C. "视图"→"目录"　　D. "插入"→"目录"

12. 在 Word 2010 中，通过"页眉和页脚"命令可以对版面进行必要的修饰，"页眉和页脚"命令可在(　　)功能区中找到。

A. 视图　　B. 插入　　C. 编辑　　D. 格式

13. 在编辑 Word 文档时，要选择文本中的某一行，可将鼠标指向该行左侧的文本选定区，并(　　)。

A. 单击　　B. 双击　　C. 三击　　D. 右击

14. 在编辑 Word 文档时，若要将选定的文本字形设置为粗体，在"开始"功能区"字体"分组中单击(　　)。

A. "B"按钮　　B. "U"按钮　　C. "I"按钮　　D. "A"按钮

二、填空题

1. 将文档分为左右两个版面的功能叫做________，将段落的第一个字放大突出显示的是________功能。

2. Word 中复制的快捷键是________，新建 Word 文档的快捷键是________。

3. Word 中可以通过使用________对话框来添加边框。

4. 在 Word 文档中插入一个图片文件，可以使用________功能区中________命令。

5. 在文档中插入图片后，图片工具"格式"选项卡将被激活，在该选项卡的功能区中可以对图片的________，图片样式，________和大小等进行设置。

三、思考题

1. Word 2010 窗口主要由哪些元素组成？功能区包含哪些常用选项卡？

2. 在 Word 2010 中如何实现查找和替换？

3. 在 Word 2010 中有哪些视图方式？它们之间有什么区别？

4. 如何自定义快速访问工具栏？

5. 在 Word 2010 使用“样式”有什么作用?
6. 在 Word 2010“插入”功能区中包括哪些分组?
7. 在 Word 2010 中行距的“固定值”和“最小值”各代表什么?
8. 在 Word 2010 中如何插入斜线表头?
9. 在 Word 2010 中如何选择连续或不连续的文本?
10. 在 Word 2010 表格中如何编辑公式?

第5章　电子表格软件

本章学习目标

- 了解 Excel 2010 的操作界面和常用术语
- 熟练掌握 Excel 的数据录入和编辑
- 熟练掌握 Excel 的数据排序、筛选和分组统计
- 熟练掌握 Excel 的图表操作
- 掌握数据透视表和数据透视图
- 了解 Excel 与其他软件的数据交换

本章主要讲述了常用的电子表格软件 Excel 2010 的操作界面和使用方法。首先介绍 Excel 2010 的特点和运行环境，接着介绍 Excel 的数据录入与编辑，数据的排序、筛选、分类汇总以及数据透视表和图表的制作方法，最后介绍数据的分列、删除重复项、数据有效性、合并数据以及 Excel 与其他软件的数据交换方法。在这些内容中，数据的录入、分析与计算，以及图表制作是学习的重点。

5.1　Excel 环境简介

Excel 2010 是微软公司推出的 Office 2010 办公软件中的一员，以美观的操作界面、简便的操作和功能强大的数据处理能力著称，广泛应用于数据管理、财会、统计分析、数据求解等多个领域。

Excel 2010 主要用于大批量表格数据的存储和处理，兼有数据库管理功能，可以对表格数据进行复杂的分析与计算，强大的图表功能使得数据可以用直观的方式加以显示。

5.1.1　Excel 2010 的新功能

Excel 2010 是一款成功的电子表格软件，具有良好的操作界面和优秀的数据管理功能，在保留早期版本功能的基础上，又增加了一些新功能。

(1) Excel 2010 引入了功能区来替代早期版本的菜单和工具栏，用户可以定制功能区，还能创建自己的选项卡和组，也可以重命名或更改内置选项卡和组的顺序。此外，还新增加了与功能区配套的 Backstage 视图。

(2) 管理工作簿时，可以使用受保护的视图，也可以设置受保护的文件。Excel 2010 新增的恢复早期版本的功能可以恢复未经保存而关闭的文件。

(3) Excel 2010 提供了更强大的工作簿访问功能，使用 Excel Web App 功能时地理位

置分散的人员可以同时编辑共享工作簿。

(4) Excel 2010 增强了函数准确性和数据筛选功能，64 位的 Excel 使得用户可以创建容量更大、功能更复杂的工作簿，还支持大型数据集和高性能计算。在多线程方面的改进有助于提高处理速度。

(5) 新增的迷你图能以可视化方式汇总趋势和数据。改进的数据透视表在数据透视表标签、筛选功能、值显示方式功能、回写支持和数据透视图等方面都有加强。新增的切片器能以可视化的方式来筛选数据透视表中的数据。

(6) 使用 PowerPoint for Excel 功能可以快速收集和组合来自不同源的数据。

5.1.2 启动 Excel

在 Windows 7 下启动 Excel 2010 的方法有多种，下面介绍三种常用的方法。

(1) 单击“开始”菜单，选择“所有程序”菜单项，再单击 Microsoft Office 下的 Microsoft Excel 2010 命令。

(2) 双击桌面的 Excel 2010 的快捷方式。

(3) 单击“开始”菜单，在“搜索程序和文件”框中输入“Excel. exe”，按 Enter 键。

5.1.3 Excel 的操作界面

启动 Excel 2010 后首先看到的是 Excel 2010 的初始界面，如图 5-1 所示。Excel 2010 的窗口界面由标题栏、快速访问工具栏、功能区、工作区、名称栏和状态栏等组成。

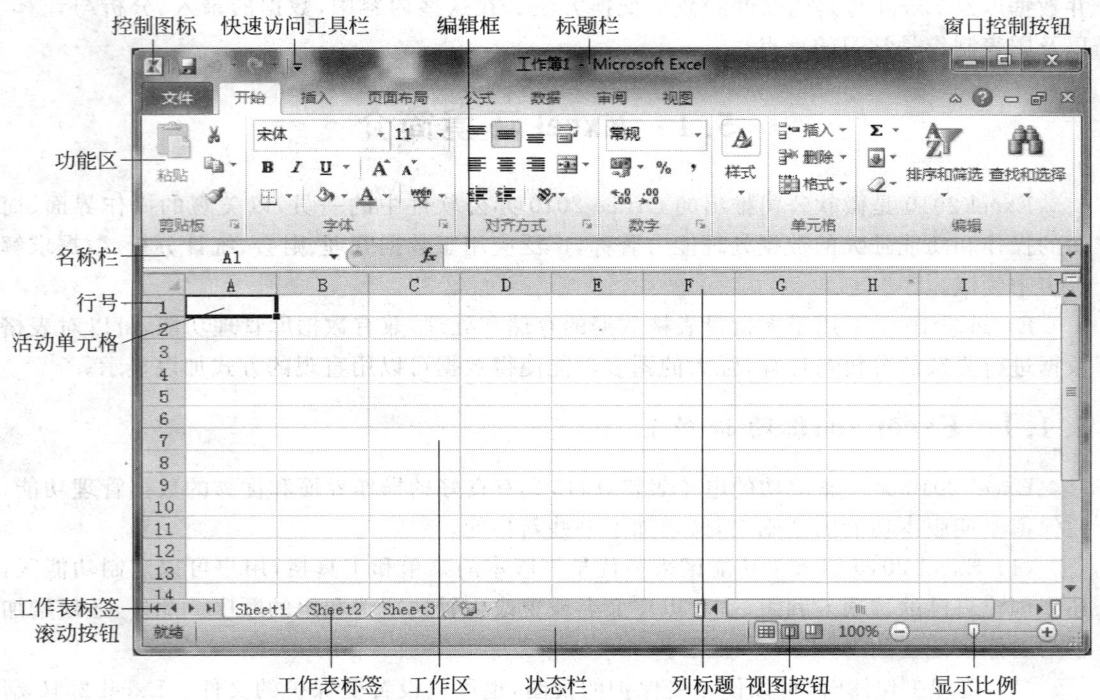

图 5-1　Excel 2010 的界面

(1) 标题栏：显示当前工作簿的名称。

(2) 快速访问工具栏：由多个常用的工具按钮组成，如“保存”、“撤销”、“恢复”等，可以通过自定义的方式增加或删除按钮。

(3) 名称栏：显示当前活动单元格或单元格区域的地址或名称，用户在其中输入单元格地址后可以快速定位单元格，并将其设置为活动单元格。

(4) 编辑框：输入或编辑当前活动单元格的内容。

(5) 行号：用来标识行，从1开始逐步增大，单击时选中整行。

(6) 列标题：显示列名，单击时选中整列。

(7) 工作区：由二维表格组成，用来存储工作表中的数据。

(8) 工作表标签栏：显示工作表名，单击时用来切换工作表。

(9) 状态栏：用来显示当前工作表的相关信息。

(10) 视图按钮：用于在普通视图、页面布局视图和打印预览视图之间进行切换。

(11) 显示比例：用于放大或缩小显示工作表的内容。

5.1.4 工作簿、工作表和单元格

Excel中的一个工作簿就是一个Excel文件，工作簿的名字就是Excel的文件名。Excel 2010格式的文件扩展名是.xlsx，每个工作簿最多可以有1600万种颜色。

工作表是工作簿中用来存储数据的表格，一个工作表就是工作簿中的一张二维表格。Excel 2010中的一个工作簿可以包含多个工作表。

单元格是工作表的基本组成部分，工作区中的每个长方格就是一个单元格，用户可以在其中输入数据。每个工作表最多有1048576行和16384列，即1048576×16384个单元格。

5.1.5 退出Excel

退出Excel的方法与退出Word的方法类似，单击窗口右上角的关闭按钮，或者单击“文件”选项卡中的“退出”命令，或者按Alt+F4组合键都可以退出Excel。

5.2 工作簿与工作表操作

Excel中的一个工作簿就是一个Excel文件，Excel 2010格式的文件扩展名是.xlsx。一个工作簿由多个工作表组成，Excel二进制工作簿的扩展名是.xlsb，模板的扩展名是.xltx。

5.2.1 工作簿操作

本节主要讲述工作簿的创建、保存、打开和隐藏的方法。

1. 创建工作簿

启动Excel 2010后，系统会自动创建一个空白工作簿，名字为“工作簿1”，由三张工作表组成，用户可以直接在里面输入数据。如果要创建一个新的工作簿，常用的方法是单击“文件”选项卡的“新建”命令，此时出现图5-2所示的界面。

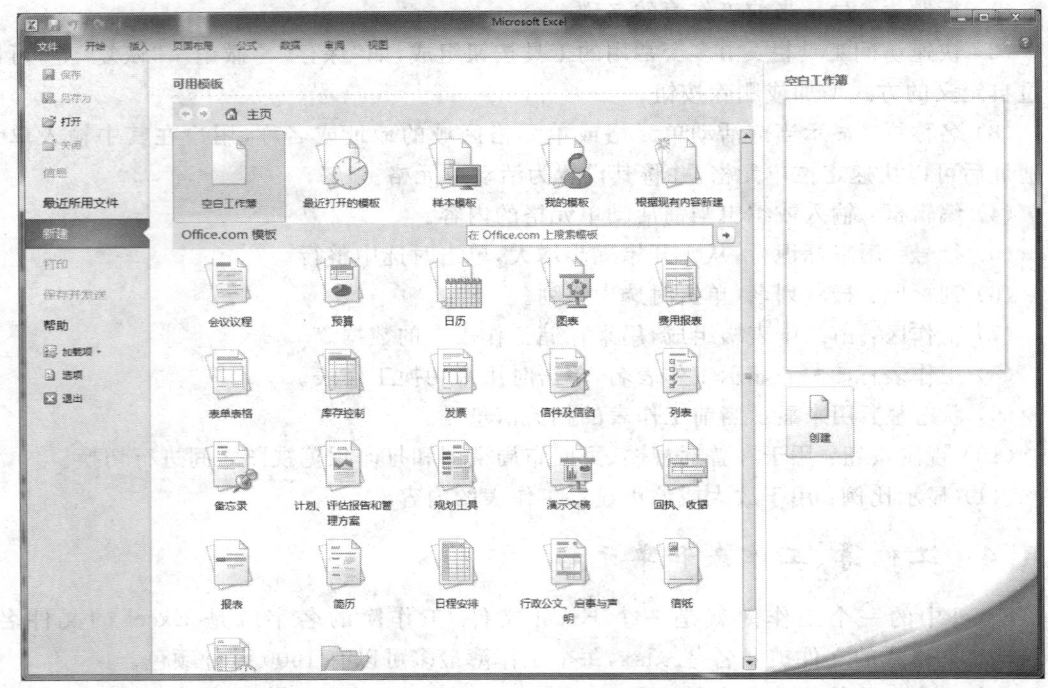

图 5-2　新建工作簿

Excel 2010 提供了 6 种方式来创建工作簿，即创建空白工作簿、根据最近打开的模板创建、使用样本模板创建、使用我的模板创建、根据现有内容新建，还可以使用网络上的 office. com 模板创建。

(1) 创建空白工作簿：创建一个空白的工作簿，默认情况下包含 3 张空白的工作表。

(2) 使用最近打开的模板：打开最近使用的模板列表，从中选择需要的模板。

(3) 使用样本模板：样本模板中提供了 14 种模板，中文模板和英文模板各 7 种。其中中文模板有个人月预算、账单、考勤卡、血压监测、贷款分期付款、销售报表、零用金报销单模板。

(4) 使用"我的模板"：如果用户之前在个人模板中保存过模板，单击"我的模板"会打开"新建"对话框，列出可供选择的个人模板。

(5) 根据现有内容新建：用户可以根据已经保存过的工作簿来创建一个内容相同的新工作簿，然后直接进行编辑。

(6) 使用 office. com 模板：用从网络上搜索到的模板来创建工作簿。系统提供了 21 种常用模板，包括会议议程、预算、日历、图表、费用报表、表单表格、库存控制、发票、信件及信函、列表、备忘录、计划评估报告和管理方案、规划工具、演示文稿、回执收据、报表、简历、日程安排、行政公文启事与声明、信纸、时间表。

2. 保存工作簿

保存工作簿的方法与保存 Word 文档类似，常用的方法有 3 种。

(1) 单击"快速访问"工具栏中的保存按钮。

(2) 单击"文件"选项卡的"保存"按钮，或按 Ctrl+S 组合键。

(3) 使用“文件”选项卡的“另存为”命令，打开“另存为”对话框，选择保存位置并输入文件名，该操作常用于工作簿的更名保存。

3. 打开工作簿

需要编辑工作簿的内容时，首先要打开工作簿，打开方法与打开 Word 文档类似。常用的方法有两种，一种是双击 Excel 文件图标，另一种是选择“文件”选项卡的“打开”命令，使用“打开”对话框打开文件。

4. 隐藏工作簿

如果在一个界面中同时打开了多个工作簿，可以使用隐藏功能将暂时不用的工作簿隐藏起来，在使用时取消隐藏并显示。

(1) 隐藏窗口：单击需要隐藏的工作簿的任意位置，将其所在窗口设为当前窗口，然后选择“视图”选项卡的“窗口”组，单击“隐藏”按钮。使用该功能可以同时隐藏多个工作簿所在的窗口。

(2) 取消隐藏：选择“视图”选项卡的“窗口”组，单击“取消隐藏”按钮，打开如图 5-3 所示的“取消隐藏”对话框，选中需要显示的工作簿，单击“确定”按钮。

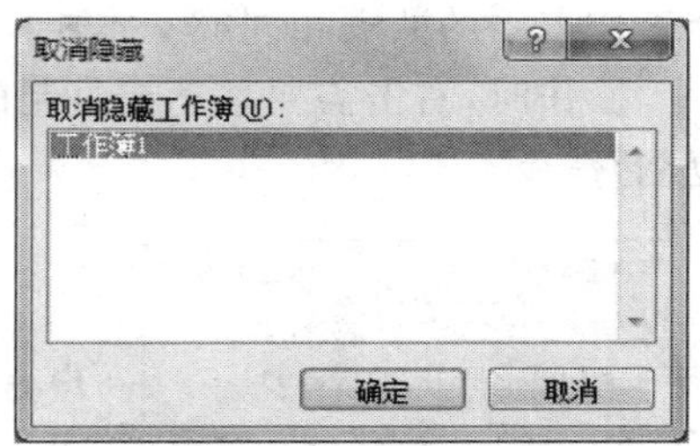

图 5-3 “取消隐藏”对话框

5.2.2 工作表操作

本节主要讲述工作表的添加、重命名、复制、移动、保护、删除和打印的方法。

1. 添加工作表

需要存储不同内容或不同类型的数据时，可以添加新的工作表。添加工作表的方法有多种，常用的方法介绍如下。

选中任意一个工作表的表名后右击，弹出如图 5-4 所示的右击菜单，单击“插入”命令，弹出如图 5-5 所示的“插入”对话框。选择“工作表”后单击“确定”按钮，新工作表插入在所选工作表之前。

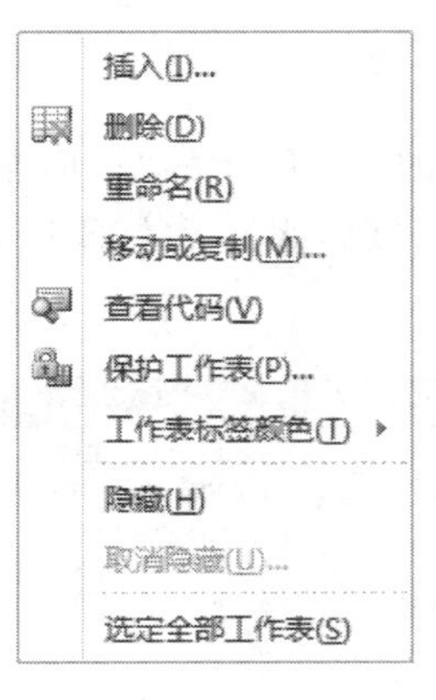

图 5-4 右击菜单

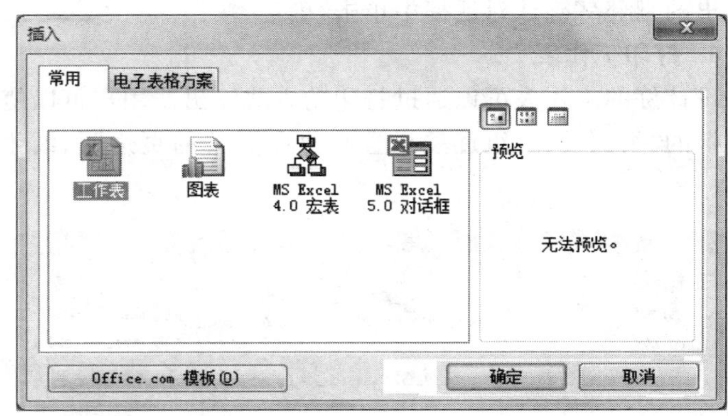

图 5-5 “插入”对话框

2. 重命名工作表

Excel 2010 中默认的工作表名为 Sheet1、Sheet2、Sheet3，以此类推。默认的工作表名不直观,不能反映工作表中存储的数据内容,因此,有必要对工作表重命名以便于管理。

重命名工作表时要先选中需要更名的工作表,再双击或用鼠标选中工作表名,此时工作表名处于编辑状态,直接输入新工作表名后按 Enter 键,或单击工作表中的任意一个单元格即可完成更名操作。当然,右击工作表名,使用图 5-4 所示的弹出菜单中的"重命名"命令也可以完成更名操作。

3. 移动或复制工作表

在工作表的使用过程中,可以将常用的工作表放在靠前的位置,而将不常用的放在靠后的位置,也可以通过重新排列工作表的位置使工作表中的数据呈现出一定的规律性。当多个工作表中的数据相同或基本相同的时候,可以通过复制工作表来减少输入量。

操作时,右击需要移动或复制的工作表的标签,弹出如图 5-4 所示的菜单,选择"移动或复制"命令。

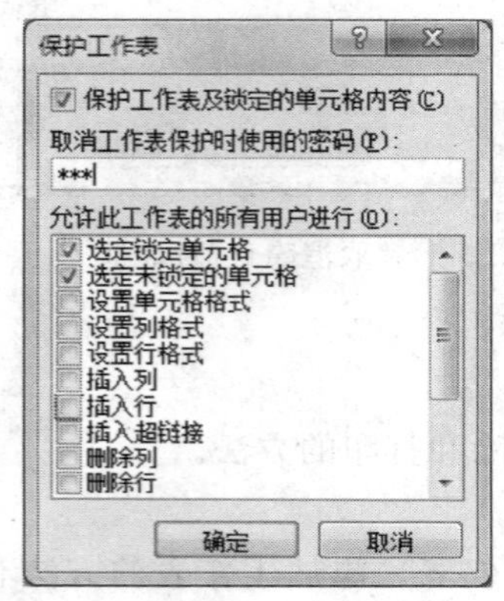

图 5-6 "保护工作表"对话框

4. 保护工作表

保护工作表是 Excel 2010 提供的一项功能,系统允许用户有选择的保护工作表或工作簿的某些元素以防止对工作簿或工作表的误操作。保护时可以使用密码,也可以不用密码。右击需要保护的工作表的表名,在弹出的菜单中选择"保护工作表"命令,打开如图 5-6 所示的"保护工作表"对话框。用户可以根据需要设置相关选项,然后单击"确定"按钮。如果设置了密码,系统会弹出"确认密码"框,再次输入相同的密码后生效。

取消工作表保护时,右击工作表的表名,在弹出的菜单中选择"撤销工作表保护"。如果设置了密码,系统会弹出"撤销工作表保护"对话框,输入正确的密码后,取消保护。

5. 删除工作表

选择需要删除的工作表的标签,然后右击,弹出如图 5-4 所示的菜单,单击"删除"命令,在弹出的"删除"确认对话框中单击"确定"按钮。

6. 打印工作表

设计好的工作表可以通过打印的方式输出。用户可以使用如图 5-7 所示的"页面布局"选项卡的"页面设置"组逐项设置与打印有关的页边距、纸张方向、纸张大小和打印区域等内容。

图 5-7 "页面布局"窗口

单击"页面布局"选项卡的"页面设置"组右下角的 按钮,打开如图 5-8 所示的"页面设置"对话框,可以集中设置页面选项,也可以用来进行打印设置和打印预览。

单击"打印"按钮或"打印预览"按钮将切换到如图 5-9 所示的界面。

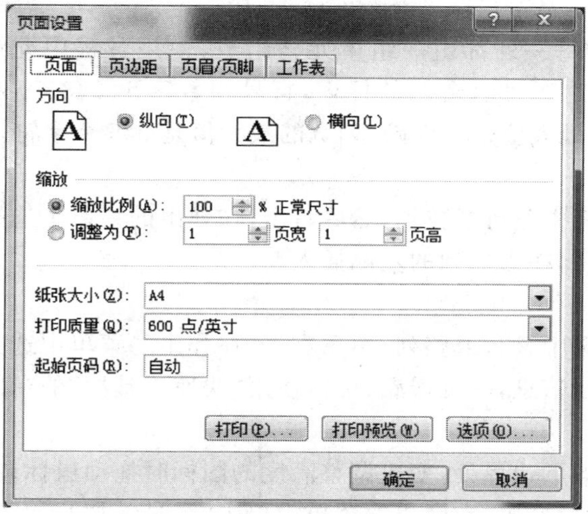

图 5-8 “页面设置”对话框

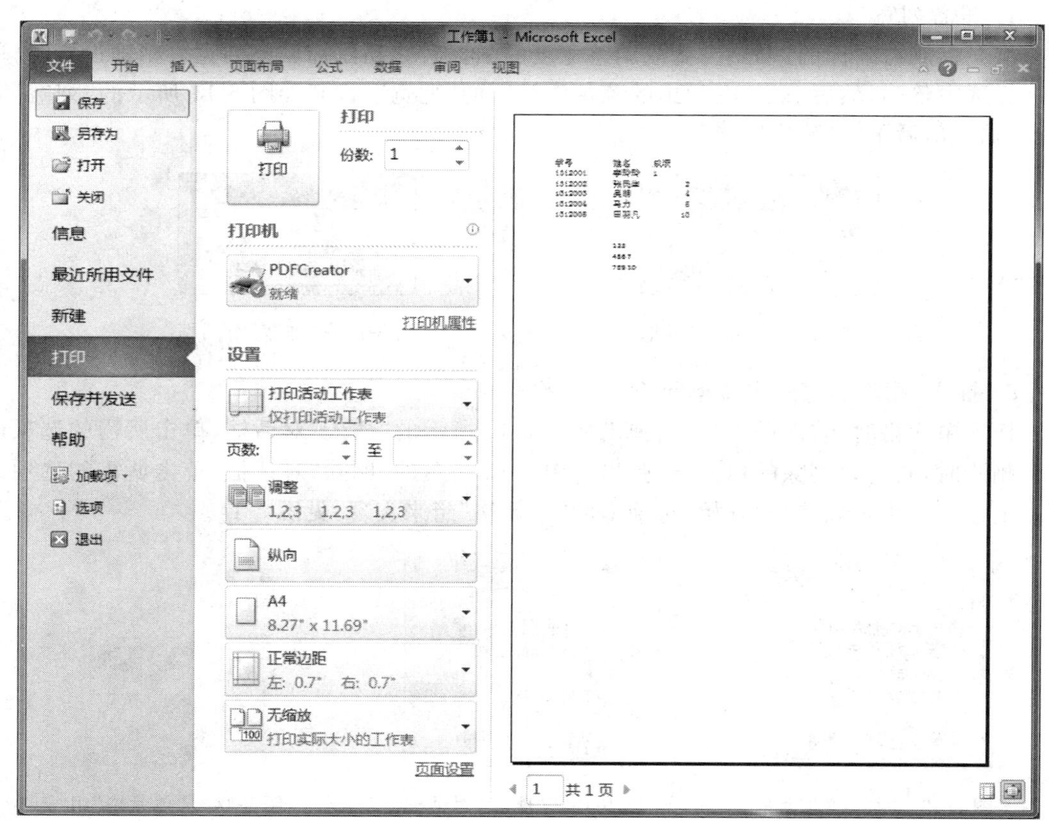

图 5-9 设置打印选项和打印预览

设置打印选项和打印预览。选择“文件”选项卡的“打印”命令，出现如图 5-9 所示界面，用来设置打印选项和预览打印效果。

7. 行、列操作

Excel 中每一行和每一列都由一组单元格组成,使用过程中允许插入和删除行和列。为了便于操作,每个行和列都有自己的标识,行号用数字 1、2、3、…列标用字母 A、B、C、…Excel 2010 中,行高的最大值是 409 磅,列宽的最大值是 255 个字符。

1) 插入行或列

单击行号或列标选中整行或整列,然后右击,在弹出的菜单中选择"插入"命令。系统在当前行的上方插入新行,在当前列的左侧插入新列。

2) 删除行或列

单击行号或列标选中整行或整列,然后右击,在弹出的菜单中选择"删除"命令。需要注意的是删除时没有提示信息,一旦误删,可以使用"快速工具栏"的"撤销"操作来恢复。

3) 设置行高

将光标放在行号的下边界处,变成调整高度的图标时拖动鼠标调整行高。精确设置时,单击行号选中整行,然后右击,在弹出的菜单中单击"行高",打开如图 5-10 所示的"行高"对话框,输入值后单击"确定"按钮。

4) 设置列宽

将光标放在列标的边界处,变成调整宽度的图标时拖动鼠标调整列宽。精确设置时,单击列标选中整列,然后右击,在弹出的菜单中单击的"列宽",打开如图 5-11 所示的"列宽"对话框,输入值后单击"确定"按钮。

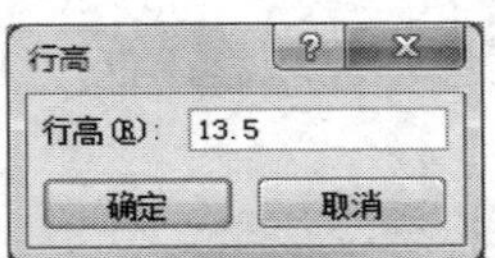

图 5-10 "行高"对话框

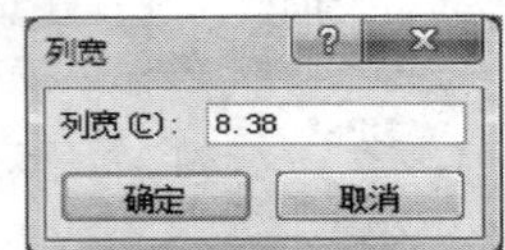

图 5-11 "列宽"对话框

8. 插入、删除、合并、定位单元格

插入单元格时,右击插入位置,弹出如图 5-12 所示的"插入"对话框,单击所需的选项即可。删除时,右击要删除的单元格,弹出如图 5-13 所示的"删除"对话框,单击所需的选项即可。上述操作也可以使用"开始"选项卡的"单元格"组来实现,见图 5-14。

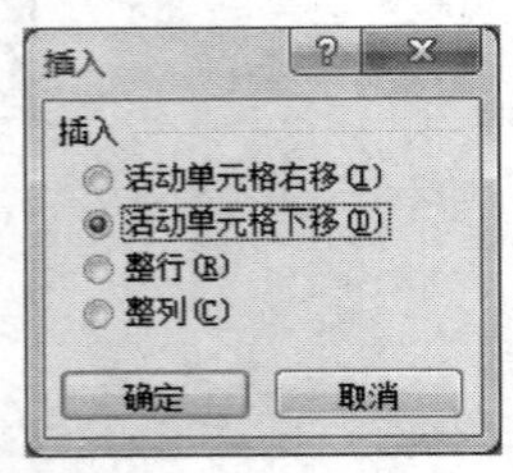

图 5-12 "插入"对话框

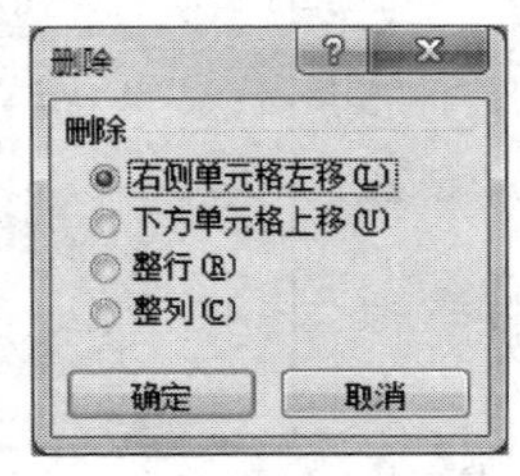

图 5-13 "删除"对话框

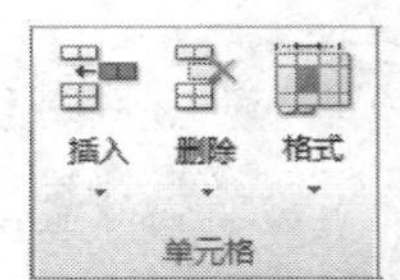

图 5-14 "单元格"组

合并单元格时,先用鼠标选择一个需要合并的区域,再选择"开始"选项卡的"对齐方式"组,最后单击"合并后居中"按钮。用户也可以使用"合并后居中"按钮的下拉列表,从"合并后居中"、"跨越合并"和"合并单元格"三个选项中进行选择。

取消合并时,选择合并后的单元格,单击"合并单元格"按钮下拉列表中的"取消单元格合并"即可。

快速定位单元格时，只需要在名称栏中输入单元格的地址或名称，如 F240，然后按 Enter 键就可以自动定位到该单元格并将其设置为活动单元格。

9. 数据区的表示方式

使用数据时，用户可以选择连续或不连续的数据区。选择连续的数据区时通常用拖动鼠标的方法实现；选择不连续的区域时，按 Ctrl 键后单击单元格，就可以在选中与未选中之间进行切换。

(1) 一个单元格常用地址表示，如"A1"表示 A 列第 1 行的单元格。

(2) 表示不连续的数据区时用"，"号分隔，如"A1，B2，D5"表示 A1、B2、D5 三个独立的单元格。

(3) 表示连续的数据区域时用"："号，如"A1：A5"表示 A 列第 1～5 行的 5 个连续的单元格，而"A1：D5"表示以 A1 为左上角，D5 为右下角的矩形区域。

5.3 数据的录入与编辑

Excel 中的工作表用来存储数据和图表，单元格是数据的存储位置。用户可以输入各种类型的数据，并将它们保存在工作表中。在录入和编辑时，不同类型数据的输入格式略有不同。但是，不管哪种类型的数据，在 Excel 2010 中常用的输入方法有两种。一种是直接在单元格内输入，另一种是使用编辑框输入。

5.3.1 数据录入

1. 输入文本

文本是工作表中最常见的内容，包括字母、符号、汉字和不用于计算的数字串，如学号、邮政编码和手机号等。直接输入数据时要双击单元格，等出现输入光标后再输入内容，最后按 Enter 键结束。默认情况下，文本在单元格内的对齐方式为左对齐。

不用于计算的数字串可以当作文本来对待。输入时，在数字的前方加一个西文的单引号(')。例如，学号 1312001 的正确输入格式为"'1312001"，输入后在单元格的左上角出现一个绿色的三角。

2. 输入数值

数值是用来进行计算的数字串，是 Excel 中最重要的数据类型之一。用户经常对这类数据进行复杂的计算、分析和处理。默认情况下，数值在单元格内右对齐。输入时，常用的方法是双击单元格后直接输入。无论数值大小，Excel 只保留 15 位有效数字，列宽不足时显示一串"#"号。

输入负数时，以－70.5 为例，既可以直接输入－70.5，也可以采用(70.5)的格式，按 Enter 键后在单元格内显示"－70.5"。

输入分数时，应以数字 0 打头并间隔一个空格后输入分数。以－1/4 为例，正确的输入格式为"－0 1/4"，或者是(0 1/4)。单击分数所在单元格时，在编辑框中显示 0.25。

当输入的整数长度超过单元格的列宽时，Excel 以科学计数法来显示。当输入的小数值长度超过单元格的列宽时，Excel 自动按照四舍五入的规则来舍去无法显示的部分，但在编辑栏中仍显示原值。如果设置了单元格的小数位数为 2 位，那么当单元格中的小数位数大于 2 位时系统会自动四舍五入，例如输入 12.456 后单元格显示的值为 12.46。

3. 输入日期和时间

日期和时间是常用的数据，在 Excel 中视为数字。输入日期时，可以用“-”来分隔“年、月、日”，也可以用“/”来分隔。例如，输入“2013-10-25”表示 2013 年 10 月 25 日。

输入时间时用冒号分隔，可以采用“时:分:秒”的格式，或者是“时:分”的格式。按 12 小时制输入时，时间后空一格再输入 AM 或 PM，如 3:25 PM。

输入系统的当前日期按 Ctrl＋；(分号)，输入系统的当前时间按 Ctrl＋Shift＋：(冒号)。

同时输入日期和时间时，日期与时间之间要有空格，例如“2013-10-25 3:25 PM”。用户可以通过设计单元格格式来选择日期和时间的显示格式。

4. 插入批注

批注是对一个单元格内容的注释，主要用来说明数据的含义和用途。存储大批量数据时，用户可以给关键的数据加批注，以便于阅读和分析。

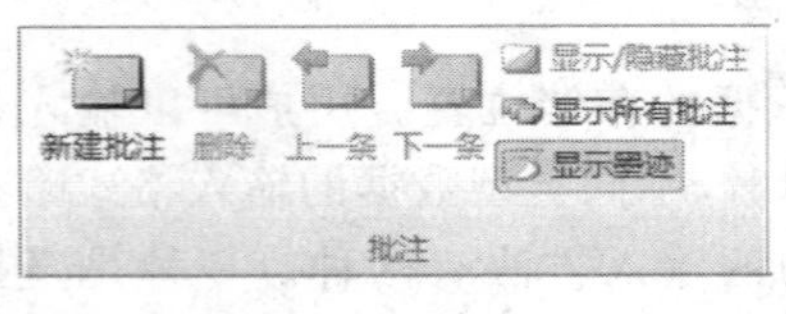

图 5-15 “批注”组

(1) 输入批注：单击需要插入批注的单元格，选中图 5-15 所示的“审阅”选项卡的“批注”组，单击“新建批注”按钮，然后输入注释内容。具有注释的单元格的右上角有一个红色的三角形。

(2) 编辑批注：选中单元格，单击“批注”组的“编辑批注”按钮，修改批注。

(3) 删除批注：选中要删除批注的单元格，单击“批注”组的“删除”按钮。

(4) 隐藏或显示批注：选中有批注的单元格，单击“批注”组的“显示/隐藏批注”按钮，在显示和隐藏批注之间进行切换。

5.3.2 快速填充数据

1. 快速填充相同的数据

当多个单元格的数据相同可以使用以下三种方法来快速填充。

(1) 选择需要输入相同内容的区域，该区域可以是不连续的区域，在其中一个单元格内输入内容后按 Ctrl＋Enter 键。

(2) 先在一个单元格中输入内容，把鼠标移动到该单元格的右下角，当光标变为“＋”后，再向任意方向拖动即可。如果单元格中输入的是数值，当光标变为“＋”后，在拖动的过程中按 Ctrl 键，拖动鼠标后单元格内的值依次加 1。

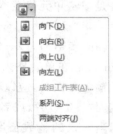

(3) 在一个单元格中输入数据，选中内容相同的区域，选择“开始”选项卡的“编辑”组，单击“填充”按钮，展开如图 5-16 所示的下拉列表，根据填充方向选择“向下”、“向上”、“向左”或“向右”填充。

向下(D)
向右(R)
向上(U)
向左(L)
成组工作表(A)...
系列(S)...
两端对齐(J)

图 5-16 “填充”列表

2. 快速填充序列

Excel 2010 提供了“序列”对话框，用来快速填充有规律的数据，包括等差序列、等比序列、日期序列，还可以自动填充数据。单击“编辑”组的“填充”按钮，展开如图 5-16 所示的下拉列表，单击

“系列”就可以打开如图 5-17 所示的“序列”对话框。

步长值是增量，表示等差序列的公差、等比序列的公比和日期值的改变量。终止值通常是序列的最后一个值，但也可以不是。同时选中“自动填充”和“预测趋势”时，系统会根据第一个数据和“终止值”来自动填充。

下面以在 A1:A7 中填充一个按月份递增 3 的日期序列为例，介绍快速填充序列的操作步骤。

(1) 在 A1 中输入一个日期值，例如 2013-1-10，并选中填充区域 A1:A7。

(2) 打开如图 5-17 所示的“序列”对话框，按图 5-18 进行设置。

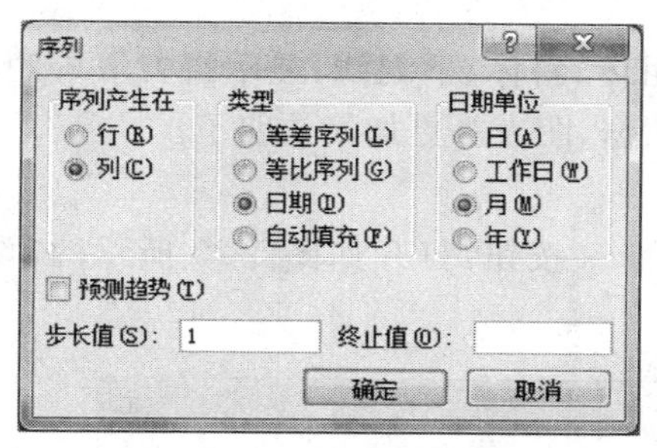

图 5-17 “序列”对话框

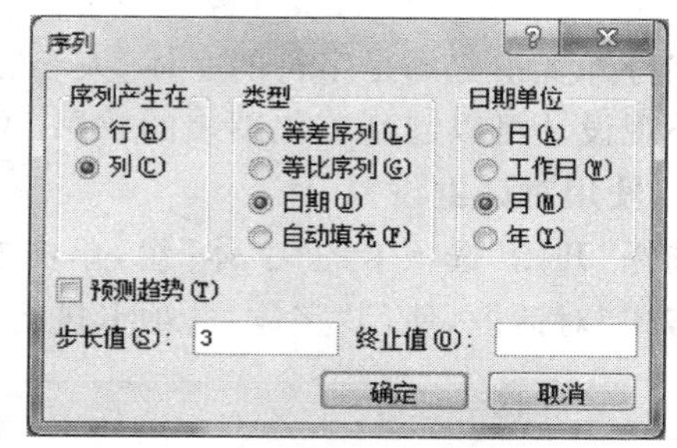

图 5-18 设置填充选项

(3) 单击“确定”按钮，完成整个操作。系统在列方向上自动按月份加 3 的规律填充日期序列。

5.3.3 复制和移动数据

1. 复制数据

当一个工作表或多个工作表中有相同或基本相同的数据时，可以使用复制操作来减少数据的输入量。选中要复制的内容所在的区域，单击“开始”选项卡的“剪贴板”组中的“复制”按钮，再单击选中目标区域左上角的单元格，最后单击“剪贴板”组的“粘贴”按钮。

Excel 2010 中提供了一个剪贴板对话框，能够记录 24 次剪贴操作，单击“剪贴板”右下角的 按钮打开，见图 5-19。

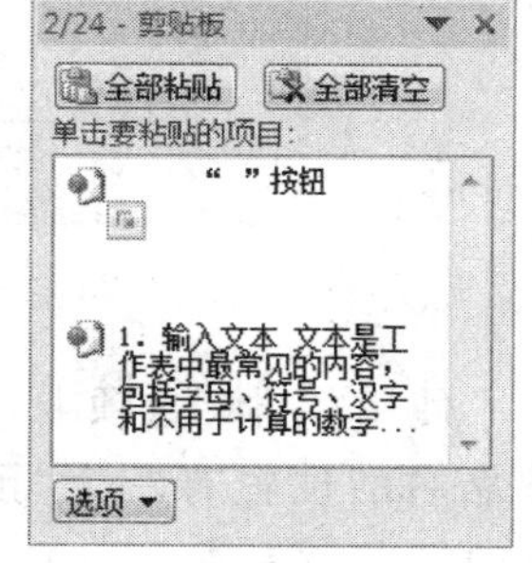

图 5-19 剪贴板

2. 移动数据

移动数据是指在不改变数据的情况下将数据移动到不同的区域。移动数据时，先选中需要移动的数据区，再单击“剪贴板”组的“剪切”按钮，此时被剪切的区域四周出现动态虚线框。选择目标区域左上角的单元格，再单击“剪贴板”的“粘贴”按钮即可。

5.3.4 删除数据

用鼠标选中需要删除内容的单元格，按 Delete 键。该操作只能删除单元格的内容，而单元格的格式和注释内容仍被保留。

使用“开始”选项卡的“编辑”组中的“清除”按钮的下拉列表可以删除指定内容。

单击“清除格式”按钮，只删除单元格格式而保留内容。

单击“清除批注”按钮，只删除批注。

单击“全部清除”按钮，同时删除单元格的内容和格式。

5.4 美化工作表

5.4.1 设置字体格式

字符外观指定的是字符的字体、大小、颜色、粗体、斜体、下划线、显示拼音等外观样式。好的外观设计可以起到美化图表的效果，可以使数据、图表等更加简洁明了。

1. 使用对话框设置

选择“开始”选项卡的“字体”组，单击右下角的 按钮，打开如图 5-20 所示的“设置单元格格式”对话框，使用“字体”选项卡进行设置。

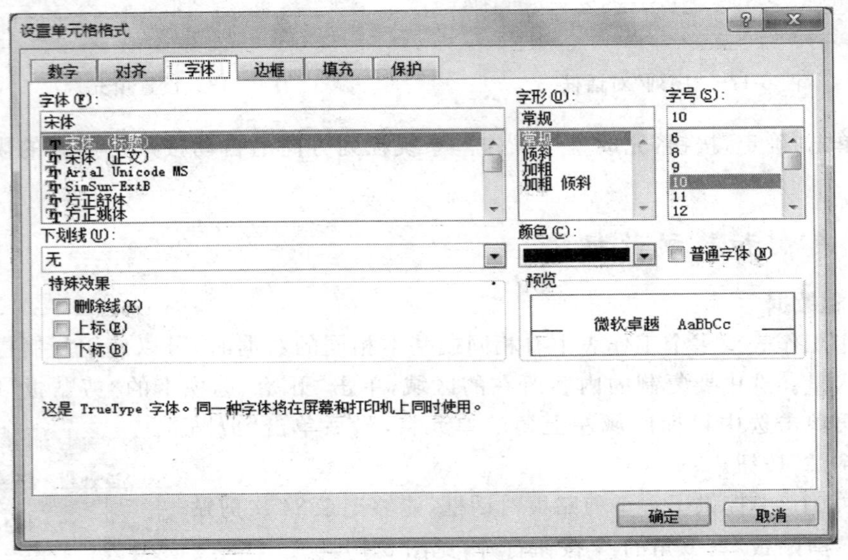

图 5-20 使用“字体”选项卡设置

使用“字体”选项卡，可以设置字体、字形、字号、颜色、下划线和特殊效果。在对话框中部靠右的位置有一个“预览”区，用户可以一边设置一边看到当前设置的大致效果，方便修改。

2. 使用工具按钮设置

使用工具按钮设置时，先用鼠标将需要设置外观的单元格或单元格的内容选定，再选择如图 5-21 所示的“开始”选项卡的“字体”组，按照设置格式的要求，单击其中的“字体”列表、“字号”列表、“增大字号”、“减小字号”、“加粗”、“倾斜”、“下划线”、“字体颜色”列表等进行设置。

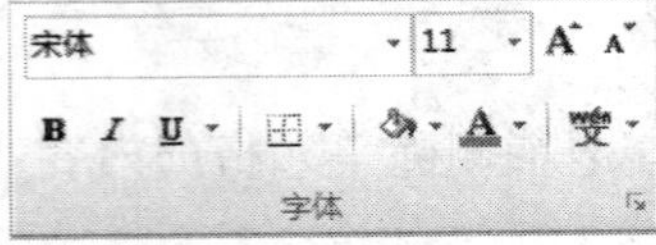

图 5-21 “字体”组

5.4.2 设置对齐方式

单元格的对齐方式包括：水平对齐方式、垂直对齐方式、文字方向、缩进格式、是否自动换行等。水平对齐方式分为左对齐、居中对齐和右对齐 3 种，垂直对齐方式分为顶端对齐、垂直居中和底端对齐 3 种。

1. 使用工具按钮设置

使用工具按钮设置时，先用鼠标将需要设置对齐方式的单元格或单元格的内容选定，再选择如图 5-22 所示的“开始”选项卡的“对齐方式”组的工具按钮即可。

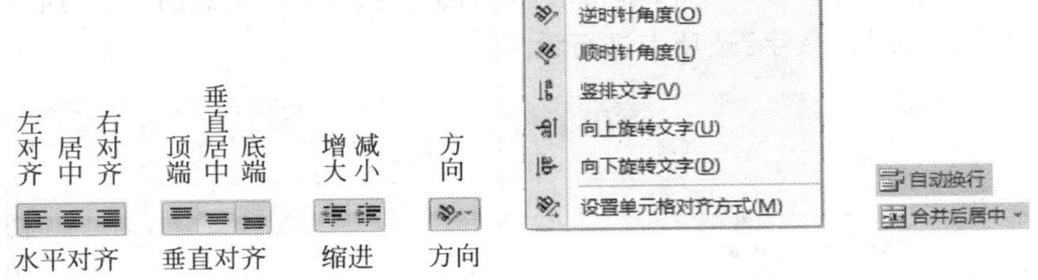

图 5-22 “对齐方式”组

2. 使用对话框设置

选择“开始”选项卡的“对齐方式”组，单击右下角的按钮，打开如图 5-23 所示的“设置单元格格式”对话框，使用“对齐”选项卡进行设置。

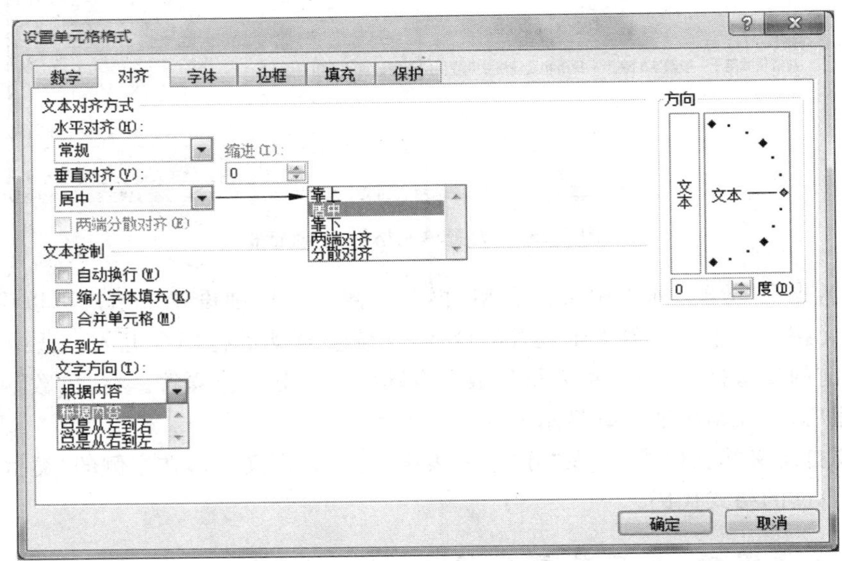

图 5-23 设置单元格对齐方式

5.4.3 数字样式

数字样式是指单元格内数据的显示方式，涉及常规、数值、货币、日期、时间、百分比、分数、科学记数和文本等共 12 种类型。

1. 使用工具按钮设置

使用工具按钮设置时，先用鼠标将需要设置对齐方式的单元格或单元格的内容选定，再选择如图 5-24 所示的“开始”选项卡的“数字”组的工具按钮即可。

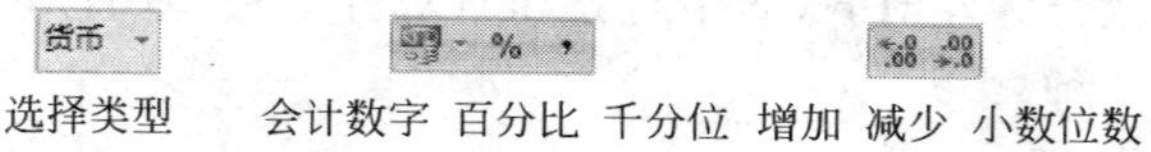

货币

选择类型　　会计数字　百分比　千分位　增加　减少　小数位数

图 5-24 “数字”组

2. 使用对话框设置

选择“开始”选项卡的“数字”组，单击右下角的按钮，打开如图 5-25 所示的“设置单元格格式”对话框，使用“数字”选项卡进行设置。

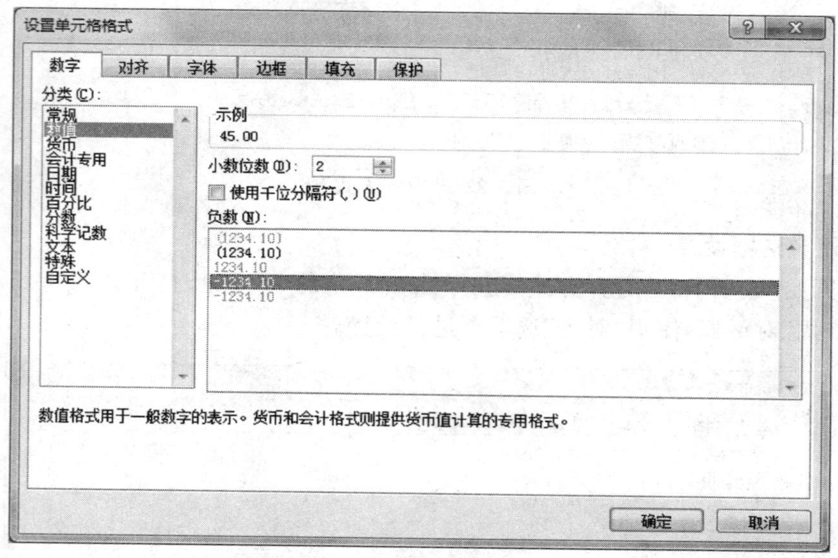

图 5-25 “设置单元格格式”对话框

设置时，先在“分类”列表中选择类型，再在右侧进行详细设置。用户可以设置小数位数，如果单元格中的小数位数大于设置的位数，系统会自动进行四舍五入。选中“使用千分位分隔符”前的复选框后，所在单元格的数据自动添加千分位分隔符。在“负数”列表中选择不同的类型后，单元格中的数据显示方式会有差别。

如果要自定义数据格式，先在“分类”列表中选择“自定义”，再在右侧的“类型”框中进行编辑，设置自己的格式代码。

5.4.4 设置边框、填充色和底纹

1. 设置边框

选中需要设置边框的单元格后，有多种方法可以设置边框。通常是使用“开始”选项卡的“字体”组进行设置。

1) 使用系统预置选项快速设置边框

Excel 提供了多种边框类型，选择“开始”选项卡的“字体”组，单击按钮的下拉列表

进行设置，见图 5-26。

2）手工绘制边框

单击“字体”组 按钮的下拉列表，使用“绘制边框”中的选项来设置线型、线条颜色、绘图或擦除边框，见图 5-26。

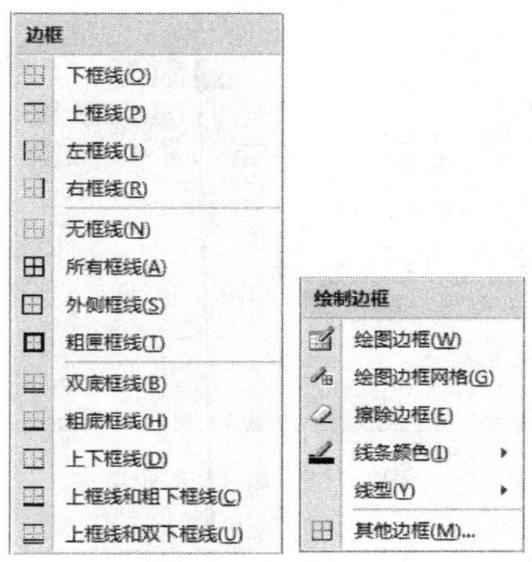

图 5-26 “边框”选项

3）使用对话框设置边框

单击“字体”组的 按钮，打开如图 5-27 所示的“设置单元格格式”对话框，使用“边框”选项卡进行设置。

2. 设置填充色

选中需要设置填充色的单元格，选择“开始”选项卡的“字体”组，单击“填充”按钮的下拉列表选择填充色，见图 5-28。

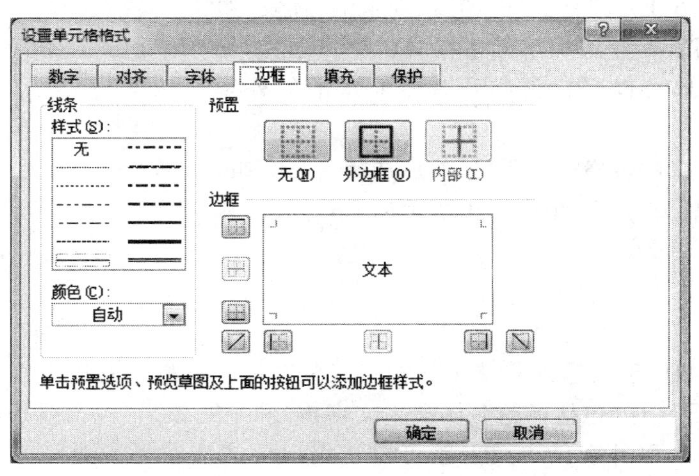

图 5-27 “边框”选项卡

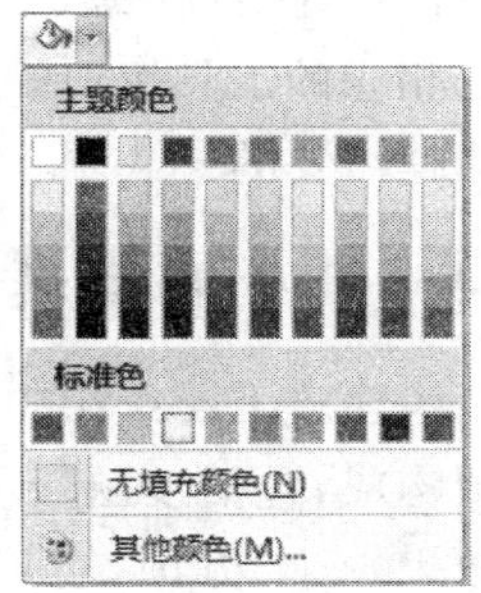

图 5-28 填充色

用户也可以单击“字体”组的 按钮，打开如图 5-29 所示的“设置单元格格式”对话框，使用“填充”选项卡进行设置。

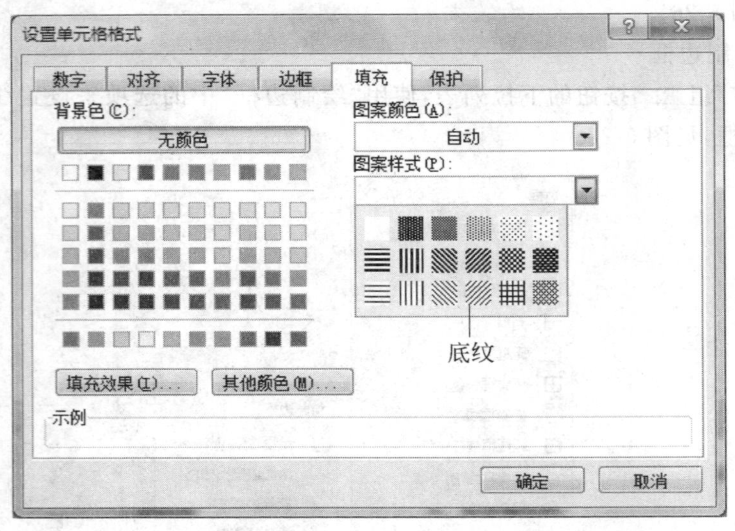

图 5-29 “填充”选项卡

单击“其他颜色”可以打开“颜色”对话框，设置自定义的颜色。

3. 设置底纹

选中需要设置底纹的单元格，选择“开始”选项卡的“字体”组 按钮，打开如图 5-29 所示的“设置单元格格式”对话框，使用“填充”选项卡的“图案颜色”和“图案样式”进行设置。

单击“填充效果”按钮，可以用渐变色填充。

5.4.5 设置样式

样式是多种格式的合集，在 Excel 2010“开始”选项卡的“样式”组中提供了条件格式样式、套用表格样式和单元格样式供用户选择，见图 5-30。使用这些样式，用户可以轻松得到具有专业水准的外观样式。

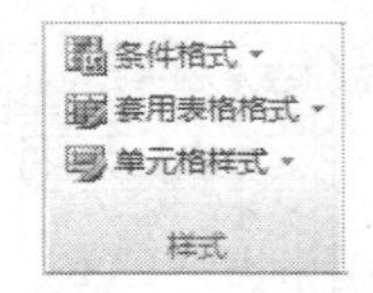

图 5-30 “样式”组

使用时，选择需要设置样式的表格或单元格，然后选择“样式”组，单击相应的工具按钮的下拉箭头，打开如图 5-31 所示的样式列表，从中选择需要的样式。

5.4.6 使用主题

主题是 Excel 2010 提供的用于快速设置整个文档格式的功能。文档主题由一组格式选项构成，包括主题颜色、主题字体(包括标题字体和正文字体)和主题效果(包括线条和填充效果)三个方面，可以统一文档外观。应用主题可以让用户的文档获得专业和时尚的外观。

使用时，先打开需要更换主题样式的工作表，然后选择“页面布局”选项卡的“主题”组，单击“主题”、“颜色”、“字体”或“效果”按钮打开列表，进行选择，具体内容见图 5-32。

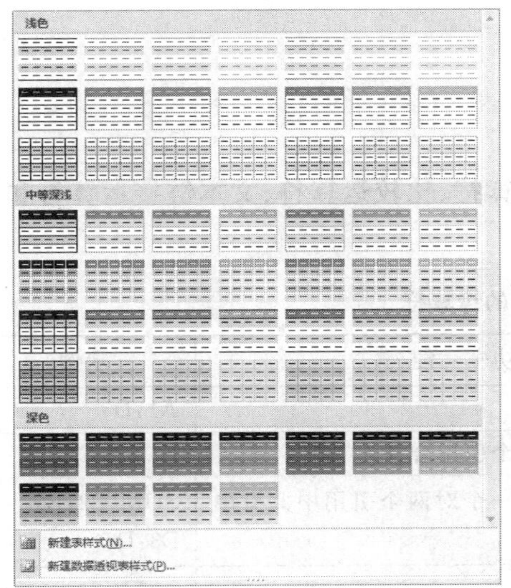

“表格套用格式”

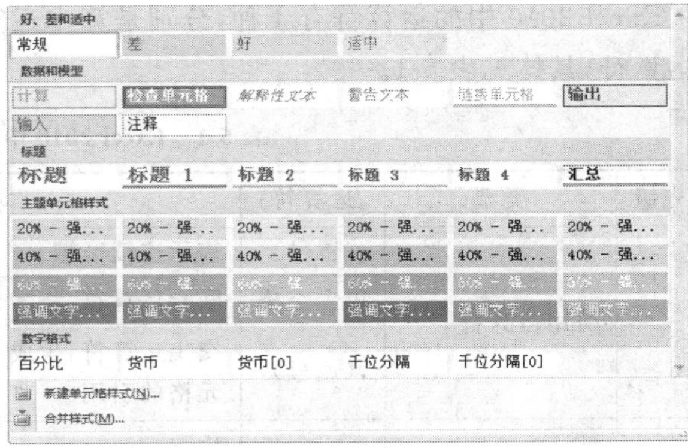

“单元格样式”

图 5-31　系统提供的样式

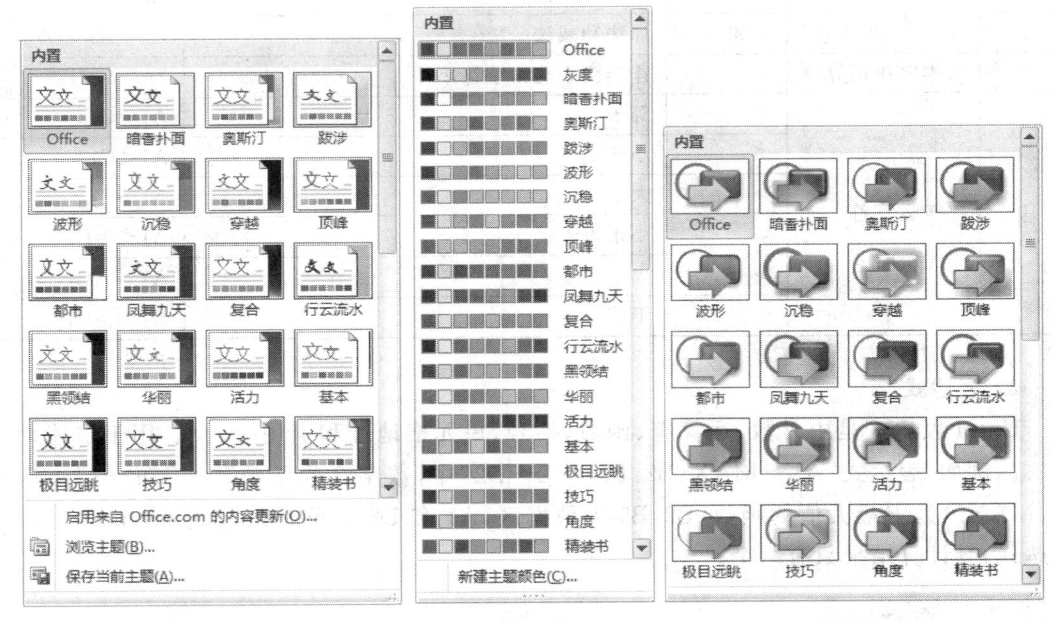

“主题”样式　　“颜色”样式　　“效果”样式

图 5-32　“主题”组

5.5　Excel 表格计算

分析和计算数据是 Excel 2010 的核心功能，公式就是实现这个核心功能的等式。利用 Excel 提供的内置函数和分析工具不仅可以对工作表中的数据进行复杂而专业的处理，还能简化用户操作。

5.5.1 运算符与表达式

1. 运算符

Excel 2010 中的运算符有 4 种，分别是算术运算符、比较运算符、文本链接运算符和引用运算符，具体见表 5-1。

表 5-1 Excel 2010 中的运算符

优先级	类型	运算符	功　能	示例
1	引用运算符	:(冒号)	表示连续区域	A1:D5
2		单个空格	联合运算符，将多个引用合并为一个	B7:D7 C6:C8
3		,(逗号)	交集运算符，生成一个对两个引用中共有单元格的引用	SUM(B2:B5, D3:D7)
4	算术运算符	－	负数	－A1
5		%	百分比	50%
6		^	乘方	4^3
7		*和/	乘法和除法	A2*2/B2
8		＋和－	加法和减法	A1＋B3－D5
9	文本链接运算符	&	连接两个文本字符串	"A" & "B"
10	比较运算符	＝	等于	A1＝C1
		＜	小于	A1＜C1
		＞	大于	A1＞C1
		＜＝	小于等于	A1＜＝C1
		＞＝	大于等于	A1＞＝C1
		＜＞	不等于	A1＜＞C1

2. 表达式

Excel 表达式是由常数、运算符、函数、括号、单元格地址和引用等构成，用于描述计算方式。例如，表达式“A1＋MAX(B2:B5)*2－D2”中，数字 2 为常数，“＋”和“－”为运算符，MAX()为求最大值的函数，B2:B5 为数据区，A1 和 D2 为单元格地址。无论多复杂的表达式，其计算结果只有一个。

5.5.2 函数

Excel 中提供了类型丰富的函数用于数据计算和分析，包括：统计函数、三角函数、日期和时间函数、逻辑函数、文本函数、财务函数、工程函数、查找与引用函数、多维数据集函数、信息函数、数据库函数等。函数不能单独使用，只能出现在公式中。表 5-2 中列出了常用的函数及其功能。

使用函数时，Excel 2010 允许嵌套，也就是将一个函数的计算结果作为另一个函数的参数使用，以描述复杂的求解过程。

表 5-2 Excel 常用函数及功能

函数类型	函数	功能	函数类型	函数	功能
统计函数	SUM	求和函数	数学和三角函数	ABS	求绝对值
	AVERAGE	求平均值		SIN	求正弦值
	COUNT	求个数		COS	求余弦值
	MAX	求最大值		ROUND	四舍五入
	MIN	求最小值		FLOOR	取整数部分
文本函数	ASC	求 ASCII 码	日期和时间	YEAR	取年份值
	LEFT	求左子串		MONTH	取月份值
	RIGHT	求右子串		DAY	取日期值
	LEN	求字符个数		HOUR	取小时值
	LOWER	转换为小写		MINUTE	取分钟值
	UPPER	转换为大写		SECOND	取秒数值
	TEXT	设置数字格式并将其转换为文本		NOW	返回系统的当前日期和时间
逻辑函数	IF	条件函数		TODAY	求当前日期

5.5.3 单元格引用方式

使用公式时，经常要用到单元格的地址和单元格引用。

1）单元格地址

单元格地址用来标识单元格在工作表中的位置，由单元格所在的行号和列号组成，如 D5 表示 D 列第 5 行的单元格，而 Sheet1!D5 表示 Sheet1 上的单元格 D5。

2）单元格引用

单元格引用是对工作表上的单元格或单元格区域进行引用，并告知 Excel 在何处查找公式中所使用的值或数据的位置。Excel 中的单元格的引用方式分为相对引用和绝对引用两种。

1. 相对引用

输入公式时，Excel 默认的方式为相对引用，如 D5。如果公式所在的单元格的位置发生变化，则引用也随之改变。在复制公式时，引用会自动变化。

公式粘贴在当前单元格所在列的上方或下方时，行号会减小或增大。公式粘贴在当前单元格所在行的左侧或右侧时，列标会减小或增大。

例如，B2 中的公式为“＝A2”，将公式复制到 B1 后，公式变为“＝A1”；将公式复制到 C2 后，公式变为“＝B2”。

2. 绝对引用

绝对引用是在单元格的行号和列标前加“$”符，如 $D$5。如果公式中的单元格采用了绝对引用方式，则无论将公式复制到什么位置，总是引用同一个位置的单元格。

3. 混合引用

混合引用是指单元格引用中同时包含相对引用和绝对引用两种方式，如 $D5、D$5。采用混合引用方式时，如果将公式复制到其他位置，那么只有相对引用改变而绝对引用不变。以拖动方式复制公式时，系统自动调整相对引用部分的值。

以 $D5 为例，复制到其他位置时只有相对引用部分的行号发生变化，而绝对引用部分的列标不变。

5.5.4 公式

公式是 Excel 中对数据进行分析和计算的等式,以“=”号开头。一个公式一般由常数、运算符、函数、括号、单元格地址和引用等组成,如“=SUM(A2:A8)+(B2-C2)*4”。

1. 输入公式

单击需要输入公式的单元格,然后直接输入公式,也可以在编辑框中输入。输入公式时必须以“=”开头,否则会出错。

Excel 2010 将与公式有关的功能集中放在“公式”选项卡中,具体组成见图 5-33。

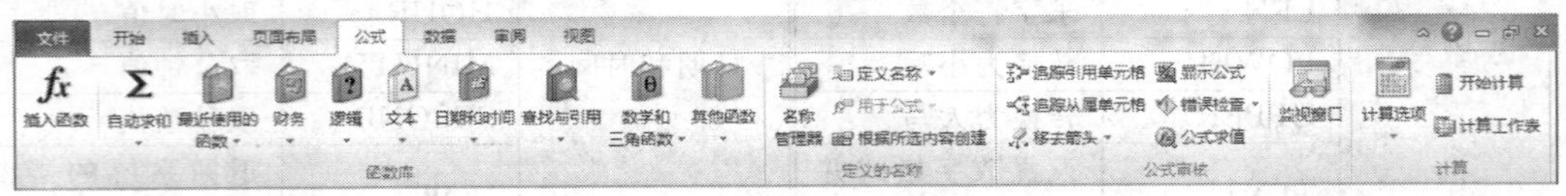

图 5-33 “公式”选项卡

下面以求实发工资为例,介绍不含函数的公式的输入步骤。其中,实发工资是基本工资和奖金之和,工资表数据见图 5-34。

(1) 单击 E2 单元格,输入“=”。

(2) 单击 C2 单元格,键盘输入“+”,再单击 D2 单元格,按 Enter 键结束。

(3) 将光标放在 E2 单元格的右下角,变为“+”后拖动鼠标至 E11 单元格。

下面以求基本工资的平均值为例,介绍有函数的公式的输入步骤,工资表数据见图 5-34。

	A	B	C	D	E
1	工号	姓名	基本工资	奖金	实发工资
2	1001	张一琳	3500	2000	=C2+D2
3	1002	元朗	3300	1600	
4	1003	王明新	4000	2500	
5	1004	李毅	2000	500	
6	1005	何安娜	2800	1700	
7	1006	代晓啸	2400	3100	
8	1007	冯小雅	2600	700	
9	1008	马丽丽	2500	1800	
10	1009	张伟杰	2000	2400	
11	1010	王慧心	1500	1000	
12		平均值			

图 5-34 工资表数据

(1) 单击 C12 单元格,输入“=”。

(2) 输入有函数的公式,有多种方法可以实现,下面介绍常用的两种方法。

方法 1:选择“公式”选项卡的“函数库”组,单击“自动求和”按钮的下拉列表,选择“平均值”,如图 5-35 所示,用鼠标选择基本工资的数据区 C2:C11,按 Enter 键结束。

方法 2:选择“公式”选项卡的“函数库”组,单击“其他函数”按钮的下拉列表,选择“统计”中的 AVERAGE,打开图 5-36 所示的“函数参数”对话框。单击 Number1 后的拾取按钮,折叠对话框,用鼠标选择基本工资的数据区 C2:C11,再次单击拾取按钮,展开对话框后,单击“确定”按钮结束操作。

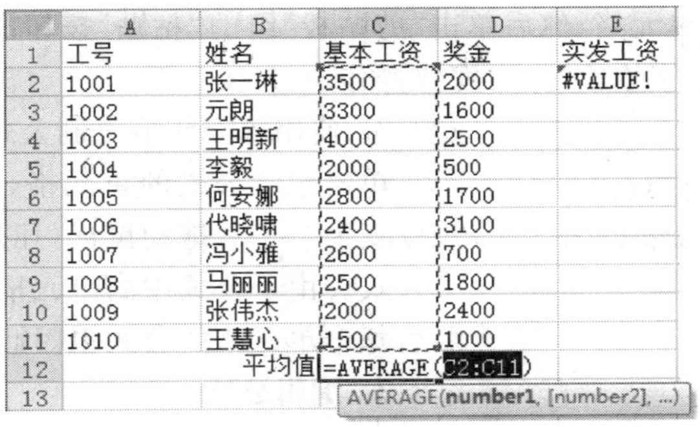

	A	B	C	D	E
1	工号	姓名	基本工资	奖金	实发工资
2	1001	张一琳	3500	2000	#VALUE!
3	1002	元朗	3300	1600	
4	1003	王明新	4000	2500	
5	1004	李毅	2000	500	
6	1005	何安娜	2800	1700	
7	1006	代晓啸	2400	3100	
8	1007	冯小雅	2600	700	
9	1008	马丽丽	2500	1800	
10	1009	张伟杰	2000	2400	
11	1010	王慧心	1500	1000	
12		平均值	=AVERAGE(C2:C11)		
13			AVERAGE(number1, [number2], ...)		

图 5-35 输入函数界面

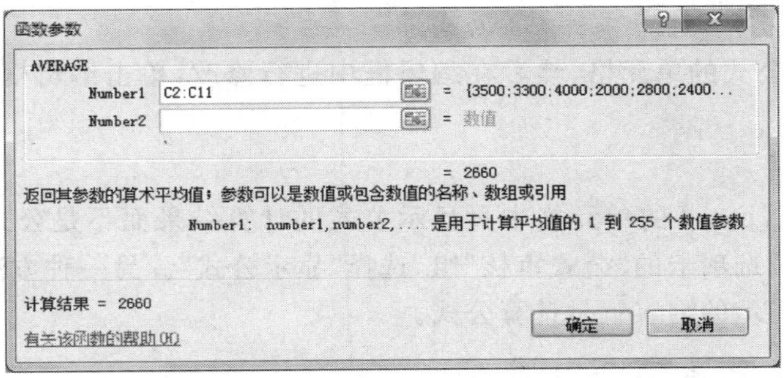

函数参数

AVERAGE

Number1 C2:C11 = {3500;3300;4000;2000;2800;2400...

Number2 = 数值

= 2660

返回其参数的算术平均值；参数可以是数值或包含数值的名称、数组或引用

Number1: number1,number2,... 是用于计算平均值的 1 到 255 个数值参数

计算结果 = 2660

有关该函数的帮助(H)　　确定　　取消

图 5-36 “函数参数”对话框

说明：单击“公式”选项卡的“函数库”中的“插入函数”按钮，可以打开如图 5-37 所示的“插入函数”对话框，可以查看和使用所有的内置函数。

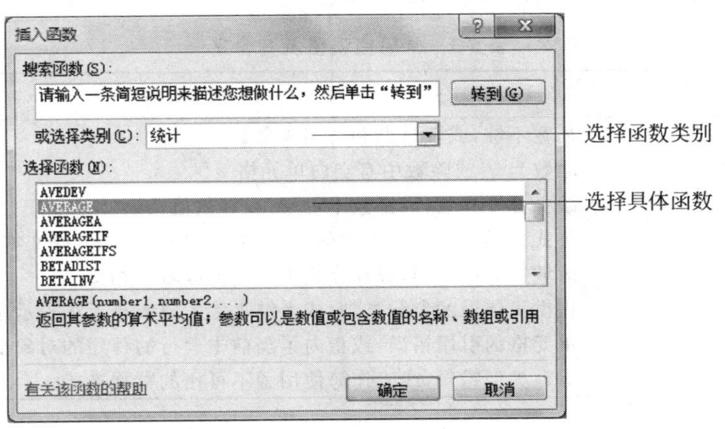

图 5-37 “插入函数”对话框

2. 复制公式

Excel 提供了公式的复制功能来减少公式的输入。复制公式的方法有多种，既可以用“复制”、“粘贴”按钮实现，也可以使用填充句柄来实现。

1) 使用复制、粘贴的方法复制公式

单击包含公式的单元格，选择“开始”选项卡的“剪贴板”组，单击“复制”按钮，用鼠标选

中需要粘贴公式的所有单元格，然后单击“剪贴板”组的“粘贴”按钮的下拉列表，见图 5-38，单击“公式”或“公式和数字格式”命令完成操作。

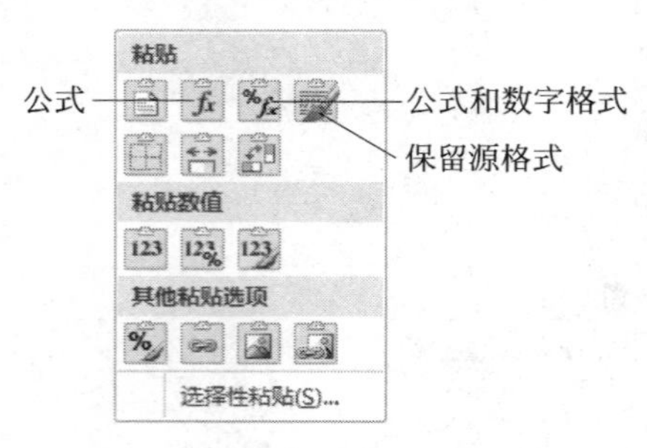

图 5-38 “粘贴”选项

2) 使用填充句柄复制公式

单击包含公式的单元格，将光标放在右下角，当光标变为“＋”后拖动鼠标，凡是经过的单元格都粘贴了公式。由于公式中的单元格的引用方式不一样，粘贴后每个单元格的公式也因此不同。

3. 编辑公式

编辑公式的方法有多种，常用的有如下两种。

(1) 双击包含公式的单元格，输入修改后的公式。

(2) 单击包含公式的单元格，然后在编辑框中进行修改，单击编辑框左侧的“√”号，或者按 Enter 键结束。

4. 显示公式

在默认情况下，Excel 的单元格中只显示公式的计算结果而不是公式本身。查看公式时，可以选择“公式”选项卡的“公式审核”组，选择“显示公式”。另一种方法是直接单击单元格，此时编辑框中显示的内容就是计算公式。

5.5.5 公式的常见错误与更正

1. 公式的常见错误

在使用公式和函数时，可能会出现一些错误，系统会给出相应的错误值。用户可以根据表 5-3 给出的常见错误值及其含义进行更正。

表 5-3 常见错误值及其含义

错 误 值	出 错 原 因
#####	列宽不够，或者日期和时间为负数
#DIV/0!	除数为 0，或除数中有空白单元格
#N/A	缺少必要参数，或函数不可用，或参数值错误
#NAME?	公式中引用了无法识别的名称，或错误的函数名，或文本没放在双引号中
#NULL!	区域运算符错误，或在公式中指定的区域不相交
#NUM!	提供了错误的参数类型，或者结果太大或太小无法表示
#REF!	单元格的引用错误，或指向了当前未运行的程序的对象链接和嵌入链接
#VALUE!	参数类型错误，或工作簿使用了不可用的数据连接

2. 公式的错误检查

在输入公式的过程中可能会出现不易察觉的错误，Excel 提供的公式错误检查功能可以帮助用户快速发现出错原因并及时更正。

检查错误时，选择“公式”选项卡的“公式审核”组，单击“错误检查”按钮，选择检查方式，见图 5-39。“错误检查”用于检查公式中的常见错误，而“追踪错误”命令只适用于含有错误的活动单元格。使用“循环引用”命令可以定位存在循环引用的单元格。

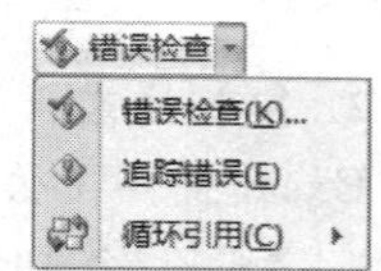

图 5-39 “错误检查”列表

5.6 数据处理

使用工作表的过程中，用户可能需要把工作表中的数据进行重新排列和显示，或者只对其中的部分数据进行分析和处理等。本节主要介绍数据的排序、筛选和分类汇总操作，以及数据透视表的创建和应用。

5.6.1 数据排序

排序就是将选中的记录按照一定的规则重新排列以达到有序显示的目的。排序时有升序和降序两种顺序可选，也可以根据需要按自定义的顺序排序。

1. 使用排序按钮

在"数据"选项卡的"排序和筛选"组中有升序 A↓Z 和降序 Z↓A 两个排序按钮。按照某列排序时，先单击该列的任意一个单元格，再单击升序或降序按钮。

需要注意的是，如果数据区有多个列，按照某列排序时如果选择了列标，则单击排序按钮后系统会弹出"排序提醒"对话框。如果在该对话框中选择"以当前选定区域排序"，则只有这一列按照指定顺序排列，其余列的数据顺序保持不变。

2. 使用排序对话框排序

如果要按照多个列进行排序就需要使用"排序"对话框来完成。单击"数据"选项卡的"排序和筛选"组的"排序"按钮就可以打开如图 5-40 所示的"排序"对话框。

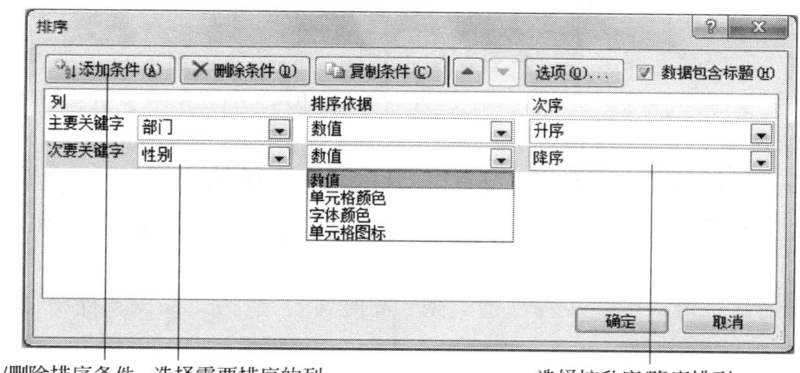

图 5-40 "排序"对话框

利用排序对话框进行排序操作的步骤如下。

(1) 选择数据区的任一单元格或者某个数据区，单击"数据"选项卡的"排序和筛选"组的"排序"按钮，打开"排序"对话框。

(2) 单击"主要关键字"后的列表，指定作为主要关键字的列。单击"添加条件"按钮或"删除条件"按钮，可以增加或删除一个排序条件。

(3) 单击"排序依据"的下拉列表设置排序依据。Excel 2010 提供了多种排序依据，既可以按数值排序，又可以按单元格颜色、字体颜色或单元格图标排序。

(4) 单击"次序"列表设置排序次序。可以按"升序"、"降序"或"自定义序列"排列。选中"自定义序列"时弹出如图 5-41 所示的"自定义序列"对话框，用户可以指定排序规则。

(5) 如果要进一步设置排序规则可以单击"选项"按钮，打开如图 5-42 所示的"排序选项"对话框，进行详细设置。

(6) 单击"确定"按钮，完成设置。

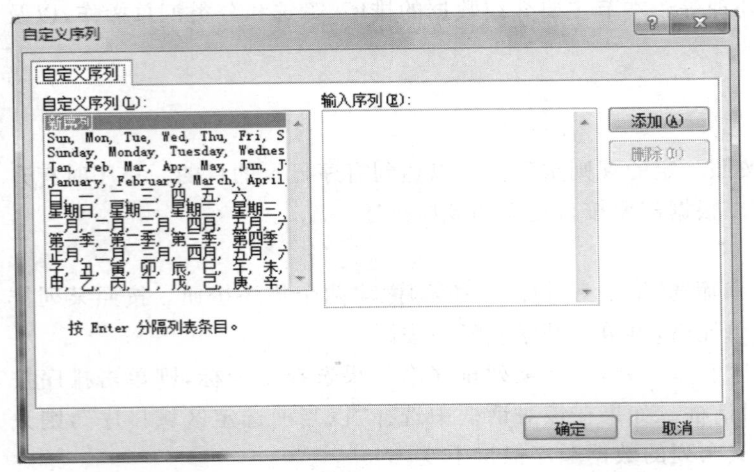

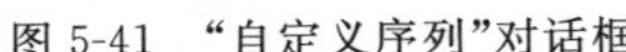

图 5-41 "自定义序列"对话框

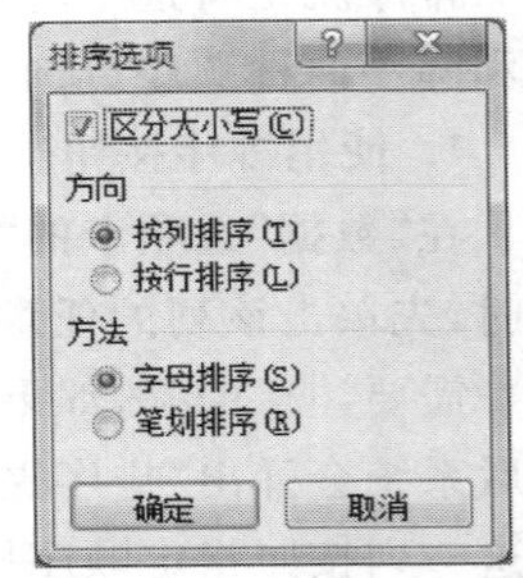

图 5-42 "排序选项"对话框

5.6.2 数据筛选

数据筛选就是按照一定的条件从指定范围内将符合条件的数据显示出来，而将不满足条件的数据暂时隐藏起来。当用户只使用工作表中的部分数据时可以使用数据筛选功能。Excel 2010 提供了两种筛选方式，一种是自动筛选，另一种是高级筛选。

1. 自动筛选

自动筛选主要用于简单的筛选操作，筛选的结果直接显示在原来的数据区，而不符合条件的数据会自动隐藏起来。如果只用筛选结果而不需要与原始数据进行比对就可以选择自动筛选。

使用自动筛选可以创建 3 种筛选类型：按值列表、按格式或按条件筛选，具体的操作步骤如下。

(1) 单击数据区的任一单元格，在"数据"选项卡的"排序和筛选"组中单击"筛选"按钮，出现如图 5-43 所示的界面。此时，数据区的每个列标题单元格右侧出现一个下拉箭头。

	A	B	C	D	E	F	G	H	I	J
1	工号	姓名	部门	参加工作时间	性别	婚否	基本工资	奖金	实发工资	
2	1001	张一琳	财务部	1990-07-01	女	是	3500	2000	5500	
3	1002	元朗	人事部	1998-04-10	男	否	3300	1600	4900	
4	1003	王明新	人事部	2000-10-20	男	否	4000	2500	6500	
5	1004	李毅	财务部	2010-12-15	男	是	2000	500	2500	
6	1005	何安娜	培训部	2004-07-01	女	是	2800	1700	4500	
7	1006	代晓啸	销售部	2006-07-15	男	是	2400	3500	5900	
8	1007	冯小雅	人事部	2004-06-30	女	否	2600	700	3300	
9	1008	马丽丽	培训部	2010-03-15	女	否	2500	1800	4300	
10	1009	张伟杰	销售部	2013-09-20	男	是	2000	2400	4400	
11	1010	王慧心	销售部	2014-01-30	女	否	1500	1000	2500	

图 5-43 自动筛选界面

(2) 单击某个列标题右侧的下拉箭头，出现如图 5-44 所示的下拉列表，根据单元格的内容设置筛选条件。由于每个列的数据类型不同，弹出列表中会有“文本筛选”、“数字筛选”和“日期筛选”等变化。

(3) 以筛选“实发工资”列为例。如果选中下拉列表中的“全选”，则显示所有数据。如果只选中了其中的部分选项，则只显示部分值。

图 5-44　自动筛选下拉列表

如果在下拉列表中选择“数字筛选”下的“10 个最大值”，弹出如图 5-45 所示的对话框。第一项用来设置选择“最大值”还是“最小值”，第二项用来设置个数，第三项用来设置计数方式，以“项”计数还是以“百分比”计数。

如果在下拉列表中选择“数字筛选”下的“自定义筛选”，则弹出如图 5-46 所示的“自定义自动筛选方式”对话框。按图 5-46 进行设置，可以显示实发工资在 3000～5000 元之间的职工记录。如果一次在多个列中设置了筛选条件，则表示筛选结果同时满足所有条件。

图 5-45　“自动筛选前 10 个”对话框

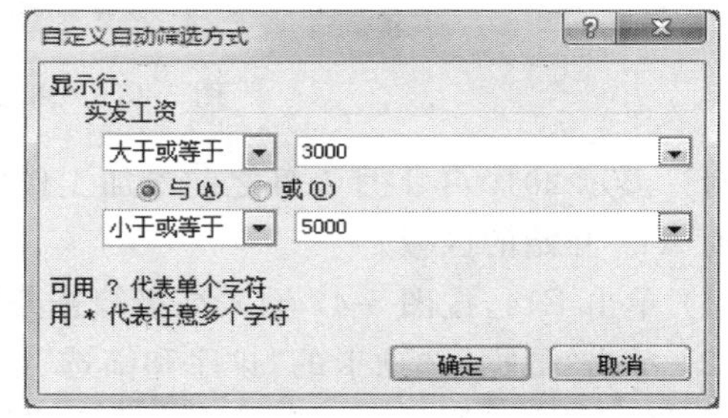

图 5-46　“自定义自动筛选方式”对话框

(4) 取消自动筛选时，只要再次单击“筛选”按钮即可。

2. 高级筛选

高级筛选主要用来设置复杂的筛选条件，如果用户既要看到原始数据又要看到筛选结果就需要使用高级筛选功能。使用高级筛选时，工作表被分成列表区、条件区和结果区，相互之间至少要空一行或一列。

1) 列表区

列表区即数据区，提供筛选操作使用的原始数据。

2) 条件区

条件区用来书写筛选条件，写在同一行上表示多个条件同时成立，写在不同行上表示只要满足其中的一个条件即可。图 5-47 的左侧表示的条件是“2010 年 1 月 1 日之前参加工作的男职工”。图 5-47 的右侧表示的条件是“实发工资大于等于 4000 元的女职工或实发工资低于 3000 元的男职工”。

3) 结果区

结果区用来显示筛选结果，定位时只要给出结果区左上角的单元格位置即可。

参加工作时间	性别
<2010-1-1	男

实发工资	性别
>=4000	女
<3000	男

图 5-47 高级筛选条件示例

使用高级筛选时，先在工作表数据区旁至少间隔一行或一列的位置输入筛选条件，再单击“数据”选项卡的“排序和筛选”组中的“高级”按钮，弹出如图 5-48 所示的“高级筛选”对话框，分别设置列表区、条件区和结果区的位置。

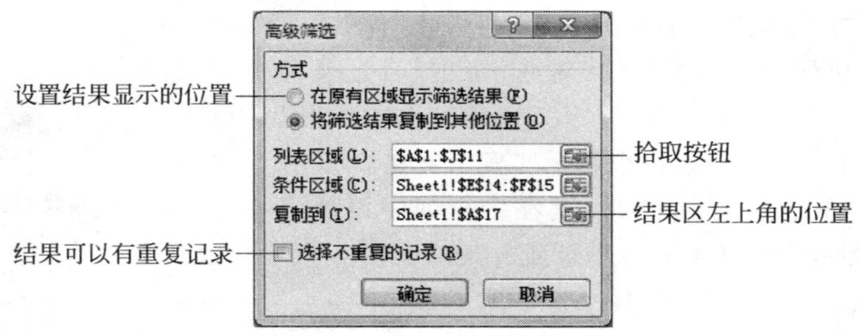

图 5-48 “高级筛选”对话框

例 显示 2010 年 1 月 1 日之前参加工作的男职工的记录。条件区从 E14 开始，将结果复制到 A17 开始的区域。

(1) 单击 E14，按图 5-47 输入高级筛选条件。

(2) 单击“数据”选项卡的“排序和筛选”组中的“高级”按钮，弹出“高级筛选”对话框。

(3) 单击“列表区域”右侧的“拾取”按钮折叠对话框，用鼠标选择全部数据，再次单击“拾取”按钮，展开对话框。

(4) 单击“条件区域”右侧的“拾取”按钮折叠对话框，用鼠标选择 E14:F15 的条件区，再次单击“拾取”按钮，展开对话框。

(5) 单击选中“方式”下方的“将筛选结果复制到其他位置”选项，单击“复制到”右侧的“拾取”按钮“折叠”对话框，用鼠标单击结果区左上角的单元格 A17，再次单击“拾取”按钮，展开对话框。

(6) 单击“确定”按钮，完成整个操作。筛选结果显示在从 A17 开始的区域。

5.6.3 数据的分类汇总

分类汇总是 Excel 提供的一种数据处理功能。它首先按照工作表中的汇总字段进行分类，再对每个类别执行汇总操作，计算总和、计数、平均值、最大值、最小值等。统计各部门人数，求各部门平均工资等操作都需要使用分类汇总功能。

1. 创建分类汇总

下面以图 5-43 中的数据为例，介绍使用分类汇总功能求各部门职工的基本工资、奖金和实发工资的平均值。

(1) 按分类汇总字段“部门”排序。选中“部门”列的任一单元格，单击“数据”选项卡的

“升序”或“降序”排序按钮。

(2) 单击“数据”选项卡的“分级显示”组的“分类汇总”按钮，打开如图 5-49 所示的“分类汇总”对话框。

(3) 设置“分类字段”，在下拉列表中选择“部门”。

(4) 设置“汇总方式”，在下拉列表中选择“平均值”。

(5) “选定汇总项”，在列表中选中“基本工资”、“奖金”和“实发工资”。

(6) 单击“确定”按钮，显示如图 5-50 所示的结果。

2. 删除分类汇总

删除时，先选中要删除的分类汇总结果区的任意单元格，再打开“分类汇总”对话框，单击右下角的“全部删除”按钮即可。删除工作表中的分类汇总结果后，数据区将恢复到创建分类汇总之前的状态。

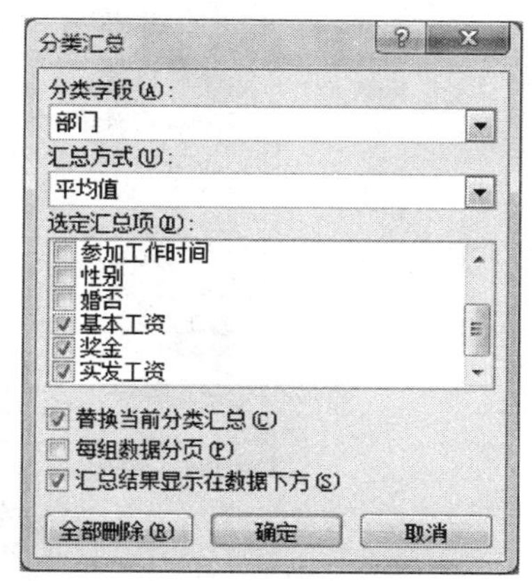

图 5-49 “分类汇总”对话框

	A	B	C	D	E	F	G	H	I
1	工号	姓名	部门	参加工作时间	性别	婚否	基本工资	奖金	实发工资
2	1001	张一琳	财务部	1990-07-01	女	是	3500	2000	5500
3	1004	李毅	财务部	2010-12-15	男	是	2000	500	2500
4			**财务部 平均值**				2750	1250	4000
5	1005	何安娜	培训部	2004-07-01	女	是	2800	1700	4500
6	1008	马丽丽	培训部	2010-03-15	女	否	2500	1800	4300
7			**培训部 平均值**				2650	1750	4400
8	1002	元朗	人事部	1998-04-10	男	否	3300	1600	4900
9	1003	王明新	人事部	2000-10-20	男	否	4000	2500	6500
10	1007	冯小雅	人事部	2004-06-30	女	否	2600	700	3300
11			**人事部 平均值**				3300	1600	4900
12	1006	代晓啸	销售部	2006-07-15	男	是	2400	3100	5500
13	1009	张伟杰	销售部	2013-09-20	男	是	2000	2400	4400
14	1010	王慧心	销售部	2014-01-30	女	否	1500	1000	2500
15			**销售部 平均值**				1966.667	2166.667	4133.333
16			**总计平均值**				2660	1730	4390

图 5-50 分类汇总结果

5.6.4 数据透视表和数据透视图

数据透视表是 Excel 提供的一种可以将排序、筛选和分类汇总三种操作结合在一起的数据处理功能。它允许用户以分页的方式浏览数据，还可以根据需要对其格式进行美化。

1. 创建数据透视表

下面以图 5-43 中的数据为例，在当前工作表的 A17 开始的区域建立数据透视表。报表筛选字段为部门，行标签字段为性别，列标签字段为姓名，数值项为求平均值。

(1) 选择数据区的任一单元格，在“插入”选项卡的“表格”组中单击“数据透视表”按钮，打开如图 5-51 所示的“创建数据透视表”对话框。

(2) 单击“表/区域”后的“拾取”按钮折叠对话框，选择数据区，再次单击“拾取”按钮展开对话框。

(3) 设置数据透视表的位置。在“选择放置数据透视表的位置”中单击选中“现有工作表”，单击“位置”后的拾取按钮折叠对话框，单击 A17 单元格，再次单击“折叠按钮”展开对话框，将数据透视表显示在当前工作表 A17 开始的区域，单击“确定”按钮。

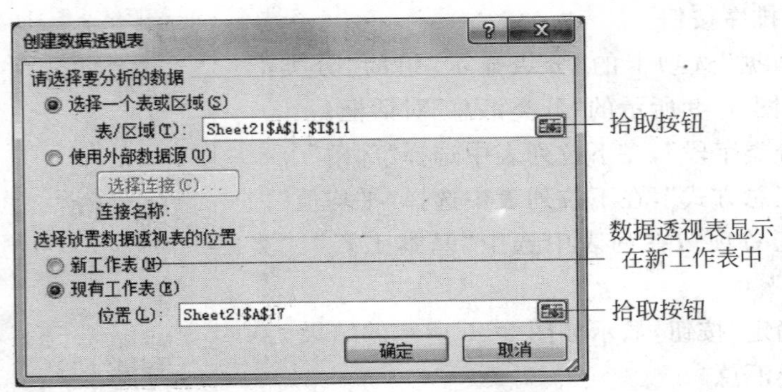

图 5-51 “创建数据透视表”对话框

(4) 在界面右侧新出现的“数据透视表字段列表”对话框中，将“选择要添加到报表的字段”列表中的字段按图 5-52 所示，拖动到相应的区域。

(5) 单击“求和项：实发工资”的下拉箭头，在下拉列表中选择“值字段设置”，出现如图 5-53 所示的“值字段设置”对话框。

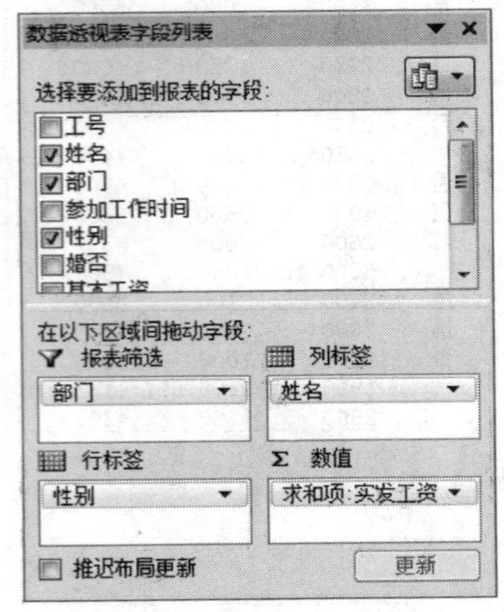

图 5-52 “数据透视表字段列表”对话框

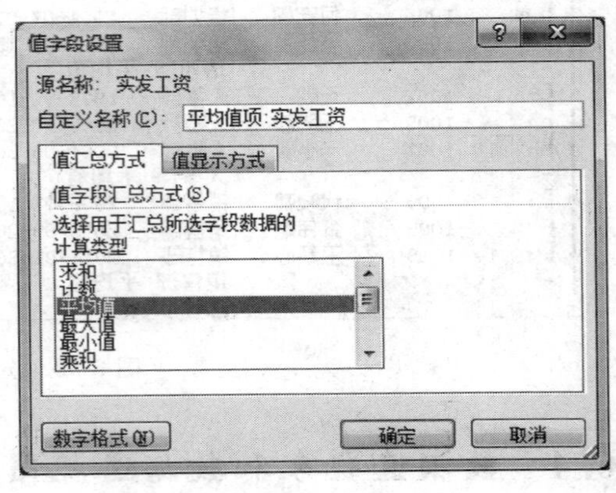

图 5-53 “值字段设置”对话框

在对话框的“值字段汇总方式”列表中单击选中“平均值”。单击左下角的“数字格式”按钮，打开图 5-25 所示的“设置单元格格式”对话框，设置为数值格式第四种，保留两位小数。

(6) 单击“确定”按钮，完成设置，结果见图 5-54。

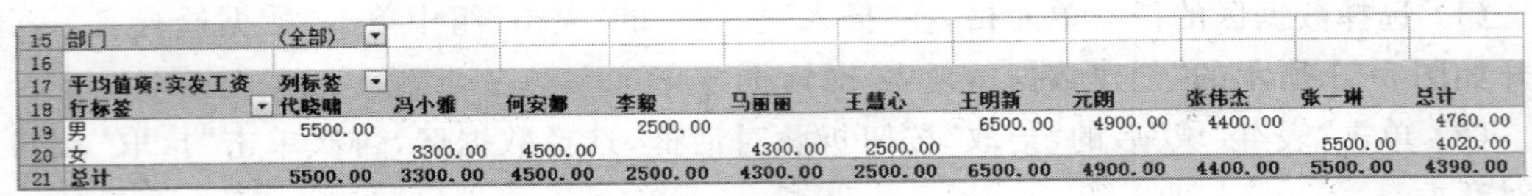

15	部门	(全部)										
16												
17	平均值项:实发工资	列标签										
18	行标签	代晓晴	冯小雅	何安娜	李毅	马丽丽	王慧心	王明新	元朗	张伟杰	张一琳	总计
19	男	5500.00			2500.00			6500.00	4900.00	4400.00		4760.00
20	女		3300.00	4500.00		4300.00	2500.00				5500.00	4020.00
21	总计	5500.00	3300.00	4500.00	2500.00	4300.00	2500.00	6500.00	4900.00	4400.00	5500.00	4390.00

图 5-54 数据透视表

2. 修改数据透视表

用户可以使用 Excel 提供的数据透视表工具来修改已有的数据透视表。

1）修改外观设计

单击“数据透视表工具”的“设计”选项卡中的“工具”按钮可以修改外观、布局和数据透视表的样式选项。其中，数据透视表样式是 Excel 2010 为制作数据透视表提供的预设样式，选择单击“数据透视表样式”组中的“工具”按钮即可设置。

2）修改数据透视表的内容

方法 1：使用右击数据透视表的弹出菜单。

方法 2：单击如图 5-55 所示的“数据透视表工具”的“选项”卡，使用系统提供的工具来实现。

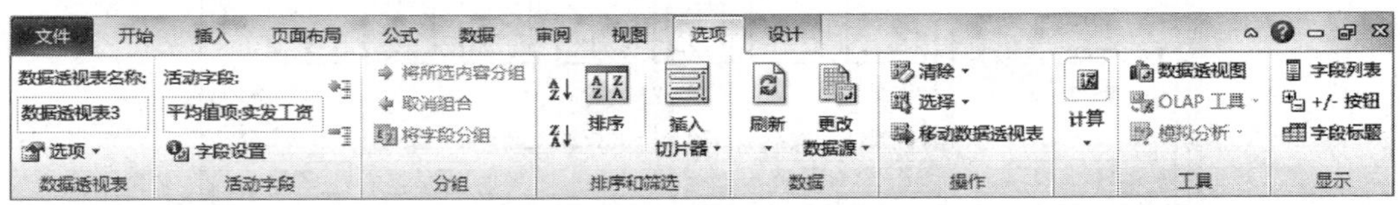

图 5-55 数据透视表的“选项”卡

3. 清除数据透视表

Excel 2010 提供了两种数据透视表清除功能，即清除筛选和清除全部。“清除筛选”只是清除筛选结果，从而显示数据透视表的全部内容，而“清除全部”的功能是删除数据透视表。使用“数据透视表工具”的“选项”卡，单击“操作”组的“清除”按钮的下拉列表进行选择。

5.7 图表操作

Excel 2010 提供的图表功能使得工作表中的数据既能以表格的形式显示，又能够以图形的方式显示。用图表显示的数据更加直观，能够显示数据的全貌，反映数据的变化趋势和比例关系等，便于分析和定位。

5.7.1 创建图表

Excel 2010 主要有 11 种图表类型，即柱形图、折线图、饼图、条形图、面积图、XY（散点图）、股价图、曲面图、圆环图、气泡图和雷达图。在每种图表类型中又提供了多个子类用于选择。

1. 图表类型

单击“图表”组的右下角的按钮，显示全部类型，见图 5-56。

2. 创建图表

创建图表时，可以通过在“插入”选项卡上的“图表”组中单击所需图表类型来创建基本图表。创建的图表分两种类型，一种是嵌入式图表，与图表数据一起显示在当前的工作表中的，另一种是作为单独的工作表出现。

创建图表的方法有多种。下面以创建三维簇状柱形图为例，介绍创建图表的常用步骤。图表作为新工作表出现，工作表名为“人事部和销售部工资图表”，标题为“人事部、销售部工资图表”。数据值为人事部和销售部的基本工资和实发工资，分类轴为两个部门的职工姓

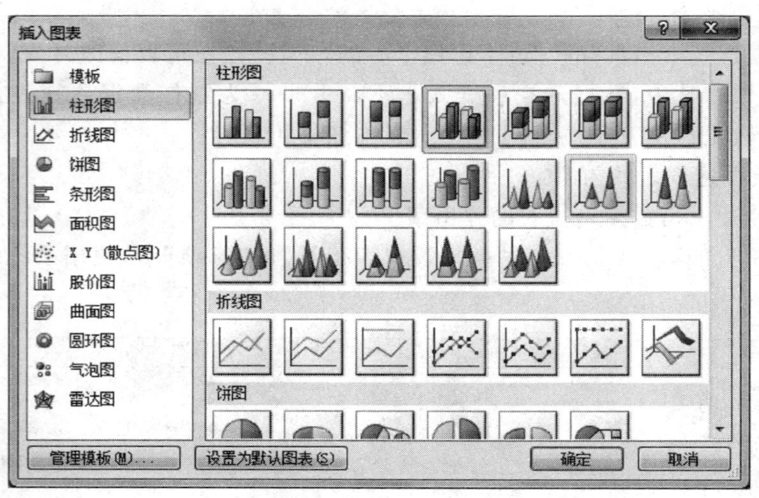

图 5-56 “插入图表”对话框

名。横坐标标题为“姓名”,纵坐标标题为“工资数据”,显示数据标签和主要横网格线的次要网格线。

1) 选择图表的类型

在如图 5-57 所示的“插入”选项卡的“图表”组中选择“柱形图”,单击子类中的“三维簇状柱形图”。

图 5-57 “图表工具”的“插入”选项卡

要查看所有可用的图表类型应单击“图表”组右下角的 按钮,打开如图 5-56 所示的“插入图表”对话框,选中“柱形图”,单击“确定”按钮。默认情况下,图表作为嵌入图表显示在工作表上。

2) 选择图表使用的数据

选择“图表工具”的“设计”标签,单击“数据”组的“选择数据”按钮,打开如图 5-58 所示的“选择数据源”对话框,单击“删除”按钮,删除所有系列。

单击“添加”按钮,打开如图 5-59 所示的“编辑数据系列”对话框,添加图例项(系列)。在“系列名称”文本框中输入“基本工资”,或者单击“拾取”按钮,选择单元格“基本工资”。单击“系列值”下方的“拾取”按钮,选择人事部和销售部的基本工资,单击“确定”按钮,添加该系列。仿照上述操作,添加名为“实发工资”的系列。

单击“水平(分类)轴标签”下面的“编辑”按钮,打开如图 5-60 所示的“轴标签”对话框。单击“拾取”按钮,选中人事部和销售部的职工姓名,单击“确定”按钮返回。设置完毕的对话框见图 5-60。

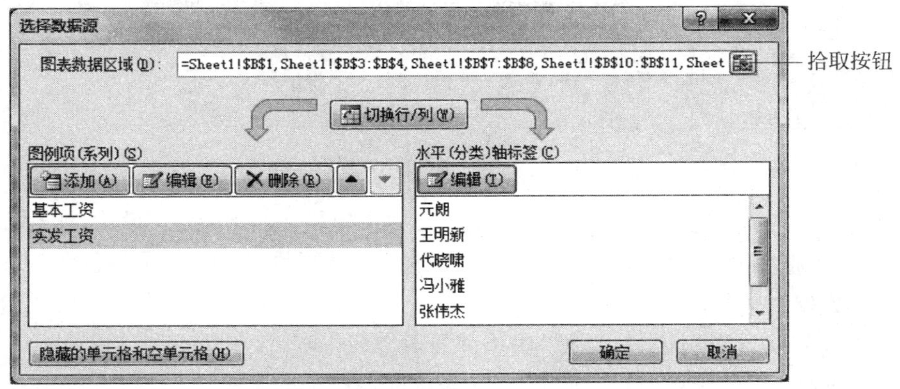

图 5-58 “选择数据源”对话框

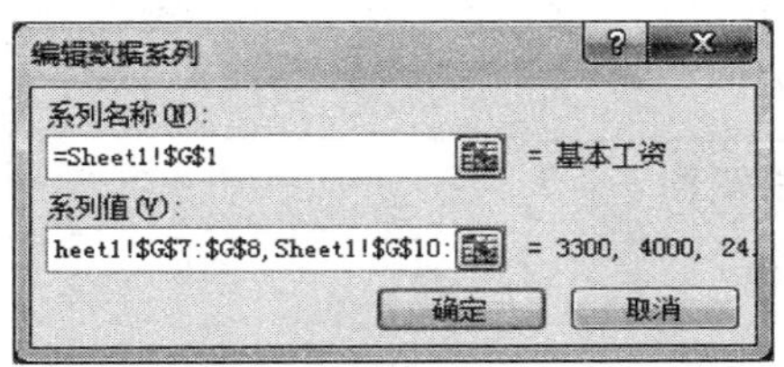

图 5-59 “编辑数据系列”对话框

图 5-60 “轴标签”对话框

3）更改图表的布局和样式

单击图表的任意位置激活图表，选择“图表工具”的“设计”标签，单击选中“图表布局”组中的“布局 3”，在“图表样式”中选择第二种。

4）移动图表的位置并输入新工作表名

单击图表的任意位置激活图表，在“设计”选项卡的“位置”组中单击“移动图表”按钮，打开如图 5-61 所示的“移动图表”对话框。

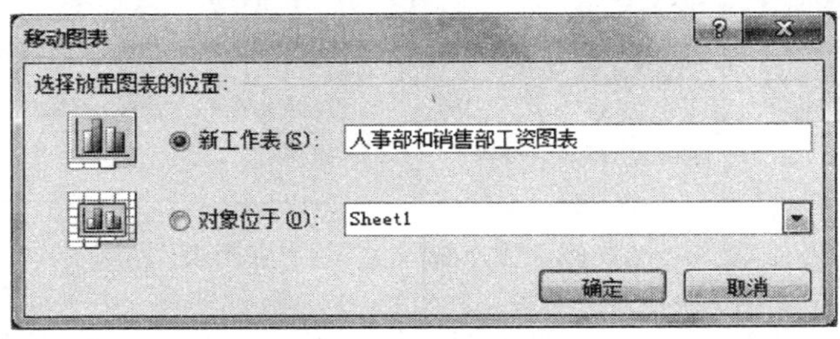

图 5-61 “移动图表”对话框

单击选中“新工作表”，输入新工作表的名称，图表作为单独的工作表出现。

如果用户选择了“对象位于”选项，那么可以从该选项右侧的下拉列表中选择将图表放置在哪个已有的工作表中。

5）设置标题和数据标签

选择“图表工具”的“布局”标签，见图 5-62。单击“标签”组的“图表标题”，选择“图表上方”，在图表标题文本框中输入“人事部、销售部工资图表”。

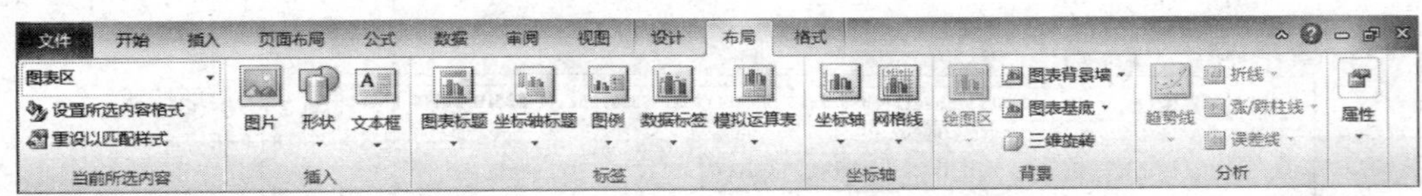

图 5-62 “数据工具”的“布局”标签

单击“坐标轴标题”,设置横纵坐标轴标题。将“主要横坐标轴标题”设为“坐标轴下方标题”,在标题文本框中输入“姓名”。将“主要纵坐标轴标题”设为“竖排标题”,在标题文本框中输入“工资数据”。

单击“图例”,设置图例位置,选择“在顶部显示图例”。

单击“数据标签”,选择“显示”,数据值显示在每个柱子的上方。

6) 设置坐标轴和网格线

单击“坐标轴”组中的“网格线”,选择“主要横网格线”中的显示“次要网格线”。设置完毕的图表见图 5-63。

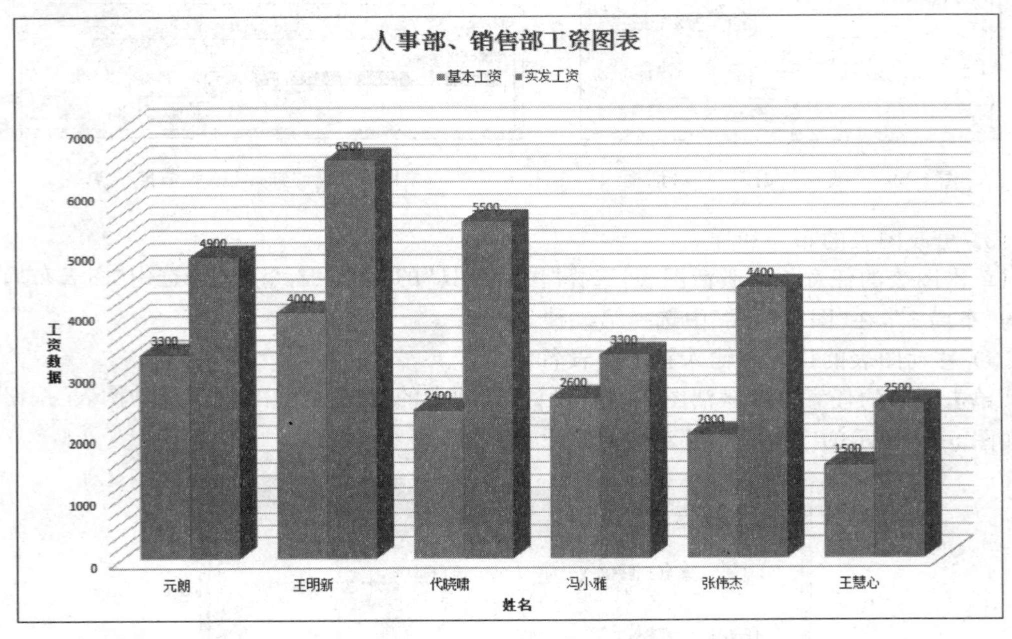

图 5-63 人事部、销售部工资图表

5.7.2 编辑和美化图表

Excel 提供了一组工具,用来编辑和美化已有的图表。编辑时,先单击图表的任意位置,将图表激活,然后再进行设置。

1. 编辑图表

用户可以使用 Excel 提供的图表工具来更改已有的图表类型、图表数据、图表样式、图表位置、图表布局等内容。

(1) 使用如图 5-64 所示的“图表工具”的“设计”选项卡来编辑图表。

图 5-64 “图表工具”的“设计”选项卡

单击“更改图表类型”重设图表类型。单击“选择数据”更改图表数据。单击“图表布局”组重设布局方式。单击“图表样式”组的工具按钮更改图表的外观样式。单击“位置”组的“移动图表”更改图表的位置。

(2) 使用如图 5-62 所示的“图表工具”的“布局”选项卡来编辑图表。

使用“标签”组的工具按钮,可以修改图表标题、坐标轴标题、重设图例的位置,选择是否显示数据标签和数据表。使用“坐标轴”组的工具按钮可以重置坐标轴和网格线。使用“背景”组的按钮可以修改图表的背景、基底和三维旋转等。单击“属性”按钮修改图表的名称。

(3) 右击图表的空白处,弹出如图 5-65 所示的菜单。使用该菜单,可以更改图表类型、重新选择数据和移动图表,还可以进行三维旋转,设置图表区域的格式。

(4) 右击图表中需要修改的部分,系统会根据当前选中项的不同而弹出不同的菜单,单击相应的菜单命令来完成修改操作。

图 5-65 图表右击菜单

2. 美化图表

对于已有的图表,用户可以使用 Excel 提供的数据透视表工具来修改已有图表的外观样式、字体格式、形状样式、排列方式等,以达到美化图表的效果。

(1) 使用“图表工具”的“格式”标签来美化图表,见图 5-66。

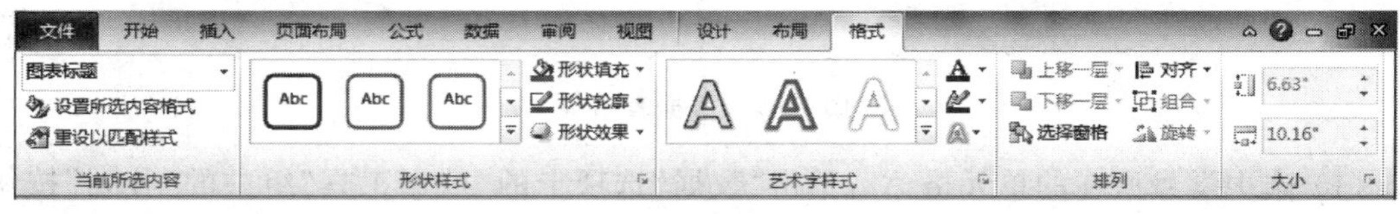

图 5-66 “图表工具”的“格式”标签

美化图表时,先单击选中图表中的需要重设格式的部分,再单击“格式”选项卡中的相关工具按钮,根据系统提示来完成设置。

(2) 使用“图表工具”的“设计”选项卡来美化图表。Excel 2010 提供了 48 种图表样式,单击“图表样式”组的工具按钮进行设置,使用其中的任何一种样式都可以达到美化图表的效果。“图表布局”组中提供了 10 种预设的布局方式,单击选择任一种都可以重设布局方式。

(3) 选中图表中需要美化的部分后右击，使用弹出菜单中相应的命令来完成操作。

(4) 使用“开始”选项卡可以设置字体、对齐方式等。

5.7.3 删除图表

删除图表的操作只是将图表本身删除，而不会影响到图表使用的数据。因此，用户可以随时删除没有用的图表，但是删除方法因图表类型不同而有所差别。

1) 删除嵌入式图表

单击图表的空白处，然后按 Delete 键。

2) 删除独立图表

删除方法与删除工作表一样，常用的是右击工作表名，然后在弹出的菜单中选择“删除”命令。

5.8 Excel 高级操作

Excel 2010 中提供了一组数据工具来帮助用户完成复杂的数据处理操作。使用数据工具可以实现分列、删除重复项、设置数据有效性和合并计算，还可以使用模拟分析功能完成单变量求解和模拟运算表等操作。利用 Excel 获取外部数据的功能可以实现 Excel 与文本文件、Word 文件、Access 数据库或其他数据源的数据交换。

5.8.1 分列

分列是 Excel 提供的一种将一个单元格中的内容按照某种规则拆分成多个列的操作。在执行分列操作时，既可以按照特定的分隔符拆分成多个列，也可以按照固定的宽度进行拆分。

假设学号列为文本类型共有 11 位，依次由 4 位的入学年份、2 位专业代码、2 位班号和 3 位班内学生序号构成。下面就以从学号中提取专业代码、班号和班内序号为例，介绍分列操作的过程，使用的数据表如图 5-67 所示。

	A	B	C	D	E
1	学号	专业代码	班号	序号	
2	20131101001				
3					

图 5-67　数据表结构

(1) 选中学号所在的单元格 A2，单击“数据”选项卡的“数据工具”组中的“分列”按钮，弹出如图 5-68 所示的“文本分列向导”对话框。单击选中对话框中的“固定宽度-每列字段加空格对齐”选项，再单击“下一步”按钮。

(2) 在向导的第 2 步对话框中按提示在要分列的位置单击鼠标。操作时，分别在入学年份“2013”、专业代码“11”、班号“01”的后面单击鼠标，系统会自动在单击鼠标的位置显示分隔线，设置结果见图 5-69。

取消分隔线时，只要双击分隔线即可。设置完毕后单击“下一步”按钮。

(3) 在向导的第 3 步对话框中按提示进行设置，见图 5-70。

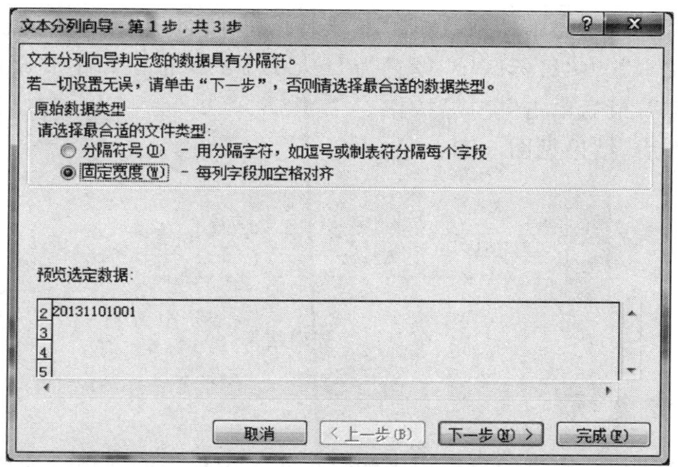

文本分列向导 - 第 1 步，共 3 步
文本分列向导判定您的数据具有分隔符。
若一切设置无误，请单击“下一步”，否则请选择最合适的数据类型。
原始数据类型
请选择最合适的文件类型：
分隔符号(D) - 用分隔字符，如逗号或制表符分隔每个字段
固定宽度(W) - 每列字段加空格对齐
预览选定数据：
20131101001
取消
< 上一步(B)
下一步(N) >
完成(F)

图 5-68 “文本分列向导”对话框

文本分列向导 - 第 2 步，共 3 步
请设置字段宽度(列间隔)。
有箭头的垂直线为分列线。
要建立分列线，请在要建立分列处单击鼠标。
要清除分列线，请双击分列线。
要移动分列线位置，请按住分列线并拖至指定位置。
数据预览(P)
10
20
30
40
50
60
70
20131101001
取消
< 上一步(B)
下一步(N) >
完成(F)

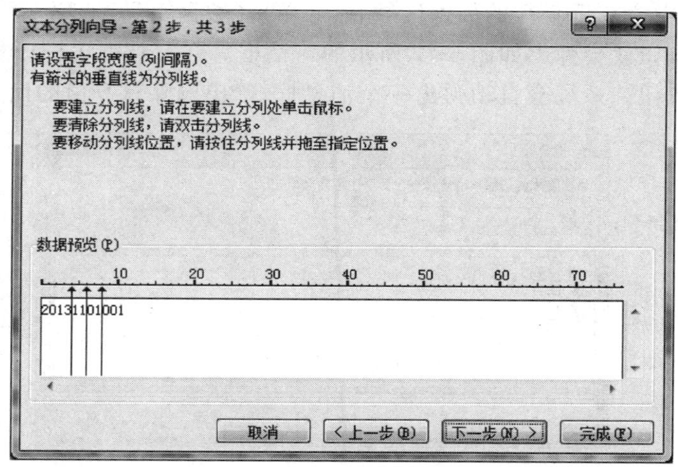

图 5-69 设置分列位置

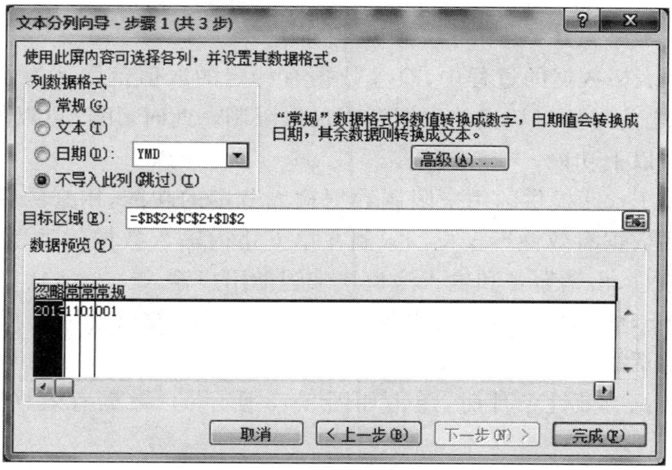

文本分列向导 - 步骤 1 (共 3 步)
使用此屏内容可选择各列，并设置其数据格式。
列数据格式
常规(G)
文本(T)
日期(D)：
YMD
不导入此列(跳过)(I)
“常规”数据格式将数值转换成数字，日期值会转换成日期，其余数据则转换成文本。
高级(A)...
目标区域(E)：
=$B$2+$C$2+$D$2
数据预览(P)
忽略常常常规
20131101001
取消
< 上一步(B)
下一步(N) >
完成(F)

图 5-70 设置分列格式

单击“数据预览”栏中的第一列，选择“不导入此列(跳过)”，再单击第二个分列，将“列数据格式”设置为“文本”，将“目标区域”设置为“＝＄B＄2”。依次单击其余的分列将“列数据格式”设置为“文本”，最后单击“完成”按钮。

完成整个操作后，结果见图 5-71。

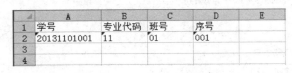

	A	B	C	D	E
1	学号	专业代码	班号	序号	
2	20131101001	11	01	001	
3					
4					

图 5-71　分列结果

5.8.2　删除重复项

删除重复项是 Excel 提供的一种用来删除工作表中重复的数据行的功能。用户可以使用该功能来快速删除重复录入的数据。

使用时，先选中含有重复行的数据区域，然后单击“数据工具”选项卡的“数据工具”组中的“删除重复项”按钮就会弹出如图 5-72 所示的对话框。在“列”列表框中指定要检查的列，然后单击“确定”按钮。系统会自动弹出一个消息框，给出删除重复值的信息。

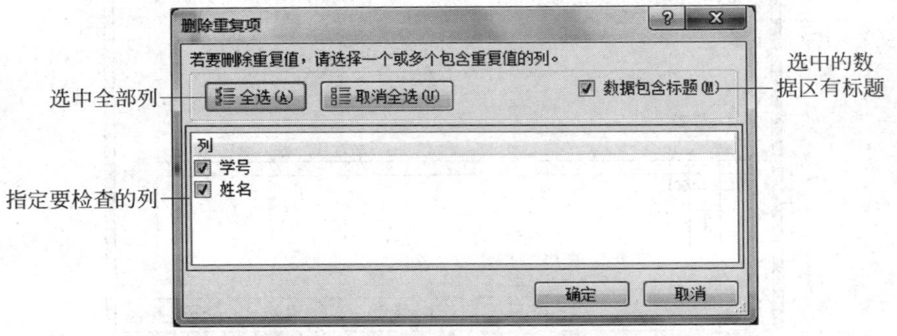

图 5-72　“删除重复项”对话框

5.8.3　数据有效性

在输入 Excel 表格数据的过程中，有些数据有特定的取值范围。为了避免输入无效的数据，在输入数据之前需要对填充的数据范围加以限制。此时，用户可以使用 Excel 提供的数据有效性来实现以上功能。

数据有效性是 Excel 提供的用来限制数据输入范围的功能，用来约束可以在单元格中输入的数据。使用数据有效性不仅可以限制在单元格内输入数据的类型和范围，还可以通过设置输入提示信息、出错警告和输入法模式来辅助用户输入。

在“数据”选项卡的“数据工具”组中单击“数据有效性”按钮就可以打开如图 5-73 所示的“数据有效性”对话框。

清除已有的数据有效性条件时，单击如图 5-73 所示的“数据有效性”对话框左下角的“全部清除”按钮。

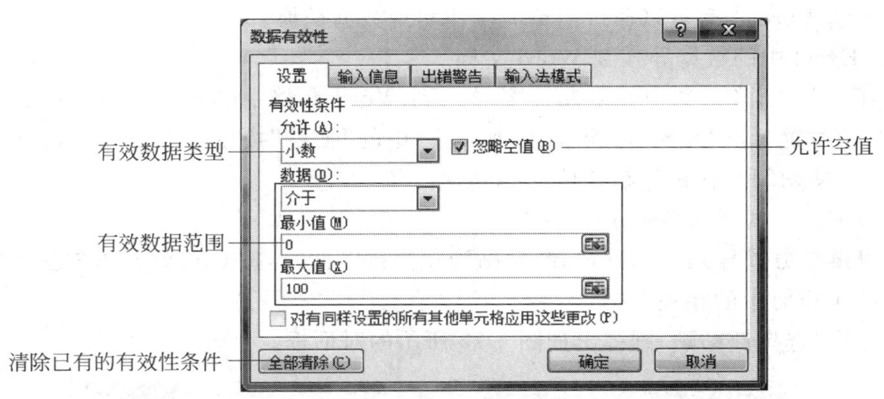

图 5-73 “数据有效性”对话框

5.8.4 合并计算

合并计算是 Excel 提供的一种数据处理功能,可以将多个工作表中的数据合并到一个新区域中,合并时可以执行汇总计算。被合并数据所在的区域称为“源区域”,存储合并结果的工作表称为“目的工作表”。

对数据进行合并计算主要有两种方法,一种是按位置进行合并计算,另一种是按分类进行合并计算。当多个源区域中的数据是按照相同的顺序排列并使用相同的行列标签时,使用按位置进行合并计算。当多个源区域中的数据以不同的方式排列但使用相同的行列标签时,使用按分类进行合并计算。

单击“数据”选项卡的“数据工具”组中的“合并计算”按钮就可以打开如图 5-74 所示的“合并计算”对话框。

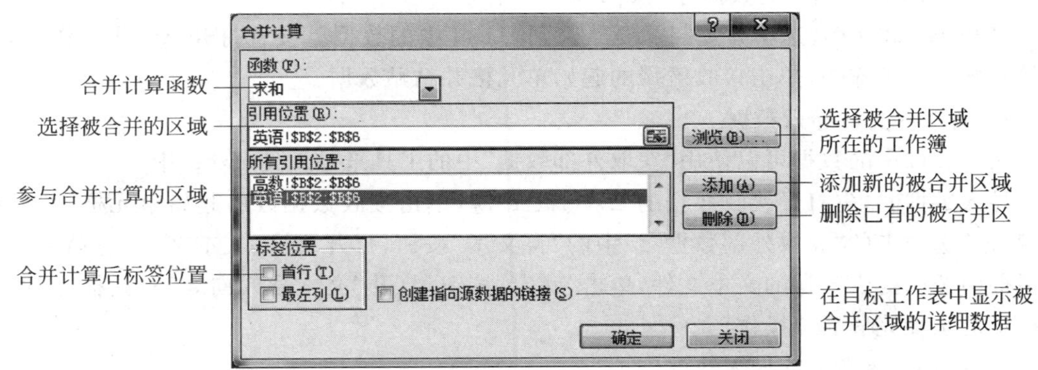

图 5-74 “合并计算”对话框

5.8.5 导入和导出数据

Excel 2010 工作簿中的数据可以通过简单的复制、粘贴操作或者使用获取外部数据工具来方便地实现与文本文件、Word 文档、Access 数据库和其他数据源的数据交换。

1. Excel 与 Word 文档交换数据

作为 Office 家族的两个成员,Excel 以数据处理见长,而 Word 重在文字的编辑排版功能。Excel 与 Word 之间可以通过简单的操作实现数据交换。

1）将 Excel 中的数据导入到 Word 文档

打开 Excel 工作簿，选中并复制需要导入到 Word 文档中的数据。接着打开 Word 文档，在需要的位置单击“开始”选项卡的“剪贴板”中的“粘贴”按钮的下拉列表，此时出现“粘贴”、“选择性粘贴”和“粘贴为超链接”三个选项。

(1) 以嵌入方式导入数据选择“粘贴”。

(2) 以链接方式导入数据则选择“粘贴为超链接”，此时，按 Ctrl 键并单击就可以打开并访问 Excel 工作簿中的相关数据。

(3) 选中“选择性粘贴”则弹出如图 5-75 所示的对话框。

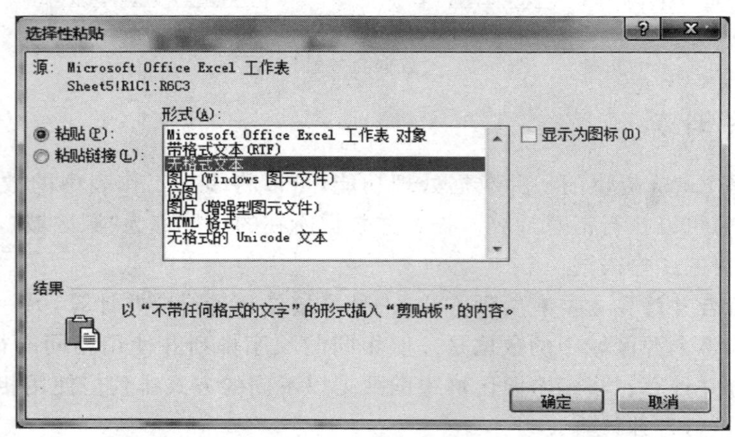

图 5-75 “选择性粘贴”对话框

2）将 Word 文档中的数据导入到 Excel 工作表

打开 Word 文档，选中并复制需要导入到 Excel 中的数据。接着打开 Excel 工作簿，选择接收数据的工作表，单击接收区域的起始单元格并粘贴数据。

2. 从文本文件导入数据

文本文件中的数据可以使用“获取外部数据”中的工具来导入到 Excel 中。

导入数据时，先打开接收数据的 Excel 工作簿，单击接收数据区的起始单元格，然后单击“数据”选项卡的“获取外部数据”组中的“自文本”按钮，打开“导入文本文件”对话框。在对话框中选中提供数据的文本文件，单击“确定”按钮，打开“文本导入向导”对话框，按照系统提示的步骤完成后续操作。

3. 从 Access 数据库导入数据

Excel 和 Access 都是 Microsoft Office 办公套件的成员，两者之间可以进行数据交换。下面以 Access 2010 格式的数据库 Student 为例，将数据表 Stu 中的数据导入到 Excel 的新工作表中为例，介绍将 Access 数据导入到 Excel 中的具体操作步骤。

1）打开存储导入数据的 Excel 文件。

2）选择导入数据所在的数据库。

单击“获取外部数据”中的“自 Access”按钮，打开如图 5-76 所示的“选取数据源”对话框，选中存放导入数据的 Access 数据库文件 Student. accdb，单击“打开”按钮。

图 5-76 “选取数据源”对话框

3）选择导入数据所在的数据表。

在如图 5-77 所示的“选择表格”对话框中，选中“名称”列表中的数据表 Stu，然后单击“确定”按钮。

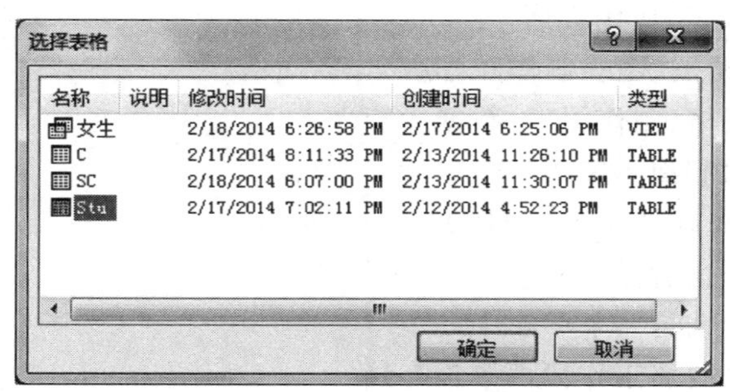

图 5-77 “选择表格”对话框

4）选择导入数据的存放位置。

在如图 5-78 所示的“导入数据”对话框中选择“表”，将导入数据作为新工作表插入到现有工作簿中。

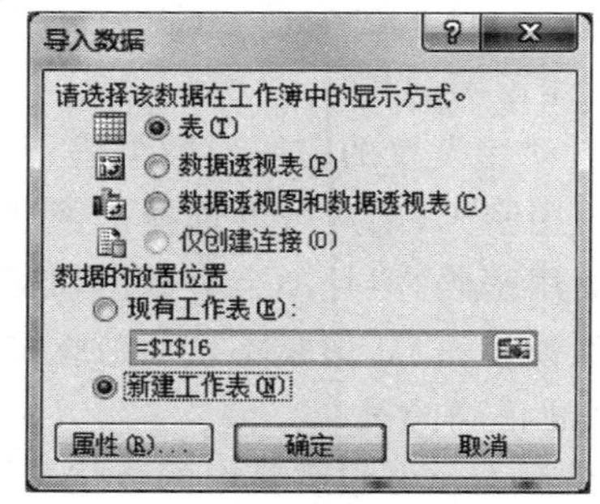

图 5-78 “导入数据”对话框

单击“确定”按钮，完成导入数据操作。导入后的结果如图 5-79 所示。

	A	B	C	D	E	F
1	Sno	Sname	Class	Sex	Birthday	Age
2	13110101103	齐子民	2013计算机-1	男	1996/7/9	18
3	12120101101	张进维	2012机械制造-1	男	1995/10/15	19
4	12120101102	李水英	2012机械制造-1	女	1994/12/25	20
5	12120101103	马丽丽	2012机械制造-1	女	1995/4/7	19
6	13120101101	冯依依	2013自动化-1	女	1995/3/20	19
7	13120101102	江朝阳	2013自动化-1	女	1996/7/20	18
8	13130101101	李金溪	2013自动化-2	女	1996/10/15	18
9	13130101102	白小雪	2013自动化-2	女	1995/3/20	19
10	13130101103	杨玉儿	2013自动化-2	女	1996/12/25	18
11	13110101101	王天明	2013计算机-1	男	1995/10/21	19
12	13110101102	田甜	2013计算机-1	女	1996/3/20	18

图 5-79　导入后的数据结果图

习　题　5

一、选择题

1. Excel 2010 格式的工作簿文件的扩展名是(　　)。

   A. xls　　B. xlsx　　C. doc　　D. docx

2. Excel 2010 主要用于(　　)。

   A. 开发 Windows 应用程序

   B. 文字编辑、绘图、图表制作和排版

   C. 处理电子表格、制作图表、数据库管理

   D. 制作幻灯片和演示文稿

3. 下列关于 Excel 2010 叙述正确的是(　　)。

   A. 工作簿中只能存放数据，不能存放图表

   B. 一个工作簿就是一个 Excel 文件

   C. 工作表可以脱离工作簿而单独存储

   D. 每个工作簿最多有 3 个工作表，用户可以修改工作表的名字

4. 下列选项中，属于绝对引用的是(　　)。

   A. E3　　B. $E3　　C. E$3　　D. $E$3

5. 已知 F10 单元格的公式为“＝C10＋$D10”，将公式复制到 G9 单元格后，G9 单元格中的公式是(　　)。

   A. ＝C10＋$D10　　B. ＝D9＋E9　　C. ＝D9＋E$10　　D. ＝D9＋$D9

6. 下列关于 Excel 2010 叙述正确的是(　　)。

   A. 保护工作表时系统自动用设置的密码对数据进行加密

   B. 保护工作表时可以使用密码，用户可以选择是否进行数据加密

   C. 保护工作表时可以使用密码，但是不会对数据加密

   D. 保护工作表时需必须设置密码，但是不会对数据加密

7. 下列关于 Excel 2010 叙述正确的是(　　)。

   A. 凡是被保护的工作表都不允许修改其中的数据

   B. 保护工作表时可以设置是否允许编辑数据，但不能限制是否允许执行排序操作

C. 用户可以设置被保护的工作表是否允许编辑数据

D. 保护工作表时可以不设置密码，但是不能限制是否允许设置行列格式

8. 下列关于 Excel 2010 图表叙述错误的是(　　)。

A. 创建的图表既可以嵌入到工作表中，也可以作为单独的工作表存在

B. 在创建股价图时应先对数据排序

C. 饼形图能反映数据的比例关系，折线图适合反映数据的变化趋势

D. 嵌入式图表不能单独打印，只能同工作表中的数据一起打印

9. 下列关于 Excel 2010 错误的是(　　)。

A. 用户按照数据的升序或降序排列时，可以使用排序和筛选组的命令按钮实现

B. 进行分类汇总时，必须先按汇总字段排序后才能进行汇总，否则会出错

C. 用户只能从自定义序列对话框中选择系统给出的序列顺序，不能任意指定排序规则

D. 用户可以自己定义排序规则，不一定按数据的升序或降序排列

二、思考题

1. Excel 2010 有哪些新增功能?

2. 有哪些方法可以使用户快速地输入数据?

3. 自动筛选与高级筛选有何不同?

4. 如何创建和修改图表?

三、操作题

1. 新建一个工作簿，保存在 D:\Score. xlsx 中。在 Sheet1 中按顺序输入学号、姓名、班级、性别、高数、政治和英语成绩，并录入 20 条记录。

2. 追加一个平均分列，用公式求解每个学生的平均分。

3. 分类汇总各班的人数，并将其复制到 Sheet2 中。

4. 使用高级筛选，选出各科成绩都在 90 分以上的学生记录，并将结果显示在当前工作表 A25 开始的位置。

5. 利用 Sheet2 中的各班人数绘制饼状图，放在名为“比例图”的新工作簿中，图表标题为“各班人数比例图”，图例靠上，显示百分比。

6. 在 Sheet1 的 A40 处创建数据透视表，行标签为姓名，列标签为班级，数值项为高数的平均分。

第6章 信息与多媒体

本章学习目标

- 掌握多媒体信息处理知识：媒体的概念和分类；多媒体的概念、特点；多媒体信息的类型及各自的文件格式；多媒体压缩技术的相关概念，典型的压缩编码标准；多媒体计算机的软件和硬件。
- 掌握 PowerPoint 2010 的使用方法，能够完成含有文字、图形、图像、声音、图表、超链接、动画效果等的演示文稿。

本章首先向读者介绍多媒体信息处理的相关理论知识，然后介绍如何使用 Microsoft PowerPoint 2010 软件进行多媒体演示文稿的制作，以及 SharePoint Designer 2010 的基本内容，从理论和实践全面地理解和应用信息与多媒体内容。

6.1 多媒体基础知识

6.1.1 多媒体的基本概念

1. 媒体的概念和分类

我们所看到的报纸、杂志、电影、电视等，都是以各自的媒体传播信息的。例如报纸杂志以文字、图形等作为媒体；电影电视是以文字、声音、图形、图像作为媒体，那么在计算机中，媒体的含义是什么？

媒体(Media)，就是人与人之间实现信息交流的中介，是表示和传播信息的载体。媒体有两方面含义。一方面，媒体是一种信息的表现形式或方法，简单地说，就是传递信息的载体，如文本、数字、图形、图像、声音等，中文译作媒介；另一方面，媒体是一种存储信息的实体。如纸张、磁带、磁盘、光盘、半导体存储器等，中文常译作媒质。

根据媒体信息的表现形式，国际电话电报咨询委员会 CCITT(Consultative Committee on International Telephone and Telegraph，国际电信联盟 ITU 的一个分会)把媒体分为以下 5 个类别。

(1) 感觉媒体(Perception Medium)：指直接作用于人的感觉器官，使人产生直接感觉的媒体。例如，引起听觉反应的声音，引起视觉反应的图像、文字、数据，引起嗅觉反应的气味，作用于触觉器官的温度等。在多媒体计算机技术中，我们所说的媒体一般指的是感觉媒体。

(2) 表示媒体(Representation Medium)：指传输感觉媒体的中介媒体，即用于数据交换的编码。借助于表示媒体，能有效地存储感觉媒体或将感觉媒体从一个地方传送到另一个地方。如语言编码、电报码、条形码、图像编码（JPEG、MPEG 等）、文本编码（ASCII 码、GB2312 等）和声音编码等。

（3）表现媒体（Presentation Medium）：指进行信息输入和输出的媒体，在信息传送过程中将电（磁、光）信号与感觉媒体之间进行转换使用的媒体。如键盘、鼠标、扫描仪、话筒、摄像机等为输入媒体；显示器、打印机、喇叭等为输出媒体。

（4）存储媒体（Storage Medium）：指用于存放各种数字化的表示媒体的物理介质。如纸张、硬盘、软盘、U 盘、磁盘、光盘、ROM 及 RAM 等。

（5）传输媒体（Transmission Medium）：指用于传输某种媒体的物理介质。如双绞线、电缆、光缆、无线电波等。

2. 多媒体的概念

多媒体（Multimedia）就是多重媒体的意思，可以理解为直接作用于人感官的文字、图形、图像、动画、声音和视频等各种媒体信息组合起来形成一个有机的整体，即多种信息载体的表现形式和传递方式。在计算机系统中，多媒体的含义是组合两种或两种以上媒体的一种人机交互式信息交流和传播媒体。

概括地说，多媒体是以计算机技术为核心，可以集中处理、传播、存储图形、图像、声音、文字、动画、数字电影等媒体信息的软件、硬件平台。

多媒体技术从不同的角度有着不同的定义，如"多媒体计算机是一组硬件和软件设备；结合了各种视觉和听觉媒体，能够产生令人印象深刻的视听效果。在视觉媒体上，包括图形、动画、图像和文字等媒体，在听觉媒体上，则包括语言、立体声响和音乐等媒体。用户可以从多媒体计算机同时接触到各种各样的媒体来源"。还有的定义是"传统的计算媒体——文字、图形、图像以及逻辑分析方法等与视频、音频以及为了知识创建和表达的交互式应用的结合体"。概括起来就是，多媒体技术，即是计算机交互式综合处理多媒体信息——文本、图形、图像和声音，使多种信息建立逻辑连接，集成为一个系统并具有交互性。简言之，多媒体技术就是具有集成性、实时性和交互性的计算机综合处理声文图信息的技术。在中国也有自己的定义，一般认为多媒体技术指的就是能对多种载体（媒介）上的信息和多种存储体（媒介）上的信息进行处理的技术。

多媒体计算机是能综合处理文字、图形、图像、声音、动画和视频等多种信息媒体的计算机。多媒体计算机一般由四个部分构成：多媒体硬件平台（包括计算机硬件、声像等多种媒体的输入输出设备和装置）、多媒体操作系统、图形用户接口（GUI）和支持多媒体数据开发的应用工具软件。一般来说，多媒体个人计算机（MPC）的基本硬件结构可以归纳为七部分：①至少一个功能强大、速度快的中央处理器；②可管理、控制各种接口与设备的配置；③具有一定容量（尽可能大）的存储空间；④高分辨率显示接口与设备；⑤可处理音响的接口与设备；⑥可处理图像的接口设备；⑦可存放大量数据的配置等。随着多媒体计算机应用越来越广泛，它在办公自动化领域、计算机辅助工作、多媒体开发和教育宣传等领域发挥了重要作用。

6.1.2 多媒体的特点

多媒体技术有以下 8 个主要特点。

(1) 集成性：以计算机为中心，能够对多种信息媒体进行多通道统一获取、存储、组织与合成，共同表达一个完整的信息主题。集成性包括多种信息媒体的集成和处理这些媒体的软硬件设备的集成。

(2) 控制性：多媒体技术是以计算机为中心，综合处理和控制多媒体信息，并按人的要求以多种媒体形式表现出来，同时作用于人的多种感官。

(3) 交互性：交互性是多媒体应用有别于传统信息交流媒体的主要特点之一。传统信息交流媒体只能单向地、被动地传播信息，而多媒体技术则可以实现人对信息的主动选择和控制，具有与使用者交互沟通的特点。

(4) 非线性：多媒体技术的非线性特点将改变人们传统循序性的读写模式。以往人们读写方式大都采用章、节、页的框架，循序渐进地获取知识，而多媒体技术将借助超文本链接(Hyper Text Link)的方法，把内容按照特定关系加以组织，形成多分支的读写结构，以一种更灵活、更具变化的方式呈现给读者。

(5) 实时性：当用户给出操作命令时，相应的多媒体信息都能够得到实时控制，这是多媒体具有最大吸引力的地方之一。

(6) 互动性：它可以形成人与机器、人与人及机器间的互动，互相交流的操作环境及身临其境的场景，人们根据需要进行控制。人机相互交流是多媒体最大的特点。

(7) 信息使用的方便性：用户可以按照自己的需要、兴趣、任务要求、偏爱和认知特点来使用信息，任取图、文、声等信息表现形式。

(8) 信息结构的动态性："多媒体是一部永远读不完的书"，用户可以按照自己的目的和认知特征重新组织信息，增加、删除或修改节点，重新建立链接。

6.1.3 多媒体信息的类型

多媒体计算机采用数字化方式对声音、文本、图形、图像和视频等信息进行表示和处理。通过采样和编码等数字化方法对其进行表示、处理和显示。多媒体信息的类型及特点如下。

(1) 文本(Text)：文本是以文字和各种专用符号表达的信息形式，它是现实生活中使用最多的一种信息存储和传递方式，包括数字、字母、符号、汉字等。用文本表达信息给人充分的想象空间，它主要用于对知识的描述性表示，如阐述概念、定义、原理和问题以及显示标题、菜单等内容。

(2) 图形/图像(Graphic/Image)：图形是点线面体组合而成的几何图形，属于矢量图；图像是采用扫描设备、摄像设备或专用软件(例如 Photoshop、Windows 自带的绘图工具等)生成的影像，例如照片、图画等，是软件中最重要的信息表现形式之一，它是决定一个多媒体软件视觉效果的关键因素。

(3) 动画(Animation)：动画是利用人的视觉暂留特性，快速播放一系列连续运动变化的图形，也包括画面的缩放、旋转、变换、淡入淡出等特殊效果。通过动画可以把抽象的内容形象化，使许多难以理解的教学内容变得生动有趣。合理使用可以达到事半功倍的效果，在建筑行业的建筑结构展示、军事行业的飞行模拟训练、机械行业的加工过程模拟等方面应用广泛。

(4) 声音(Audio)：声音是人们用来传递信息、交流感情最方便、最熟悉的方式之一。例如语音、音乐、歌曲、各种声音等。音频是指频率范围大约在 20Hz～20kHz 的连续变化的波形,按其表达形式,可将其分为讲解、音乐、效果三类。

(5) 视频(Video):视频是指一系列静态图像在时间维度上的展示或渲染的过程,具有时序性与丰富的信息内涵,常用于交代事物的发展过程。例如我们熟知的电影、电视、录像以及其他方式播放的连续动态图像,有声有色,在生活中充当起重要的角色。

6.1.4 常用的多媒体文件格式

表示媒体的各种编码数据在中都是以文件的形式存储的,是二进制数据的集合。文件的命名遵循特定的规则,一般由主名和扩展名两部分组成,主名与扩展名之间用"."隔开,扩展名用于表示文件的格式类型。

1. 文本

文本信息是最常见的信息形式,具有信息量大、抽象性强的特点。在多媒体应用中主要作为内容叙述、提示说明、标记注释等。文本信息可以反复阅读,从容理解,不受时间和空间的限制。文本可以根据不同的字形、字号、风格、样式等进行修饰,也可以表现出动画效果、艺术文字效果等不同的艺术风格。

文本信息的获取途径主要有四种:键盘输入文字、光学字符识别文字、手写识别文字和语音录入文本。常用的文本文件格式有以下几种。

(1) DOC格式:当在Microsoft Word 2003及之前版本中保存一个文档时,会以扩展名为DOC的格式进行保存。使用Microsoft Word 2007版和2010版,保存的文件扩展名是DOCX。

(2) TXT格式:TXT是纯文本格式,只保存文本,不保存其格式设置。将所有的分节符、分页符、换行符转换为段落标记,使用ANSI字符集。用记事本编辑的文本在默认情况下,就是以TXT格式进行保存的。

(3) HTM(HTML)格式:HTM(HTML)文件格式是Web网页格式。如果将文件保存为Web页,则所有的支持文件(如项目符号、背景纹理和图形)在默认情况下都将保存在支持文件夹中。

(4) RTF格式:RTF文件格式是保存所有格式设置。将格式设置转换为其他程序(包括兼容的Microsoft程序)能阅读和解释的指令。

(5) WPS格式:当用金山软件公司的文字编辑系统WPS Office进行编辑文本时,默认的文本格式就是WPS格式。

2. 图形/图像

只要是彩色都可用亮度、色调和饱和度来描述,人眼中看到的任一彩色光都是这三个特征的综合效果。亮度、色调和饱和度的含义分别解释如下。

亮度:是光作用于人眼时所引起的明亮程度的感觉,它与被观察物体的发光强度有关。

色调:是当人眼看到一种或多种波长的光时所产生的彩色感觉,它反映颜色的种类,是决定颜色的基本特性,如红色、棕色就是指色调。

饱和度:指的是颜色的纯度,即掺入白光的程度,或者说是指颜色的深浅程度,对于同一色调的彩色光,饱和度越深颜色越鲜明或说越纯。通常我们把色调和饱和度统称为色度。因此,亮度是用来表示某彩色光的明亮程度,而色度则表示颜色的类别与深浅程度。除此之外,自然界常见的各种颜色光,都可由红(Red)、绿(Green)、蓝(Blue)三种颜色光按不同比例相配而成；同样绝大多数颜色光也可以分解为红、绿、蓝三种色光，这就形成了色度学中最基本的原理——三原色原理(RGB)。

一般来说，图形(图像)大致可以分为两大类：一类为位图；另一类称为描绘类、矢量类或面向对象的图形(图像)。前者是以点阵形式描述图形(图像)的，后者是以数学方法描述的一种由几何元素组成的图形(图像)。一般来说，后者对图像的表达细致、真实，缩放后图形(图像)的分辨率不变，在专业级的图形(图像)处理中运用较多。

在介绍图形(图像)格式前，有必要先了解一下图形(图像)的一些相关技术指标：分辨率、色彩数和图形灰度。分辨率分为屏幕分辨率和输出分辨率两种，前者用每英寸行数表示，数值越大图形(图像)质量越好；后者衡量输出设备的精度，以每英寸的像素点数表示；色彩数和图形灰度用位(bit)表示，一般写成 2 的 n 次方，n 代表位数。当图形(图像)达到 24 位时，可表现 1677 万种颜色，即真彩。灰度的表示法类似。

下面通过图形文件的特征后缀名来逐一认识当前常见的图形文件格式：DIF、IFF、PNG 等。

(1) BMP(Bit Map Picture)：PC 上最常用的位图格式，有压缩和不压缩两种形式，该格式可表现从 2 位到 24 位的色彩，分辨率也可从 480×320 至 1024×768。该格式在 Windows 环境下相当稳定，在文件大小没有限制的场合中运用极为广泛。

(2) DIB(Device Independent Bitmap)：描述图像的能力基本与 BMP 相同，并且能运行于多种硬件平台，只是文件较大。

(3) PCP(PC Paintbrush)：由 Zsoft 公司创建的一种经过压缩且节约磁盘空间的 PC 位图格式，它最高可表现 24 位图形(图像)。过去有一定市场，但随着 JPEG 的兴起，其地位已逐渐日落终天了。

(4) DIF(Drawing Interchange Format)：AutoCAD 中的图形文件，它以 ASCII 方式存储图形，表现图形在尺寸大小方面十分精确，可以被 CorelDRAW，3DS 等大型软件调用编辑。

(5) WMF(Windows Metafile Format)：Microsoft Windows 操作平台所支持的一种图形格式文件，具有文件短小、图案造型化的特点。该类图形比较粗糙，并只能在 Microsoft Office 中调用编辑。

(6) GIF(Graphics Interchange Format)：在各种平台的各种图形处理软件上均可处理的经过压缩的图形格式，支持多图像文件和动画文件，缺点是存储色彩最高只能达到 256 种。

(7) JPG(Joint Photographica Expert Group)：可以大幅度地压缩图形文件的一种图形格式。对于同一幅画面，JPG 格式存储的文件是其他类型图形文件的 1/10 到 1/20，而且色彩数最高可达到 24 位，所以它被广泛应用于 Internet 上的 Homepage 或 Internet 上的图片库。

(8) TIF(Tagged Image File Format)：文件体积庞大，但存储信息量亦巨大，细微层次的信息较多，有利于原稿阶调与色彩的复制。该格式有压缩和非压缩两种形式，最高支持的色彩数可达 16M。

(9) EPS(Encapsulated PostScript)：用 PostScript 语言描述的 ASCII 图形文件，在 PostScript 图形打印机上能打印出高品质的图形(图像)，最高能表示 32 位图形(图像)。该格式分为 PhotoshopEPS、Adobeillustrator EPS 和标准 EPS 格式，其中后者又可以分为图形格式和图像格式。

(10) PSD(Photoshop Standard)：Photoshop 中的标准文件格式，专门为 Photoshop 而优化的格式。

(11) CDR(Coreldraw)：CorelDRAW 的文件格式。另外，CDX 是所有 CorelDraw 应用程序均能使用的图形(图像)文件，是发展成熟的 CDR 文件。

(12) IFF(Image File Format)：用于大型超级图形处理平台，比如 AMIGA 机的特技大片多采用该图形格式处理。图形(图像)效果包括色彩纹理等逼真再现原景。当然，该格式耗用的内存、外存等的计算机资源也十分巨大。

(13) TGA(Tagged Graphic)：是 True Vision 公司为其显示卡开发的图形文件格式，创建时期较早，最高色彩数可达 32 位。VDA、PIX、WIN、BPX、ICB 等均属其旁系。

(14) PCD(Photo CD)：由 KODAK 公司开发，其他软件系统对其只能读取。

(15) MPT(Macintosh Paintbrush)或 MAC：Macintosh 机所使用的灰度图形(图像)模式，在 Macintosh Paintbrush 中使用，其分辨率只能是 720×567。

(16) PNG(Portable Network Graphics)：是一种无损压缩的位图图形格式，支持索引、灰度、RGB 三种颜色方案以及 Alpha 通道等特性，最高支持 48 位真彩色图像以及 16 位灰度图像。较旧的浏览器和程序可能不支持 PNG 文件。

3. 声音

多媒体涉及多方面的音频处理技术，如音频采集、语音编码/解码、文-语转换、音乐合成、语音识别与理解、音频数据传输、音频-视频同步、音频效果与编辑等。其中音频是个关键的概念，它指的是一个用来表示声音强弱的数据序列，它是由模拟声音经抽样(即每隔一个时间间隔在模拟声音波形上取一个幅度值)量化和编码(即把声音数据写成计算机的数据格式)后得到的。计算机数字 CD、DAT 中存储的都是音频。模拟-数字转换器把模拟声音变成数字声音；数字-模拟转换器可以恢复出模拟来的声音。

一般来讲，实现计算机语音输出有两种方法：一是录音/重放，二是文-语转换。第二种方法是基于声音合成技术的一种声音产生技术，它可用于语音合成和音乐合成。而第一种方法是最简单的音乐合成方法，曾相继产生了应用调频(FM)音乐合成技术和波形表(Wavetable)音乐合成技术。

现在用得最多的音频名词之一 MIDI(Musical Instrument Digital Interface)是作为“乐器数字接口”的缩写出现的，并用它来泛指数字音乐的国际标准。由于它定义了计算机音乐程序、合成器及其他电子设备交换信息和电子信号的方式，所以可以解决不同电子设备之间不兼容的问题。另外，标准的多媒体 PC 平台能够通过内部合成器或连接到计算机 MIDI 端口的外部合成器播放 MIDI 文件，利用 MIDI 文件演奏音乐，所需的内存最少。

至于 MIDI 文件，是指存放 MIDI 信息的标准文件格式。MIDI 文件中包含音符定时和多达16 个通道的演奏定义。文件包括每个通道的演奏音符信息：键通道号、音长、音量和力度(击键时，键达到最低位置的速度)。由于 MDDI 文件是一系列指令，而不是波形，它需要的磁盘空间非常少；并且现装载 MIDI 文件比波形文件容易得多。这样，在设计多媒体节目时，我们可以指定什么时候播放音乐，这有很大的灵活性。在以下几种情况下，使用 MIDI 文件比使用波形音频更合适，需要播放长时间高质量音乐，如想在硬盘上存储的音乐大于 4 分钟，而硬盘又没有足够的存储容量；需要以音乐作背景音响效果，同时从 CD-ROM 中装载其他数据，如图像、文字的显示；需要以音乐作背景音响效果，同时播放波形音频或实现文—语转换，以实现音乐和语音的同时输出。

接下来介绍七种最为流行的多媒体声音文件效果。

(1) WAVE，扩展名为 WAV：该格式记录声音的波形，故只要采样率高、采样字节长、机器速度快，利用该格式记录的声音文件能够和原声基本一致，质量非常高，但这样做的代价就是文件太大。

(2) MOD，扩展名 MOD、ST3、XT、S3M、FAR、669 等：该格式的文件里存放乐谱和乐曲使用的各种音色样本，具有回放效果明确，音色种类无限等优点。但它也有一些致命弱点，以至于已经逐渐淘汰，只有 MOD 迷及一些游戏程序中尚在使用。

(3) MPEG-1 Layer 3，扩展名 MP3：现在最流行的声音文件格式，因其压缩率大，在网络可视电话通信方面应用广泛，但和 CD 唱片相比，音质不能令人非常满意。

(4) Real Audio，扩展名 RA：这种格式真可谓是网络的灵魂，强大的压缩量和极小的失真使其在众多格式中脱颖而出。和 MP3 相同，它也是为了解决网络传输带宽资源而设计的，因此主要目标是压缩比和容错性，其次才是音质。

(5) Creative Musical Format，扩展名 CMF：Creative 公司的专用音乐格式，和 MIDI 差不多，只是音色、效果上有些特色，专用于 FM 声卡，但其兼容性也很差。

(6) CD Audio，扩展名 CDA：唱片采用的格式，又叫"红皮书"格式，记录的是波形流，绝对的纯正、高保真。但缺点是无法编辑，文件长度太大。

(7) MIDI，扩展名 MID：最成熟的音乐格式，实际上已经成为一种产业标准，其科学性、兼容性、复杂程度等各方面远远超过前面介绍的所有标准(除交响乐 CD、Unplug CD 外，其他 CD 往往都是利用 MIDI 制作出来的)，它的 General MIDI 就是最常见的通行标准。作为音乐工业的数据通信标准，MIDI 能指挥各音乐设备的运转，而且具有统一的标准格式，能够模仿原始乐器的各种演奏技巧，而且文件的长度非常小。

总之，如果有专业的音源设备，那么要听同一首曲子的高保真程度依次是如下顺序。

原声乐器演奏＞MIDI＞CD 唱片＞MOD＞所谓声卡上的 MIDI＞CMF，而 MP3 及 RA 要看它的节目源是采用 MIDI、CD 还是 MOD。

另外，在多媒体材料中，存储声音信息的文件格式也是需要认识的，共有 WAV 文件、VOC 文件、MIDI 文件、RMI 文件、PCM 文件以及 AIF 文件等若干种。

(1) WAV 文件：Microsoft 公司的音频文件格式，它来源于对声音模拟波形的采样。用不同的采样频率对声音的模拟波形进行采样可以得到一系列离散的采样点，以不同的量化位数(8 位或 16 位)把这些采样点的值转换成二进制数，然后存入磁盘，这就产生了声音的 WAV 文件，即波形文件。Microsoft Sound System 软件的 Sound Finder 可以转换 AIF SND 和 VOD 文件到 WAV 格式。

(2) VOC 文件：Creative 公司波形音频文件格式，也是声霸卡(Sound Blaster)使用的音频文件格式。每个 VOC 文件由文件头块(Header Block)和音频数据块(Data Block)组成。文件头包含一个标识版本号和一个指向数据块起始的指针。数据块分成各种类型的子块。如声音数据静音标识 ASCII 码文件重复的结果重复以及终止标志，扩展块等。

(3) MIDI 文件：Musical Instrument Digital Interface(乐器数字接口)的缩写。它是由世界上主要电子乐器制造厂商建立起来的一个通信标准，以规定计算机音乐程序、电子合成器和其他电子设备之间交换信息与控制信号的方法。MIDI 文件中包含音符定时和多达 16

个通道的乐器定义，每个音符包括键、通道号、持续时间、音量和力度等信息。所以 MIDI 文件记录的不是乐曲本身，而是一些描述乐曲演奏过程中的指令。

(4) RMI 文件：Microsoft 公司的 MIDI 文件格式，它包括图片标记和文本。

(5) PCM 文件：模拟音频信号经模数转换(A/D 变换)直接形成的二进制序列，该文件没有附加的文件头和文件结束标志。在声霸卡提供的软件中，可以利用 VOC-HDR 程序，为 PCM 格式的音频文件加上文件头，从而形成 VOC 格式。Windows 的 Convert 工具可以把 PCM 音频格式的文件转换成 Microsoft 的 WAV 格式的文件。

(6) AIF 文件：Apple 计算机的音频文件格式。Windows 的 Convert 工具同样可以把 AIF 格式的文件换成 Microsoft 的 WAV 格式的文件。

4. 视频

视频是连续渐变的静态图像或图形序列，沿时间轴顺次更换显示，从而构成运动视感的媒体。当序列中每帧图像是由人工或计算机产生的图像时，我们常称作动画；当序列中每帧图像是通过实时摄取自然景象或活动对象时，我们常称为影像视频，或简称为视频。动态图像演示常常与声音媒体配合进行，二者的共同基础是时间连续性。一般意义上谈到视频时，往往也包含声音媒体。但在这里，视频特指不包含声音媒体的动态图像。

所谓动画，就是通过以每秒 15～20 帧的速度(相当接近于全运动视频帧速)顺序地播放静止图像帧以产生运动的错觉。因为眼睛能足够长时间地保留图像以允许大脑以连续的序列把帧连接起来，所以能够产生运动的错觉。我们可以通过在显示时改变图像来生成简单的动画。最简单的方法是在两个不同帧之间的反复，这种方法对于指示“是”或“不是”的情况来说是很好的解决方法。另一种制作动画的方法是以循环的形式播放几个图像帧以生成旋转的效果，并且可以依靠计算时间来获得较好的回放，或用计时器来控制动画。

视频信息在计算机中存放的格式有很多，目前最流行的两种格式是：苹果公司的 Quicktime 和微软的 AVI。

(1) Quicktime：是苹果公司采用的面向最终用户桌面系统的低成本、全运动视频的方式，在软件压缩和解压缩中也开始采用这种方式了。其向量量化是 Quicktime 软件的压缩技术之一，它在最高为 30 帧/秒下提供的视频分辨率是 320×240，其压缩率能从 25～200。

(2) AVI：类似于 Quicktime，是微软公司采用的音频视频交错格式，也是一种桌面系统上的低成本、低分辨率的视频格式。AVI 可在 160×120 的视窗中以 15 帧/秒回放视频，并可带有 8 位的声音，也可以在 VGA 或超级 VGA 监视器上回放。AVI 很重要的一个特点是可伸缩性，使用 AVI 算法时的性能依赖于与它一起使用的基础硬件。

6.2 多媒体数据压缩技术

由于多媒体系统需要将不同的媒体数据表示成统一的结构码流，然后对其进行变换、重组和分析处理，以进行进一步的存储、传送、输出和交互控制。所以，多媒体的传统关键技术主要集中在以下四类中：数据压缩技术、大规模集成电路(VLSI)制造技术、大容量的光盘存储器(CD-ROM)、实时多任务操作系统。因为这些技术取得了突破性的进展，多媒体技术才得以迅速的发展，而成为像今天这样具有强大的处理声音、文字、图像等多媒体信息的能力的高科技技术。

多媒体的压缩技术是解决视频、图像、音频信号数据的大容量存储与实时传输问题的技术。本节重点介绍一些重要的压缩编码方法，也介绍现有的多媒体数据压缩的国际标准：JPEG、MPEG、H.261。这些压缩算法和国际标准可以广泛地应用于多媒体计算机、多媒体数据库、常规电视数字化、高清电视(HDTV)以及交互式电视(Interactive TV)系统中。目前，正在开展应用的项目有可视电话、视频会议、多媒体电子邮件、音频、视频点播和IP电话等。

6.2.1 多媒体数据压缩基础

首先了解几个基本概念。

压缩：是指应用数据压缩技术，除去原来文件中的冗余数据，减少存储容量并重新记录成为一个占用较小存储空间的新文件。

解压缩：数据压缩的逆过程称为解压缩，是指将压缩后的数据文件还原为压缩前的数据文件。

压缩比：指的是压缩前后的文件大小或数据量之比。压缩比是衡量压缩效率的重要指标。例如压缩比为30∶1，表示原始文件大小是压缩后文件大小的30倍。

1. 多媒体数据压缩的必要性

由于多媒体元素种类繁多、构成复杂，使得数字计算机面临的是数值、音乐、动画、静态图像和电视视频图像等多种媒体元素，且要将它们在模拟量和数字量之间进行自由转换、信息吞吐、存储和传输。目前，虚拟现实技术还要实现逼真的三维空间、3D立体声效果和在实境中进行仿真交互，带来的突出问题就是媒体元素数字化后数据量大得惊人，解决这一问题，单纯靠扩大存储器容量、增加通信干线传输率的办法是不现实的。

压缩就是对数据进行编码和解码过程。通过数据压缩技术可大大降低数据量，以压缩形式存储和传输，既节约了存储空间，又提高了通信干线的传输效率，同时也使计算机得以实时处理音频、视频信息，保证播放出高质量的视频和音频节目。

2. 多媒体数据压缩的可行性

多媒体数据压缩是具有可行性的。经研究发现，音频数据、图像数据中都存在着大量的冗余。通过去除那些冗余数据可以极大地降低原始图像数据量，从而解决图像数据量巨大的问题。

图像数据压缩技术就是研究如何利用图像数据的冗余性来减少图像数据量的方法。下面是常见的一些图像数据冗余。

(1) 空间冗余：重复图像像素点，即在静态图像中有一块表面颜色均匀的区域，这个区域中所有点的光强和色彩以及色饱和度都相同，具有很大的空间冗余。这是由于基于离散像素采样的方法不能表示物体颜色之间的空间连贯性导致的。

(2) 时间冗余：电视图像、动画等序列图片，当其中物体有位移时，后一帧的数据与前一帧的数据有许多共同的地方，如背景等位置不变，也就是大多数像素不变，只有部分相邻帧改变的画面，显然是一种冗余，这种冗余称为时间冗余。

(3) 结构冗余：图像的分布模式固定，即在有些图像的纹理区，图像的像素值存在着明显的分布模式，例如方格状的地板图案等，称此为结构冗余。如果已知分布模式，就可以通过某一过程生成图像。

(4) 知识冗余：对于图像中重复出现的部分，我们可构造其基本模型，并创建对应各种特征的图像库，进而图像的存储只需要保存一些特征参数，从而可大大减少数据量。知识冗余是模型编码主要利用的特性。

(5) 视觉冗余：事实表明，人的视觉系统对图像的敏感性是非均匀性和非线性的。在记录原始的图像数据时，对人眼看不见或不能分辨的部分，也就是对人的生理无法感知的数据，如噪声、彩色、灰度级等进行记录显然是不必要的。因此，大可利用人的视觉的非均匀性和非线性降低视觉冗余。

(6) 图像区域的相同性冗余：它是指在图像中的两个或多个区域所对应的所有像素值相同或相近，从而造成产生的数据重复性存储，这就是图像区域的相似性冗余。在上述的情况下，当记录了一个区域中各像素的颜色值，则与其相同或相近的其他区域就不需要记录其中各像素的值。采用向量量化(Vector Quantization)的方法，就是针对这种冗余性的图像压缩编码方法。随着对人的视觉系统和图像模型的进一步研究，人们可能会发现图像中存在着更多的冗余性，使图像数据压缩编码的可能性越来越大，从而推动图像压缩技术的进一步发展。

3. 多媒体数据压缩方法的分类

信息存在着大量的冗余，可以采用多种方法进行压缩。信息编码时要充分考虑媒体信源本身的统计特征、系统软硬件的适应能力、应用环境以及技术标准。多媒体数据压缩方法根据不同的依据可产生不同的分类，根据解码后数据是否能够完全无丢失地恢复原始数据，可分为以下两种。

(1) 无损压缩：也称为可逆压缩、冗余度压缩、无失真编码、熵编码等，是一种可逆编码方法。工作原理为去除或减少冗余值，但这些被去除或减少的冗余值可以在解压缩时重新插入到数据中以恢复原始数据。常用在原始数据的存档，如对文本、数据、程序、珍贵的图片和图像等的压缩上，压缩比较低，大致在 2∶1～5∶1 之间。典型算法有哈夫曼(Huffman)编码、香农—费诺(Shannon-Fano)编码、算术编码、游程编码(也叫行程编码)和 Lempel-Zev 编码等。

(2) 有损压缩：也称不可逆压缩、失真度编码、熵压缩等，允许有一定的失真。这种方法在压缩时减少了数据信息是不能恢复的。牺牲人的视觉和听觉对频带中某些频率成分不大敏感的信息，换取较高的压缩比。在语音、图像和动态视频的压缩中，经常采用这类方法。它对自然景物的彩色图像压缩，压缩比可达到几十倍甚至上百倍。典型算法有 DPCM、DCT、子带编码、小波变换、分形编码。

(3) 混合编码，如静态图像信号压缩标准 JPEG，动态图像信号压缩标准 MPEG，视像和声音的双向传输标准 H.261 等技术标准。

衡量一个数据压缩编码方法优劣的重要指标有以下 3 点。

(1) 在保证多媒体信息品质的前提下，压缩比要尽可能高。

(2) 压缩与解压缩要快，算法要简单，硬件实现容易。

(3) 解压缩的信息质量要好。

6.2.2 典型的压缩编码标准

被国际社会广泛认可和应用的通用压缩编码标准大致有 3 种：JPEG、MPEG 和

H.261，详细介绍如下。

1. JPEG标准(静态图像压缩标准)

JPEG(Joint Photographic Experts Group)是由ISO(国际标准化组织)与CCITT(国际电报电话咨询委员会)成立的“联合图像专家小组”开发的图像压缩算法，并在1992年后被广泛采纳后成为图像的第一个国际标准，主要适用于灰度图、彩色图的静态图像信号的压缩和编码，既可用于灰度图像又可用于彩色图像。

JPEG标准结合采用了预测、不定长等多种压缩编码方法，利用图像内的空间相关性，把冗长的图像信号和其他类型的静止图像去掉来减小空间冗余度。JPEG的压缩比可以根据对图像质量的不同要求进行改变和调整，甚至可以减小到原图像的百分之一(压缩比100∶1)，但是在这个级别上，图像的质量并不好；压缩比为20∶1时，能看到图像稍微有点变化；当压缩比大于20∶1时，一般来说图像质量开始变坏。JPEG用于CD-ROM、彩色图像传真和图文管理。

JPEG满足以下要求：①达到或接近当前压缩比图像保真度的技术水平，能够覆盖一个较宽的图像质量等级范围，能得到“很好”到“极好”的评估，与原始图像相比，人的视觉难以区分。②能适用于任何种类的连续色调的图像，且长宽比都不受限制，同时也不受限于景物内容、图像的复杂程度和统计特性等。③计算机的复杂性是可控制的，其软件可在各种CPU上完成，算法也可用硬件实现。④JPEG算法具有4种操作方式。第一，顺序编码，每个图像分量按从左到右，从上到下扫描，一次扫描完成编码；第二，累进编码，图像编码在多次扫描中完成，接收端收到图像是一个由粗糙到清晰的过程；第三，无失真编码；第四，分层编码，对图像按多个层分辨率编码，接收端按其显示的分辨率，有选择性地解码。

2. MPEG标准(动态图像信号压缩标准)

MPEG(Moving Pictures Exports Group)由IEC和ISO成立的“运动图像专家组”制定，是对数字存储媒质、电视广播、通信等方面的运动图像和伴音给出一种通用的编码方法。它采用的是一种减少图像时间冗余度、空间冗余度的压缩算法，提供的压缩比可高达200∶1，同时图像的质量也非常高。1992年通过了MPEG-1后，现在通常有的版本是MPEG-1(动态图像压缩标准)、MPEG-2(动态图像压缩标准)、MPEG-4(动态图像压缩标准)、MPEG-7(多媒体内容描述接口)、MPEG-21(多媒体框架)，能够适用于不同信道带宽和数字影像质量的要求。它的三个最显著优点就是兼容性好、压缩比高、数据失真小。

MPEG-1是MPEG组织制定的第一个视频和音频有损压缩标准。1992年年底，MPEG-1正式被批准成为国际标准。MPEG-1是为CD光碟介质定制的视频和音频压缩格式。一张70分钟的CD光碟传输速率大约在1.4Mbps。而MPEG-1采用了块方式的运动补偿、离散余弦变换(DCT)、量化等技术，并为1.2Mbps传输速率进行了优化。MPEG-1随后被Video CD采用作为核心技术，用于数字电话网络上的视频传输，如非对称数字用户线路(ADSL)、视频点播(VOD)以及教育网络等。

MPEG-2制定于1994年，设计目标是高级工业标准的图像质量以及更高的传输率。MPEG-2所能提供的传输率在3～10Mb/s间，其在NTSC制式下的分辨率可达720×486，也可提供并能够提供广播级的视像和CD级的音质。MPEG-2的音频编码可提供左右中及两个环绕声道和一个加重低音声道，以及多达7个伴音声道(DVD可有8种语言配音的原因)。由于MPEG-2在设计时的巧妙处理，使得大多数MPEG-2解码器也可播放MPEG-1

格式的数据，如 VCD。广泛应用于数字广播、有线电视、计算机网络以及卫星传播等领域，不仅成为 DVD 的标准编码，还能适用于 HDTV。

MPEG-4 即 mp4(文件格式)，于 1998 年颁布。MPEG-4 包含 MPEG-1 和 MPEG-2 的绝大部分功能及其他格式的优点，并加入及扩充对虚拟现实模型语言(VRML，VirtualReality Modeling Language)的支持，面向对象的合成档案(包括音效，视讯及 VRML 对象)，以及数字版权管理(DRM)及其他互动功能。而 MPEG-4 比 MPEG-2 更先进的一个特点，就是不再使用宏区块做影像分析，而是以影像上个体为变化记录，因此尽管影像变化速度很快、码率不足时，也不会出现方块画面。作为第一个具有交互性的动态图像标准，MPEG-4 主要应用于网络电视和智能手机，如视频电话、视频邮件、电子新闻、移动视频(手机电影)等。

MPEG-7(多媒体内容描述接口)是满足特定需求而制定的视听信息标准，但它也还是以 MPEG-1、MPEG-2、MPEG-4 等标准为基础的。MPEG-7 的应用领域很广，包括下列几个领域。

(1) 数字图书馆。例如图像目录、音乐词典等。

(2) 多媒体目录服务。例如黄页等。

(3) 广播式媒体的选择。例如无线电频道、TV 频道等。

(4) 个人电子新闻服务、多媒体创作等。

(5) 教育、娱乐、新闻、旅游、医疗和电子商务等。

MPEG-21 为多媒体传输和使用定义一个标准化的、可互操作的和高度自动化的开放框架，这个框架考虑到了 DRM 的要求、对象化的多媒体接入以及使用不同的网络和终端进行传输等问题，这种框架还会在一种互操作的模式下为用户提供更丰富的信息。MPEG-21 标准其实就是一些关键技术的集成，通过这种集成环境对全球数字媒体资源进行增强，实现内容描述、创建、发布、使用、识别、收费管理、版权保护、用户隐私权保护、终端和网络资源撷取及事件报告等功能。

3. H.261 标准(动态图像信号压缩标准)

H.261 是由 CCITT 制定，在可视电话、电视会议中采用的视频、图像压缩编码标准(也称 Px64 标准)，1990 年 12 月正式批准。它使用两种类型的压缩：一帧中的有损压缩(基于 DCT)和用于帧间压缩的无损编码，并在此基础上使编码器采用带有运动估计的 DCT 和 DPCM(差分脉冲编码调制)的混合方式。这种标准与 JPEG 及 MPEG 标准间有明显的相似性，但关键区别在于它是为动态使用设计的，并提供高水平的交互控制。H.261 这个视像和声音的双向传输标准，用于可视电话和电视会议。

6.3 多媒体技术的应用

6.3.1 多媒体技术的应用概述

多媒体技术的应用领域已涉及诸如广告、艺术、教育、娱乐、工程、医药、商业及科学研究等行业，可以说人们生活的每个角落都可以看到多媒体的身影。

利用多媒体网页，商家可以将广告变成有声有画的互动形式，可以更吸引用户之余，也能够在同一时间内向准买家提供更多商品的消息，但下载时间太长，是采用多媒体制作广告的一大缺点。

利用多媒体作教学用途，除了可以增加自学过程的互动性外，更可以吸引学生学习、提升学习兴趣，以及利用视觉、听觉及触觉三方面的反馈来增强学生对知识的吸收。

多媒体技术是一种迅速发展的综合性电子信息技术，它给传统的计算机系统、音频和视频设备带来了方向性的变革，将对大众传媒产生深远的影响。多媒体计算机将加速计算机进入家庭和社会各个方面的进程，给人们的工作、生活和娱乐带来深刻的革命。

多媒体还可以应用于数字图书馆、数字博物馆等领域。此外，交通监控等也可使用多媒体技术进行相关监控。

6.3.2 多媒体的硬件和软件

1. 多媒体的硬件

多媒体计算机市场协会制定的 MPC 标准规范了多媒体计算机的软硬件配置。根据 MPC 标准，多媒体计算机的主要硬件除了普通电子计算机结构中常规的硬件如主机、键盘、鼠标、显示器等设备之外，还要有音频信息处理硬件和视频信息处理硬件等部分，如图 6-1 所示，同时考虑到数字媒体信息存储和处理的特性，其他设备也有更高的要求。

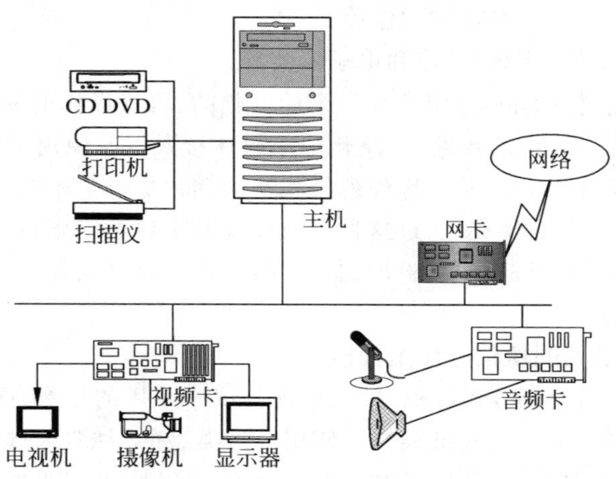

图 6-1　多媒体计算机硬件系统组成

常见的多媒体硬件设备有以下几种：大容量硬盘、图形显示卡、声卡（音频卡）、视频卡、采集卡、扫描仪、数位板、数码摄像头、数码相机与数码摄像机等。

概括地说，多媒体计算机硬件系统组成如下。

多媒体主机：如个人机、工作站、超级微机等。

多媒体输入设备：如摄像机、电视机、麦克风、录像机、视盘、扫描仪、CD-ROM 等。

多媒体输出设备：如打印机、绘图仪、音响、电视机、喇叭、录音机、录像机、高分辨率屏幕等。

多媒体存储设备：如硬盘、光盘、声像磁带等。

多媒体功能卡：如视频卡、声频卡、压缩卡、家电控制卡、通信卡等。

操纵控制设备：如鼠标器、操纵杆、键盘、触摸屏等。

2. 多媒体的软件

多媒体软件包括多媒体数据库管理系统、多媒体编码/解码软件、多媒体通信软件、多媒体声像同步软件、多媒体编辑(创作、开发)软件等。

1) 常用的媒体播放软件

Winamp：最流行的音频播放软件，几乎是 MP3 播放器的代名词，还支持 MP2、CD Audio、WAV、MIDI 等多种音频格式。

RealPlayer：支持 MP3、RealAudio/Video、Liquid Audio 和 Windows Media Audio，使用时不必下载音频/视频的全部内容，可实现网络在线播放。

Windows Media Player：微软公司的 Windows 组件的媒体播放程序，是一个全功能的网络多媒体播放软件，支持目前流行的大多数文件格式如 Audio、MIDI、MP3、MPEG、Video 和 RealMedia 等。Windows Media Player 9 还内置了 Microsoft MPEG-4 Video Codec 插件程序，能够播放最新的 MPEG-4 文件格式。

其他常用的媒体播放软件还有千千静听、暴风影音等。

2) 常用的多媒体素材制作软件

文字处理：文字编辑软件主要进行文字的编辑、排版、特效文字的制作等。常用的有记事本、写字板、Microsoft Office、WPS Office 等。

图形图像处理：图形图像处理软件主要进行数字图形图像的制作、处理等。常用的有 PhotoShop、CorelDraw、Freehand 等。

动画制作：电脑动画制作软件，有二维动画、三维动画等。常用的有 AutoDesk Animator Pro、3ds MAX、Maya、Flash 等。

声音处理：音频编辑主要进行数字音频的录制、编辑、合成等，一般有音源软件、合成器软件、工作站软件等。常用的有 Ulead Media StudioPro、Sound Forge、Audition (Cool EditPro)、Wave Edit 等。

视频处理：视频编辑又称非线性编辑，包括视频剪辑和视频合成功能。常用的有 Ulead Media Studio、Adobe Premiere、After Effects 等。

3) 常用的多媒体创作工具

多媒体创作工具是基于多媒体操作系统基础上的多媒体软件开发平台，可以帮助开发人员组织编排多种多媒体数据，完成多媒体作品的设计、开发、发布，创作多媒体应用软件等，是多媒体作品集成编著软件。

编程语言：常用的有 Visual Basic、Visual C＋＋、Delphi 等。

多媒体写作系统：常用的有 Authorware、Director、Tool Book、Flash 等。

6.3.3 多媒体技术的发展方向

未来对多媒体技术的研究，主要有以下几个研究方面：数据压缩、多媒体信息特性与建模、多媒体信息的组织与管理、多媒体信息表现与交互、多媒体通信与分布处理、多媒体的软硬件平台、虚拟现实技术、多媒体应用开发。展望未来，网络和计算机技术相交融的交互式多媒体将成为 21 世纪多媒体发展方向。所谓交互式多媒体是指不仅可以从网络上接受信息、选择信息，还可以发送信息，其信息是以多媒体的形式传输。利用这一技术，人们能够在家里购物、点播自己喜欢的电视节目。21 世纪的交互式多媒体技术的实现将以电视或者以个人计算机为基础，究竟谁将主宰未来的市场还很难说。

多媒体技术的未来是激动人心的，我们生活中数字信息的数量在今后几十年中将急剧增加,质量上也将大大地改善。多媒体正在迅速地、以意想不到的方式进入人们生活的多个方面。大的趋势是各个方面都将朝着当今新技术综合的方向发展,这其中包括大容量光碟存储器、国际互联网和交互电视。这个综合正是一场革命的核心,它不仅影响信息的包装方式和运用这些信息的方式,而且将改变我们互相通信的方式。

6.4 多媒体演示文稿

Microsoft PowerPoint 2010 是 Microsoft Office 2010 组件中的一款能够进行动态电子文稿制作和演示的软件,功能强大,易学实用。演示文稿的文件扩展名是.pptx,其中可包含文字、图形、图像、图表、声音等多种元素和动画、超链接等特效,图文并茂,生动活泼,广泛适用于教学、学术报告、发布会、汇报、演讲、网络课堂等多种场合。

Microsoft PowerPoint 2010 比早期的 PowerPoint 版本新增了许多功能,表现在轻松快捷的制作环境、强大的图片处理功能、全新的动画效果和动画方案。此外,PowerPoint 2010 可使你与其他人员同时工作或联机发布你的演示文稿,并使用 Web 或 Smartphone 从任何位置访问它。

本节主要通过介绍 PowerPoint 2010 的基本操作、编辑功能、动态效果制作、放映和打印方面的内容,讲解 PowerPoint 2010 的使用与操作。

6.4.1 PowerPoint 2010 简介

1. PowerPoint 2010 的启动和退出

1) PowerPoint 2010 的启动方法

方法 1:执行"开始"菜单→"所有程序"→Microsoft Office→Microsoft PowerPoint 2010 命令。

方法 2:双击桌面上的 Microsoft PowerPoint 2010 程序图标。

方法 3:执行"开始"菜单→"所有程序"→"附件"→"运行"命令,输入 powerpnt 或者"powerpnt.exe"。

方法 4:直接双击 PowerPoint 2010 文档(其扩展名为.pptx),可启动 PowerPoint 2010,并打开相应的文档内容。

用前 3 种方法启动 PowerPoint 2010,系统会在 PowerPoint 窗口中自动生成一个名为"演示文稿 1"的空白演示文稿。

2) PowerPoint 2010 的退出方法

方法 1:执行"文件"选项卡→"退出"命令。

方法 2:单击 PowerPoint 2010 窗口右上角的"关闭"按钮。

方法 3:同时按 Alt 键和 F4 键。

方法 4:双击控制菜单图标,控制菜单图标在窗口快速访问工具栏左端。

方法 5:右击单击任务栏上 PowerPoint 2010 图标,在弹出的菜单中选择"关闭窗口"命令。

如果对文档进行了编辑,但是没有保存,退出时系统会弹出对话框,询问用户是否保存对演示文稿的编辑工作。用户可以根据自己的需求进行单击,单击"保存"按钮,系统存盘退出；单击“不保存”按钮，系统不存盘并退出；单击“取消”按钮，取消对话框，继续操作文档。

2. PowerPoint 2010 的工作界面

启动 PowerPoint 2010 后，默认以“普通”视图方式打开工作界面。从上到下、从左到右来介绍 PowerPoint 2010 的窗口：标题栏、快速访问工具栏、功能区、工作区、状态栏。如图 6-2 所示。

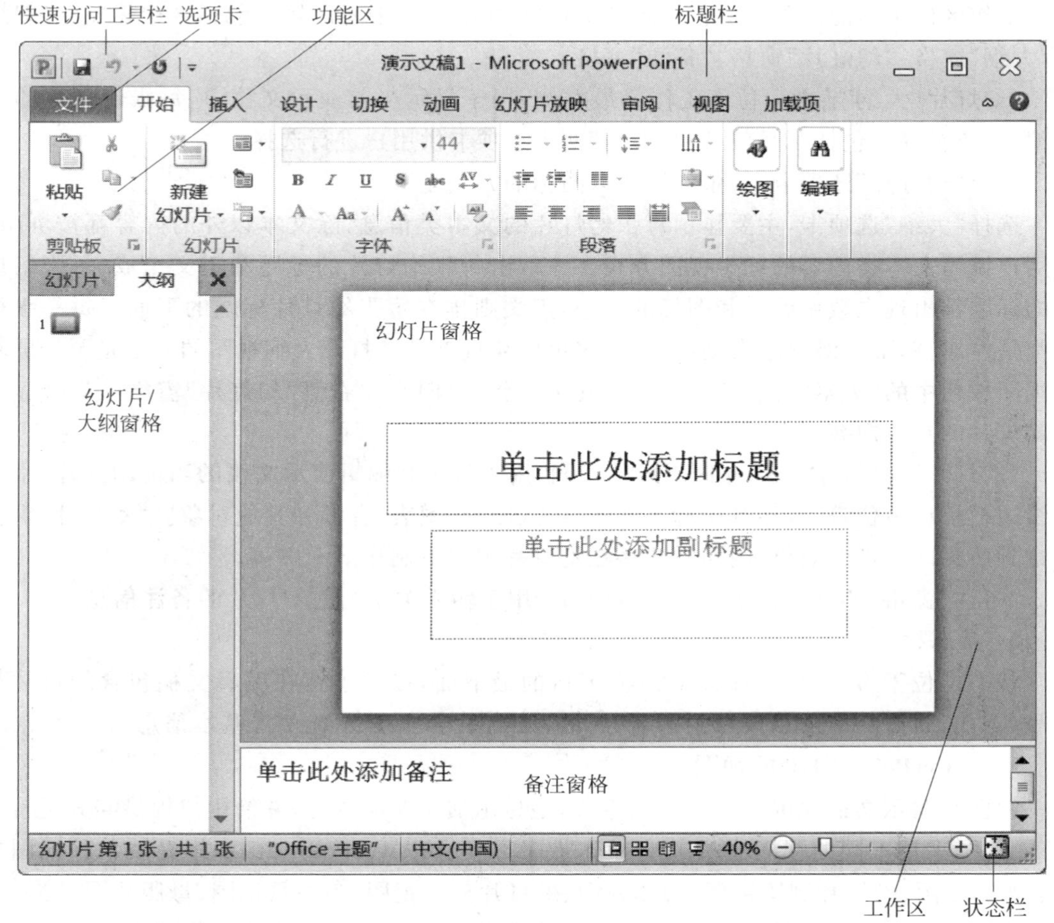

图 6-2 PowerPoint 2010 的工作界面

1）标题栏

标题栏位于窗口最上方，用来显示应用程序的名字和当前正在编辑文档的名称。单击最左端的 PowerPoint 2010 图标，弹出下拉菜单；右击图标，弹出设置功能；双击图标，关闭 PowerPoint 2010 程序。右击标题栏，出现控制菜单。标题栏最右方是 3 个图标，分别是“最小化”按钮、“最大化”按钮、“关闭”按钮。

2）快速访问工具栏

快速访问工具栏位于 PowerPoint 2010 工作界面的左上角，由常用的工具按钮组成，包括“保存”按钮、“撤销”按钮、“恢复”按钮等。可以单击其后的下拉小按钮，根据需要进行自定义快速访问工具栏上显示的按钮。

3）功能区

功能区位于标题栏下方，对 PowerPoint 2010 的所有操作进行分门别类，以选项卡的方式列出，是学习和掌握的重要部分。包括的选项卡有“开始”、“插入”、“设计”、“转换”、“动画”、“幻灯片放映”、“审阅”、“视图”、“加载项”。

4）工作区

工作区位于功能区下方，是 PowerPoint 2010 窗口的中间区域。包括 3 个窗格：“幻灯片/大纲”窗格、“幻灯片”窗格、“备注”窗格。

“幻灯片/大纲”窗格：位于工作区最左侧，用于显示当前演示文稿中，每张幻灯片的数字编号、位置等。包括“幻灯片”和“大纲”两个选项卡供用户进行选择。

选择“幻灯片”选项卡，每张幻灯片以图标的方式显示。

选择“大纲”选项卡，主要显示每张幻灯片的文本类信息，除文本以外的内容都被屏蔽，是用户撰写文本类内容的理想视图方式。大纲由每张幻灯片的标题和正文组成，每张幻灯片的标题都出现在数字编号和图标的右边，正文则排在每张幻灯片标题的下面。每一级标题都是左对齐，下一级标题自动缩进，最多可以缩进五层。打开大纲视图的方法是单击屏幕上视图按钮中的“大纲视图”按钮。单击其中一张幻灯片，在右侧“幻灯片”窗格中就会显示该幻灯片的具体内容。

“幻灯片”窗格：位于工作区界面的中间，用于显示和编辑演示文稿的当前幻灯片，常有虚线边框标识占位符，可在其中输入文本、插入图片、图表、音频和其他对象。“幻灯片”窗格能达到所见即所得的效果，因而用户多在幻灯片视图下制作演示文稿。

“备注”窗格：位于“幻灯片”窗格的下方，用于输入关于当前幻灯片的备注信息。

5）状态栏

状态栏位于整个 PowerPoint 2010 窗口的最下面，提供了正在编辑文稿包含幻灯片的编号（当前幻灯片页号/总数）、主题名称、语言、视图按钮、显示比例等基本信息。

3. PowerPoint 2010 的视图

视图是演示文稿在屏幕上的显示方式，是显示演示文稿内容，并给用户提供与其进行交互的方法，采用不同的视图会为某些操作带来方便。PowerPoint 2010 共提供六种视图方式：普通视图、幻灯片浏览视图、阅读视图、幻灯片放映视图、备注页视图、母版视图。

状态栏中显示前 4 种常用视图的按钮，其中普通视图和幻灯片放映视图最常用。打开前 4 种视图的方法都有两种，以打开“普通视图”为例。一是单击窗口的视图按钮中“普通视图”按钮，二是选择“视图”选项卡→“演示文稿视图”→“普通视图”命令。后两种视图可以在“视图”选项卡中选择打开，如图 6-3 所示。

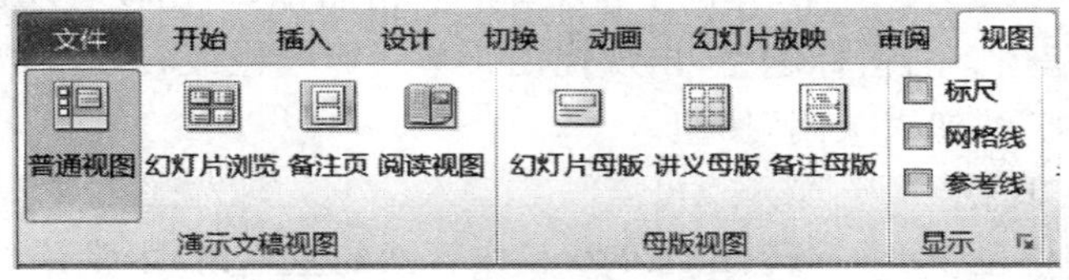

图 6-3　PowerPoint 2010 的视图

普通视图：是演示文稿默认的显示方式，也是主要的编辑视图，用于书写和设计演示文稿。上面介绍的就是普通视图中的包含 4 个窗格的工作区。该视图下，“幻灯片”窗格面积较大，但显示的 3 个窗格大小是可以调节的。最适合编辑幻灯片，如插入对象、修改文本等。

幻灯片浏览视图：可以查看缩略图形式的幻灯片。在创建演示文稿和准备打印文稿时，幻灯片浏览视图可对文稿的顺序进行组织，用来掌握演示文稿的整体，但不能对每个幻灯片进行编辑。该视图下便于进行多张幻灯片顺序的编排、复制、移动、插入和删除等操作，还可以设置幻灯片的切换效果并预览。在幻灯片浏览视图的工作区空白位置或幻灯片上右击，在弹出的快捷菜单中选择“新增节”选项，可在幻灯片浏览视图中添加节，并按不同的类别或节对幻灯片进行排序。

阅读视图：单击“视图”→“演示文稿视图”→“阅读视图”按钮，或单击状态栏上的“阅读视图”按钮，都可切换到阅读视图模式。该视图下只保留幻灯片窗格、标题栏和状态栏，其他编辑功能被屏蔽，目的是幻灯片制作完成后的简单放映浏览。通常是从当前幻灯片开始放映，单击可以切换到下一张幻灯片，直到放映最后一张幻灯片后退出“阅读”视图。

幻灯片放映视图：幻灯片放映是制作演示文稿的最终目的，它以全屏方式显示演示文稿中的每张幻灯片，具有最好的放映效果。播放时 PowerPoint 2010 的窗口、菜单、工具栏等会消失，所有的动画、声音、影片等效果都会出现。该视图下，不能对幻灯片进行编辑，若不满意幻灯片效果，必须切换到“普通视图”等其他视图下进行编辑修改。

备注页视图：备注页是供演讲者使用的，它的上方是幻灯片缩图，下方记录演讲者讲演时所需的一些提示重点。打开备注页视图的方法是选择“视图”菜单中的“备注页”命令。该视图下用户可以输入或编辑备注页的内容。

母版视图：通过幻灯片母版视图，可以制作和设计演示文稿中的背景、颜色和视频等。打开母版视图的方法是单击“视图”选项卡→“母版视图”按钮。

6.4.2 演示文稿的基本操作

1. 打开演示文稿

对已经存在的演示文稿进行打开操作，有以下方法：

1）以一般方式打开演示文稿

选择“文件”选项卡中的“打开”命令，弹出“打开”对话框。在左侧窗格选择存放目标演示文稿的文件夹，在右侧窗格列出的文件中选择要打开的演示文稿或直接在下面的“文件名”栏的文本框中输入要打开的演示文稿文件名，然后单击“打开”按钮即可打开该演示文稿。

2）以副本方式打开演示文稿

单元格演示文稿以其副本的方式打开，对副本的修改不会影响原演示文稿。具体操作与一般方式一样，不同的是不直接单击“打开”对话框中的“打开”按钮，而是单击“打开”按钮的下拉按钮，从中选择“以副本方式打开”选项，这样打开的是演示文稿副本，在标题栏演示文稿文件名前出现“副本(1)”字样，此时进行编辑与原演示文稿无关。

3）以只读方式打开演示文稿

单元格演示以只读方式打开的演示文稿，只能浏览，不允许修改。若修改不能用原文件名保存，只能以其他文件名保存。以只读方式打开的操作方法与副本方式打开类似，不同的是在“打开”按钮的下拉列表中单击“以只读方式打开”选项。在标题栏演示文稿文件名后出现“[只读]”字样。

4）打开最近使用过的演示文稿

选择“文件”选项卡中的“最近所用文件”命令，在“最近使用的演示文稿”列表中单击要打开的演示文稿。这样可以免除查找演示文稿文件路径的麻烦，快速打开演示文稿。

5）双击演示文稿文件方式打开

以上四种方式是在PowerPoint已经启动的情况下打开演示文稿，在没有启动PowerPoint的情况下也可以快速启动PowerPoint并打开指定演示文稿。在资源管理器中或在桌面上，找到目标演示文稿文件，并双击它，即可启动PowerPoint 2010并打开该演示文稿。

6）一次打开多个演示文稿

如果希望同时打开多个演示文稿，可以选择“文件”选项卡中的“打开”命令，在弹出的“打开”对话框中找到目标演示文稿文件夹，按住Ctrl键单击多个要打开的演示文稿文件，然后单击“打开”按钮即可同时打开选择的多个演示文稿。

2. 创建演示文稿

新建演示文稿主要包含以下3种类型：

1）创建空白演示文稿

方法1：启动PowerPoint 2010后，自动新建一个演示文稿，名为“演示文稿1”，该文件通常是应用空白演示文稿模板建立的。

方法2：在PowerPoint 2010已经启动的情况下，选择“文件”选项卡→“新建”命令，在“可用的模板和主题”中选择“空白演示文稿”，单击右侧的“创建”按钮；或者直接双击“空白演示文稿”，也可新建成功。如图6-4所示。

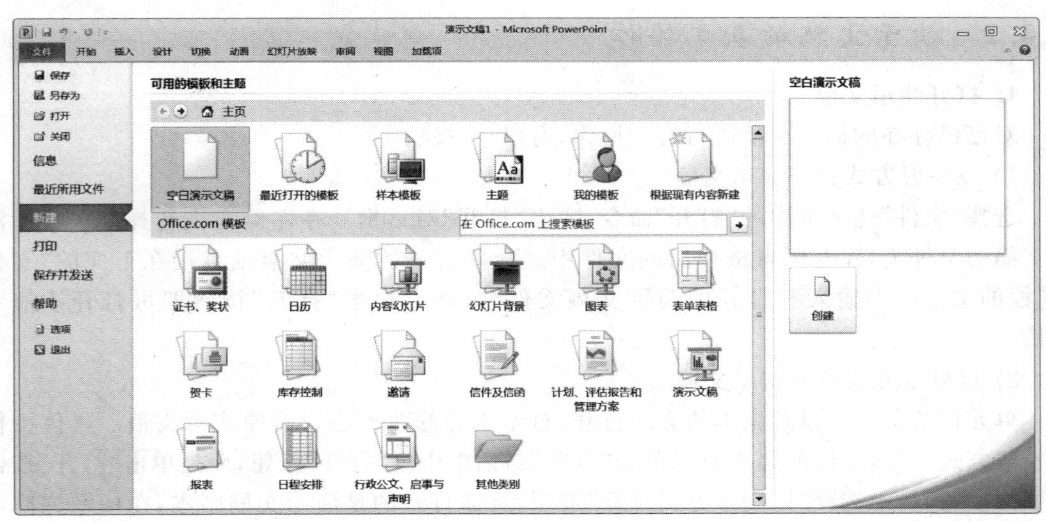

图6-4　新建演示文稿

2）根据模板创建演示文稿

模板是预先设计好的演示文稿样本，PowerPoint 2010提供了多种内置模板、自定义模板。使用模板方式,可以在系统提供的各式各样的模板中,根据用户的需要选用其中一种内容最接近自己需求的模板,方便快捷。

用户选择"文件"选项卡→"新建"命令,在"可用的模板和主题"中,根据情况选择所需要的"样本模板",单击右侧的"创建"按钮;或者直接双击要创建的样本模板,即可新建相应模板的演示文稿。其中已经有一些相应的幻灯片,用户可以根据需要填入和修改自己的内容。

3) 使用主题创建演示文稿

主题规定了演示文稿的母版、配色、文字格式和效果等设置。使用主题方式,可以简化演示文稿风格设计的大量工作,快速创建所选主题的演示文稿。

单击"文件"选项卡,在出现的菜单中选择"新建"命令,在"可用的模板和主题"中选择"主题",如图 6-5 所示。在随后出现的主题列表中选择需要的一个主题,并单击右侧的"创建"按钮;或者直接双击需要的主题。

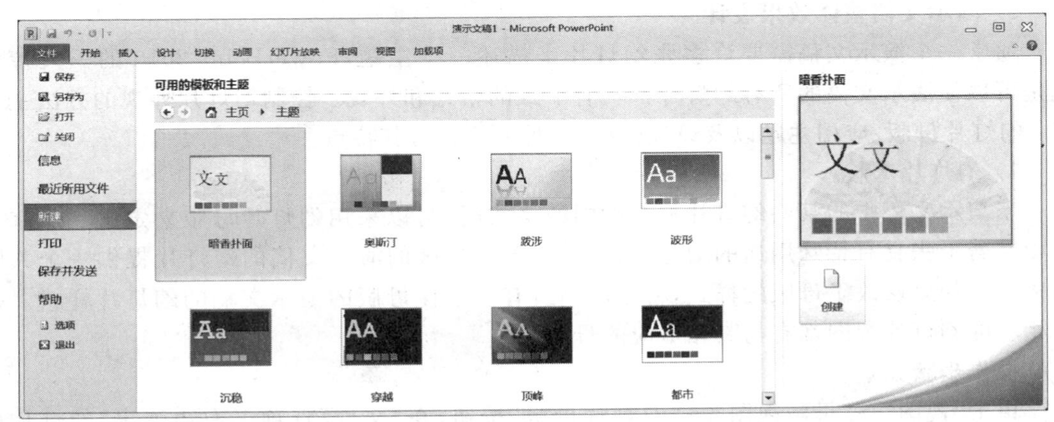

图 6-5　PowerPoint 2010 的各种主题

4) 用现有演示文稿创建演示文稿

如果希望新演示文稿与现有的演示文稿类似,则可以直接在现有演示文稿的基础上进行修改从而生成新演示文稿。用现有演示文稿创建演示文稿的方法如下。

选择"文件"选项卡中的"新建"命令,在右侧"可用的模板和主题"中选择"根据现有内容新建",在出现的"根据现有演示文稿新建"对话框中选择目标演示文稿文件,并单击"新建"按钮。系统将创建一个与目标演示文稿样式和内容完全一致的新演示文稿,只要根据需要适当修改并保存即可。

3. 保存演示文稿

(1) 选择"文件"选项卡中的"保存"命令;也可以通过键盘,同时按 Ctrl 键和 S 键,系统将直接按原路径及文件名存盘。

(2) 对已存在的演示文稿,希望存放在另一位置或换名保存,可以选择"文件"选项卡中的"另存为"命令,出现"另存为"对话框。另存为操作的关键是两点:一是选择正确的保存位置,二是保存的文件名要输入正确。在"另存为"对话框左侧选择保存到的文件夹位置,在下方"文件名"栏中输入演示文稿文件名,再单击"保存"按钮。

(3) 单击快速访问工具栏的"保存"按钮。

默认情况下,PowerPoint 2010 将文件保存为演示文稿(.pptx)文件格式。如果要保存成其他格式，单击“保存类型”列表，选择所需的文件格式。

系统还提供自动保存功能，自动保存是指在编辑演示文稿过程中，每隔一段时间就自动保存当前文件的信息，可极大程度上避免因意外断电或死机所带来的损失。操作方法是：选择“文件”选项卡中的“选项”命令，弹出“PowerPoint 选项”对话框，在左侧单击“保存”按钮，右侧出现的内容中有“保存自动恢复信息时间间隔”，选中前面的复选框，使其出现“√”，然后在其右侧输入时间（例如 10 分钟），表示每隔指定时间，系统就会自动保存一次。

4. 关闭演示文稿

完成演示文稿的编辑和保存后，如果不再使用应将其关闭。选择“文件”选项卡→“关闭”命令，可关闭当前的演示文稿，但不退出 PowerPoint。如果在关闭演示文稿的同时，关闭 PowerPoint 2010 程序，选择“文件”选项卡→“退出”命令，或者单击 PowerPoint 窗口右上角的“关闭”按钮。

5. 演示文稿整体效果设计

通常一个演示文稿需要许多张幻灯片来描述一个主题，PowerPoint 2010 的一大特色就是可以使演示文稿的所有幻灯片都具有一致的格式和外观。控制幻灯片外观的方法主要有：幻灯片母版、应用主题以及设计模板，三种方法各有其特点。

1）幻灯片母版

当演示文稿中的某些幻灯片拥有相同的格式时，可以采用幻灯片母版来定义。幻灯片母版是若干张具有特殊用途的幻灯片，它为基于该母版的演示文稿的幻灯片提供一个共同的格式。如果修改了母版的样式，将会影响所有基于该母版的演示文稿的幻灯片样式。每个相应的幻灯片视图都有与其相对应的母版。

操作步骤如下。

单击“视图”→“母版视图”→“幻灯片母版”按钮，在“文件”选项卡右边弹出“幻灯片母版”选项卡，如图 6-6 所示。单击“幻灯片母版”选项卡最右侧“关闭”组中的“关闭母版视图”按钮，返回普通视图。

在“幻灯片母版”选项卡中，包括六个组，即编辑母版、母版版式、编辑主题、背景、页面设置和关闭。可以设置颜色、显示的比例和幻灯片的方向等各方面内容，母版的背景可以设置为纯色、渐变或图片等效果。

单击“幻灯片母版”选项卡→“背景”→“背景样式”按钮，在弹出的下拉式列表中选择合适的背景样式、选择合适的背景颜色或背景图片，即可应用在当前的幻灯片上。如果想要修改文本和段落样式，可以单击“开始”标签，应用“字体”组和“段落”组对母版中的内容进行设置。

讲义母版视图：其用途是可以将多张幻灯片显示在同一页面中，方便打印和输出。讲义母版视图的设置步骤如下，单击“视图”→“母版视图”→“讲义母版”按钮；单击“插入”→“文本”→“页眉和页脚”按钮，在弹出的“页眉和页脚”对话框中单击“备注和讲义”标签，为当前讲义母版中添加页眉和页脚效果。设置完成后单击“全部应用”按钮，新添加的页眉和页脚将显示在编辑窗口中。

备注母版视图：主要用于显示用户为幻灯片添加的备注，可以是图片或表格等。设置的步骤如下，单击“视图”→“母版视图”→“备注母版”按钮，选择备注文本区的文本，单击“开始”标签，在其功能区中可以设置字体的大小和颜色、段落的对齐方式等。单击“备注母版”

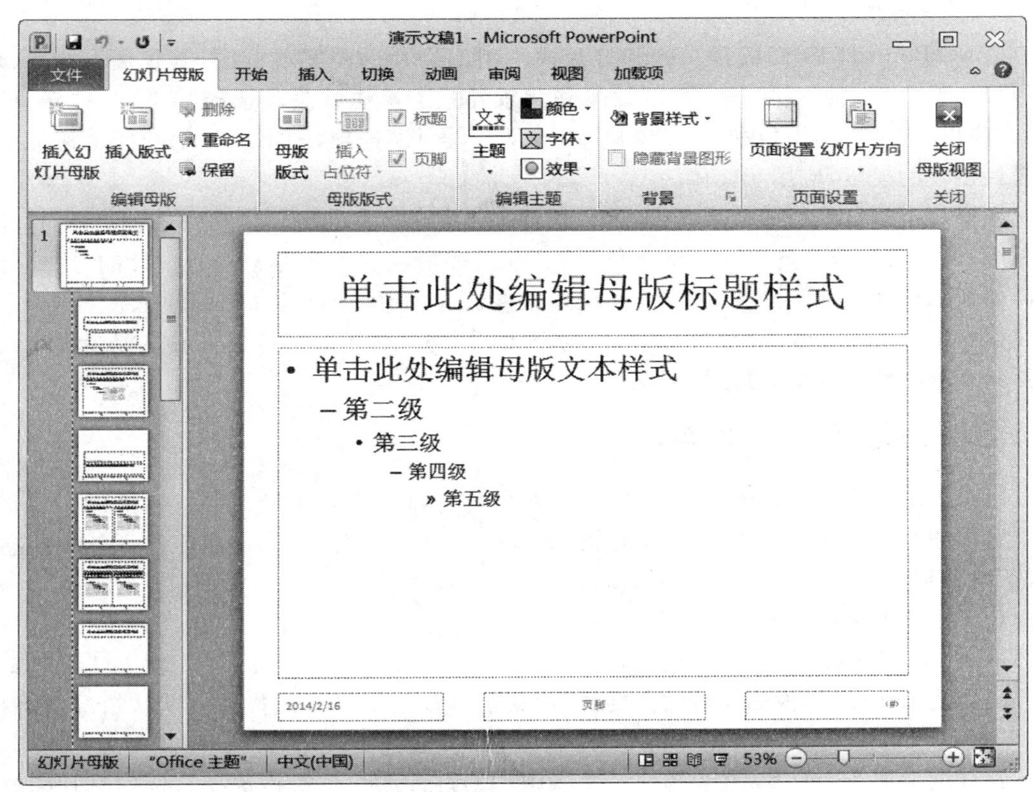

图 6-6 “幻灯片母版”选项卡

标签，在弹出的功能区中单击“关闭母版视图”按钮，返回到普通视图，在“备注”窗格中输入需要注释的内容，输入完毕，单击“视图”→“演示文稿视图”→“备注页”按钮，查看备注的内容及格式。

2）主题

应用主题可以统一演示文稿的风格。前面讲过在创建演示文稿的时候可以选择文稿的主题，在演示文稿编辑的过程中，同样可以对主题及其颜色、字体和效果方案进行设置和修改。操作步骤如下。

单击“设计”标签，在“主题”组的下拉列表中，单击选取一个主题。这种直接单击选择的方法，应用的是整个演示文稿的所有幻灯片。同样，单击颜色下拉列表，鼠标在各种颜色类型移动的时候，即可看到幻灯片的编辑区域出现相应的效果，单击选择需要的颜色类型。另外，用户可以根据幻灯片的需要对字体和效果两项进行单击选择。应用了一种方案后，对演示文稿中的所有对象都是有效的。

在选中的模板主题上右击，在弹出的快捷菜单中，选择“应用于所有幻灯片”，能够把该种方案应用于演示文稿的所有幻灯片；选择“应用于选定幻灯片”，则能够把该种方案仅仅应用于当前一张幻灯片。选择“设置为默认主题”，能够把该种方案设置为默认的主题。

一个演示文稿中，各张幻灯片的主题可以一致，但是如果希望用不同的方案来突出演示文稿的一部分或单张幻灯片，可以单独修改某些幻灯片的主题及其颜色、字体和效果方案。

3）设计模板

PowerPoint 2010 模板是一张幻灯片或一组幻灯片的图案或蓝图，其扩展名为.potx。模板可以包含版式、主题字体、主题效果和背景样式。操作方法是选择“文件”→“新建”命令，在弹出的“可用的模板和主题”窗口，单击“样本模板”选项，即可从显示的样本模板中选择需要创建的模板，应用于文稿。

在窗口中预览模板的效果，每一种模板都包含配色方案、具有自定义格式的幻灯片和标题母版，以及可生成特殊“外观”的字体样式，它们都是经过色彩专家精心设计的，用户可根据需要任意选择。通常来说，一个合适的模板能够大大地增强演讲的效果，在这里给大家一些建议：如果是进行学术报告应选择较为严肃的模板，如果是科普报告或是促销讲座则应选择具有幽默感的模板，总之视情况而定。

6.4.3 幻灯片的基本编辑功能

一个演示文稿包含若干张幻灯片，每一张幻灯片都是由对象及其版式组成的。一张内容丰富多彩的幻灯片往往包含多种对象，如文本、剪贴画、图表等，也需要包含各种动态效果，下面分别介绍幻灯片的基本编辑操作。

1. 幻灯片的操作

1）插入新幻灯片

制作演示文稿时，根据作者的需要，添加新幻灯片是最常见的操作。默认情况下，启动 PowerPoint 2010 时，系统新建一份空白演示文稿，并新建 1 张幻灯片。随着内容的增多，往往需要继续添加新幻灯片，在当前演示文稿中，“幻灯片/大纲”窗格选择目标幻灯片缩略图(新幻灯片将插在其后)，插入一张新幻灯片的方法如下。

方法 1：命令法。单击“开始”标签，在“幻灯片”组中单击“新建幻灯片”按钮，从出现的幻灯片版式下拉列表中选择一种版式(例如“标题和内容”)，则在当前幻灯片后面出现新插入的指定版式幻灯片。

方法 2：快捷键法。按 Ctrl＋M 组合键，即可快速添加一张空白幻灯片。

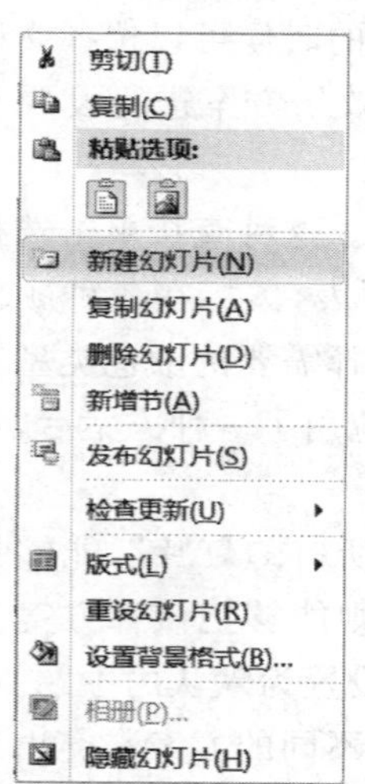

图 6-7 右击快捷菜单

方法 3：Enter 键法。在“普通视图”下，将鼠标定位在左侧的窗格中，然后按 Enter 键，可以在鼠标位置处快速插入一张新的空白幻灯片。

方法 4：右键法。在“幻灯片/大纲”窗格中右键单击某张幻灯片，在弹出的快捷菜单中选择“新建幻灯片”选项，如图 6-7 所示，在该幻灯片缩略图后面出现新幻灯片。一般右击弹出快捷菜单的方法最为方便、常用。

还可以插入来自其他演示文稿文件的幻灯片，方法是：在“幻灯片浏览”视图下单击当前演示文稿的目标插入位置，该位置出现横线。

单击“开始”标签，在“幻灯片”组中单击“新建幻灯片”按钮，在出现的列表中选择“重用幻灯片”命令。右侧出现“重用幻灯片”窗格，单击“浏览”按钮，并选择“浏览文件”命令。在出现的“浏览”对话框中选择要插入幻灯片所属的演示文稿，并单击“打开”按钮。此时“重用幻灯片”窗格中出现该演示文稿的全部幻灯片，单击“重用幻灯片”窗格中某幻灯片，则该幻灯片被插入到当前演示文稿的插入位置。

2）复制幻灯片

方法 1：“幻灯片/大纲”窗格→“幻灯片”选项卡下的缩略图上右击，在弹出的菜单中选择“复制幻灯片”选项。系统会自动添加一个与复制的幻灯片完全相同的新幻灯片，其位置位于所复制的幻灯片下方。

方法 2：选择“开始”选项卡中的“剪贴板”组中的“复制”命令，或“幻灯片/大纲”窗格→“幻灯片”选项卡下的缩略图上右击，在弹出的菜单中选择“复制”选项，完成复制幻灯片操作。类似的，选择“粘贴”选项，完成粘贴幻灯片操作。

3）移动幻灯片

“幻灯片/大纲”窗格→“幻灯片”选项卡下的缩略图上选择要移动的幻灯片，按住鼠标左键不放，将其拖动到相应的位置，然后松开鼠标。也可以右击弹出的“剪切”和“粘贴”选项，来完成幻灯片的移动操作。

如果同时选择多个不连续的幻灯片，按 Ctrl 键的同时依次选中；如果同时选择多个连续的幻灯片，首先选择开始的幻灯片，按 Shift 键的同时选择末尾的幻灯片。

4）删除幻灯片

在“幻灯片/大纲”窗格中，选择要删除的幻灯片，右击缩略图，在弹出的快捷菜单中选择“删除幻灯片”命令或按 Delete 键。若删除多张幻灯片，先选择这些幻灯片，然后按 Delete 键。

2. 文本编辑

1）创建文本对象

文本和符号是幻灯片中主要的信息载体，在幻灯片中创建文本对象有两种方法。

方法 1：有文本占位符时输入文本。当建立空白演示文稿时，系统自动生成一张标题幻灯片，其中包括两个虚线框，框中有提示操作的文字，这个虚线框称为占位符。文本占位符是预先安排的文本插入区域，可直接通过它来进行文本的输入和编辑。

如果用户使用的是带有文本占位符的幻灯片版式，单击文本占位符位置，就可在其中输入文本。选择“开始”选项卡的“幻灯片”组，单击“版式”下拉按钮，然后选择一种包含文本占位符的自动版式，例如选择“标题幻灯片”。单击文本占位符，在里面输入内容。

方法 2：无文本占位符时输入文本。如果用户要在没有文本占位符的幻灯片版式中添加文本对象，或者希望在其他区域增添新的文本内容。通常情况下，需要通过在适当位置插入文本框，并且在文本框中输入文本来实现。

单击“插入”标签，单击文本组中的“文本框”按钮，弹出下拉列表：“横排文本框”、“垂直文本框”，根据情况选择单击相应的命令，鼠标指针呈十字状，然后在幻灯片中移到目标位置，按左键拖拉出一个文本框。与占位符不同，文本框中没有出现提示文字，只有闪动的插入点，在文本框中输入所需文本信息，设置好字体、字号和字符颜色等。调整好文本框的大小，并将其定位在幻灯片的合适位置上即可。也可以用“开始”选项卡中的“绘图”组中的文本框按钮来插入文本框，并输入字符。

2）编辑文本

通常输入文本的格式都是系统默认的，但有时候这种格式并不能完全满足需要，例如需要对文本的字体、颜色、项目符号、对齐方式等进行修改。输入文本、选择文本、文本的插入与删除、文本的移动与复制、文本格式化方法，与 Word 2010 中的方法一致。

以修改文本的字体、段落为例，操作方法有两种。

方法 1：选中要修改的文本，在文本上右击，从弹出的菜单中选择“字体”命令，打开的“字体”对话框，根据需要改变文本的字体大小、字形、字号、颜色、效果等，设置完后按“确定”按钮关闭对话框。选中文本，单击右键，在弹出的快捷菜单中选择“段落”命令，可以设置对齐方式、缩进、间距等内容。

方法 2：选中要修改的文本，单击“开始”选项卡，出现“字体”组和“段落”组，可直接单击进行一些设置，操作简单方便，如字体字号、对齐方式等。

3）符号和公式的插入

单击“插入”选项卡，出现“符号”组，通过“公式”和“符号”选项来完成插入操作。

单击“符号”按钮，弹出符号对话框，从中选择相应的符号，单击“插入”按钮，然后单击“关闭”按钮。

单击“公式”按钮，功能区出现“公式工具”选项卡，利用其中的“设计”选项卡下各个组中的选项，单击选择输入所需的公式。

4）项目符号和编号

操作方法如下：选择所有需要设置的段落，可以是一行或多行，单击“开始”选项卡，“段落”组中单击“项目符号”或者“编号”下拉按钮，即可从样式列表中选择。或者选择段落后单击右键，在弹出的快捷菜单中单击“项目符号”或者“编号”，在列表中选择需要的样式。如果不需要项目符号/编号了，把光标定位到项目符号/编号的后面，按 Backspace 键可以去掉符号/编号。

如果需要改变项目符号的样式，可以用上面两种方法打开样式列表后，单击最下面的“项目符号和编号”命令，打开“项目符号和编号”对话框，在“项目符号”选项卡中选择一个所需的项目符号，单击“自定义”按钮，打开“自定义项目符号列表”对话框，单击“项目符号”按钮，打开“符号”对话框，选择一个符号，然后从“字体”列表设置格式，单击“确定”按钮，回到“自定义项目符号列表”对话框，单击“确定”按钮，就可以把刚刚设置好的符号作为项目符号。

3. 图像编辑

1）插入图像

为了增强文稿的生动性、可视性和演讲效果，向演示文稿中添加图像是一项基本操作。

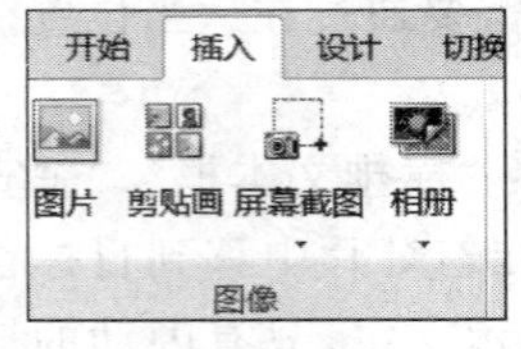

图 6-8　插入图像

图像的插入方法是单击“插入”选项卡的“图像”组，包含四类：“图片”、“剪贴画”、“屏幕截图”和“相册”，如图 6-8 所示，单击按钮均可插入相应类型的图像。如果幻灯片内容区占位符中有剪贴画或图片的图标，则单击进行插入设置。

单击“图片”按钮，出现“插入图片”对话框。定位到需要插入图片所在的文件夹，选中相应的图片文件，然后单击“插入”按钮，即可插入以文件形式存在的图片。

选择“剪贴画”命令，右侧出现“剪贴画”窗格，用户可单击“搜索”按钮，下方出现各种剪贴画，从中选择合适的剪贴画即可。也可以在“搜索文字”栏输入搜索关键字，再单击“搜索”按钮，则只搜索与关键字相匹配的剪贴画供选择。为减少搜索范围，可以在“结果类型”栏指定搜索类型(如插图、照片等),下方显示搜索到的该类剪贴画。单击选中的剪贴画,则该剪贴画插入到幻灯片。

还有一种是插入艺术字,选中要插入艺术字的幻灯片,单击“插入”→“文本”→“艺术字”按钮,出现艺术字样式列表,选择一种艺术字样式(如“填充-茶色,文本 2,轮廓-背景 2”),出现指定样式的艺术字编辑框,其中内容为“请在此放置您的文字”,在艺术字编辑框中删除原有文本并输入艺术字文本。和普通文本一样,艺术字也可以改变字体和字号。如果要把普通文本转换为艺术字,方法是选择需要转换的文本,然后单击“插入”→“文本”→“艺术字”按钮,在弹出的艺术字样式列表中选择一种样式,并适当修饰即可。如果要对艺术字修饰效果,选择艺术字后,单击“绘图工具”→“格式”→“艺术字样式”→“文本填充”按钮,在出现的下拉列表中,可以分别设置用颜色、纹理、图片等填充艺术字;“文本轮廓”可以分别设置艺术字轮廓的颜色、粗细、线型等;“文本效果”可设置各种效果(阴影、发光、映象、棱台、三维旋转和转换等)。

2）编辑图像

利用“图片工具”中的“格式”选项卡,可以对图片的样式、排列、大小进行调整,如图 6-9 所示。如果要进行更全面的设置,操作方法是右击图片,弹出的快捷菜单中单击“设置图片格式”按钮,弹出“设置图片格式”对话框,如图 6-10 所示,可以对图片的多项属性进行精确设置。例如图片大小的调整、裁剪、填充等最为常用。

图 6-9　图片格式的功能区

调整图片大小的方法有两种。

(1) 拖动鼠标方法,虽然快捷,但不够精确。单击图片中的任意位置,将鼠标指针指向控制点,指针即变成↔、↕、⤢、⤡四种形状中的一种,此时拖动鼠标即可改变图片的大小。沿水平方向拖动鼠标指针,改变图片的宽度;沿竖直方向拖动鼠标,将改变图片的高度,这两种方法都会改变图片的高、宽比例。若想等比例放大或缩小图形,可以在按住 Shift 键的同时,沿对角线方向拖动图片 4 个角的控制点。

(2) 通过“设置图片格式”对话框中参数的输入,来精确调整图片的大小。单击“大小”标签,即可输入数据进行设置,其中需要注意的是,在设置图片大小时注意是否选定“锁定纵横比”复选框,如果要改变大小时不改变比例,那么就要选定它;若要将宽高都改变就不要选中它,把对勾去掉。

图片位置的设置:在“设置图片格式”对话框中,分别在“位置”栏、“水平”栏、“自”栏、“垂直”栏填入所需的数据,单击“确定”按钮,则形状精确定位。如果粗略设置,可以手动拖动图片定位;按住 Ctrl 键,再按动方向键,可以实现图片的微量移动。

旋转图片的方法如下。

手动旋转图片:单击要旋转的图片,图片四周出现控点,拖动上方绿色控点即可随意旋

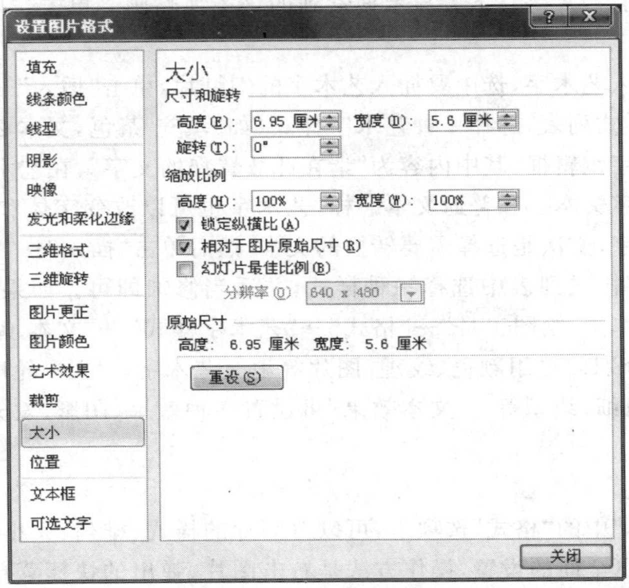

图 6-10 “设置图片格式”对话框

转图片。

精确旋转图片：单击“图片工具”→“格式”→“排列”组中的“旋转”按钮，在下拉列表中选择“向右旋转 90°”（“向左旋转 90°”），可以顺时针（逆时针）旋转 90°，也可以选择“垂直翻转”（“水平翻转”），也可以在“设置图片格式”对话框中输入要旋转的角度，正度数为顺时针旋转，负度数表示逆时针旋转。

用图片样式美化图片：选择幻灯片并单击要美化的图片，在“图片工具”的“格式”选项卡下，图片样式组中显示若干样式，可以单击样式列表右下角的“其他”下拉按钮，出现图片样式的列表，包括 28 种图片样式，从中选择一种。

为图片增加阴影、映像、发光等特定效果：在“图片工具”的“格式”选项卡下，选择“图片效果”下拉按钮，可看到提供的多种效果，例如预设效果、阴影等。单击任意一种，则在其右侧弹出对应的具体内容，用户可以进一步选择。

4. 形状编辑

1）插入形状

形状是系统事先提供的一组基础图形，可以直接使用，也可以组合使用搭建所需图形。

方法 1：选择“文件”选项卡→“绘图”组，在“形状”中单击下拉按钮，出现各种形状列表，包括最近使用的形状、线条、矩形、基本形状、箭头总汇、公式形状、流程图、星与旗帜、标注、动作按钮，如图 6-11 所示。用户选择某一个形状（例如矩形）后，鼠标指针呈十字形，移到幻灯片上单击鼠标，即可出现一个默认大小的矩形，也就是“单击点出”的方法。

方法 2：单击“插入”选项卡→“插图”组中的“形状”按钮，就会出现各类形状的列表。

2）编辑形状

在形状中添加文本：选中形状（单击它，使之周围出现控点）后，直接输入所需的文本；或者右击形状，在弹出的快捷菜单中选择“编辑文字”命令，形状中出现光标，输入文字即可。

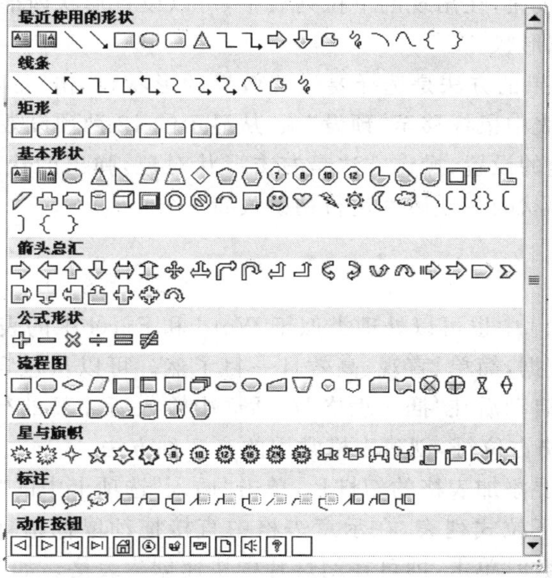

图 6-11　形状选项

移动/复制形状：单击要移动/复制的形状，其周围出现控点表示选中；鼠标指针移到形状边框或内部，使鼠标指针变成十字形状，(按 Ctrl 键)拖动鼠标到目标位置，则该形状移/复制到目标位置。

旋转形状：手动粗略旋转的方法是单击要旋转的形状，形状四周出现控点，拖动上方绿色控点即可随意旋转形状。精确旋转形状的方法是单击形状，再单击“绘图工具”→“格式”→“排列”→“旋转”按钮，从下拉列表中进行选择。

更改形状：绘制形状后，若不喜欢当前形状，可以删除后重新绘制，也可以直接更改为喜欢的形状。方法是选择要更改的形状(如矩形)，选择“绘图工具”→“格式”→“插入形状”→“编辑形状”命令，在展开的下拉列表中选择“更改形状”，然后在弹出的形状列表中单击要更改的目标形状(如圆角矩形)。

组合形状：使多个形状成为一个整体。选择要组合的各形状，按住 Shift 键并依次单击要组合的每个形状，使每个形状周围出现控点。单击“绘图工具”→“格式”→“排列”→“组合”按钮，并在出现的下拉列表中选择“组合”命令。如果想取消组合，则首先选中组合形状，然后再单击“组合”按钮，并在出现的下拉列表中选择“取消组合”命令。此时，组合形状又恢复为组合前的几个独立形状。

格式化形状有以下四种：

(1) 套用形状样式的方法是选择“绘图工具”→“格式”→“形状样式”命令，然后在形状样式的下拉按钮中选择。

(2) 自定义形状线条的线型和颜色的方法是选择形状，然后单击“形状样式”→“形状轮廓”的下拉按钮，在出现的下拉列表中，可以修改线条的颜色、粗细、实线或虚线等，也可以取消形状的轮廓线。

(3) 设置封闭形状的填充色和填充效果的方法是选择要填充的封闭形状，单击“形状样式"→"形状填充"下拉按钮,在出现的下拉列表中,可以设置形状内部填充的颜色,也可以用渐变、纹理、图片来填充形状。

(4) 设置形状的效果的方法是选择要设置效果的形状,单击"形状样式"→"形状效果"按钮,在出现的下拉列表中鼠标移至"预设"项,从显示的12种预设效果中选择一种即可。

如果要进行更全面的设置,操作方法是右击形状对象,弹出的快捷菜单中单击"设置形状格式"按钮,可以对形状的多项属性进行精确设置。

5. 表格编辑

1) 创建表格

在PowerPoint 2010中也可以处理类似于Word和Excel中的表格对象,在演示文稿中常使用表格表达有关数据,简单、直观、高效且一目了然。可以从包含表格对象的幻灯片自动版式中双击占位符,启动后在"插入表格"对话框中输入所需要的行数和列数,再单击"确定"按钮;如果没有表格占位符,创建表格常用的有3种方法。

方法1:首先选中要添加表格的幻灯片,单击"插入"选项卡中的"表格"组中的"表格"按钮,会弹出"插入表格"下拉式列表,在示意表格中直接拖动鼠标指针选择相应的行数和列数,直到显示满意行列数时单击,即可在幻灯片中快速创建表格。如图6-12所示。

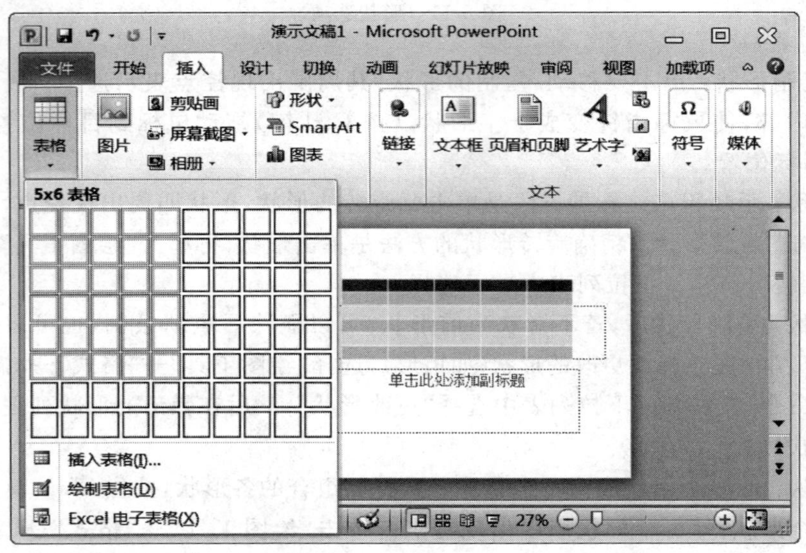

图6-12 插入表格

方法2:选择"插入表格"下拉式列表中的"插入表格"选项,弹出"插入表格"对话框,在"行数"和"列数"文本框中分别输入要创建表格的行数和列数的数值,即可在幻灯片中创建表格。

方法3:选择"插入表格"下拉式列表中的"绘制表格"选项,在幻灯片空白处单击,拖动画笔到合适的位置释放,完成表格的创建。

2) 编辑表格

创建完表格后,可以往每个单元格中输入内容了,与Word和Excel的方法类似,还可以对表格进行如下编辑。

选择表格对象：选择整个表格、行(列)的方法是，光标放在表格的任一单元格，单击“表格工具”→“布局”→“表”→“选择”按钮，在出现的下拉列表中有“选择表格”、“选择列”和“选择行”命令，可选择其一；选择连续多行(列)的方法是将鼠标移至目标第一行左侧(目标第一列上方)，出现黑箭头时拖动到目标最后一行(列)，则这些表格行(列)被选中；选择单元格的方法是鼠标移到单元格左侧，出现指向右上方向的黑箭头时单击，即可选中该单元格；选择单元格区域的方法是若选择多个相邻的单元格，直接在目标单元格范围拖动鼠标即可。

设置单元格文本对齐方式：选择需要设置的单元格，按需求在“表格工具”→“布局”选项卡→“对齐方式”组中有 6 个对齐方式按钮供用户进行选择(例如：居中)，这 6 个按钮中上面 3 个按钮分别是文本水平方向的“文本左对齐”、“居中”和“文本右对齐”，下面 3 个按钮分别是文本垂直方向的“顶端对齐”、“垂直居中”和“底端对齐”。

调整表格大小及行高、列宽：第一种方法是拖动鼠标法，选择表格，表格四周出现 8 个由若干小黑点组成的控点，鼠标移至控点出现双向箭头时沿箭头方向拖动，即可改变表格大小。水平(垂直)方向拖动改变表格宽度(高度)，在表格四角拖动控点，则表格等比例缩放表格的宽和高。第二种方法是精确设定法，单击表格内任意单元格，在“表格工具”→“布局”选项卡→“表格尺寸”组可以输入表格的宽度和高度数值，若选中“锁定纵横比”复选框，则保证按比例缩放表格。在“单元格大小”组中输入行高和列宽的数值，可以精确设定当前选定区域所在的行高和列宽。

插入表格行和列：方法是将光标置于某行的任意单元格中，然后单击“表格工具”→“布局”→“行和列”，选择“在上方插入”、“在下方插入”、“在左侧插入”、“在右侧插入”按钮，即可在当前行的相应位置插入一空白行或列。

合并和拆分单元格：选择相邻要合并的所有单元格，单击“表格工具”→“布局”→“合并”→“合并单元格”按钮，则所选单元格合并为一个大单元格。拆分单元格的方法是选择要拆分的单元格，单击“表格工具”→“布局”→“合并”→“拆分单元格”按钮，弹出“拆分单元格”对话框，在对话框中输入行数和列数，即可将单元格拆分为指定行列数的多个单元格。例如行为 1，列为 2，则原单元格拆分为一行中的两个相邻小单元格。

套用表格样式：单击表格的任意单元格，在“表格工具”→“设计”→“表格样式”组中，单击样式列表右下角的“其他”按钮，在下拉列表中会展开“文档最佳匹配对象”、“淡”、“中”、“深”四类表格样式，从中单击自己喜欢的表格样式即可。若对已经选用的表格样式不满意，可以利用“表格工具”→“设计”→“表格样式”组→“其他”中的“清除表格”命令清除该样式。

设置表格底纹：选择要设置底纹的表格区域，单击“表格工具”→“设计”→“表格样式”→“底纹”下拉按钮，在下拉列表中有各种底纹设置命令，用户可以利用它设置所需要的底纹。

设置表格效果：选择表格，单击“表格工具”→“设计”→“表格样式”→“效果”下拉按钮，在下拉列表中提供“单元格凹凸效果”、“阴影”和“映像”三类效果命令，选择其中一种效果即可。

6. 图表编辑

在演讲时，如果需要在幻灯片中加入一些有说服力的图表和数据以加强演讲的效果，在 PowerPoint 2010 中，可以插入不同形式的图表，如柱形图、条形图、饼图、圆柱图、棱锥图、圆锥图等,用户可以根据自己的喜好进行选择。主要以柱形图为例,介绍图表的插入方法,操作步骤如下。

单击"插入"选项卡中"插图"组的"图表"按钮,在弹出的"插入图表"对话框中选择"柱形图"区域的"三维簇状柱形图",然后单击"确定"按钮。系统自动弹出 Excel 2010 软件的界面,其中显示的数据表提供了示例信息,用以表明应在何处输入行和列的标志及数据。如果要取代示例数据,在数据表的单元格中输入或修改相应的信息,完毕后关闭 Excel 表格,即可在幻灯片中插入一个柱形图。

7. SmartArt 图形编辑

在 PowerPoint 2010 中增加一个了"SmartArt"图形工具,SmartArt 图形主要用于演示流程、层次结构、循环或关系。操作步骤如下。

单击"插入"选项卡中"插图"组的"SmartArt"按钮,弹出"选择 SmartArt 图形"对话框,看到内置的 SmartArt 图形库,如图 6-13 所示。其中提供了不同类型的模板,有列表、流程、循环、层次结构、关系、矩阵、棱锥图和图片 8 大类。以插入一个循环结构的图形为例来说明 SmartArt 的基本用法。选择"循环"中的"块循环",然后单击"确定"按钮。在左边的框中输入汉字,就可以显示在图表中。在选中 SmartArt 图形时,工具栏就会出现"SmartArt 工具",其中包括"设计"与"格式"两大功能区,可以对图形进行美化操作。在"格式"选项卡中单击"现状样式"组中的"现状填充"按钮,在弹出的下拉菜单中选择要填充的颜色或者图片。

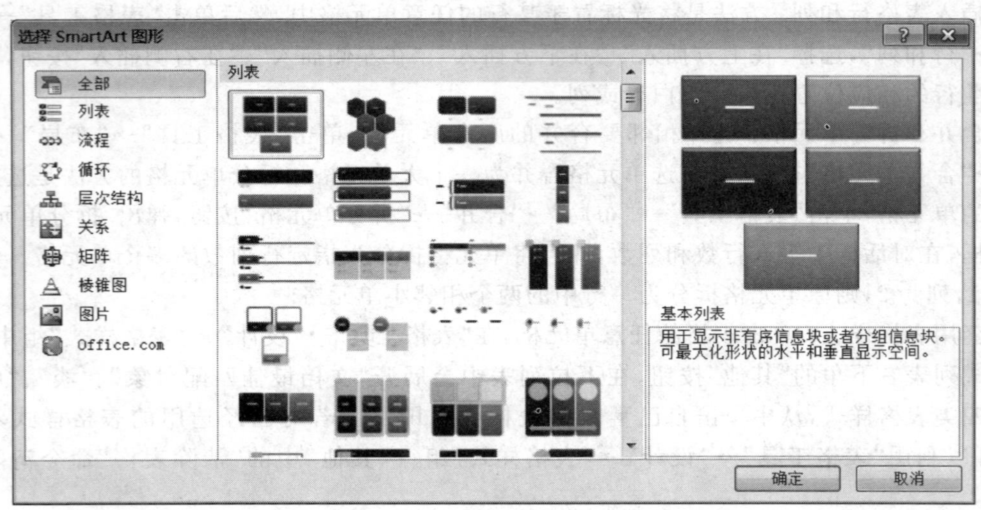

图 6-13 "选择 SmartArt 图形"对话框

将文本转换为 SmartArt 图形的操作方法是,单击文字内容的占位符边框,单击"开始"选项卡"段落"组中的"转换为 SmartArt 图形"按钮,在弹出的下拉菜单中选择"基本流程"选项,弹出"选择 SmartArt 图形"对话框,在系统自动生成的 SmartArt 图形中输入相关文本。

8. 幻灯片的版式

PowerPoint 2010 在幻灯片版式设置上的功能强大,用于修饰、美化演示文稿。新建的演示文稿给出的第一张幻灯片,默认情况下是"标题幻灯片"版式。当需要添加幻灯片的时候，往往要选择新加幻灯片的版式，也可以根据需要重新设置某张幻灯片的版式。

选择“开始”选项卡的“幻灯片”组，单击“版式”下拉按钮，弹出的下拉列表中列出常用的11种版式，例如幻灯片版式、标题和内容等，如图6-14所示。选择一种需要的版式，单击后即可应用于所选的那张幻灯片。每一张幻灯片的版式可以各不相同，这样演示起来更为生动丰富。

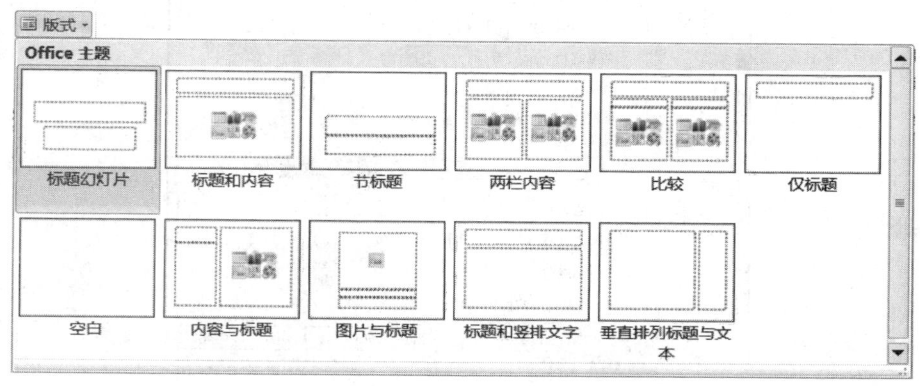

图6-14 幻灯片版式

直接在工作区中的幻灯片上右击，在弹出的快捷菜单中单击“版式”按钮，也可进行选择版式。

9. 幻灯片的背景格式

PowerPoint 2010的每个主题提供了12种背景样式，用户可以选择一种样式快速改变演示文稿中幻灯片的背景，对文稿进行合理美观的搭配。幻灯片背景除了可以设置、填充颜色之外，还可以添加底纹、图案、纹理或图片。

1）幻灯片背景样式设置的操作步骤

选中幻灯片，单击“设计”选项卡中，“背景”组中“背景样式”下的三角按钮，在弹出的下拉式列表中选择其中一种背景样式，单击即可应用于所有幻灯片；在选中的背景样式上右击，在弹出的快捷菜单中，选择“应用于所有幻灯片”，能够把该种背景应用于演示文稿的所有幻灯片；选择“应用于所选幻灯片”，则能够把该种背景仅仅应用于当前选定的一张幻灯片。

2）幻灯片背景格式设置的操作步骤

单击“设计”选项卡中，“背景”组中“背景样式”下的三角按钮，选择“设置背景格式”命令，弹出“设置背景格式”对话框，如图6-15所示。用户可在其中进行相关设置。

在“填充”区域中，可以设置“纯色填充”和“渐变填充”两种方式。“纯色填充”是选择单一颜色填充背景，而“渐变填充”是将两种或更多种填充颜色逐渐混合在一起，以某种渐变方式从一种颜色逐渐过渡到另一种颜色。选择“纯色填充”单选框，单击“颜色”栏的下拉按钮，在下拉列表颜色中选择背景填充颜色。拖动“透明度”滑块，可以改变颜色的透明度，直到满意。若不满意列表中颜色，也可以单击“其他颜色”项，从出现的“颜色”对话框中选择或按RGB颜色模式自定义背景颜色。若选择“渐变填充”单选框，可以直接选择系统预设颜色填充背景，也可以自己定义渐变颜色。

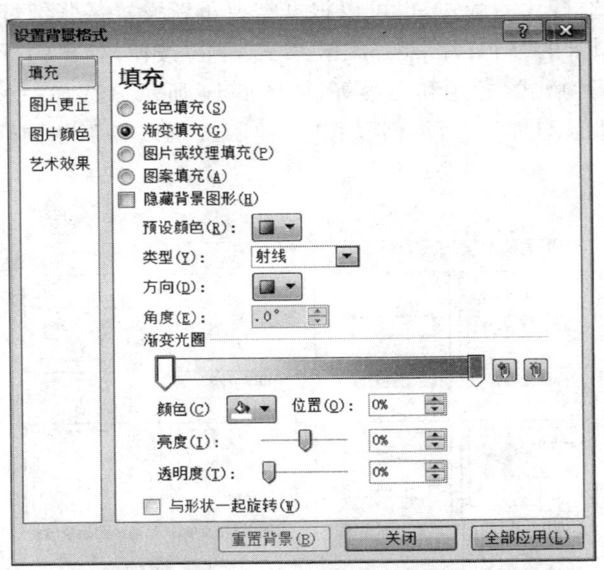

图 6-15 “设置背景格式”对话框

选择“图片或纹理填充”单选框，单击“纹理”下拉按钮，在出现的各种纹理列表中选择所需纹理(如“花束”)。在“插入自：”栏单击“文件”按钮，在弹出的“插入图片”对话框中选择所需图片文件，并单击“插入”按钮，回到“设置背景格式”对话框。

选择“图案填充”单选框，在出现的图案列表中选择所需图案(如“浅色下对角线”)。通过“前景”和“背景”栏可以自定义图案的前景色和背景色。

选择“重置背景”按钮，则撤销本次设置，恢复设置前状态。若单击“全部应用”按钮，则能够将当前设置应用于所有幻灯片的背景。若单击“关闭”按钮，所选背景颜色作用于当前幻灯片。

10. 使用多媒体效果

在幻灯片设计中，有时需要插入影音文件，添加视频对象，使得幻灯片放映时产生很好的效果，更有感染力。

1) 嵌入音频

在普通视图下，单击要嵌入音频的幻灯片，在“插入”选项卡的“媒体”组中，单击“视频”的下三角按钮，选择“文件中的音频”命令，弹出“插入音频”对话框，在其中选择相应的音频文件，单击“插入”按钮。

2) 嵌入视频

在普通视图下，单击要嵌入视频的幻灯片，在“插入”选项卡的“媒体”组中，单击“视频”的下三角按钮，选择“文件中的视频”命令，弹出“插入视频文件”对话框，在其中选择相应的视频文件，单击“插入”按钮。

6.4.4 动态效果制作

1. 超链接

在普通视图中选择要创建链接的文本，单击“插入”选项卡“链接”组中的“超链接”按钮，弹出“插入超链接”对话框，然后进行如下操作。

(1) 在“插入超链接”对话框中选择“本文档中的位置”，单击“确定”按钮，即可将所选文本链接到同一演示文稿中的另外一张幻灯片。

(2) 在“插入超链接”对话框中选择“现有文件或网页”选项，选中要作为链接幻灯片的演示文稿，单击“书签”按钮，在弹出的“在文档中选择位置”对话框中选择幻灯片标题，单击“确定”按钮，返回“插入超链接”对话框，看到选择的幻灯片标题也添加到“地址”文本框中，单击“确定”按钮，即可将所选文本链接到另一演示文稿的幻灯片。

(3) 在“插入超链接”对话框左侧的“链接到”列表中选择“现有文件或网页”选项，在“查找范围”文本框右侧单击“浏览 Web”按钮，弹出的网页浏览器，在其中找到并选择要链接到的页面或文件，单击“确定”按钮，就可以将所选文本链接到 Web 上的页面或文件。

(4) 在“插入超链接”对话框左侧的“链接到”列表中选择“电子邮件地址”选项，在“电子邮件地址”文本框中输入要链接到的电子邮件地址，在“主题”文本框中输入电子邮件的主题，单击“确定”按钮，即可将所选文本链接到指定的电子邮件地址。

(5) 在“插入超链接”对话框左侧的“链接到”列表中选择“新建文档”选项，在“新建文档名称”文本框中输入要创建并链接到的文件的名称，单击“确定”按钮，即可将所选文本链接到新文件。

2. 动作按钮

在 PowerPoint 2010 中，除了用文本或对象创建超链接外，还可以用动作按钮创建超链接，完成在各张幻灯片之间跳转的功能。在幻灯片上设置动作按钮的操作步骤如下。

选择要设置动作按钮的幻灯片，单击“插入”选项卡“插图”组中的“形状”按钮，在弹出的下拉式列表中选择“动作按钮”区域的其中一种按钮图标，例如“动作按钮：后退或前一项”。在幻灯片中移动鼠标到想放置动作按钮的位置，然后单击，该处就出现动作按钮的占位符，同时屏幕上出现“动作设置”对话框。也可以选中动作按钮，右击，选择“编辑超链接”，弹出“动作设置”对话框。其中有两种情况可以选择使用，“单击鼠标”和“鼠标移过”。例如选择“单击鼠标”选项卡，在“单击鼠标时动作”区域中选择“超链接到”单选按钮，并在其下拉列表中选择“上一张幻灯片”选项，单击“确定”按钮，该动作按钮的设置完成。如果要对动作按钮本身进行美化，与编辑形状的操作方法一致。

3. 动画效果

1) 创建动画

在 PowerPoint 2010 演示文稿中，能够把一张幻灯片上的各种元素，如文本、图片、形状、表格、SmartArt 图形和其他对象制作成动画，赋予它们进入、退出、大小或颜色变化，甚至移动等视觉效果。

选中要添加动画的文本或图片，单击“动画”选项卡“动画”组中的“其他”按钮，如图 6-16 所示，在弹出的下拉式列表中列出 PowerPoint 2010 提供的四类不同动画效果：进入、强调、退出和动作路径，用户可以单击进行创建动画效果，如图 6-17 所示。添加动画效果后，文字或图片对象前面会显示一个动画编号标记。

(1) “进入”效果：“进入”动画是对象出现到播放画面的效果。可以使对象逐渐淡入焦点，从边缘飞入幻灯片或者跳入视图中，如飞入、旋转、弹跳等。

(2) “退出”效果：“退出”动画是在播放画面中的对象离开播放画面的效果。这些效果

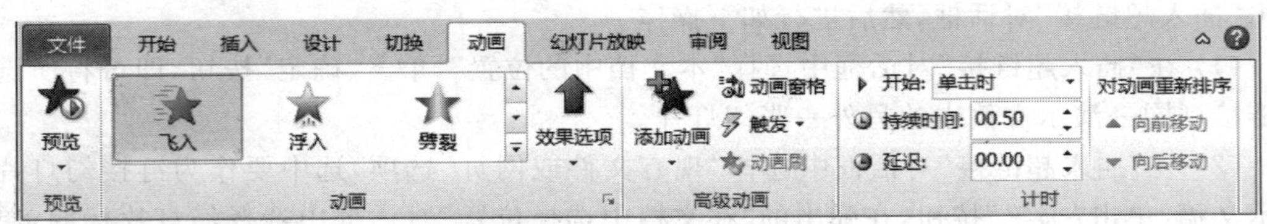

图 6-16 “动画”选项卡

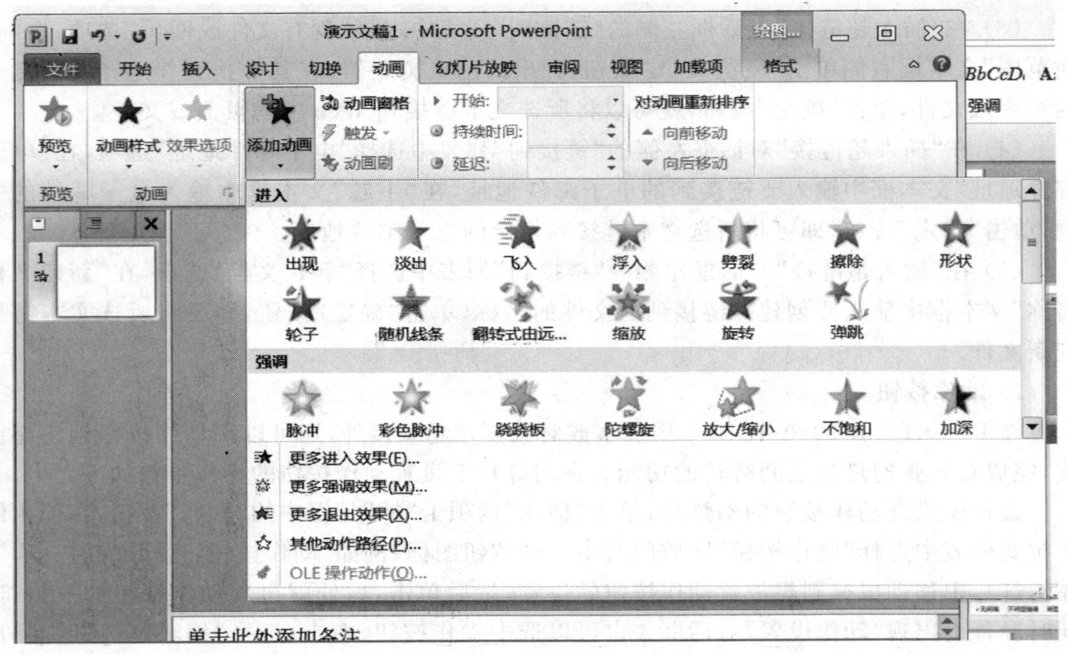

图 6-17 添加动画

的示例包括使对象缩小或放大、从视图中消失或者从幻灯片旋出，如飞出、消失、淡出等。

(3)“强调”效果：“强调”动画是对播放画面中的对象进行突出显示，起强调作用。这些效果的示例包括使对象缩小或放大、更改颜色或沿着其中心旋转，如放大/缩小、加粗闪烁等。

(4)“动作路径”效果：“路径”动画是播放画面中的对象按指定路径移动的动画效果。这些效果可以使对象上下移动、左右移动或沿着星形、圆形图案移动，如弧形、直线、循环等。

如果对所列动画效果仍不满意，还可以选择动画样式的下拉列表的下方“更多进入效果”命令，打开“更改进入效果”对话框，列出更多动画效果供选择。

2) 设置动画属性

动画顺序的调整是在放映过程中可以对幻灯片播放的顺序重新调整。操作步骤如下，在普通视图下，选择要调整动画的幻灯片。单击“动画”选项卡“高级动画”组中的“动画窗格”按钮，弹出“动画窗格”窗口。左侧的数字表示该对象动画播放的顺序号，与幻灯片中的动画对象旁边显示的序号一致。选择其中需要调整顺序的动画，然后选择“动画窗格”窗口下方的“重新排序”命令左侧或右侧的向上按钮或向下按钮进行调整。

设置动画效果选项：动画效果选项是指动画的方向和形式。选择设置动画的对象，单击“动画”选项卡中的“效果选项”按钮，出现各种效果选项的下拉列表。例如“陀螺旋”动画的效果选项为旋转方向、旋转数量等，从中选择满意的效果选项。

动画时间的设置：创建动画之后，可以在“动画”选项卡中为动画指定开始方式、持续时间或者延迟计时。动画开始方式是指开始播放动画的方式，动画持续时间是指动画开始后整个播放时间，动画延迟时间是指播放操作开始后延迟播放的时间。

(1) 动画的开始方式设置步骤：单击“计时”组中的“开始”菜单右侧的下三角按钮，从弹出的下拉式列表中进行选择。该下拉式列表包括“单击时”、“与上一动画同时”和“上一动画之后”。

(2) 动画的持续时间以及延迟计时的设置步骤如下：在“计时”组中的“持续时间”文本框中输入所需的秒数，或者单击“持续时间”文本框后面的微调按钮，来调整动画要运行的持续时间。在“计时”组中的“延迟”文本框中输入所需的秒数，或者使用文本框后面的微调按钮来调整。

设置动画音效：设置动画时，默认动画无音效，需要音效时可以自行设置。选择设置动画音效的对象，单击“动画”选项卡“动画”组右下角的“显示其他效果选项”按钮，在“出现”对话框中，单击“声音”后的下拉按钮，从中选择即可设置声音效果。

预览动画效果：单击“动画”选项卡中的“预览”组的预览按钮，或者在“动画窗格”窗口中单击“播放”按钮，都可以在 PowerPoint 2010 的窗口中直接看到动画效果。

4. 幻灯片切换

在幻灯片放映时，幻灯片的切换效果是在演示期间从一张幻灯片移动到下一张幻灯片出现的动画效果。为了使幻灯片更具有趣味性，在幻灯片切换的时候可以使用不同的技巧和效果。单击“切换”选项卡→“切换到此幻灯片”组中切换效果列表的下拉按钮，弹出细微型、华丽型、动态内容三大类切换效果，如图 6-18 所示，在切换效果列表中单击选择切换样式。设置的切换效果对所选幻灯片有效，如果希望全部幻灯片均采用该切换效果，可以单击“计时”组的“全部应用”按钮。

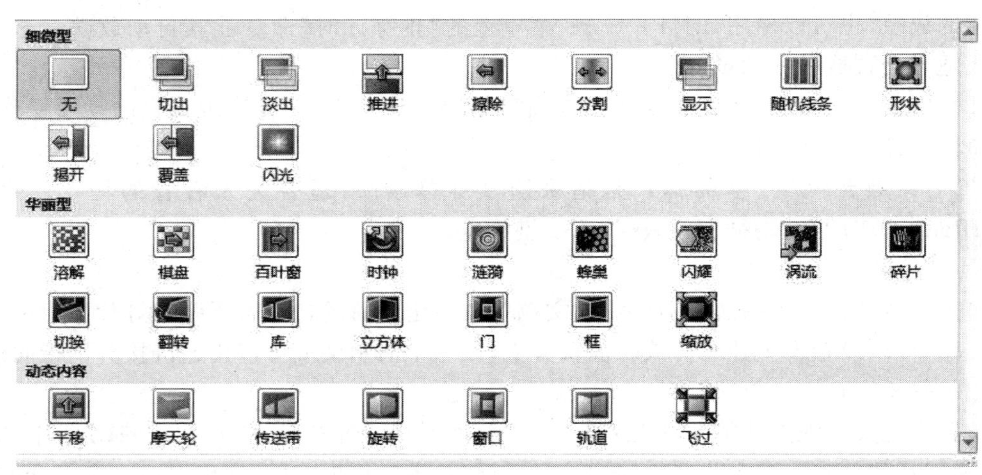

图 6-18　幻灯片切换效果

设置切换属性，单击“切换”选项卡→“切换到此幻灯片”组中的“效果选项”按钮，弹出幻灯片切换属性可供选择，包括效果选项（如“自左侧”）、换片方式（如“单击鼠标时”）、持续时间（如“2 秒”）和声音效果（如“打字机”）。

用户可预览切换效果，在设置切换效果时，当时就会预览所设置的切换效果；也可以单击“切换”选项卡→“预览”组的“预览”按钮，随时预览切换效果。

6.4.5 演示文稿的放映和打印

1. 放映演示文稿

放映幻灯片是制作演示文稿的最终目的，在针对不同的应用时往往要设置不同的放映方式，放映方式选取得适当也是能增强演示效果的。

1）设置放映

设置幻灯片的放映，第一种方法是选择“幻灯片放映”选项卡，即可看到“开始放映幻灯片”组，如图 6-19 所示，根据用户需要进行选择，例如“从头开始”或“从当前幻灯片开始”按钮。第二种方法是单击窗口右下角视图按钮中的“幻灯片放映”按钮，则从当前幻灯片开始放映。

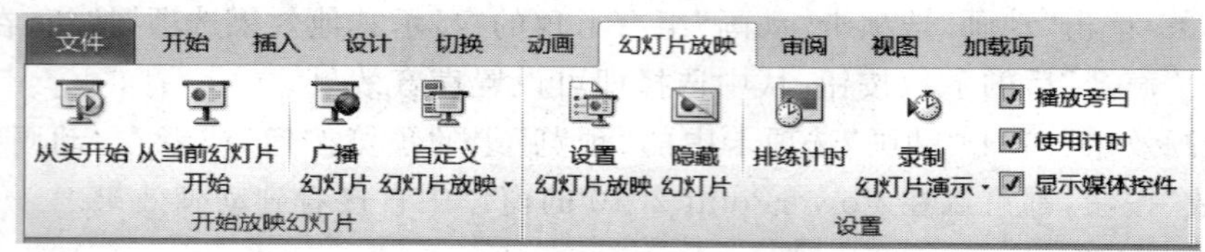

图 6-19 设置背景格式

单击“幻灯片放映”选项卡，在“设置”组中单击“设置幻灯片放映”按钮，弹出“设置放映方式”对话框。在其中可以确定幻灯片的放映范围，即放映部分幻灯片时，可以指定放映幻灯片的开始序号和终止序号和可以放映时是否循环放映、是否加旁白即动画等。可以设置放映类型，有以下 3 种。

(1)“演讲者放映(全屏幕)”：是指常规的全屏幕放映，在放映过程中既可以人工控制幻灯片的放映，也可以使用“幻灯片放映”菜单上的“排练计时”命令让其自动放映。这种放映方式适合会议或教学的场合。

(2)“观众自行浏览(窗口)”：是指在窗口中展示演示文稿，允许观众自己动手操作，利用窗口命令控制放映进程。

(3)“在展台浏览(全屏幕)”是指采用全屏幕放映，适合无人看管的场合。此时，PowerPoint 2010 会自动循环放映，按 Esc 键终止。

2）自定义放映

自定义放映方式是指从当前的演示文稿中按一定的目的选取若干张幻灯片另组成一份演示文稿，可以设置多个独立的放映演示分支，使一个演示文稿可以用超链接分别指向演示文稿中的每一个自定义放映。

设置自定义放映方式的方法是：选择“幻灯片放映”选项卡→“开始放映幻灯片”组→“自定义幻灯片放映”，弹出“自定义放映”对话框，单击对话框上的“新建”按钮，在打开的“定义自定义放映”窗口中选取要添加到自定义放映中的幻灯片，每选择一张幻灯片，就单击一次“添加”按钮，“在自定义放映中的幻灯片”列表框就增加一项。在“幻灯片放映名称”框中输入自定义放映演示文稿的名称，再单击“确定”按钮。若想添加或删除自定义放映中的幻灯片，可以选择“自定义幻灯片放映”命令，然后在“自定义放映”对话框中选择要修改的自定义放映演示文稿名，单击“编辑”按钮后进行添加或删除。

3）放映控制

在放映幻灯片的时候，右击弹出的放映控制快捷菜单来控制放映。

改变放映顺序：一般来说，幻灯片放映是按顺序依次放映。若需要改变放映顺序，选择“上一张”或“下一张”命令，即可放映当前幻灯片的上一张或下一张幻灯片。若要放映特定幻灯片，将鼠标指针指向放映控制菜单的“定位至幻灯片”，就会弹出所有幻灯片标题，单击目标幻灯片标题，即可从该幻灯片开始放映。

放映中即兴标注和擦除墨迹：放映过程中，可能要强调或勾画某些重点内容，也可能临时即兴勾画标注。为了从放映状态转换到标注状态，可以将鼠标指针放在放映控制菜单的“指针选项”，在出现的子菜单中选择“笔”命令（或“荧光笔”命令），鼠标指针呈圆点状，按住鼠标左键即可在幻灯片上勾画书写。如果希望删除已标注的墨迹，可以选择放映控制菜单“指针选项”子菜单的“橡皮擦”命令，鼠标指针呈橡皮擦状，在需要删除的墨迹上单击即可清除该墨迹。选择“擦除幻灯片上所有的墨迹”命令可一次性清除所有墨迹。

使用激光笔：为指明重要内容，可以使用激光笔功能。按住 Ctrl 键的同时，按鼠标左键，屏幕出现十分醒目的红色圆圈的激光笔，移动激光笔，可以明确指示重要内容的位置。改变激光笔颜色的方法是单击“幻灯片放映”→“设置”→“设置幻灯片放映”按钮，出现“设置放映方式”对话框，单击“激光笔颜色”下拉按钮，即可设置激光笔的颜色（红、绿和蓝之一）。

中断放映：有时希望在放映过程中退出放映，可以右击鼠标，调出放映控制菜单，从中选择“结束放映”命令即可，还可以通过屏幕左下角的控制按钮实现放映控制菜单的全部功能。左箭头、右箭头按钮相当于放映控制菜单的“上一张”或“下一张”功能；笔状按钮相当于放映控制菜单的“指针选项”功能等。

4）打包演示文稿

如果想在其他计算机上放映演示文稿，打包操作即可实现。打开要打包的演示文稿，选择“文件”选项卡中的“保存并发送”命令，双击“将演示文稿打包成 CD”，出现“打包成 CD”对话框，单击“添加”按钮，出现“添加文件”对话框，从中选择要打包的文件（如相册. pptx），并单击“添加”按钮。

完成了演示文稿的打包后，就可以在其他计算机上运行打包的演示文稿，即使没有安装 PowerPoint 的情况下，也能放映演示文稿。双击打开打包的文件夹的 PresentationPackage 子文件夹，在联网情况下，双击该文件夹的 PresentationPackage. html 网页文件，在打开的网页上单击 Download Viewer 按钮，下载 PowerPoint 播放器 PowerPointViewer. exe 并安装。启动 PowerPoint 播放器，出现 Microsoft PowerPoint Viewer 对话框，定位到打包文件夹，选择某个演示文稿文件，并单击“打开”按钮，即可放映该演示文稿。放映完毕，还可以在对话框中选择播放其他演示文稿。

5）将演示文稿转换为直接放映格式

将演示文稿转换成放映格式，可以在没有安装 PowerPoint 的计算机上直接放映。打开演示文稿，选择“文件”选项卡→“保存并发送”命令→“更改文件类型”→“PowerPoint 放映（*.ppsx）”，单击“另存为”按钮即可转换成功。那么，在系统中找到要放映的演示文稿名，双击该文件名，幻灯片就会开始放映。如果在放映过程中想中断幻灯片的放映，可以单击鼠标右键并在出现的菜单中选择“结束放映”命令或按 Esc 键即可。

2. 打印演示文稿

单击“文件”选项卡中的“打印”命令，在打印设置区，可执行下面的操作。

(1) 在“打印”栏输入打印份数，在“打印机”栏中选择当前要使用的打印机。

(2)“设置”栏的内容从上至下是：设置打印范围，若要打印所有幻灯片，单击“打印全部幻灯片”。若要打印当前显示或选定的幻灯片，单击“打印当前幻灯片”或“打印所选幻灯片”。若要按编号打印特定幻灯片，单击“自定义范围”，输入幻灯片的编号或范围。例如设置打印版式（整页幻灯片、备注页、大纲）或打印讲义的方式（1 张幻灯片、2 张幻灯片、3 张幻灯片等）、单面打印或双面打印选项、调整选项；设置打印颜色，单击“颜色”右侧下拉列表，根据情况选择“颜色”、“灰度”、“纯黑白”中的一种。

(3) 以上设置完成后，单击左上角的“打印”按钮。

6.5 网站创建软件

Microsoft SharePoint Designer 2010 是一种用于设计、构建和自定义在 SharePoint Foundation 2010 和 Microsoft SharePoint Server 2010 上运行的网站和应用程序设计程序。使用 SharePoint Designer 2010，可以创建数据密集型网页，构建强大的支持工作流的解决方案，以及设计网站的外观。可创建各种各样的网站，从小型项目管理网站到仪表板驱动的企业版门户解决方案，无一不可。

SharePoint Designer 2010 提供独特的网站创作体验，可在该软件中创建网站，自定义构成网站的组件，围绕业务流程设计网站的逻辑，将网站作为打包解决方案部署。无须编写一行代码即可完成所有这些工作。下面介绍 SharePoint Designer 2010 以及如何开始在组织中使用该软件。

6.5.1 SharePoint Designer 2010 界面

SharePoint Designer 2010 提供了一个环境，用户可在该环境中创建、自定义和部署 SharePoint 网站和解决方案。这是通过用户界面实现的，它显示构成网站的所有组件以及这些组件之间的关系。当第一次打开网站时，会看到网站的摘要，包括其标题、说明、当前权限和子网站。如图 6-20 所示。

SharePoint Designer 2010 界面有 3 个主要区域，用户可在其中设计和构建网站。

(1)“导航”窗格用于导航网站的主要部件或组件。

(2)“库和摘要”页面用于查看每个组件类型的列表以及某一个特定组件的摘要。

(3)“功能区”用于对所选组件执行操作。

“导航”窗格显示构成网站的组件，包括网站的列表、库、内容类型、数据源和工作流等。若要编辑某一个组件，例如一个“通知”列表，可打开“列表和库”，这样将进入显示所有列表和库的“库”页面。

图 6-20　SharePoint Designer 2010 的界面

在该页面中，可以打开“通知”列表，这样将进入该列表的“摘要”页面。在“摘要”页面上，用户可查看相关的视图、表单、工作流等内容。若要编辑某一个视图，只需在此页面中直接将其打开。

视图打开后，将注意到功能区有所变化，显示最常用的和上下文相关的编辑任务，用于编辑视图。如果用户熟悉 Microsoft Office 应用程序中的功能区，会知道功能区会使创建和编辑任务变得快捷和简单。完成编辑后，请使用页面顶部的“后退”按钮或痕迹导航返回到网站的摘要。

SharePoint Designer 2010 界面使用户可以轻松地识别网站的各个组件，向下选取并编辑这些组件当中的某一个，然后返回到网站的主视图。

6.5.2　打开和创建 SharePoint 网站

在 SharePoint Designer 2010 中，可以打开服务器上的现有 SharePoint 网站并开始自定义它们，也可以根据 SharePoint 网站模板新建网站或从头开始新建可自定义的空网站。

1. 打开网站

除了在 SharePoint Designer 2010 中对网站的各个对象进行操作外，用户可能还希望查看和访问更大的网站或应用程序设置。这包括打开另一个网站、添加页面、导入文件和更改 SharePoint Designer 2010 的应用程序设置。可在“文件”选项卡上执行这些操作，如果通过

Windows“开始”菜单或桌面上的快捷方式打开 SharePoint Designer 2010，“文件”选项卡将是看到的第一个屏幕。

若要打开现有网站，单击“文件”选项卡，选择“网站”，如图 6-21 所示，然后执行下列操作之一。

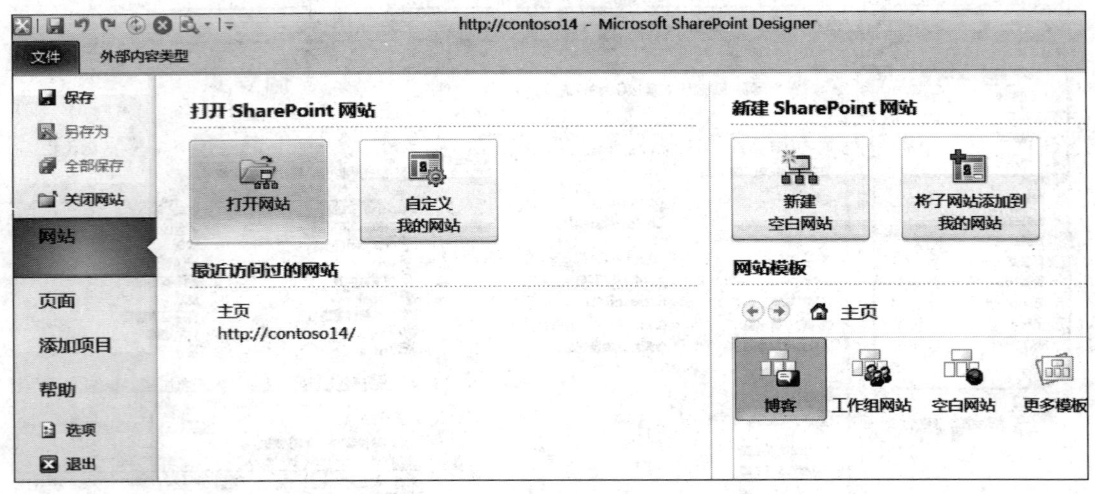

图 6-21 “文件”选项卡中的网站

(1) 单击“打开网站”以浏览服务器上的可用网站。

(2) 单击“自定义我的网站”以打开并自定义“我的网站”。

(3) 在“最近访问过的网站”下，选择一个最近在 SharePoint Designer 2010 中打开的某个网站。

2. 创建网站

若要创建新网站，单击“文件”选项卡，选择“网站”，然后执行下列操作之一。

(1) 单击“新建空白网站”，创建一个空白 SharePoint 网站。

(2) 单击“将子网站添加到我的网站”，在“我的网站”下创建一个新网站。

(3) 在“网站模板”下，从模板列表中选择一个模板，以根据 SharePoint 模板创建新网站。此时，只需指定服务器和网站名称并创建网站。你的网站将会创建，然后在 SharePoint Designer 2010 中打开。

除了从 SharePoint Designer 2010 中打开和创建网站外，还可以使用浏览器打开一个 SharePoint 网站，然后使用“网站操作”菜单中的可用链接、功能区以及 SharePoint 中的其他位置在 SharePoint Designer 2010 中打开该网站。

如果从 SharePoint 打开 SharePoint Designer 2010，则不会看到此屏幕。相反，用户将在 SharePoint Designer 2010 界面中看到网站打开。

6.5.3 创建列表、库以及与数据源的连接

在 SharePoint Designer 2010 中，可以创建列表和库（它们通常作为 SharePoint 网站的数据源），并可以创建与 XML 文件、外部数据库和 Web 服务的数据源连接。

1. SharePoint 列表和库

列表和库是用户将在网站上使用的通用数据源。与其他数据源相比，它们的独特之处在于它们已经是 SharePoint 的一部分，并且与 SharePoint 使用相同的数据库。用户无须执行任何额外步骤，即可与这些数据源建立连接，只需在 SharePoint Designer 2010 中使用“列表和库”库添加它们，或在浏览器中添加它们。创建列表或库之后，就可以自定义它的关联列、内容类型和其他架构属性。

若要创建 SharePoint 列表或库，选择“导航”窗格中的“列表和库”，然后在“列表和库”选项卡上选择下列选项之一。

(1) 单击“自定义列表”以从头开始创建空列表。

(2) 单击“SharePoint 列表”以根据 SharePoint 列表模板创建列表。

(3) 单击“文档库”以根据 SharePoint 库模板创建库。

(4) 单击“外部列表”以根据外部内容类型创建外部列表。

(5) 单击“电子表格中的列表”以根据导入的电子表格创建列表。

2. 数据源连接

使用 SharePoint Designer 2010，可以连接到多个数据源，然后将这些数据集成到网站和 Office 客户端应用程序。因此，用户可在选择的程序中查看网站上的业务数据，并与这些数据进行交互，而无须单独连接到那些数据源。连接到数据源是 SharePoint Designer 2010 的一项强大功能，因为它支持很多选项，可使用这些选项为用户提供数据。通过数据连接，用户可将列表和库、外部数据库、数据源和 Web 服务等联为一体。

若要创建数据源连接，单击“导航”窗格中的“数据源”，然后在“数据源”选项卡上选择下列选项之一。如图 6-22 所示。

图 6-22 “文件”选项卡中的网站

(1) 单击“链接数据源”以创建与多个数据源的数据连接。

(2) 单击“数据库连接”以创建与支持 OLE DB 或 ODBC 协议的数据库的数据连接。通过将数据库添加为数据源，可将来自其他数据库的数据集成到网站中，可连接到 Microsoft SQL Server、Oracle 以及支持 OLE DB 或 ODBC 协议的任何数据库，只需知道数据库所在的服务器的名称、数据提供程序以及要使用的身份验证类型。将数据库添加和配置为数据源之后，可创建视图和表单，让用户能够读取数据并将数据写回数据源，而无须离开 SharePoint 网站。

(3) 单击“SOAP 服务连接”以创建与使用 SOAP(简单对象访问协议)的 XML Web 服务的连接。简单对象访问协议(SOAP)是用于交换基于 XML 的消息的协议，它使用户可以使用 XML Web 服务连接到各种数据源。在 SharePoint Designer 2010 中，用户可使用此协议连接到组织中其他网站或 Internet 上的某个网站的数据源，而无论该网站使用何种技术、编程语言或平台。用户可以使用 XML Web 服务在网站上显示货币转换工具、股市行情、计算器或天气预报服务。

(4) 单击"REST 服务连接"以创建与使用 REST 的服务器端脚本的连接。表象化状态转变(REST)是联网软件的一种架构样式,它充分利用了 Web 技术和协议,而不仅仅是一种构建 Web 服务的方法。用户可以使用此类型通过读取描述内容的指定服务器端脚本从网站获取数据。与 SOAP 类似,可在 SharePoint Designer 2010 中使用此技术连接到其他网站上的数据源进行显示,例如连接到货币转换工具、股市行情、计算器或天气预报服务。此种类型的数据连接比 SOAP 更加易于实施,但只限于 HTTP。

(5) 单击"XML 文件连接"以创建与 XML 源文件的连接。如果组织将数据存储在 XML 文件中,用户可在 SharePoint Designer 2010 中连接到这些作为数据源的文件。若要连接到作为数据源的 XML 文件,可在 SharePoint Designer 2010 中直接创建这类文件,从计算机或网络上的某个位置导入这类文件,或连接到位于外部位置的这类文件。

3. 外部内容类型

Business Connectivity Services(简称 BCS)是基于 SharePoint 的框架,为现有业务数据和流程提供了标准化的界面。使用 BCS,可将外部业务数据源(SQL Server、SAP 和 Siegel、Web 服务以及自定义应用程序)连接到 SharePoint 网站和 Office 应用程序。

在 SharePoint Designer 2010 中,用户可以通过创建外部内容类型来连接到外部数据。外部内容类型代表外部数据源中的数据,它存储了大量信息,包括连接详细信息,在业务应用程序中使用的对象,用于进行创建、读取、更新或删除的方法,用户可以对对象本身进行操作。

外部内容类型存储在业务数据目录中。一旦创建了外部内容类型,你和组织中的其他人即可基于该类型轻松地创建 SharePoint 列表、视图、表单、工作流甚至 Office 客户端集成。与任何其他组件相同,外部数据将成为 SharePoint 的一部分,能够创建完全自定义的用户界面以访问这些外部数据源。

使用外部内容类型,可以连接到外部业务数据源并将这些数据源与 SharePoint 网站和支持的客户端应用程序集成。在创建外部内容类型后,即可创建外部列表,以允许用户与这些数据交互,就像与 SharePoint 列表或库交互一样。

若要创建外部内容类型,执行以下步骤。

(1) 单击"导航"窗格中的"外部内容类型"。

(2) 在"外部内容类型"选项卡上,单击"外部内容类型",然后设计外部内容类型的操作、字段等。

6.5.4 创建自定义视图和表单

一旦与必需数据源建立了连接,即可创建数据丰富的交互式界面,以便用户访问这些数据源。使用 SharePoint Designer 2010,用户可为数据源创建功能强大的动态用户界面,还可在多个位置提供这些用户界面,包括 SharePoint 网站、自定义窗口、窗格以及 Office 业务应用程序中的字段。

在 SharePoint Designer 2010 中,可以为数据源创建自定义视图和表单,它们实际将成为用于读取数据和将数据写入这些数据源的界面。

1. 视图

使用视图,用户将能够通过多种不同方式查看数据。无论是查看列表或库,还是查看外部数据源，都可以使用视图来显示与用户相关的信息。在 SharePoint Designer 2010 中，创建的每个视图都是以 XSLT（可扩展样式表转换语言）格式显示的数据视图，而且利用了 Microsoft ASP.NET 技术。在视图中，可以显示和隐藏字段，进行排序、筛选和计算，还可以应用条件格式以及进行其他操作。用户可在多种视图样式中进行选择，而且可以快速启动它们。最后，还可以创建和自定义任何视图以适应的数据模型、用户和业务。

视图是可添加到任何 SharePoint 页面中的数据源的实时可自定义显示形式。在 SharePoint Designer 2010 中，可以创建列表视图（使用 XSLT 列表视图 Web 部件）和数据视图（使用数据表单 Web 部件）。执行下列步骤之一可创建列表视图或数据视图。

（1）在“导航”窗格中，单击“列表和库”，选择要为其创建视图的列表，然后在“列表设置”选项卡上，单击“列表视图”。

这将创建一个与列表或库关联的视图。然后用户将看到该视图并可以使用 SharePoint 功能区中的“管理视图”组自定义视图。

（2）在“导航”窗格中，单击“网站页面”，编辑要用于创建视图的页面，单击“插入”选项卡，选择“数据视图”，然后选择要用于该视图的 SharePoint 列表或库。

2. 表单

若要从用户那里收集信息，可以创建表单。通过高度自定义的基于 Web 的表单，用户可以轻松地将数据写回到数据源。与视图相同，可根据数据状态、用户角色等信息自定义字段的外观。表单可用于显示数据、编辑数据和创建数据，可以使用 SharePoint Designer 2010 的内置表单编辑器（适用于.aspx 文件）或 Microsoft InfoPath（适用于.xsn 文件）来设计表单。表单可针对特定数据源（例如任务列表）创建和自定义，它们可用于在工作流中收集用户信息。

表单是用于提交到或写回数据源的数据源的可自定义显示形式。在 SharePoint Designer 2010 中，可以创建列表表单和数据表单（二者都使用数据表单 Web 部件）。执行下列步骤之一可创建列表表单或数据表单。

（1）在“导航”窗格中，单击“列表和库”，选择要为其创建视图的列表，然后在“列表设置”选项卡上，单击“视图表单”。

（2）在“导航”窗格中，单击“网站页面”，编辑要用于创建表单的页面，单击“插入”选项卡，选择“新建项目表单”、“编辑项目表单”或“显示项目表单”，然后选择要用于表单的数据源。

除了使用 SharePoint Designer 2010 中的表单设计工具外，还可以使用 Microsoft InfoPath 2010 创建和自定义 SharePoint 表单。

3. 其他方式

1）自定义操作

使用 SharePoint Designer 2010 中的自定义操作生成器，可以针对 SharePoint 功能区、工具栏和列表项菜单创建自定义操作，例如链接、图标和脚本。在任何时候向网站添加新功能时，都可以将新功能显示在 SharePoint 菜单中，从而让用户能够更加轻松地发现和使用新功能。用户也可以使用自定义操作来鼓励用户对特定对象执行某些操作，例如启动列表上的工作流。

2）Web 部件

Web 部件是添加到 SharePoint 页面上的信息模块单元，即独立的数据或功能。上文所述的视图和表单都存储在 Web 部件中，但除此以外，用户还可以添加用于执行很多功能并与数据进行交互的 Web 部件。如果用户将 Web 部件添加到 SharePoint Designer 2010 中的 Web 部件区域中，则用户可在浏览器中进一步自定义 Web 部件。Web 部件和 Web 部件页是在 SharePoint 中为用户自定义 Web 界面的一种强大而有效的方式。

3）以客户端集成

对于使用外部内容类型的外部数据源，用户可在 Microsoft Outlook 2010 和 SharePoint Workspace 等客户端应用程序中展现该信息。可为用户创建一个界面，以便他们读取、写入和删除外部业务数据，就如同这个界面是应用程序的一部分一样。用户可以使用客户端表单、区域和任务窗格实现这一目标。因此，用户可在他们最熟悉并且已在使用的网站和 Office 应用程序中处理其业务数据。

4）导航

导航在为用户创建的界面中扮演着非常重要的角色，在导航区域中，可对整个 SharePoint 进行管理，而不只是对 SharePoint Designer 2010 进行管理。例如可以自定义数据视图或表单、Web 部件和工作流中的导航链接，或在网站级别上自定义导航链接，如顶部链接栏或快速启动栏。您希望确保网站及其所有部件都有规划合理的导航模型，让用户能够轻松使用。

6.5.5 创建自定义工作流

在 SharePoint Designer 2010 中，可以使用可高度自定义的工作流来管理业务流程。这些工作流可用于管理应用程序流程和人工协作流程。在创建工作流时有很多选项。

1. 在 SharePoint Designer 2010 中创建工作流

在创建工作流时，可以基于 SharePoint 列表或库创建工作流；可以创建可应用于任何列表或库的可重用工作流；还可以创建在网站级别运行的网站工作流。

若要创建这些工作流，单击“导航”窗格中的“工作流”，然后在“工作流”选项卡上，执行下列步骤之一。

（1）单击“列表工作流”并选择要与工作流关联的列表。

（2）单击“可重用工作流”以创建可与任何列表或库关联的可重用工作流。

（3）单击“网站工作流”以创建可在网站级别应用的工作流。

在创建工作流后，即可使用工作流设计器在该工作流中构建条件、操作和步骤。使用任务设计器可管理与每项任务关联的事件。

2. 从 Microsoft Visio 2010 导入工作流

除了在 SharePoint Designer 2010 中创建工作流外，还可以导入在 Microsoft Visio 2010 中使用提供的工作流模具和模板设计的工作流。

若要导入工作流，请单击“导航”窗格中的“工作流”，然后在“工作流”选项卡上执行下列步骤。

（1）单击“从 Visio 导入”，然后浏览文件系统或 SharePoint 文档库以查找 Visio 工作流交换文件(.vwi)。

(2) 选择将该工作流与列表相关联或使其成为可重用工作流，然后单击“完成”按钮。

(3) 开始在 SharePoint Designer 中自定义工作流。

6.5.6 设计网站页面、母版页和页面布局

在 SharePoint Designer 2010 中，可以创建和自定义网站页面、母版页和页面布局。尽管其中每个页面都用于不同目的，但页面编辑体验类似。可以添加和删除文本、图像、链接、表、Web 部件和服务器控件等。可以将样式定义和级联样式表应用于母版页和页面布局，以更改网站的外观或使其标识符合公司形象。

1. 网站页面

若要创建网站页面，单击“导航”窗格中的“网站页面”，然后在“页面”选项卡上，执行下列步骤之一。

(1) 单击“Web 部件页”以创建具有标题和正文 Web 部件的页面，而且该页面将与网站母版页相关联。

(2) 单击“页面”并选择“ASPX”或“HTML”以创建不与网站母版页关联的空网站页面。

2. 母版页

母版页是一项 ASP. NET 功能，SharePoint 包括了这项功能，它让用户能够在某一个位置设计网站布局，而在企业的其他页面上将该布局作为模板重复使用。每次查看 SharePoint 网站上的页面时，查看的都是由两个页面(母版页和内容页)合并而成的页面。母版页定义了通用布局和导航(通常由页面的左侧、顶部和底部构成)。内容页则提供页面特定的内容。SharePoint Designer 2010 提供了大量的页面编辑工具，可以用于自定义母版页，并与其他人共享。

单击“导航”窗格中的“母版页”，然后在“母版页”选项卡上，单击“空白母版页”。

3. 页面布局

如果要设计一个发布网站，也可使用页面布局来设计该网站的外观和布局。页面布局用作组织内用户创建的发布页的模板。除了母版页之外，页面布局还为发布页提供精细的控制和结构，例如指定标题、正文和图形放置在页面上的什么位置。发布页使用 SharePoint 中的发布基础结构，它们将帮助简化基于浏览器的内容创作和发布，而不会产生流程通常会产生的所有相关开销。

单击“导航”窗格中的“页面布局”，然后在“页面布局”选项卡上，单击“新建页面布局”并选择页面布局所基于的内容类型组和名称。

默认情况下将对除网站级管理员之外的所有用户禁用母版页和页面布局。如果在 SharePoint Designer 2010 中看不到用于查看或编辑母版页或页面布局的选项，请与网站管理员联系以启用这些选项。

6.5.7 另存为模板

在自定义网站后，可以将网站或其中一部分另存为模板。SharePoint 的一项强大功能是将解决方案另存为模板。操作方法是，在 SharePoint Designer 2010 中，单击“文件”→“保存并发送”→“另存为模板”选项，以利用此功能。

该模板以 Web 解决方案包(.wsp 文件)的形式保存,其中包含网站的完整内容,包括数据源和结构、视图和表单、工作流以及 Web 部件。还可以在其他环境中使用该模板或由其他用户进一步自定义网站,例如在浏览器或 Microsoft Visual Studio 中。

这些模板也是非常精细的,用户可能要对网站的某个特定部件进行操作,例如某个列表、视图或工作流。用户也可将它们另存为单独的组件和模板,这提供了在解决方案开发方面进行协作的一种全新方式。

习 题 6

一、填空题

1. 分辨率影响图像的质量,在图像处理时需要考虑________、________、________。

2. 目前我国采用视频信号的制式是________。

3. 计算机在存储波形声音之前,必须进行________。

4. MIDI 标准的文件中存放的是________。

5. WMF、DXF 等图形文件的存储格式是________。

6. Microsoft PowerPoint 2010 是________组件中的一款,是能够进行动态电子文稿制作和演示的软件,功能强大,易学实用。

7. 当建立空白演示文稿时,系统自动生成一张标题幻灯片,其中包括两个虚线框,框中有提示操作的文字,这个虚线框称为________。

8. 用户选择某一个形状(例如矩形)后,鼠标指针呈十字形,移到幻灯片上________,即可出现一个默认大小的矩形。

9. SharePoint Designer 2010 界面有 3 个主要区域,分别是________、________、________。

10. 通过数据连接,用户可将________和库、________和数据源、Web 服务等联为一体。

二、选择题

1. 所谓的媒体是指(   )。

   A. 表示和传播信息的载体　　B. 各种信息的编码
   C. 计算机屏幕显示的信息　　D. 计算机的输入和输出信息

2. 多媒体计算机是指(   )。

   A. 具有多种外部设备的计算机　　B. 能与多种电器连接的计算机
   C. 能处理多种媒体的计算机　　D. 借助多种媒体操作的计算机

3. 下面关于(静止)图像媒体元素的描述,说法不正确的是(   )。

   A. 静止图像和图形一样具有明显规律的线条
   B. 图像在计算机内部只能用称为"像素"的点阵来表示
   C. 图形与图像在普通用户看来是一样的,但计算机对它们的处理方法完全不同
   D. 图像较图形在计算机内部占据更大的存储空间

4. PCX、BMP、TIF、JPG、GIF 等图像文件的存储格式是(   )。

   A. 动画文件　　B. 视频数字文件
   C. 位图文件　　D. 矢量文件

5. 图像数据压缩的目的是为了(　　)。

A. 符合 ISO 标准　　B. 减少数据存储量,便于传输

C. 图像编辑的方便　　D. 符合各国的电视制式

6. 下面关于图形媒体元素的描述,说法不正确的是(　　)。

A. 图形也称矢量图　　B. 图形主要由直线和弧线等实体组成

C. 图形易于用数学方法描述　　D. 图形在计算机中用位图格式表示

7. 视频信号数字化存在的最大问题是(　　)。

A. 精度低　　B. 设备昂贵　　C. 过程复　　D. 数据量大

8. 不能用来存储声音的文件格式是(　　)。

A. WAV　　B. AVI　　C. MID　　D. MP3

9. 下面关于动画媒体元素的描述,说法不正确的是(　　)。

A. 动画也是一种活动影像　　B. 动画有二维和三维之分

C. 动画只能逐幅绘制　　D. MPG 和.AVI 也可以用于保存动画

10. 多媒体技术的应用领域很多,概括起来可分为技术领域和(　　)。

A. 教育领域　　B. 商业领域　　C. 娱乐领域　　D. 市场领域

11. 在多媒体计算机系统中,不能用以存储多媒体信息的是(　　)。

A. 磁带　　B. 光缆　　C. 磁盘　　D. 光盘

12. 下面各项中不属于多媒体硬件的是(　　)。

A. 光盘驱动器　　B. 视频卡　　C. 音频卡　　D. 加密卡

三、思考题

1. 媒体的概念是什么?媒体分为哪 5 个类别?举例说明。
2. 多媒体的概念是什么?其主要特点有哪些?
3. 常见的类型有哪些?各自有哪些文件格式?
4. 多媒体数据压缩方法分为哪几类?JPEG、MPEG 和 H.261 分别是什么标准?
5. PowerPoint 2010 包含哪几种视图模式?各自的打开方法和特点是什么?
6. 什么是幻灯片的母版?如何设置幻灯片的母版样式?
7. 幻灯片中插入的对象有哪些?各自的插入操作方法是什么?
8. 幻灯片中的动态效果有哪些?如何设置各种动态效果?
9. 演示文稿的放映方式如何设置?
10. SharePoint Designer 2010 中,用户可为数据源创建哪些功能强大的动态用户界面?

第7章 计算机网络及应用

本章学习目标

- 了解计算机网络的概念、功能和工作原理
- 熟悉各类计算机局域网和广域网关键技术
- 熟练掌握各类 Internet 应用的使用方法

当今世界正经历着信息技术革命，无处不在的通信网络正是这场革命的基石，计算机网络作为信息时代的产物对人类的日常生活、工作甚至思想都产生了极大的影响。因特网及其提供的服务已经成为人们生活不可或缺的一部分，并在某种程度上改变了这个世界。本章将对计算机网络的基础知识和应用技术进行介绍和讲解，主要包括计算机网络的概念、功能、分类、拓扑结构和工作原理；计算机局域网的特点、组成、工作原理、组建和应用；计算机广域网的特点、工作原理、网络互联、Internet 作用和应用；新型的手机网络、物联网、无线网络技术。

7.1 计算机网络基础

本节将对计算机网络的概念、分类、原理等基础知识进行介绍，以便读者对计算机网络有一个基本的认识和了解，为后继各节的学习奠定基础。

7.1.1 计算机网络的概念

计算机网络从 20 世纪 50 年代出现至今，经历了不同的发展阶段。人们对其理解和侧重点不同而具有不同的认识和定义，但大致都反映出了网络的特征。

一般来讲，计算机网络是指将处于不同地理位置的具有独立功能的计算机系统，通过通信线路连接起来，在统一的网络软件和通信协议的控制下，实现资源共享和信息传递的信息系统。

通俗地讲，计算机网络就是将多台计算机（或其他计算机网络设备）通过传输介质和专用的网络软件连接在一起组成的。从计算机网络的定义可以看出，计算机网络具有 4 个方面的特征。

- 计算机网络所互联的是具有独立功能的计算机系统（计算机及其外围设备），这些独立自主的计算机之间没有主从关系，可以联网工作也可以单机工作。
- 计算机网络必须具有共享资源的能力，这也是建立计算机网络的目的。共享的资源包括信息资源和通信资源，信息资源存在于数据通信的计算机内，而通信资源包括各种通信设备和传输介质。

- 计算机网络中各计算机之间通过通信线路相连，并且相互之间能够交换信息，通信线路可以是“有线”的网络连接介质，也可以是“无线”的通信信道。
- 计算机网络是软硬件的集合，既包括具有硬件实体的计算机、网络设备、网线等，还包括对资源共享和数据通信进行管理和控制的各类软件，主要有网络操作系统、网络管理软件和通信协议。

7.1.2 计算机网络的功能

计算机网络技术已被广泛地应用于政治、经济、军事、生产、生活以及科学技术的各个领域，可以说在信息时代计算机网络是无处无时不在的。其主要功能包括以下 4 个方面。

1. 数据通信和信息传递

数据交换和信息传递是计算机网络最基本的功能，主要完成网络中各个节点之间的数据通信，实现计算机之间各种信息的传送和交互，并对分散的不同地理位置的单元进行集中管理和控制，该功能是实现其他各项网络功能的基础和保障。如电子邮件、新闻发布、文件传输、电子购物、IP 电话，以及网络多媒体通信和应用等。

2. 资源共享

资源共享是组建计算机网络的目标之一，它可以在资源有限的情况下，避免重复投资和劳动，提高资源的利用率。可以共享的资源包括各种硬件、软件以及数据。共享的常见硬件有存储设备、高速处理器、打印机等；共享的常用软件有各类网络应用软件、通信工具软件、因特网信息服务软件等；共享的数据包括有各种数据库、数据文件、电子文档等。

3. 分布式计算

分布式计算一直是网络领域内的热点问题之一，分布式计算是指通过网络将需要处理的大型复杂任务分发给网络中不同的计算机执行，计算机之间协同分工完成各种处理任务。这样的处理方式既能够均衡计算机之间的负载，又能够提高处理任务的实时性与可靠性，还充分利用了网络中的资源，扩大了本地计算机的处理能力。如网格计算、P2P 计算、Web 服务等都是近几年新兴的分布式计算技术。

4. 提高计算机的可靠性和可用性

单机工作不但性能有限，可靠性能也很低。在计算机网络中，每台计算机都可以通过网络互相备份和协同，一旦某台计算机出现故障，可由别的计算机代替它完成任务，可避免单机故障引起整个系统瘫痪的问题，保证用户的正常操作不因局部故障而导致失败，即依靠计算机网络中可替代资源来提高计算机的可靠性和可用性。如在军事、航空、金融等领域中，计算机网络为出现硬件故障后仍能运行提供了极为重要的可靠性。

7.1.3 计算机网络的分类

计算机网络具有多种多样的形态和类型，其分类方法也是多样的。常用的分类方法有：按照网络覆盖地理范围分类，按照网络的拓扑结构分类，按照网络协议分类，按照传输介质分类，按照网络通信速率分类等。

1. 按照网络覆盖地理范围分类

从覆盖地理范围对计算机网络进行分类是一种常用被普遍认可的通用网络划分标准。按照该标准可以将计算机网络分为局域网、城域网和广域网。

1）局域网

局域网(Local Area Network,LAN)是将较小地理区域内的计算机或数据终端设备连接在一起的通信网络。局域网覆盖地理范围较小，一般在几十米到几千米之间；数据传输速率较快，一般在10M～1000Mbps之间，拓扑结构简单，传输可靠性高(误码率低)。局域网常用于组建一个办公室、一栋楼、一个楼群、一个校园或一个企业的计算机网络，易于建立、维护和扩展。

2）城域网

城域网(Metropolitan Area Network,MAN)是随着各单位大量局域网的建立而出现的，一般来说是在一个城市范围内不同小区域网络之间的互联，目的在于解决各局域网之间的信息交换和高速传输。其覆盖范围通常在一个城市内，介于广域网和局域网之间，一般在10～100千米之间，数据传输速率可达100Mbps，拓扑结构也较为简单，可以说是LAN网络的延伸和扩展。一般在政府城域网中应用，如邮政、银行、医院等。

3）广域网

广域网(Wide Area Network,WAN)是一个在广阔的地理区域内数据、语音、图像信息的传输和共享的通信网，它一般是在不同城市之间的LAN或MAN网络互联，通信线路大多借用公共通信网络，目的在于实现远距离计算机之间的数据传输和信息共享。广域网地理覆盖范围很广，可以跨越市、省、国家甚至全球，规模庞大而结构复杂，传输速率比较低，一般在64k～45Mbps之间。Internet(因特网)就是目前已经建成的全球范围的广域网。

2. 按照网络的拓扑结构分类

拓扑结构反映了网络中各节点之间连接的形式和复杂度，按照网络拓扑结构的差异，可以将计算机网络分为总线型网络、环型网络、星型网络、树状网络和网状网络。

以总线型物理拓扑结构组建的网络为总线型网络，同轴电缆以太网系统就是典型的总线型网络；以星型物理拓扑结构组建的网络为星型网络，交换式局域网以及双绞线以太网系统都是星型网络。

以上5种拓扑结构中，总线型、星型和环型是计算机网络常采用的基本拓扑结构，在局域网中应用较多。在实际构造网络时，大多数网络是这三种拓扑结构的结合。关于计算机网络拓扑结构的详细说明将在7.1.4节中展开介绍。

3. 按照网络协议分类

网络协议是网络中通信双方间用来交互与协商的规则和约定的集合，规定了通信双方相互交互的数据格式或控制详细的格式、所应给出的响应和所完成的动作以及它们之间的时间关系。

不同的网络协议代表了不同的通信方式和规则。按照使用的网络协议不同，可以将计算机网络分为使用IEEE 802.3标准的以太网(Ethernet)、使用IEEE 802.5标准的令牌环网(token ring)、使用ANSI X3T 9.5标准的FDDI网、使用异步传输模式的ATM网、使用分组交换模式的X.25网、使用因特网通信协议的TCP/IP网等。

4. 按照传输介质分类

传输介质是网络中传输信息的载体，实现了网络中计算机之间的物理连接。使用不同的传输介质连接计算机，所需要的通信技术和带来的传输效率存在很大的差异。按照网络使用的传输介质不同，可以将计算机网络分为双绞线网络、同轴电缆网络、光纤网络、无线网络(以无线电波为传输介质)和卫星数据通信网(通过卫星链路进行数据通信)等。常用的有线传输介质如图 7-1 所示。

图 7-1　有线传输介质(双绞线、同轴电缆、光纤)

5. 按照网络通信速率分类

网络通信信道的数据传输速率的差异反映了网络通信能力的高低,按照网络通信速率的不同,可以将计算机网络分为低速网络、中速网络和高速网络。低速网络的数据传输速率一般在 300bps～1.4Mbps 之间,通常借助调制解调器利用电话网络传输;中速网络的数据传输速率一般在 1.5～45Mbps 之间,主要是传统的数字式公用数据网络;高速网络的数据传输速率一般在 50Mbps 以上,通常采用光纤网络介质构成主干网络。

6. 按照网络使用者进行分类

网络通常都具有一定的产权和管理者,按照网络使用的范围可以将计算机网络分为公用网和专用网。公用网(也称公众网)是指国家的电信公司出资建立的大型网络,为全社会的所有人提供网络服务;专用网是某个部门为本单位的特殊业务工作的需要而建立的网络,只为本系统用户提供服务,一般不向本单位以外的人提供服务,如军队、铁路、电力等系统的专用网络。

7.1.4　计算机网络的拓扑结构

拓扑学是几何学的一个分支,它将实体抽象成与其大小形状无关的点,将点对点之间的连接抽象成线段,进而研究它们之间的关系。计算机网络的拓扑结构则是将网络中的计算机和通信设备抽象成节点,将节点对节点之间的通信线路抽象成链路,这样计算机网络就可以表示为由一组节点和若干链路组成的几何图形,用来定义网络中各种资源的连接方式。

计算机网络的拓扑结构主要有总线型、星型、环型、树状、网状和混合型。

1. 总线型结构

总线型拓扑结构采用单根传输线作为传输介质,所有计算机节点都通过相应的硬件接口直接连接到该公共传输介质(总线)上,如图 7-2 所示,每个计算机都可以发送广播信号到总线上,并且所有计算机都能接收到这个信号,连接到总线上的计算机必须相互协调,以保证在任何时刻只有一台计算机发送信号。

总线型网络的结构比较简单,构建网络的成本较低,容易布线,扩充能力也较强。但是,当接入网络的计算机超过几十台后,网络的性能会严重下降,而且如果主干链路总线出现故障,整个网络就会瘫痪。

2. 星型结构

星型拓扑结构中存在一个中心节点,其余节点都通过点对点链路连接到中心节点上,如图 7-3 所示,任何两个节点间的通信都要通过中心节点转接,中心节点任意时刻只能为一对相互通信的节点提供信息中转服务。

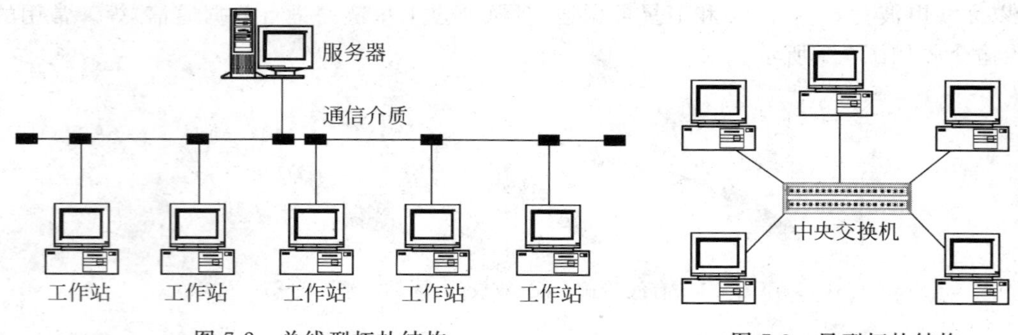

图 7-2 总线型拓扑结构　　图 7-3 星型拓扑结构

星型拓扑的特点是结构简单清晰，建网容易，易于扩展，便于控制和管理，容易实现故障监测。但网络的中心节点负担过重，一旦发生故障将会导致整个网络系统的瘫痪，每个节点都需要单独连接到中心节点的线路也增加了建网的成本。

3. 环型结构

环型拓扑结构的网络是将各个计算机节点依次用通信链路连接成一个闭合的环，每个节点都有两个相邻节点，如图 7-4 所示，与总线型结构相似各个节点都共享同一条通信线路。数据沿着环路单向地从一个节点传送到另一个节点，传输路径固定，不存在路径选择问题。

环型拓扑结构的特点是结构简单，建网容易，便于管理，故障诊断方便。但所有节点共享同一个环型信道，环上任意一段线路或节点的故障都将影响整个网络的正常工作，而且当节点过多时会影响传输效率，环形结构的扩展也较难。

4. 树状结构

树状拓扑结构是从星型和总线型拓扑演变而来的，网络中所有节点按照一定的层次关系连接起来，构成整体树状的结构，由根节点、叶子节点和分支节点组成，如图 7-5 所示。树状结构中任意两个节点之间不产生回路，每条通信线路都支持双向信息传输。

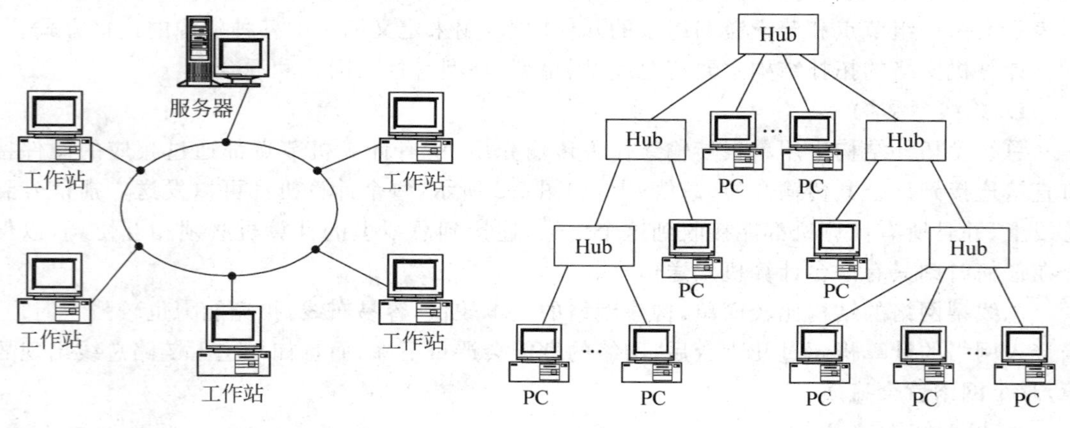

图 7-4 环型拓扑结构　　图 7-5 树状拓扑结构

树状拓扑结构的特点是扩充性好，建网成本低，控制和维护方便，便于故障的定位和修复。但该种结构对根节点的依赖太大，如果根节点或分支节点出现故障，将影响整个或局部网络不能正常工作。树状结构适用于分主次或分等级的层次型网络系统，是目前企业组网常采用的拓扑结构。

5. 网状结构

网状拓扑结构是一个全通路的拓扑结构，任何两个节点之间均可以通过通信线路直接连接，如图 7-6 所示，通常用于广域网中。网状结构网络能动态地分配网络流量，当某个节点出现故障时，节点间可以通过其他多条通路来保证数据的传输，从而提高了系统的容错能力。

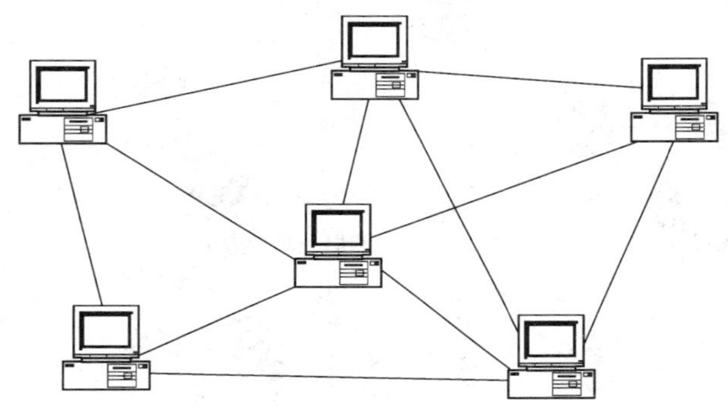

图 7-6　网状拓扑结构

采用网状结构的网络具有极高的容错性和可靠性，可通过最优线路的选择来保证网络通信的效率和性能。但这种拓扑结构中存在大量的冗余通信线路，网络组建成本高，网络结构和网络协议复杂。

6. 混合型结构

通常情况下，在进行实际的计算机网络规划和组建中，很少采用单一的网络拓扑结构，大多结合实际需要，综合考虑各种拓扑结构的优缺点，选用几种拓扑结构相组合的混合型网络拓扑结构。选用总线型、星型和拓扑混合型结构的网络结构如图 7-7 所示。

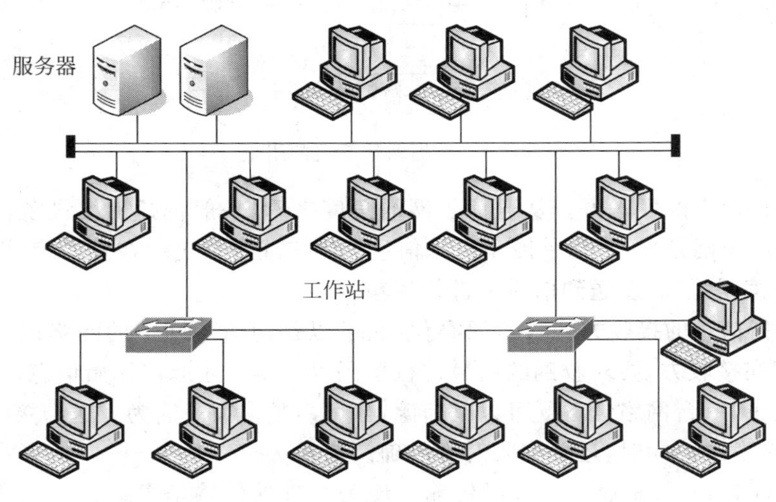

图 7-7　混合型拓扑结构

混合型结构可以综合发挥各种拓扑结构的优点，以增强网络的可扩展性、易维护性和可靠性，并尽力降低组网的成本，以及网络的管理和维护的费用。

7.1.5 计算机网络的工作原理

一般地,网络可以分为通信子网和资源子网两个部分,如图 7-8 所示。

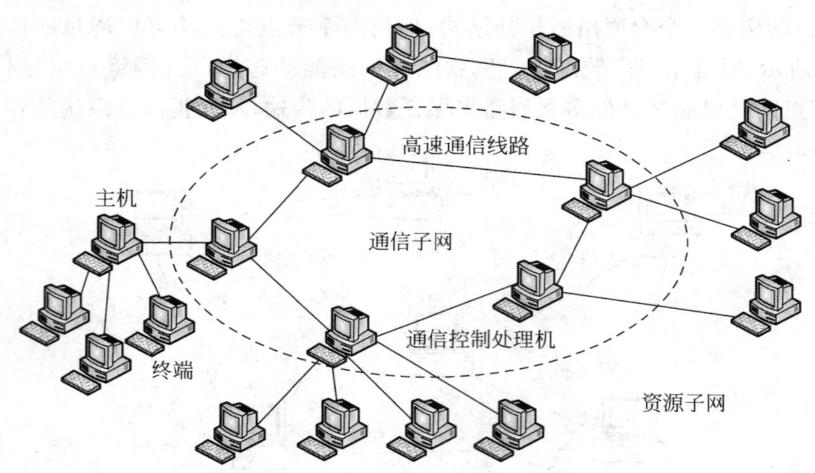

图 7-8 通信子网和资源子网

通信子网负责传输数据,主要由传输控制设备(如路由器)及数据链路组成,通常讨论的网络技术主要指通信子网部分;资源子网由主机及各种共享的存储设备等组成,提供共享资源及应用。

1. 通信系统的组成

为了保证网络中数据的传输,首先要有基本的通信系统。一个数据通信系统主要由信源、信宿和信道 3 个部分组成,如图 7-9 所示。

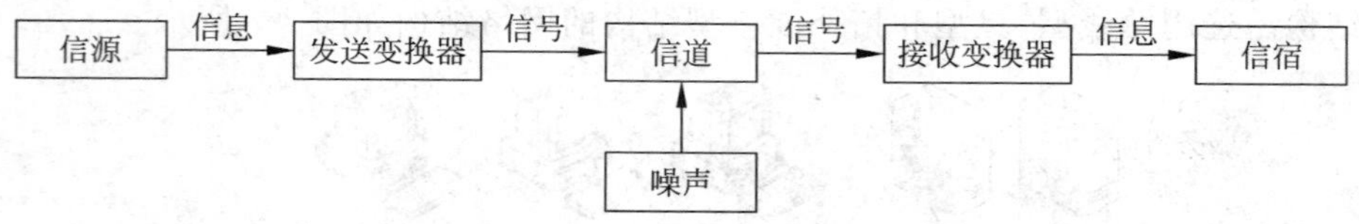

图 7-9 数据通信系统的组成

(1) 信源指信息的发送方。从通信子网的角度来看,一般都是网络设备,如路由器、交换机等;从资源子网角度考虑,一般是发送信息的用户或计算机。在发送信息时,一般都需要对信息进行编码,然后发送到信道上进行传输。

(2) 信宿指信息的接收方。与信源类似,它可以是通信子网中的网络设备或者资源子网中的主机。在接收方,要对收到的信号进行解码以获得和还原出原始信息。

一般情况下,一台网络设备既可以是信源,也可以是信宿。因为发送与接收往往是双向同时进行的,在发送的同时,还要接收对方的确认信息。

(3) 信道(Channel)是通信双方以传输介质为基础的传输信息通道。信道是建立在通信线路及其附属设备上的,信道本身可以是模拟的或数字的,用以传输模拟信号的信道叫做模拟信道,用以传输数字信号的信道叫做数字信道。信道中的传输有可能被破坏,因为信道总是会受到“噪声”的干扰。

2. 数据通信的主要质量指标

由于信道中存在有“噪声”的干扰以及信道本身的故障，会造成信号传输过程中的破坏、丢失或出错，因此需要采用若干指标来衡量数据通信过程的质量。

1）数据传输速率

数据传输速率(也称为比特率)是通信系统中每秒传输二进制信息的位数，单位为位/秒，记做 bps 或 b/s。该项指标反映通信系统中数据传输的快慢，也就是通常人们所说的“网速”。

2）带宽

带宽本身的概念是信号具有的频谱带宽，也就是信号最高频率与最低频率之差，单位是赫兹(Hz)。在描述数字信号时，人们常常把带宽作为数据传输率的代名词。带宽越宽，信号的传输速率越快。

3）误码率

误码率(也称为差错率)是衡量数据通信系统在正常工作情况下传输的可靠性的指标，它是二进制码元被传输出错的概率，即误码率＝错误码元数/传输的总码元数。误码率越小，通信的可靠性高，计算机网络中一般要求误码率低于 10^{-6}，也可以通过差错控制方法检错和纠错来降低误码率。

4）延时

延时(也称为时延，Delay)是网络性能的一种度量方法，它指将数据从通信网的一端传送到另一端所花费的时间。延时主要由三部分组成：传播延时、发送延时和节点延时。该项指标对用户而言就是从发送数据到对方接收到所需要等待的时间，该时间与网络数据传输速率、信源与信宿间的传播距离、数据编码格式、网络传输协议等都有关系或影响。

3. 数据传送方式

根据数据在信道中传输过程的特点，把数据的传送方式分为并行通信方式和串行通信方式。

1）并行通信方式

在并行通信方式中，每位(bit)传输的数据都占用一根独立的传输线，多位数据同时在多条线路上并行传送。并行传输速度快，数据传送效率高，但是需要较多的通信线缆，造价较高，因此主要用于近距离通信。如计算机内部的数据总线(bus)、打印机和主机间的通信线路等都是并行通信的应用。

2）串行通信方式

在串行通信方式中，数据各位只占用一条共同传输线，各位按照顺序依次在该条线路上串行传送。串行数据传输的速度比并行传输要慢得多，但是对所需的通信线路要求较低，线路利用率较高，适合于覆盖面较广的公共数据传输和通信系统。如公用电话系统、计算机广域网、有线电视网等都采用的是串行通信方式。

4. 数据交换技术

交换又称为转接，是在网络中各节点之间建立连接、完成通信的一种技术。在数据通信系统中，当终端与计算机之间，或者计算机与计算机之间不是直接的专线连接，而是要经过通信子网的接续过程来建立连接的时候，两端系统之间的传输通路就是通过通信网络中若干节点转接而成的所谓“交换线路”。

在任意拓扑结构的数据通信网络中，通过网络节点的某种转接方式来实现从任一端计算机系统到另一端计算机系统之间连通数据通路的技术，就称为数据交换技术。交换技术按照其工作原理可分为电路交换、报文交换和分组交换 3 种。

1）电路交换

电路交换是传统电话网所采用的数据交换技术，线路交换过程包括线路建立、数据传输、线路拆除三个阶段。在数据传输之前，首先由源系统（信源）发出请求连接呼叫，在源系统和目标系统（信宿）之间建立起一个专用的物理线路通道，然后沿该专用线路进行数据传输。在整个数据传输期间，该物理通道一直为两端系统所占有，直到数据传输结束为止，才释放该通路。

优点：数据传输可靠，通信实时性强，适用于交互会话类通信。

缺点：传输效率低，不具有数据存储和差错控制能力。

2）报文交换

在报文交换中，数据是以完整的报文为单位传送的，报文的长度不固定。根据携带的目标系统地址，网络中每个交换节点独立地为每个报文进行路由选择，并传送给下一个节点，直至到达目的系统为止。因此，报文交换不需要建立专用通路，报文采取存储转发方式进行数据的传送，网络中每个点到点的链路都对报文的可靠传送负责。

优点：不必要求每条链路的数据传输速率相同，差错控制由各链路负责，任何时刻一份报文只占用一条通信链路，提高了传输速率和网络资源的共享性。

缺点：由于报文较长，每个节点对报文的存储转发时间（延时）也相对较长，使得报文交换不适用于实时性较强的通信业务。

3）分组交换

分组交换也称为包交换，是以分组为单位进行传输和交换的技术。它也是一种存储转发交换方式，即将到达中转节点的数据分组先送到存储器暂时存储和处理，等到相应的输出电路有空闲时再送出。分组交换所不同的是将不定长度的报文分成若干个长度相等的分组后再来进行传送，可以有效地降低各中转节点的存储量，减少传输延迟时间，提高交换速度。

优点：分组交换方式对通信线路的利用率较高，并可实现交换网络中不同链路数据率的转换，可采用排队制和优先级实现数据分组传送过程的优化，降低延迟提高传输效率。

缺点：同一个报文的不同分组分别传送到目标系统的延时不同，到达时间也存在先后乱序问题。此外，为了保证每个分组都能准确地到达目标系统，需要为每个分组增加额外的空间来存储源地址、目标地址、分组排序等信息，增加了网络系统的有效通信负荷和开销。

5. 网络协议

在数据通信系统中，由于信道中噪声的存在，使得传输过程中可能对数据产生破坏和干扰。因此就有必要在通信网络中采取某些措施和方法来尽力消除噪声的影响并还原数据。此外，在网络中存在的众多的计算机，它们的体系结构不完全相同，运行的软件也是各种各样，所采用的数据编码和通信方式也未必相同，相互之间存在很多兼容和交互的问题。以上这些问题的解决都需要在通信双方之间约定好通信的规则和标准，以保证它们之间能够相互理解和正常通信，这就是在计算机网络中引入网络协议的原因所在。

网络协议（Network Protocol）是网络中的通信双方之间为正常交换数据而约定的交互

规则和标准的集合,是通信双方必须遵循的控制信息交换的规则集合,其作用是控制并指导通信双方的对话过程,发现对话过程中出现的差错并确定处理策略。在使用计算机网络进行数据通信和信息传输时,采用何种网络通信协议直接影响着网络的速度与性能,因此选择通信协议时,要考虑到网络的兼容性、管理的方便性和网络速度等方面的因素。

常用的网络通信协议主要有以下几类。

1) TCP/IP 协议

TCP/IP(Transmission Control Protocol/Internet Protocol,即传输控制协议/网际协议)是 Internet 采用的协议标准,也是目前全世界采用的最广泛的工业标准。TCP/IP 协议是一个开放的协议标准,独立于特定的计算机硬件与操作系统,特别是它具有统一的网络地址方案(IP 地址),使得网络中的地址都具有唯一性,同时还提供了多种可靠的用户服务(例如,文件传输协议 FTP、邮件传输协议 SMTP 等)。

通常所说的 TCP/IP 是指 Internet 协议簇,包括有很多种协议,例如,工作在接口层的 LAN、ARPANET、SATNET 协议,工作在网络层的 IP、ICMP、ARP、RARP 协议,工作在传输层的 TCP 和 UDP 协议,工作在应用层的 TELNET、FTP、SMTP、HTTP、DNS 等协议。而 TCP 和 IP 是保证数据完成传输的两个最基本的重要协议。因此通常用 TCP/IP 来代表整个 Internet 协议系列。

2) IPX/SPX 协议

IPX/SPX(Internet Packet Exchange/Sequences Packet Exchange,即网际数据包交换/顺序数据包交换)协议由 Novell 公司开发,就像 TCP/IP 协议一样也是由该协议组中两个主要协议 IPX 和 SPX 来命名。IPX/SPX 协议组体积比较庞大,具有很强的适应性和路由功能,适用于大型网络使用。

IPX 用来对通过互联网络的数据包进行路由选择和转发,相当于 TCP/IP 协议簇中的 IP 协议; SPX 实现面向连接的协议,为网络提供分组发送服务,相当于 TCP/IP 协议簇中的 TCP 协议。当用户使用 NetWare 网络操作系统时,IPX/SPX 是最好的选择。微软版本的 IPX/SPX 协议组被称为 NetWare Link(简称 NWLink),用来实现网络从 Novell 平台转向微软平台,或两种平台共存。

3) NetBEUI 协议

NetBEUI 全称是 NetBIOS Enhanced User Interface,即 NetBIOS 扩展用户接口,是 NetBIOS 协议的增强版本,NetBIOS 是指网络基本输入输出系统。NetBEUI 协议由 IBM 开发,最初目的是为面向几台到几百台计算机的工作组提供网络通信支持。

NetBEUI 协议的优点是效率高、速度快、内存开销少并易于实现,被广泛用于 Windows 组成的网络中(在"网络邻居"间传送数据)。但 NetBEUI 是一个非路由协议,缺乏路由和网络寻址功能,只适合本地小型局域网内使用,一般不能用于与其他网络的计算机进行通信,不同于 TCP/IP 和 IPX/SPX 协议。

其他更为具体的网络协议将在本章后面各节中针对不同的通信技术和应用再来进一步介绍和说明。

6. 网络地址

为了便于在网络中寻找和识别各个节点和设备,需要为网络中每台设备赋予唯一的标识,即该网络设备的网络地址。网络地址包括有物理地址和逻辑地址。

1）物理地址

网络中的两台计算机能够进行通信之前，它们必须知道如何与对方联系。每一台计算机都有一个唯一的物理地址用于明确其“身份”。计算机网络中常采用的物理地址（也称为硬件地址）是MAC（Media Access Control）地址，表示为6个字节，即48位的二进制地址。例如00-60-97-C0-9F-67。该地址通常固化在网卡上，是不可以改变的，且每个网络位置都会有一个专属于它的MAC地址。

2）逻辑地址

为了便于网络中寻址，就像每台网络设备都有一个唯一的物理地址一样，计算机还有一个逻辑地址，通常由网络管理人员设置，有时也由所使用的网络协议自动设置。常用的逻辑地址是TCP/IP网络中的IP地址，通过IP地址能够识别Internet上的计算机或者其他网络设备，该地址也被称为因特网地址。

网络标识	计算机标识

图 7-10　IP地址的组成结构

每一台接入到Internet的计算机都需要有一个唯一的IP地址。IP地址采用了一种全球通用的地址格式，由网络标识和计算机标识两部分组成，如图7-10所示。网络标识也称网络号或网络地址，是全球唯一的；计算机标识也称计算机号或计算机地址，在某一特定的网络中也必须是唯一的。IP地址的这种结构方便于Internet上的寻址，先按IP地址中的网络号把网络找到，再按计算机号在该网络中把计算机找到。

在TCP/IP协议中，IP地址由32位数字组成（IPv4地址），是以二进制的方式出现的。由于这种形式非常不利于人的阅读和设置，因此常采用“点分十进制表示法”来表示IP地址。32位比特正好是4个字节，每个字节作为一段，共4段，每段的数值用0～255的十进制数表示，书写形式为：XXX. XXX. XXX. XXX。例如32位地址：11001010 11001110 11110000 00110011便可写成202.206.240.51。根据IP地址中网络地址和主机地址各自所占位数的不同来划分，IP地址可分为A、B、C、D、E五类，如图7-11所示。

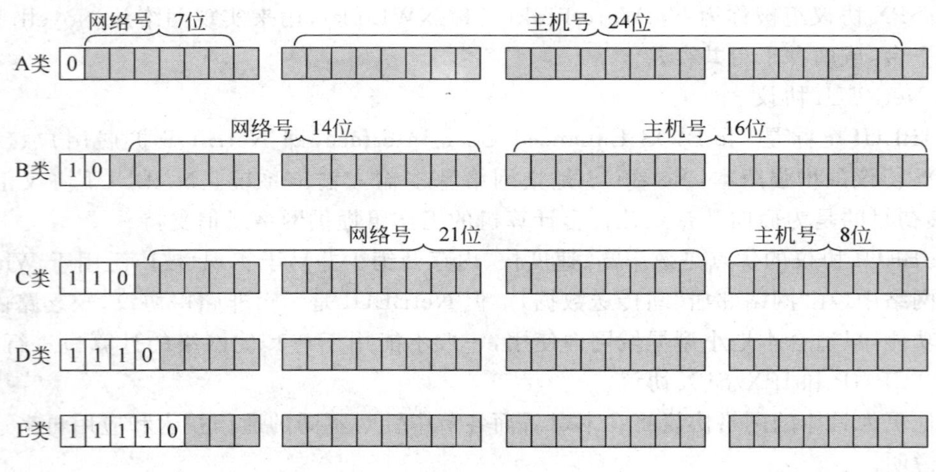

图 7-11　IP地址的分类

其中A、B、C类IP地址是计算机用户常用的IP地址，从其网络号和主机号位数的不同，可以看出各类IP地址所能表示的网络号数目和每个网络号中所包含的主机数目都存在很大的差异。D类IP地址用于提供网络组播服务，E类IP地址则是未来扩展备用的地址。

7.2 计算机局域网

社会对信息资源的广泛需求及计算机技术的日益普及，促进了局域网技术的迅猛发展。局域网是在企业或校园内部一定地域范围内，将一些计算机、打印机、服务器等网络资源连接起来，实现资源共享、数据通信、业务应用等功能，广泛应用于学校、企业、机关、商场等机构，为这些机构的信息技术应用和资源共享提供了良好的服务平台。

7.2.1 局域网的特点和组成

局域网技术出现于20世纪70年代。20世纪80年代进入大发展时期，由实验室研究开始向产品化、标准化方向发展。1980年2月，由美国电气和电子工程师协会(IEEE)成立了局域网标准化委员会(IEEE 802委员会)，专门从事各种局域网的协议和标准的研究和制定，相继推出了一系列的国际化标准(IEEE 802.x系列)，为局域网在全球范围内的迅猛发展和广泛应用奠定了基础。在当今的计算机网络技术中，局域网技术已经占据了十分重要的地位。

局域网是将较小地理区域内的各种数据通信设备连接在一起的通信网络，其具有三个基本属性。

- 局域网是一个通信网络，它仅提供通信功能。从OSI参考模型的协议层看，局域网标准仅包含低两层(物理层和数据链路层)的功能，所以连到局域网的数据通信设备必须加上高层协议和网络软件才能组成计算机网络。
- 局域网的连接对象是数据通信设备，这里的数据通信设备是广义的，它包括微型计算机、大、中、小型计算机，终端设备和各种计算机外围设备等。
- 局域网覆盖的范围小，传输距离有限。

由局域网的属性决定了局域网具有如下特点。

(1) 局域网覆盖的地理范围小，通常在几米到几十千米之间，常用于连接一个企业、一个工厂、一个学校、一个建筑群、一栋楼或一个办公室内的数据通信设备。

(2) 数据传输速率高，一般为10～100Mbps，目前已出现速率高达1000Mbps的局域网。可交换各类数字和非数字(如语音、图像、视频等)信息。

(3) 误码率低，一般在10^{-11}～10^{-8}以下。这是因为局域网通常采用短距离基带传输，并可以使用高质量的传输媒介，从而提高了数据传输质量。

(4) 局域网的传输延时小，一般在几毫秒至几十毫秒之间。

(5) 局域网归属一个单一组织管理，由该组织维护、管理和扩建网络。

局域网由网络硬件和网络软件两大系统组成。

- 网络硬件用于实现局域网的物理连接，为网络中计算机之间的通信提供一条物理通道。也可以说，网络硬件系统负责铺就一条信息公路，使通信双方能够相互传递信息，如同铺设公路供汽车行驶。网络硬件主要有服务器、工作站、传输介质和网络连接部件等。

- 网络软件主要用于控制并具体实现信息传送和网络资源的分配与共享。网络软件包括网络操作系统、控制信息传输的网络协议及相应的协议软件、大量的网络应用软件等。

这两大组成部分相互依赖、缺一不可,由它们共同完成局域网的通信功能。

7.2.2 局域网的工作原理

如 7.2.1 节所述,局域网需要由网络硬件和软件两部分组成。局域网硬件通过相互连接构成网络通信的基础,常用的网络传输介质有双绞线和同轴电缆,互联设备有集线器(Hub)和交换机(Switch),通常采用的网络拓扑结构有总线型、环型和星型。在连接好的物理网络线路上进行数据通信,由于存在通信介质的共享和共用问题,使得局域网各个站点在通信时会出现竞争和冲突(争用和占用同一通信线路),造成数据传输的失败。这就需要采用一种仲裁方式来控制各个站点使用介质的方法,这就是所谓的介质访问控制方式。

介质访问控制方式是确保对网络中各个节点进行有序访问的一种方法,控制和分配共享通信链路的使用权,使每个节点都能有平等的机会共用通信线路,并能尽力避免不同节点发出的数据在共享传输链路的冲突。在共享式局域网的实现过程中,可以采用不同的方式对其共享介质进行控制,按照控制方式的差别可以将局域网分为以太网(Ethernet)、令牌环网(Token Ring)、FDDI 网、异步传输模式网(ATM)等几类。下面将对这几类局域网的工作原理进行简要的介绍。

1. 以太网(Ethernet)

以太网最早由 Xerox(施乐)公司创建,在 1980 年由 DEC、Intel 和 Xerox 三家公司联合开发为一个标准(IEEE802.3 标准)。以太网由于其原理简单、成本低等特点,得到了大力的推广和应用,使得现在全世界范围内大约有 85%以上的局域网都使用该技术。

以太网的基本思想是将要传输的数据包广播到网络中所有的设备上,但只有那些指定的目的节点才能接收这些数据包,如图 7-12 所示。

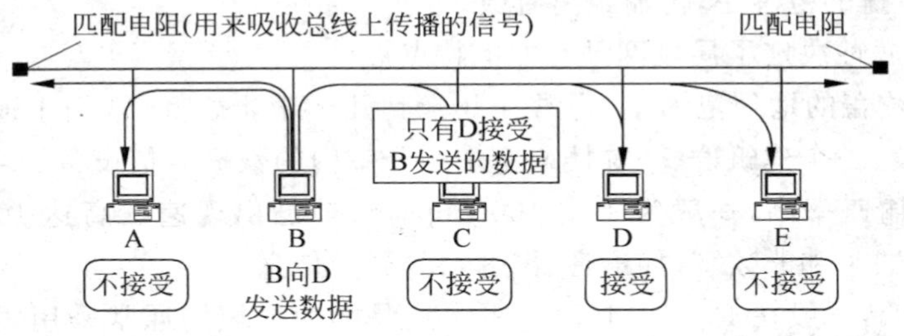

图 7-12 以太网中的数据广播

以太网的广播是建立在共享介质的基础上的,这种共享必然导致两个或更多的节点试图同时发送数据包的情况。当有两个不同的站点发送的数据包在网络上传输时,“碰撞”就会产生。CSMA/CD(Carrier Sense Multiple Access with Collision Detection,带冲突检测的载波侦听多路访问)协议能够解决该问题,它在检测到“碰撞”后,删除有冲突的信号并且重新设置网络。发送冲突数据包的站点必须等待一个随机时间以避免碰撞的再次发生,然后再进行下一次传输。以太网就采用 CSMA/CD 作为共享介质的访问控制方式,CSMA/CD 的发送流程可以概括为“先听后发,边听边发,冲突停止,延迟重发”16 个字。

以太网是建立在 CSMA/CD 机制上的广播型网络，以太网的优点主要表现在四个方面：设备廉价、安装容易、使用广泛、速率高。缺点主要表现在两个方面：重负荷下性能恶化、很难跟踪错误。

2. 令牌环网(Token Ring)

令牌环网是由 IBM 公司于 20 世纪 70 年代发展起来的(IEEE 802.5 标准)一种局域网，现在这种网络使用不多。令牌环网的传输方法在物理上采用的是星型拓扑结构，但逻辑上仍采用的是环型拓扑结构，如图 7-13 所示(此外，还有遵循 IEEE802.4 标准的令牌总线型网络)。

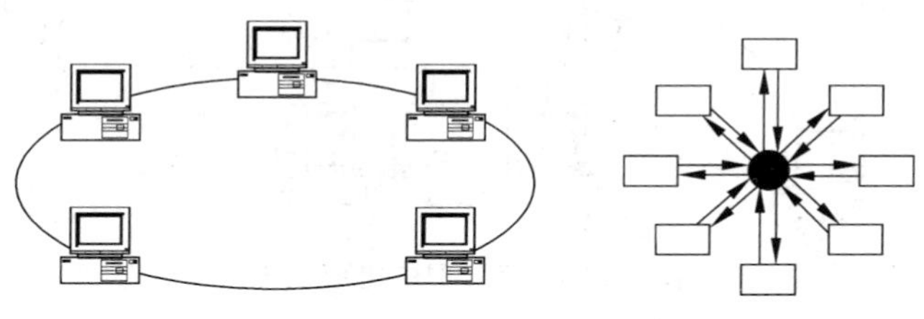

图 7-13　令牌环网的拓扑结构

在这种网络中，有一种专门的数据帧称为“令牌”(Token)，在环路上持续地传输来确定一个节点何时可以发送数据包，只有拥有令牌的站点才有权发送数据。当网上所有的站点都没有数据要发送时，令牌就沿环单向绕行；当某一个站点要发送数据时，必须等待，直到捕获到经过该站点的令牌为止，其他站点则必须等待。

环上的各个站点检测并转发环上的数据帧，比较其目的地址是否与自身站点地址相符，从而决定是否拷贝该数据帧。数据帧在环上绕行一周后，由发送站点将其删除。发送站点在发送完所有数据帧后，生成一个新的令牌，并将该新令牌发送到环上。如果该站点下游的某一个站点有数据要发送，它就能捕获这个令牌，并利用该令牌发送数据。

令牌环控制方式的优点在于它提供的访问方式的可调整性和确定性，且各站具有同等访问环的权力，同时也可以提供优先权服务，有很强的实时性，在重负载环路中，“令牌”以循环方式工作，效率较高。其缺点是控制电路较复杂，令牌维护要求较高。令牌的丢失，将降低环路的利用率，令牌重复也会破坏网络的正常运行。

3. FDDI 网

FDDI 的英文全称为 Fiber Distributed Data Interface，中文名为光纤分布式数据接口，它是于 20 世纪 80 年代中期发展起来的一项局域网技术，它提供的高速数据通信能力要高于当时的以太网和令牌环网的能力。

FDDI 标准由 ANSI X3T9.5 标准委员会制订，采用光纤作为传输介质，是目前成熟的 LAN 技术中传输速率较高的一种，网络的传输速率可达 100Mbps。FDDI 技术同令牌环技术相似，同样采用环型拓扑结构，如图 7-14 所示，使用令牌作为共享介质的访问控制方法，并提供了令牌环网所缺乏的管理、控制和可靠性措施。

与令牌环网的区别在于 FDDI 使用定时的令牌访问方法。FDDI 令牌沿网络环路从一个节点向另一个节点传递，如果处理令牌的节点需要传输，那么在指定的时间(目标令牌循环时间)内，它可以按照用户的需要来发送尽可能多的帧。因为 FDDI 采用的是定时的令牌方法，所以在给定的时间内，来自多个节点的多个帧可能都在网络上传输，为用户提供高容

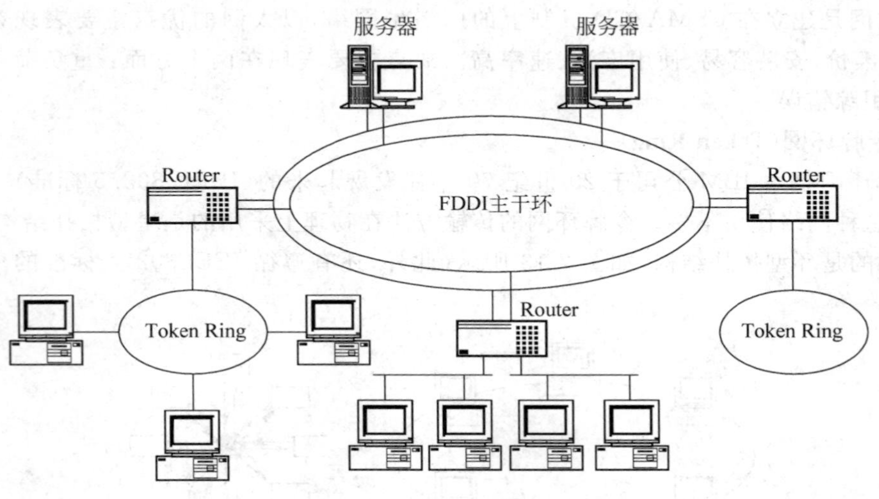

图 7-14 FDDI 网的组成结构

量的通信。此外，FDDI 使用两条环路，当其中一条环路出现故障时，数据可以从另一条环路上到达目的地，提高了网络传输的可靠性。

FDDI 网的优点有：较长的传输距离，较大的带宽，具有对电磁和射频干扰抑制能力，网络传输可靠性高。FDDI 网络的主要缺点是成本价格较高，且因为它只支持光缆和 5 类电缆，使用环境受到限制，从以太网升级更是面临大量移植问题。

4. ATM 网

ATM 的英文全称为 Asynchronous Transfer Mode，中文名为"异步传输模式"，是新一代的高速分组交换技术，数据传输速率可达 155Mbps 至 2.4Gbps，它没有共享介质或包传递带来的延时，非常适合音频和视频数据的传输。

ATM 又称为信元中继，它以信元为单位进行传输，每个信元长度固定为 53B。ATM 是一种面向连接技术，两个工作站通信前，必须先建立连接，如图 7-15 所示。连接有两种：永久虚电路和交换虚电路。永久虚电路类似于固定专线，在系统开通前已经固定建立起了电路，不需临时建立和释放。交换虚电路是在需要通信时，通过呼叫建立虚电路，通信结束后释放电路。

ATM 是在 LAN 或 WAN 上传送声音、视频图像和数据的宽带技术。它是一项信元中继技术，数据分组大小固定，能够把数据块从一个设备经过 ATM 交换设备传送到另一个设备。所有信元都具有同样的大小，不像帧中继及局域网系统数据分组大小不定。使用相同大小的信元可以提供一种方法，预计和保证应用所需要的带宽。ATM 主要作为网络主干，提供高速、无阻塞的传输。

ATM 网的优点有：ATM 使用相同大小的数据单元，可实现广域网和局域网的无缝连接；ATM 支持 VLAN(虚拟局域网)功能，可以对网络进行灵活的管理和配置；ATM 具有不同的速率，可为不同的应用提供不同的速率，而且网络中不同速度的各种设备可以在一起混合使用。其缺点有：信元首部开销太大，通信效率受到影响；实施技术复杂，且价格昂贵。

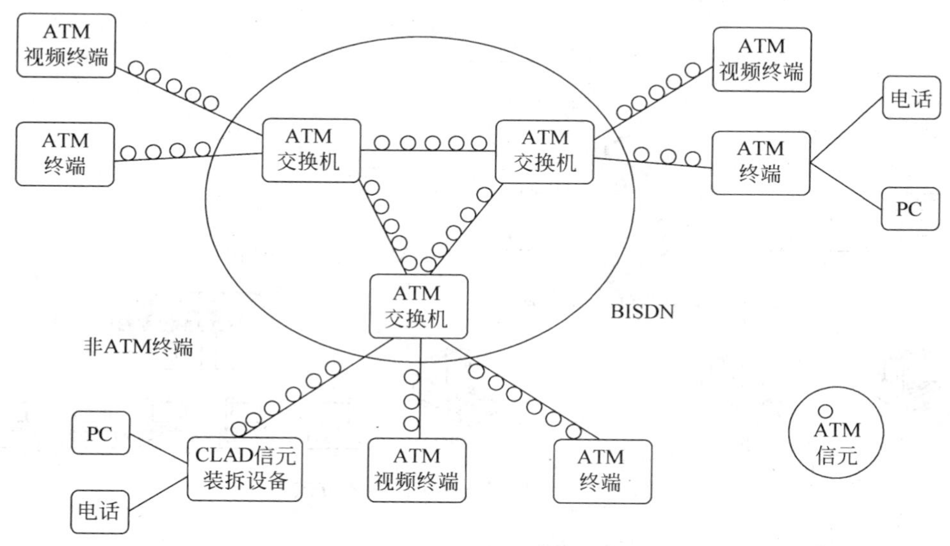

图 7-15　ATM 网组成结构图

7.2.3　局域网的组建

组建一个局域网，需要考虑计算机设备、网络拓扑结构、传输介质、操作系统和网络协议等诸多问题。组建局域网工作的难度取决于网络规模，一般建设局域网需要经过需求分析、网络设计、系统集成以及安装调试等各个环节，如果在现有网络的基础上改造升级，还需要对现有网络的性能及技术进行分析。

可以说现在是网络时代，在我们的身边存在着各种形式的网络，网络也成为人们之间沟通的重要途径，本节将以贴近高校在校学生学习和生活的宿舍局域网的设计和组建为例来讲解，力求学以致用。

1. 需求分析

通过对局域网组建的需求分析，可以确定接入网络的用户范围、共享资源的类型与数量、用户现有设备的运行状态等。对于小型局域网络而言，这个环节虽然比较简单，但仍然是必需的。

对于组建一个学生宿舍网络来说，重点要考虑的因素是组建的成本和网络质量。

- 在组建的成本上，要以经济实用为原则。需要在兼顾现有计算机都能上网的前提下，尽量选用投入设备成本不高、后继使用成本可接受的网络设备和接入形式。
- 在网络质量方面，要求宿舍内的计算机能实现资源共享、宽带接入共享，在选择设备时，选用的网络设备以实用和够用为原则。

一般来说，学校宿舍可选择的接入方式有两种。一种是由学校提供的校园网接入，另一种是选择由电信运营商提供的 ADSL 宽带接入，如图 7-16 所示。

两种接入方式各有好处。在速度上，校园网的出口带宽有限，用户较多，网速普通都比较慢，且大多有网络应用方面的限制，相比而言 ADSL 在这方面有一定优势；校园网一般都为学生提供了很多有针对性的内部资源，例如教务信息、图书信息查询等校园内部资源的使用，在这个层面上，ADSL 就没办法跟校园网相比。这两种接入方式会产生两种不同的组网

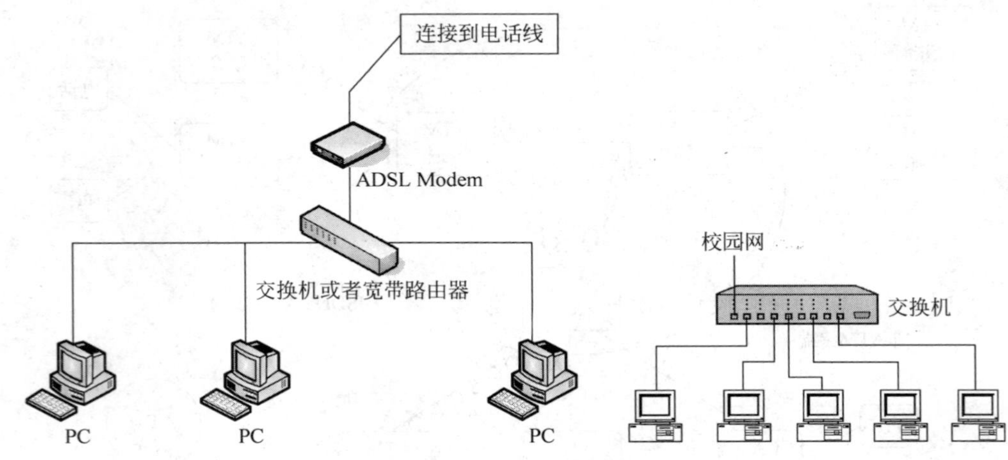

图 7-16　学校宿舍网络的接入方式

方案，同学们可以根据自己的实际情况来选择。

2. 网络设计

到目前为止，尚没有统一规范的网络设计规范与流程，但一般均采用分层的设计思想，即将网络分为核心层、汇聚层以及接入层等不同的层次。如图 7-17 所示的企业局域网分层结构，由于需要入网的计算机较多，并且分为多个不同的部门和内部分组，因此该企业局域网必然需要采用分层的思想来保证网络组建和管理的阶段性和渐进性，也为局域网中各部门和科室对网络的使用提供有效的权限和安全保障。

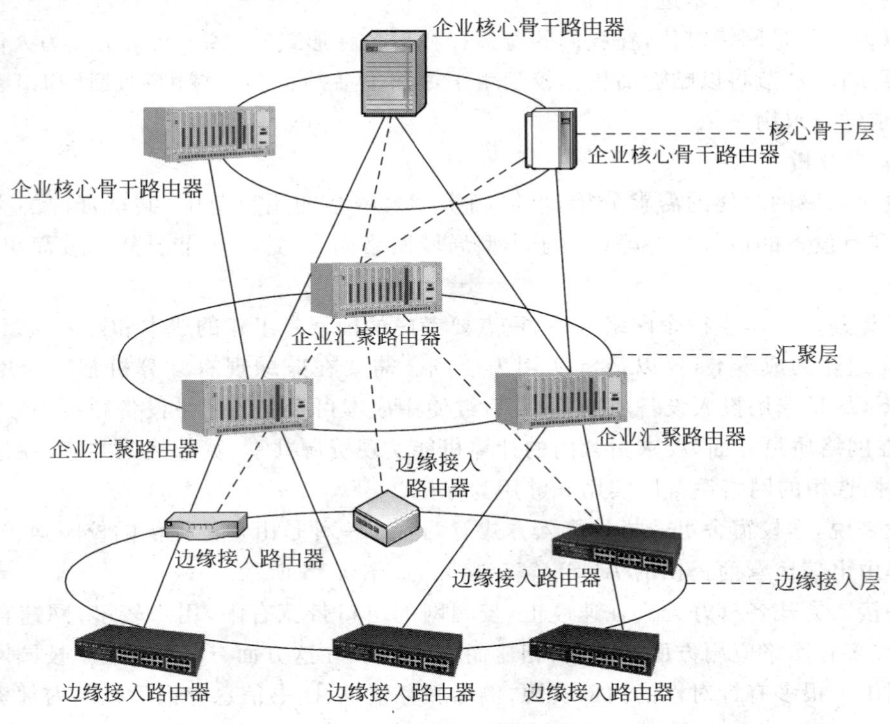

图 7-17　局域网分层结构图

对于学校宿舍局域网而言，则相对简单很多，可以省略过多的分层，一般可以分为接入层和外网连接层。接入层提供的是各类设备（包括台式机、笔记本、PDA、手机等）连接入宿舍局域网的接口，既要提供有线的接口（通常为双绞线或 USB 接口），还要提供无线接入端口（通常有 Wi-Fi、蓝牙、红外线等）。

目前可供选择的组网模式是有线和无线两种。选择无线网络，自然省去了布线的麻烦，宿舍的布局也不会受到影响，对于有笔记本电脑的同学来说，上网地点可以不受约束，但成本相对较高，网络稳定性较差，网络速度也受到限制，如图 7-18 所示；选择有线网络，投入成本低，但是布线比较麻烦，而且计算机因为网线的限制不能随意移动。

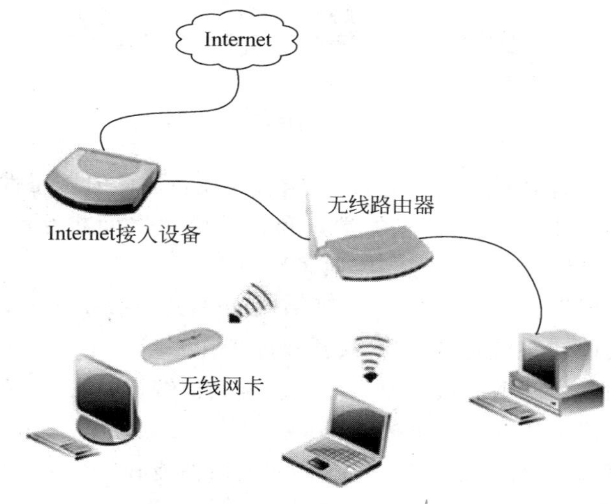

图 7-18　宿舍中上网设备的接入方式

3. 设备选型

在设计好网络结构以后，就要考虑具体的网络设备选型。设备本身的性能对网络性能有较大的影响，需要考虑设备的性能指标，如包转发率、背板带宽、端口速率以及支持的协议种类等。

有不少的校园只允许学生宿舍接入学校校园网，而不允许电信运营商进驻。对于这种情况，宿舍局域网组建方案只能采用交换机将同一宿舍的计算机连在一起组成星型网络。因此，在选购组网材料和设备时除了购买双绞线、RJ-45 插头等必备的材料外，还应当购买一台拥有足够多网络端口的桌面交换机。购买的交换机类型应当满足当前宿舍内计算机使用，一般而言，购买一台 8 口的 10/100Mbps 自适应交换机即可满足基本需求。

在设备采购时，上网设备由用户自行准备，接入 Internet 的 ADSL 设备或路由器则可由电信运营商或学校网络中心提供，通常需要购买的是网线和交换机（或集线器）。在交换机和集线器的对比和选择上，同学们经常存在疑惑，如图 7-19 所示。二者价格相差不大，外观很相似，网络接口也是相同的，甚至购买时很难准确辨识二者。

集线器（也称为 Hub）只是对数据的传输起到同步、放大和整形的作用，不能保证数据传输的完整性和正确性；而交换机（Switch）不但可以对数据的传输做到同步、放大和整形，而且可以过滤短帧、碎片等。

从工作方式来看，集线器是一种广播模式，也就是说集线器的某个端口工作的时候其他

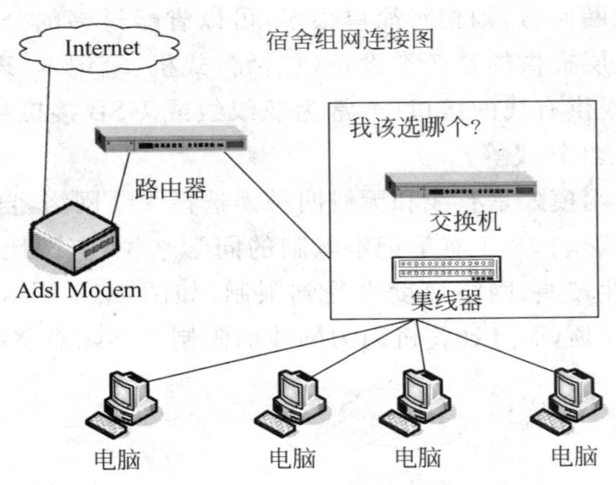

图 7-19 交换机和集线器的选择

所有端口都能收听到信息,容易产生广播风暴,当接入设备较多时网络性能会受到很大的影响;而交换机工作的时候只有发出请求的端口和目的端口之间相互响应而不影响其他端口,交换机能够隔离冲突域和有效地抑制广播风暴的产生。

从带宽来看,集线器不管有多少个端口,所有端口都共享一条带宽,在同一时刻只能有两个端口传送数据,其他端口只能等待,集线器只能工作在半双工模式下。而交换机每个端口都有一条独占的带宽,当两个端口工作时并不影响其他端口的工作,交换机不但可以工作在半双工模式下,也可以工作在全双工模式下。

通过上面的比较可以看出,交换机比集线器在网络性能和安全方面都具有很大的优势,在入网设备较多时差别尤其明显。因此在价格相差不大的情况下,建议购买端口足够将来使用需求的交换机。

4. 工程实施

上述工作完成后,就可以进入工程实施阶段,该阶段的一个重要任务就是综合布线(随着 Internet 和信息高速公路的发展,人们希望有一套完整的布线系统能够同时支持语音应用、数据传输、视频影像,而且最终能支持综合性的应用,这就是综合布线)。综合布线系统将各种不同组成部分构成一个有机的整体。综合布线系统包括 6 个子系统:工作区子系统、水平子系统、管理间子系统、垂直子系统、建筑群子系统、设备间子系统,如图 7-20 所示。

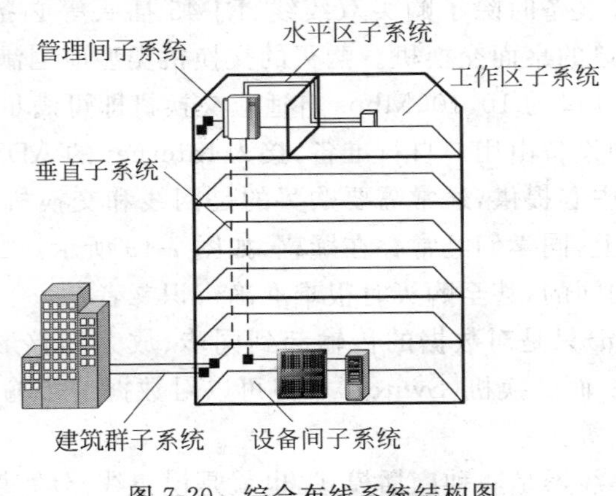

图 7-20 综合布线系统结构图

设备的安装与调试是工程施工的另一个重要方面。这既包括路由器、交换机以及防火墙等网络设备的安装调试，也包括各个服务器、共享打印机、扫描仪的安装和调试工作。

对于宿舍网络而言则没有这么专业化的要求。宿舍面积都不大，上网的设备较少，一般不需要考虑网络综合布线问题，只需为每个上网设备预留好接入网络的接口即可。并且可以根据实际情况的变动，随时布置新的网线接口，维护的成本很低，管理也很灵活。

宿舍布线对布线的美观要求不高，主要考虑布线的方便，并将成本控制在最低水平，交换机的放置地点对双绞线的数量影响较大。在选择交换机放置地点时，应尽量选择比较居中的位置，这样可以有效减少布线的长度。组建宿舍局域网所使用的双绞线基本上都是直通双绞线。

一个宿舍局域网的组网是使用交换机连接多台计算机，采用这种组网方式组建具有良好的扩充性。当宿舍新增计算机时，只需要购买一块网卡，制作一根双绞线就可以连上宿舍网，而不用改动现有的局域网结构，各个宿舍内的局域网还可以很方便地进行互联，共同组成规模更大的局域网。

考虑到学生的网络应用需求广泛，还应该为网络连接添加必要的网络协议。因为 Windows XP 等操作系统默认只安装了 TCP/IP 协议，这使得很多依赖其他协议进行通信的程序无法正常运行。安装网络协议的步骤如下。

(1) 右击桌面上的“网上邻居”图标，在弹出的快捷菜单上选择“属性”命令，打开“网络连接”窗口。

(2) 右击“本地连接”图标，在弹出的属性对话框中单击“安装”按钮。

(3) 在随后弹出的“选择网络组件类型”对话框的组件列表框中选择“协议”选项，并单击“添加”按钮。

(4) 在打开的选项“选择网络协议”对话框中选择安装 NWLink IPX/SPX/NetBIOS Compatible Transport Protocal 协议，单击“确定”按钮进行该协议的添加。稍后用相同的方法安装 NetBEUI Protocol 协议。

(5) 网络协议安装完毕后，在局域网中其他计算机上使用相同的方法安装网卡、网络协议及进行相应的网络设置，如 IP 地址、计算机名等。另外，注意每台计算机的计算机名和 IP 地址不能相同，以免产生冲突。

当一切设置完毕后，在局域网中任意一台计算机的桌面上双击“网上邻居”图标。在弹出的窗口中就能看到局域网中的所有计算机了。

5. 网络测试

网络测试是对网络工程项目是否达到设计和施工要求的检测，也是项目验收的重要依据。网络测试主要包括综合布线系统、设备、网络应用以及网络安全等的测试工作。

宽带路由可以利用其路由共享方式实现多机同时上网，比较适合用于小型局域网的因特网连接，如家庭、宿舍、小型单位部门等，如图 7-21 所示。

现在市场上所销售的宽带路由器除了 NAT 转换功能以外，还集成了其他很多安全、可管理等功能，具有经济实用、性能优越、配置简单等优点。路由器为用户提供多方面的管理功能，可对系统、DHCP 服务器、虚拟服务器、DMA 主机、防火墙、上网权限管理、静态路由表、UPnP 等进行管理，采用全中文配置界面，用户界面友好，配置简单、易用。

宽带路由器的安装和连接很简单。不过在开始连接组建宿舍网络时，一定要确认各网

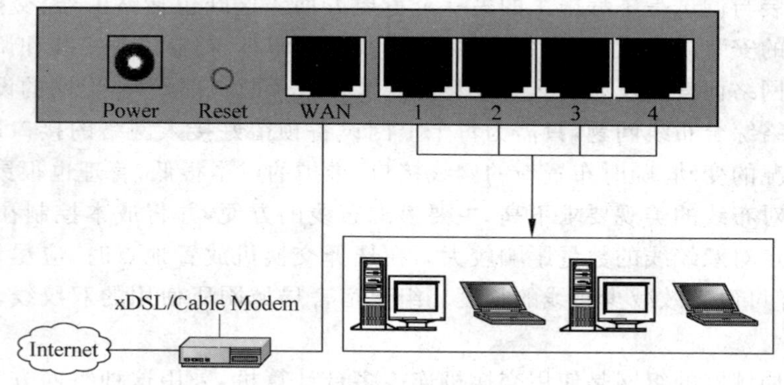

图 7-21 宽带路由器连接示意图

络连接设备和终端的电源是否已经关闭，一切都准备妥当以后，接下来可以按下面的步骤连接。

1）宽带路由器的安装

（1）将已制作好的双绞线连接到局域网中每台计算机的网卡上，而网线的另一端则连接到路由器后面板上的 LAN 端口。

（2）将宿舍宽带线与路由器后面的 WAN 端口相连。

（3）为路由器后面的电源端口接上电源。

至此，宿舍局域网硬件全部安装完成。检查无误后，打开宽带路由器的电源，并启动计算机，开始配置宽带路由器。

2）网络地址的配置

在局域网中任意挑选一台计算机作为客户机，用来配置宽带路由器。具体步骤如下。

（1）右击"网上邻居"，在弹出的快捷菜单中选择"属性"命令，在弹出的窗口中，双击"本地连接"图标，单击"属性"按钮。

（2）在弹出的对话框中，单击"使用下面的 IP 地址"单选按钮，在"IP 地址"文本框中输入 192.168.1.X，在"子网掩码"文本框中输入 255.255.255.0；"默认网关"文本框输入 192.168.1.1。输入完以后单击"确定"按钮两次即可。

3）宽带路由器连接状况的检测

（1）在设置好的客户机上选择"开始"→"运行"命令，打开"运行"对话框，在"打开"下拉列表框中输入 ping 192.168.1.1 后，单击"确定"按钮。

（2）如果单击"确定"按钮后出现 ping 192.168.1.1 wich 32 bytes of date：Reply from 192.168.1.1：bytes＝32 time＜1ms TTL＝128 Reply from 192.168.1.1：bytes＝32 time ＜ 1ms TTL＝128，则表示计算机和路由器连接成功了；如果没有出现以上数据，有可能是由于硬件设备的连接不当造成的，需要查看一下硬件设备的连接情况，视具体情况进行诊断。

3）路由器的配置

通过上面的方法已经把计算机和路由器成功地连接在一起了，接下来可以通过路由器的管理界面开始对路由器进行配置。

（1）在客户机上打开 IE 浏览器，在地址栏中输入 http://192.168.1.1 并按 Enter 键。

（2）打开一个要求输入用户名和密码的对话框。此时输入 TL-R402 路由器默认用户名和密码：admin、admin。

(3) 单击“确定”按钮后，进入 TP-LINK-R402 路由器的主管理界面，在路由主管理界面左侧的菜单列是一系列的管理选项，通过这些选项就可以对路由器的运行情况管理控制了。

4) 设置宽带路由器的 WAN 口

(1) 进入路由器管理界面。第一次进入路由器管理界面(也可以在路由器主管理界面单击进入菜单中的“设置向导”选项)，会弹出一个“设置向导”对话框。

(2) 在弹出的“设置向导”对话框中，用户需要按实际情况选择使用的上网方式，这是极为重要的一步。

- 如果用户的是包月 ADSL 宽带服务，则选中“ADSL 虚拟拨号”单选按钮。在随后出现的对话框中分别输入对应的“上网账号”和“上网口令”。
- 如果是连接学校校园网或小区宽带方式上网，则选择第二项或第三项：以太网宽带上网方式。以太网宽带上网方式有静态 IP 方式和动态 IP 方式。
- 如果选择静态 IP 方式，单击“下一步”按钮就会出现“设置向导-静态 IP”对话框，要求输入 ISP 服务商提供网络参数(如果是连接校园网，学生宿舍的网络参数由学校网络中心提供)。
- 如果选择动态 IP 方式，这里不需要作任何设置。路由器会自动启动 DHCP 功能自动为局域网所有工作站分配 IP 地址。

单击界面左侧的“DHCP 服务器”选项，在弹出“DHCP 设置”窗口中，单击“启用”按钮。而“地址池开始地址”和“地址池结束地址”选项分别为 192.168.1.X 和 192.168.1.Y，在此可以任意输入 IP 地址的第 4 字段。设置完毕后单击“保存”按钮。

在成功进行以上设置后，局域网中的任何一台计算机，都可以相互共享资源，并上网冲浪。

6. 工程验收

在进行网络验收之前，应做好前期准备，例如要确保综合布线(光缆和双绞线)通过了认证测试(测试报告)，确保布线进行了标识，确保设备的连接跳线合格(或经过了测试)，同时不要忽视各种跳线的性能。

网络工程的验收分为现场验收和文档验收两个方面。

现场验收包括环境是否符合要求，施工材料是否按方案规定的要求购买，设备安装是否规范，线缆以及终端安装是否符合要求，各子系统、网络服务器、网络性能、网络安全和网络容错等的验收。

文档验收指检验开发文档、管理文档、用户文档以及测试报告是否完备。

7.2.4 局域网的软件配置

在局域网组建和安装好后，主要是完成了网络硬件的部署和施工，后继的局域网的软件安装和配置也是必不可少的。

1. 局域网的配置

1) TCP /IP 协议配置

想在轻松的氛围下实现网上冲浪、聊天都要使用这个协议，Windows 中已经默认安装了该协议。首先在 Windows 2000/XP 中，右击“网上邻居”，选择“属性”。然后右击“本地连接”,选择“属性”。最后双击“Internet 协议”打开配置窗口即可,如图 7-22 所示。

2) 指定网络 IP 地址

为了避免与其他用户使用相同的 IP 地址,造成 IP 地址的冲突,可以让网络管理员根据 IP 地址资源情况授权给你一个合法的 IP 地址。另外,如果在局域网内有 DHCP 服务器,它会自动为局域网内各电脑分配 IP 地址,只需设置为“自动获得 IP 地址”即可,如图 7-23 所示。

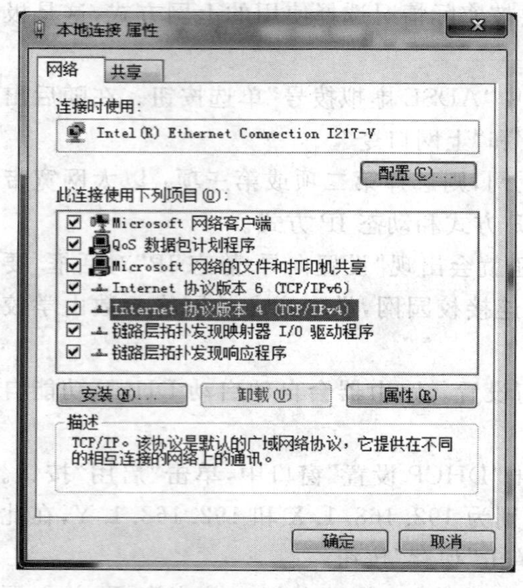

图 7-22　TCP/IP 协议的安装窗口

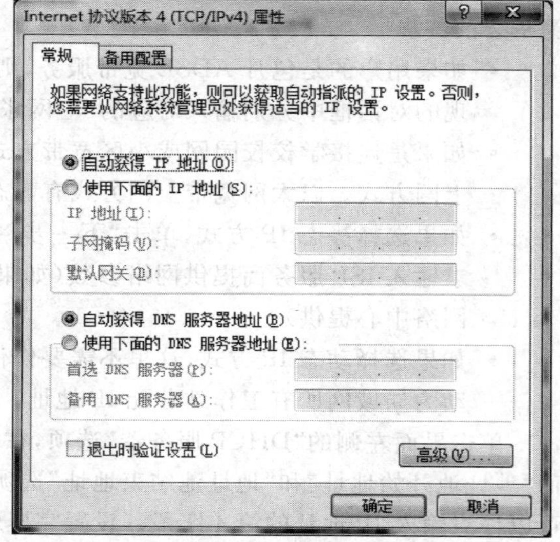

图 7-23　TCP/IP 协议的配置窗口

在局域网的使用过程中,也许 Windows 会突然出现一个警告框,提示你 IP 地址与网络上的其他用户有冲突。为什么会这样呢?这有两种可能。第一种原因是当别人安装 Windows 时,安装程序会自动扫描 IP 地址,而造成你的 Windows 误认为有人占用你的 IP 地址;第二种原因是有人在使用“网络执法官”之类的软件正在把你赶走,独占带宽。

2. 局域网共享资源

在家里、宿舍、学校或者办公室,如果多台计算机需要组网共享,或者联机游戏和办公,并且这几台计算机上安装的都是 Windows 7 系统,那么实现起来非常简单和快捷。因为 Windows 7 中提供了一项名称为“家庭组”的家庭网络辅助功能,通过该功能可以轻松地实现 Windows 7 计算机互联,在计算机之间直接共享文档、照片、音乐等各种资源,还能直接进行局域网联机,也可以对打印机进行更方便的共享。具体操作步骤如下。

1) 在 Windows 7 中创建家庭组

在 Windows 7 系统中打开“控制面板”→“网络和 Internet”,单击其中的“家庭组”,就可以在界面中看到家庭组的设置区域,如图 7-24 所示。如果当前使用的网络中没有其他人已经建立的家庭组存在的话,则会看到 Windows 7 提示你创建家庭组进行文件共享。此时单击“创建家庭组”按钮,就可以开始创建一个全新的家庭组网络,即局域网。

这里需要提示一点,创建家庭组的这台计算机需要安装 Windows 7 家庭高级版、Windows 7 专业版或 Windows 7 旗舰版才可以,而 Windows 7 家庭普通版加入家庭组没有

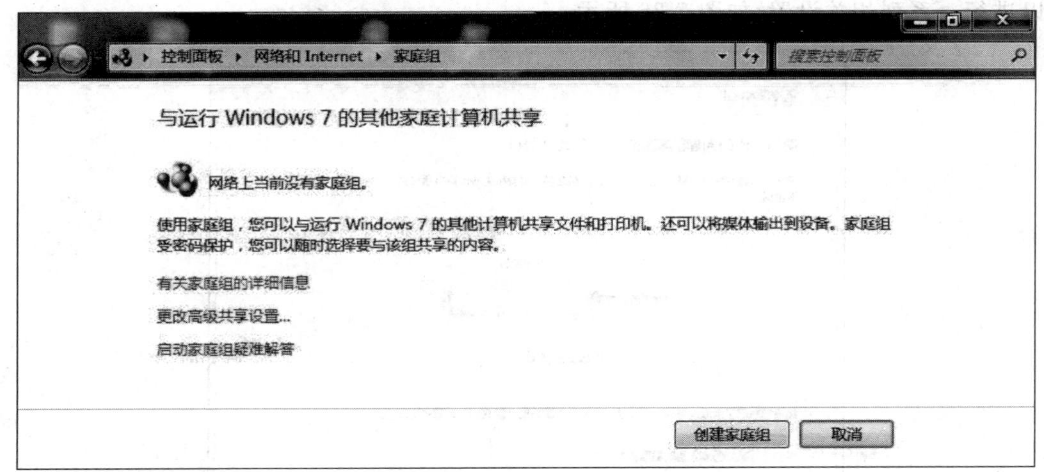

图 7-24 在 Windows 7 中创建家庭组

问题，但不能作为创建网络的主机使用。所以即使你家里只有一台是 Windows 7 旗舰版，其他的计算机都是 Windows 7 家庭普通版都不影响使用。

打开创建家庭网的向导，首先选择要与家庭网络共享的文件类型，默认共享的内容是图片、音乐、视频、文档和打印机 5 个选项，除了打印机以外，其他 4 个选项分别对应系统中默认存在的几个共享文件，如图 7-25 所示。

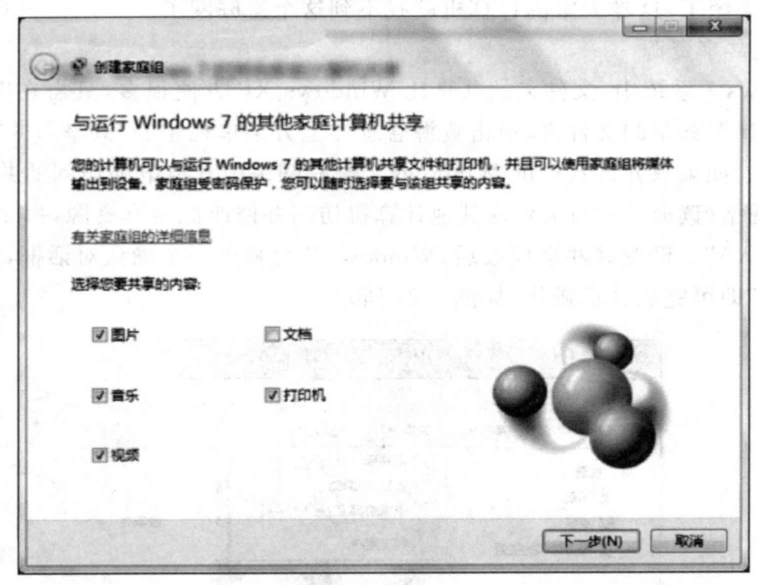

图 7-25 在 Windows 7 中设置共享内容

单击“下一步”按钮后，Windows 7 家庭组网络创建向导会自动生成一连串的密码，此时你需要把该密码复制粘贴发给其他计算机用户，当其他计算机通过 Windows 7 家庭网连接进来时必须输入此密码串，虽然密码是自动生成的，但也可以在后面的设置中修改成你们自己都熟悉的密码。单击“完成”按钮，这样一个家庭网络就创建成功了，返回家庭网络中，就

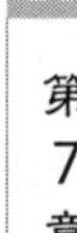

可以进行一系列相关设置,如图 7-26 所示。

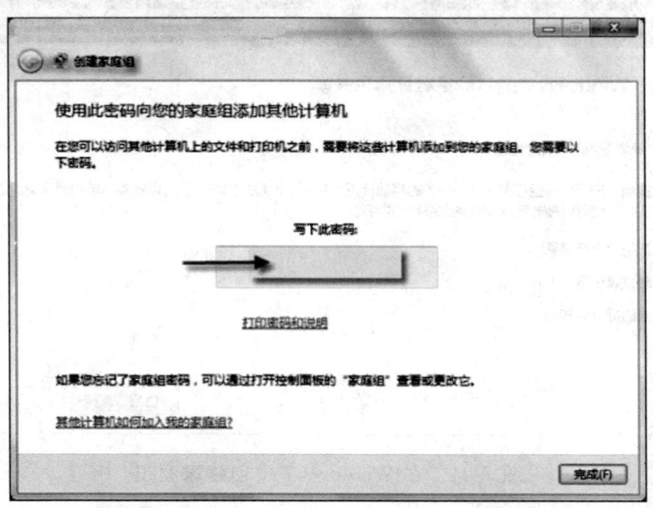

图 7-26　在 Windows 7 中设置家庭组密码

当关闭这个 Windows 7 家庭网时,在家庭网络设置中选择退出已加入的家庭组。然后打开"控制面板"→"管理工具"→"服务"项目,在这个列表中找到 HomeGroup Listener 和 HomeGroup Provider 这个项目,右击,分别禁止和停用这两个项目,就把这个 Windows 7 家庭组网完全关闭了,这样大家的计算机就找不到这个家庭网了。

2) 自定义共享资源

在 Windows 7 系统中,文件夹的共享比 Windows XP 方便很多,只需在 Windows 7 资源管理器中选择要共享的文件夹,单击资源管理器上方菜单栏中的"共享",并在菜单中设置共享权限即可。如果只允许自己的 Windows 7 家庭网络中其他电脑访问此共享资源,那么就选择"家庭网络(读取)";如果允许其他计算机访问并修改此共享资源,那么就选择"家庭组网(读取/写入)"。设置好共享权限后,Windows 7 会弹出一个确认对话框,此时单击"是,共享这些选项"即可完成共享操作,如图 7-27 所示。

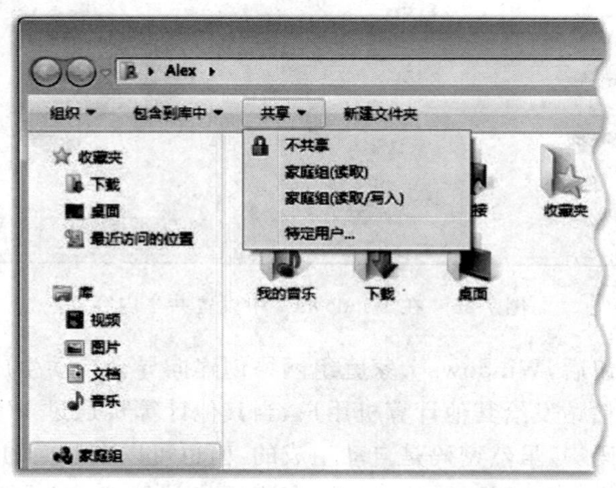

图 7-27　在 Windows 7 中设置家庭组的共享资源

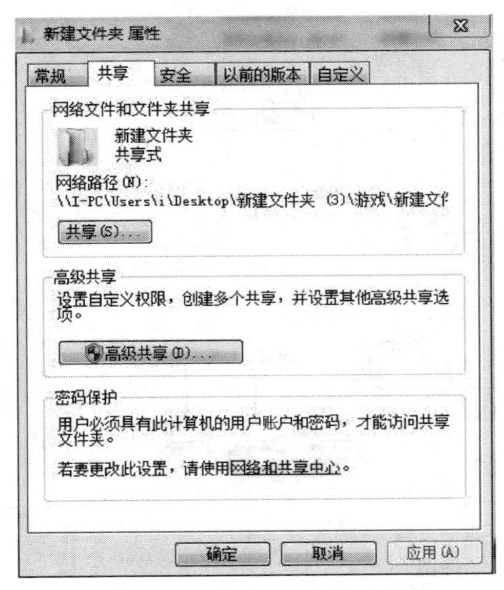

图 7-28　在 Windows 7 中设置文件夹属性

在 Windows 7 系统中设置好文件共享之后，可以在共享文件夹上单击右键，选择“属性”菜单打开一个对话框。选择“共享”选项，可以修改共享设置，包括选择和设置文件夹的共享对象和权限，也可以对某一个文件夹的访问进行密码保护设置，如图 7-28 所示。Windows 7 系统对于用户安全性保护能力是大大提高了，而且不论你使用的是 Windows 7 旗舰版还是 Windows 7 普通版。

对于局域网建立和家庭资源贡献方面 Windows 7 系统有极大的提升，其改进都是显而易见的，能够方便更多的 Windows 7 计算机用户便捷地享受资源共享的乐趣。这方面的应用无论在家中还是单位里用处都很多，Windows 7 计算机用户可以自己组建一个网络去慢慢体验。

7.3　计算机广域网

广域网是一个运行地域超过局域网的数据通信网络，广域网通常使用电信运营商提供的数据链路在广域范围上访问网络带宽。广域网将位于各地的多个部分连接起来，并与其他组织连接、与外部服务连接以及与远程用户连接。广域网通常可以传输各种各样的通信类型，如语音、数据和视频。

在广域网通信中，任意两个收发端点之间距离一般很远。它们之间都采用直接连接专线的方式显然是不现实的。广域网可以利用公用交换电话网(PSTN)、公用分组交换网(PSDN)、卫星通信网和无线分组交换网作为通信子网，将分布在不同地区的局域网或计算机系统连起来，从而实现远距离数据传输。

7.3.1　网络互联

目前，已经有很多企业、机构、部门与学校在内建立了自己的局域网，而这些局域网在有限范围内为用户提供了信息资源、通信资源以及其他服务资源的共享。为了实现与其他单位更大范围的资源共享和信息交流，需要将计算机网络互联起来形成一个大网。

所谓网络互联是指将两个以上的计算机网络，通过一定的方法，用一种或多种通信处理设备相互连接起来，以构成更大的网络系统。相互连接的网络可以是同种类型的网络，也可以是运行不同网络协议的异型系统，如图 7-29 所示。网络互联中由于每种网络的传输技术、拓扑结构、链路控制协议等存在差异，因此若要将网络连接起来，必须有某种网络连接设备通过不同端口分别连接不同的网络。

在前面章节中介绍了集线器，它对接收的数据并不做任何处理，只是简单地向所有端口广播接收的数据，因此不能作为网络互联设备。交换机虽可以实现同构局域网的互联，但不

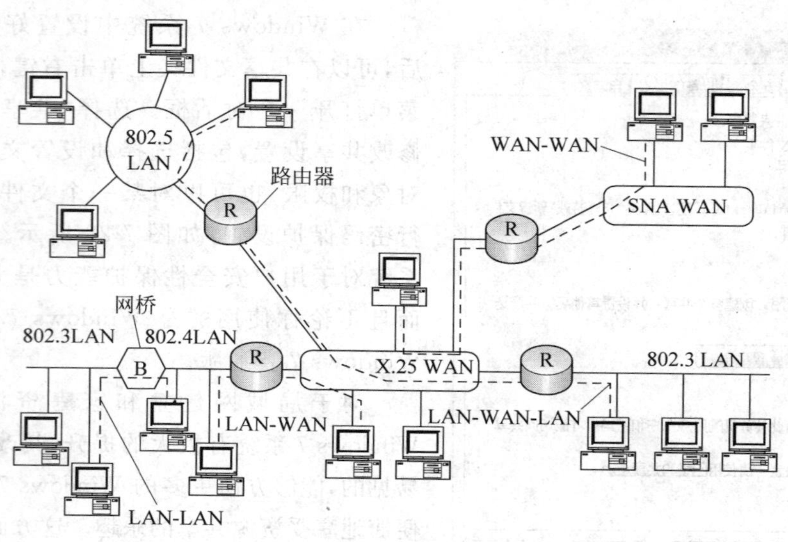

图 7-29　网络互联案例图

能对异构网络实现连接。

要实现各种网络互联，必须选择一个能屏蔽不同网络内部技术差异的设备，能辨别互联的网络所在的地址，这种网络互联设备在因特网中称为路由器(Router)或具有路由功能的交换机。路由器是实现异构型网络互联的重要设备，它在网络层实现包的存储与转发，从而把众多的网络连接成一个大型网络。

网络互联的形式有局域网与局域网、局域网与广域网、广域网与广域网的互联三种。路由器的功能包括路由选择(按路由选择最佳的传送路径)、协议转换(异构网互联)、网络分段(可把整个网络分割成不同的子网)、流量控制(路由器不仅具有缓冲性，而且还能控制收发双方的数据流量)、网络管理(高档路由器都配置了网络管理功能，对网络中的信息流、设备进行监视与管理)。

例如位于两个不同学校的实验室研究人员之间需要进行信息通信，他们之间的通信需要通过多个路由器互联的网络，两个大学所在的网络通过路由器互联，而这些互联的网络可能是同一种网络，也可能是不同类型的。路由器连接不同的网络，每个联网的计算机都有一个全网的 IP 地址，互联网就像一个虚拟的大网，使得所有能够连接在这个虚拟网络上的计算机都可以互通互连。所以将利用路由器把两个及两个以上的网络相互连接起来构成的网络系统叫做互联网络，简称互联网。

7.3.2　Internet 概述

因特网(Internet)又称为国际互联网或互联网，它是建立在各种计算机网络之上的、覆盖面最广、信息资源最丰富的世界上最大的国际性计算机互联网络。Internet 在最近十几年得到了迅速的发展，其范围覆盖了全球的每一个国家和地区，其应用已经渗透到了人类生活和工作的每一个领域。Internet 推动着 IT 行业的迅猛发展，带动了全球网络经济时代的到来。整个地球正处在数字化、信息化的路途中，Internet 则是将信息、数据由局域网扩展到广域网，从而发生质变的关键通道。

1. Internet 的起源

最初的 Internet 并不像今天一样激动人心，它只是连接几所大学的一个名为 ARPANet 的广域网络，但由于它所遵循的开放性标准，也由于人类社会强烈的共享资源及交流信息的愿望，ARPANet 的发展极其迅速，并逐渐演变为今天的 Internet。

ARPANet 是互联网的始祖，由美国国防部高级研究计划部署(Advanced Research Projects Agency，ARPA)于 1969 年设计开发。通过分组交换技术连接了加利福尼亚大学洛杉矶分校、加州大学圣巴巴拉分校、斯坦福大学以及犹他州大学四所大学的 4 台大型计算机，如图 7-30 所示。

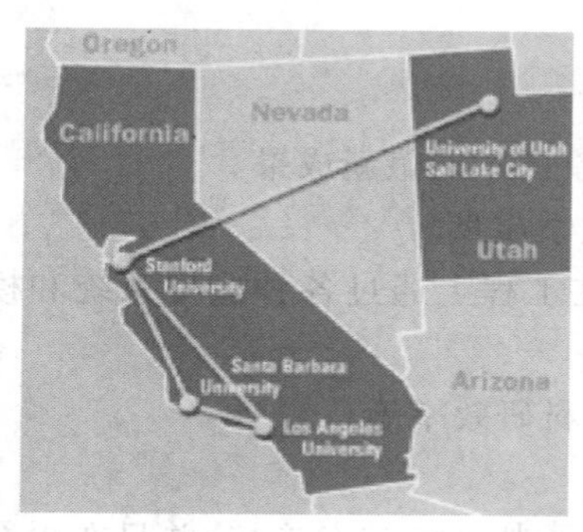

图 7-30　1969 年 ARPANet 网络

ARPANet 的最初目标是便于这些学校之间互相共享资源从而更好地开展研究工作，其应用主要包括收发电子邮件、传输文件以及通过网络上的超级计算机进行科学计算等，而所有这些应用当时都是通过命令行用户界面实现的。

到了 20 世纪 80 年代，TCP/IP 协议的问世，使得各种异构的网络及计算机都可以通过该协议链接为一个整体，因此也使得采用 TCP/IP 协议的 ARPANet 演变为 Internet。20 世纪 90 年代，由于个人计算机(Personal Computer，PC)及图形用户界面(Graphic User Interface，GUI)的问世，接入与访问 Internet 变得更加方便。万维网(World Wide Web，WWW)以及浏览器(Browser)的问世，则极大地丰富了 Internet 上的共享资源，进一步简化了访问 Internet 的手段，对 Internet 的发展产生了巨大的促进作用。现在，任何一个用户，只要愿意缴纳一定的服务费用，都可以方便地使用 Internet，并通过它获取信息或者发布信息。

2. Internet 的现状与发展

Internet 经过几十年的发展，取得了巨大的成功。目前 Internet 已经成为世界上规模最大、用户最多、资源最丰富的网络互联系统。

由于 Internet 开放性以及它具有的信息资源共享和交流的能力，Internet 上的各种应用也进一步得到开拓。Internet 不再仅仅是一种资源共享、数据通信和信息查询的手段，还逐渐成为人们了解世界、讨论问题、购物休闲，以及从事跨国学术研究、商贸活动、接受教育、结识朋友的重要途径。Internet 已经成为社会信息基础设施的核心，是计算、通信、娱乐、新闻媒体和电子商务等多种应用的共同平台。

随着 Internet 用户数量和网络服务的不断增加，再加上 Internet 自身的问题，如带宽过窄、对信息的管理不足，造成信息传输的严重阻塞。为了解决这些问题，1996 年 10 月，美国 34 所大学提出了建设下一代互联网(Next Generation Internet，NGI)计划，进行第二代 Internet(Internet2)的研制，目标是将连接速率提高至今天 Internet 速率的 100 倍到 1000 倍。突破网络瓶颈的限制，关键是解决交换机、路由器和局域网之间的兼容问题。

下一代互联网的最大特征就是使用 IPv6 协议，而逐渐放弃现在使用的 IPv4 协议，彻底解决 IP 地址资源匮乏的问题。Internet 2 的组建，将使多媒体信息可以实现真正的实施交换，同时还可以实现网上虚拟现实(Virtual Reality，VR)和实施视频会议等服务。

下一代因特网具有广泛的应用前景，支持医疗保健、国家安全、远程教学、能源研究、生物医学、环境监测、制造工程以及紧急情况下的应急反应和危机管理等，它有直接和应用两个方面目标。

直接目标包括有：

- 使连接各大学和国家实验室的高速网络的传输速率比现有因特网快100～1000倍；其速率可在1s内传输一部大英百科全书。
- 推动下一代因特网技术的实验研究，如研究一些技术使因特网能提供高质量的会议电视等实时服务。
- 开展新的应用以满足国家重点项目的需要。

应用目标包括有：

- 在医疗保健方面要让人们得到最好的诊断医疗，分享医学的最新成果。
- 在教育方面要通过虚拟图书馆和虚拟实验室提高教学质量。
- 在环境监测上通过虚拟世界为各方面提供服务；在工程上通过各种造型系统和模拟系统缩短新产品的开发时间。
- 在科研方面要通过NGI进行大范围的协作，以提高科研效率等。

3. Internet在中国的发展

1987年至1993年，我国与Internet的连接还仅仅是电子邮件的转发连接，并只在少数高校和科研机构提供电子邮件服务。1994年我国正式接入Internet，通过国内四大骨干网实现与Internet的连接，开通了各种Internet服务。这四大骨干网如下。

- 中国公用计算机互联网(CHINANET)
- 中国教育和科研计算机网(CERNET)
- 中国科技网(CSTNET)
- 中国金桥网(CHINAGBN)

随着我国国民经济信息化建设的迅速发展，又增加了六大网络，分别如下。

- 中国联合通信网(中国联通，UNINET)
- 中国网络通信网(中国网通，CNCNET)
- 中国移动通信网(中国移动，CMNET)
- 中国长城互联网(GWNET)
- 中国对外经济贸易网(CIETTNET)
- 中国卫星集团互联网(CSNET)

另外，我国积极参与下一代互联网的研究与建设。从1998年开始，CERNET进行下一代互联网研究与试验，建成IPv6试验床CERNET-IPv6；2001年，CERNET提出建设全国性下一代互联网CERNET2计划；2003年10月，连接北京、上海和广州3个核心节点的CERNET2试验网率先开通，并投入试运行；2004年3月，CERNET2试验网正式向用户提供IPv6下一代互联网服务。

7.3.3 Internet的作用

Internet实际上是一个应用平台，在它的上面可以开展很多种应用，下面从7个方面来说明Internet的作用。

1. 信息的获取与发布

Internet 是一个信息的海洋，通过它可以得到无穷无尽的信息，其中有各种不同类型的书库、图书馆、杂志期刊和报纸。网络还为用户提供了政府、学校和公司企业等机构的详细信息和各种不同的社会信息。这些信息的内容涉及社会的各个方面，包罗万象，几乎无所不有。用户在家里可以了解到全世界正在发生的事情，也可以将自己的信息发布到 Internet 上。

2. 电子邮件

平常的邮件一般是通过邮局传递的，收信人要等较长的时间才能收到信件。电子邮件(E-mail)和平常的邮件有很大的不同，电子邮件的写信、收信、发信都在计算机上完成。从发信到收信的时间以秒来计算，而且电子邮件几乎是免费的。同时，在世界上只要可以上网的地方，都可以收到别人发来的邮件，而不像平常的邮件，必须回到收信的地址才能拿到邮件。

3. 网上交际

网络可以看成是一个虚拟的社会空间，每个人都可以在这个网络社会上充当一个角色。Internet 已经渗透到人们的日常生活中，可以在网上与别人聊天、交友、玩网络游戏，“网友”已经成为一个使用频率越来越高的名词，这个网友可能远在天边，也可能近在眼前。网上交际已经完全突破传统的交友方式，不同性别、年龄、身份、职业、国籍、肤色的人，都可以通过 Internet 而成为好朋友，他们之间不用见面就可以进行各种各样的交流。

4. 电子商务

在网上进行交易已经成为现实，而且发展的如火如荼，例如网上购物、网上拍卖、网上支付等。电子商务(E-commerce)已经在海关、外贸、金融、税收、销售、运输等方面都得到了应用。电子商务现在正向一个更加纵深的方向发展，随着社会金融基础设施及网络安全设施的进一步健全，电子商务将在世界上引起一轮新的革命。

5. 网络电话

最近，中国电信、中国联通等网络运营商相继推出 IP 电话服务，IP 电话卡成为一种很流行的电信产品而受到人们的普遍欢迎，因为它的长途话费大约只需传统电话的 1/3。IP 电话采用的就是 Internet 技术，是一种网络电话。现在市场上已经出现了一种不仅能够听到对方声音，还可以看到对方的影像，并能进行多人同时对话的“视频会议”网络电话模式。Internet 在电信市场上的应用将越来越广泛。

6. 网上事务处理

Internet 的出现将改变传统的办公模式。人们可以在家里办公，然后通过网络将工作的结果传回单位；出差的时候，不用带上很多的资料，因为随时都可以通过网络连接到单位提取需要的信息，Internet 使全世界都可以成为办公的地点(被人们称为 SOHO 一族，small office home office)。实际上，网上事务处理的范围不仅如此，还包括有网上协同、分布式处理、云计算等各类新型网络处理模式。

7. Internet 的其他应用

Internet 还有很多其他的应用，例如远程教育、远程医疗、远程登录(Telnet)、远程文件传输(File Transfer Protocol，FTP)等。

7.3.4 接入 Internet

Internet 本身由众多网络交织互联而成。因此，要访问因特网上的资源，首先要将本地计算机连接到因特网上，使其成为因特网的组成部分。本地计算机接入因特网有多种方案可供选择，不同的接入方式都是随着技术的不断发展以及不同用户群的需求而产生的。企业级用户的上网方式和个人用户存在一定的区别。

企业级用户多以局域网或广域网方式接入因特网，要求较高的传输速率、不间断的网络连接和更高的服务质量，其接入方式多采用专线入网。对于个人用户，入网要求则相对要低很多，除了采用电话线和调制解调器(Modem)拨号上网之外，还可以选择宽带上网、有线电视网上网、无线上网等方式，主要考虑自身需求和各种接入方式的性价比。

在选择何种 Internet 接入方式上时，需要考虑的因素有上网用户的数目、采用拨号还是专线入网、通信网的选择、ISP(Internet Service Provider，因特网服务提供商)的选择。

1. PSTN 拨号接入

PSTN(Public Switched Telephone Network，公用电话交换网)技术是利用 PSTN 通过调制解调器(俗称为"猫"，如图 7-31 所示)拨号实现用户接入的方式。目前最好的速率为 56Kbps，远远不能满足宽带多媒体信息的传输需求，但由于电话网非常普及，用户终端设备 Modem 成本很低，网络接入方便，比较经济实惠，适合一般家庭及个人用户使用。但是随着宽带的发展和普及，这种窄带接入方式已经逐渐被淘汰。

图 7-31 Modem 调制解调器

2. ISDN 拨号上网

ISDN(Integrated Service Digital Network，综合业务数字网)接入技术俗称"一线通"，它通过一条电话线就可以实现集语音、数据和图像通信于一体的综合业务。ISDN 连接需要网络终端、用户终端和 ISDN 终端适配器(如图 7-32 所示)等的支持。相对于 PSTN 拨号上网，使用 ISDN 设备拨号上网的一次性投入要多，但上网速度较快(最高可达 128Kbps)。ISDN 在电话线上传输的是数字信号，抗干扰能力强，能支持多种设备，传输质量高且支持同时打电话和上网。但 ISDN 所提供的传输速率无法满足未来网络多媒体对宽带的需求，逐渐被 ASDL 宽带接入方式所替代。

图 7-32 ISDN 智能终端盒

3. DDN 专线接入

DDN(Digital Data Network,数字数据网络)是利用铜缆、光纤、数字微波或卫星等数字传输通道,提供永久或半永久连接电路,以传输数字信号为主的数字传输网络。在接入Internet 时,先通过 DDN 专线连接到 ISP,通过 ISP 连接到因特网。局域网通过 DDN 专线连接到因特网时,一般需要使用基带调制解调器(如图 7-33 所示)和路由器。

图 7-33　光纤专线接入设备

DDN 提供点到多点的连接,适合广播发送信息,也适合集中控制等业务,适用于大型企业和网吧等对网络性能要求较高的上网环境。DDN 入网方式采用数字电路,传输质量高,时延小,数据传输速率可根据需要选择,可靠性高。

4. xDSL 接入方式

DSL(Digital Subscriber Line,数字用户线路)是以铜质电话线为传输介质的传输技术组合,它包括 HDSL、SDSL、VDSL、ADSL 和 RADSL 等,一般称为 xDSL。它们主要的区别体现在信号传输速度和距离的不同,以及上行速率和下行速率对称性的不同。下面将以目前较为流行和广泛使用的 ADSL 为例来介绍该类 Internet 接入方式的工作原理。

ADSL(Asymmetrical Digital Subscriber Line,非对称数字用户线路)是一种能够通过普通电话线提供宽带数据业务的技术。ADSL 采用了先进的数字处理技术,将上传频道、下载频道和语音频道的频段分开,在一条电话线上同时传输三种不同频段的数据,并能实现数字信号与模拟信号同时在电话线上传输。ADSL 所提供的下载速率最高可达 8Mbps,上传速率为 64Kbps~1Mbps。与拨号上网或 ISDN 方式相比,减轻了电话交换机的负载,不需要拨号,属于专线上网,不需另缴电话费。ADSL 的接线示意图如图 7-34 所示。

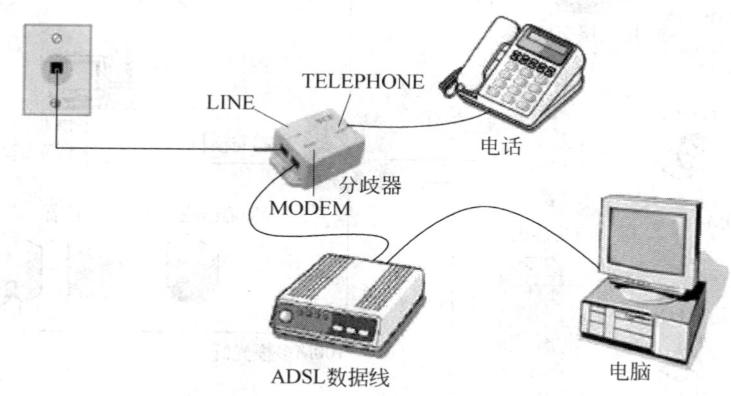

图 7-34　ADSL 的接线示意图

现阶段 VDSL(Very-high-bit-rate DSL,高比特率数字用户数字线路)技术作为 ADSL 技术的发展方向之一,是目前较为先进的技术,只要用分离器将 VDSL 信号和语音信号分开即可,不需要铺设新线路或对现有网络进行改造,采用该技术可以进一步提高 xDSL 系统的下行带宽,最高可达 52Mbps。

5. 有线电视网络接入

除了前面提到的PSTN公用电话交换网以外，目前存在的三大网络还包括计算机网和有线电视网，利用遍布广泛的有线电视网来接入Internet也成为重要的途径。Cable-Modem(线缆调制解调器，如图7-35所示)主要是面向计算机用户的终端，它是连接有线电视同轴电缆与用户计算机之间的中间设备。使用它无须拨号上网，也不占用电话线，用户可以借助有线电视网络实现对Internet的访问，可以说Cable-Modem是xDSL技术最大的竞争对手。

图7-35　Cable-Modem线缆调制解调器

采用这种方式接入Internet，连接速率高、成本低，提供非对称的连接，并且不受距离的限制。但Cable-Model模式采用的是相对落后的总线型网络结构(共享带宽会受用户数目的影响)，而不像ADSL星型结构那样独享带宽，因此会造成数据传输不够稳定，购买Cable-Modem和初装费也都不算低，这些都一定程度上阻碍了该种Internet接入方式在国内的普及。

6. 局域网接入(小区宽带)

小区宽带是目前接入Internet的一种常用方式，采用“光纤＋双绞线”的方式对社区进行综合布线，通过光纤将信号接入小区交换机，再通过双绞线接入到各个家庭，如图7-36所示。采用该种局域网接入方式可以充分利用小区局域网的优势，为居民提供10Mbps以上的共享带宽，并可根据用户的需求升级到100Mbps以上。

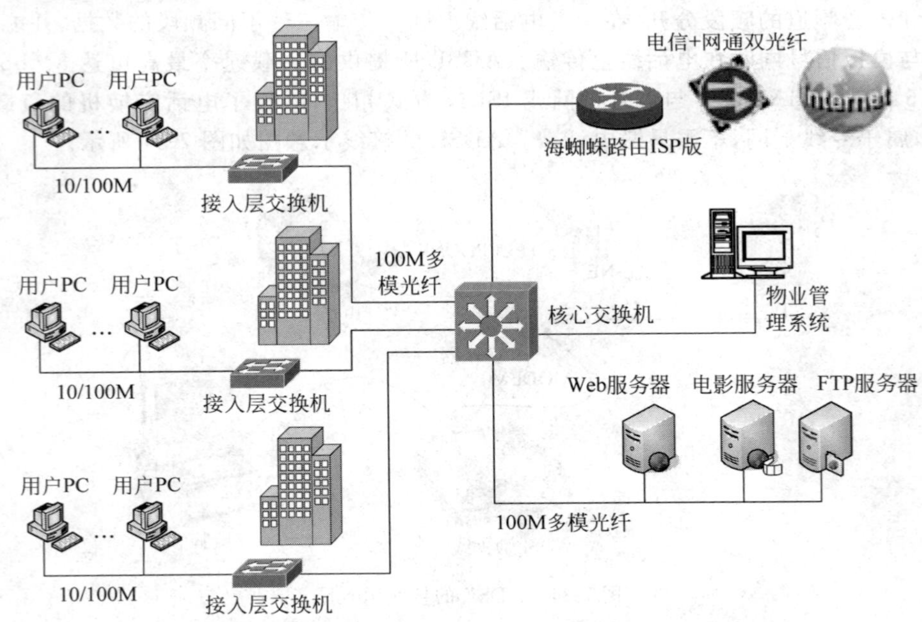

图7-36　小区宽带连接结构示例图

局域网所采用的以太网技术成熟、成本低、结构简单、稳定性好、可扩充性好，便于网络升级；同时可实现实时监控、智能化物业管理、小区/大楼/家庭保安及家庭自动化(如远程遥控家电、可视门铃等)、远程抄表等，可提供智能化、信息化的办公与家居环境，满足不同层次的人们对信息化的需求。

7. 无线接入

由于铺设光纤的费用很高，对于需要宽带接入的用户，一些城市提供无线接入。用户通过高频天线和ISP连接，如图7-37所示，传输距离在10km左右，带宽为2Mbps～11Mbps，费用低廉，性价比较高。但易受地形和距离的限制，适合城市里距离ISP不远的用户。

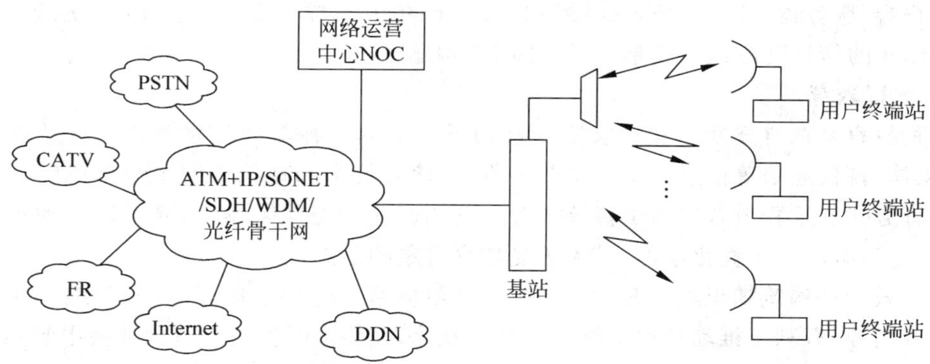

图7-37　宽带无线接入示意图

常见的无线接入技术有GSM接入技术、CDMA接入技术、GPRS接入技术、DBS卫星接入技术、蓝牙技术、3G通信技术、4G通信技术等。

7.3.5 Internet的应用

从1988年起，人们开始涌入互联网这个新的领域，通过Internet获取大量信息。Internet上较早出现的重要应用有E-mail电子邮件、FTP远程文件传输和Telnet远程登录等。随着硬件技术、用户界面、WWW技术的产生和推广，Internet的应用范围迅速扩大，特别是在多媒体数据传输、电子商务以及娱乐方面的应用发展更为迅速。

1. 视频与语音传输

一般来说，视频与语音之类的多媒体数据文件相对都比较大，在网络上传输时需要花费更多的时间；另外，为了保证音视频的浏览效果，对传输的实时性要求较高。因此，在早期的Internet应用中，很难保证多媒体数据的传输质量。

随着网络技术的不断进步，网络带宽及服务质量越来越高，从而使得通过网络传输视频和语音之类的数据成为可能，一些基于多媒体数据传输的应用得到了迅速发展。视频会议系统就是一个典型的实例，它是一种支持远距离实时信息交流，开展协同工作的应用系统。视频会议系统一方面能实时传输视频音频信息以及文件资料，使会谈各方都可以远距离进行直观、真实的音视频交流。另一方面，利用多媒体技术的支持，视频会议系统可以帮助使用者对工作中各种信息进行协同处理，如共享数据、共享应用程序等，从而构造出一个多人共享的工作空间。

2. 电子商务

电子商务(Electronic Commerce)至今还没有统一的定义，一般是指在Internet开放的网络环境下，基于浏览器/服务器(Browser/Server)应用方式，实现消费者的网上购物、商户之间的网上交易和在线电子支付的一种新型的商业运营模式。

Internet 上的电子商务可分为信息服务、交易和支付 3 个方面。主要内容包括电子商情广告、电子选购和交易、电子交易凭证的交换、电子支付与结算以及售后的网上服务等。

3. 信息搜索与访问

Gopher 是 Internet 上一种综合性的信息查询系统，它给用户提供具有层次结构的菜单和文件目录，每个菜单指向特定信息，指引用户轻松地找到自己需要的信息资源。Gopher 采用客户端/服务器(Client/Server)模式。Internet 上有成千上万个 Gopher 服务器，它们将 Internet 的信息资源组织成单一形式的资料库。

4. 远程教育

远程教育是在科技发展和社会需求推动下形成的一种新型教育模式。它是指以计算机、多媒体、现代通信等信息技术为主要手段，将信息技术和现代教育思想有机结合的一种新型教育方式。远程教育打破了传统教育体制的时间和空间限制，打破了以教师传授为主的教育方式，有利于个性化学习，扩大了受教育对象的范围。

远程教育是构筑知识经济时代人们终身学习体系的主要手段，能够有效地扩充和利用各种教育资源，有利于推动教育的终身化和大众化，在信息时代的学习化社会中起到越来越大的作用。

7.4 新型网络技术

以互联网为代表的计算机网络技术是 20 世纪计算机科学的一项伟大成果，它给我们的生活带来了深刻的变化。在新时期，计算机网络也是不断进步和发展的，新型网络技术层出不穷，并将为我们未来的生活提供更加先进和便捷的网络使用体验。本节将介绍几种主要的新型网络技术，期望为同学们后继的计算机网络技术学习提供引导和辅助。

7.4.1 手机网络

手机(Mobile Phone)从 20 世纪 90 年代开始出现至今，从最初的奢侈品，到现在已经成为寻常百姓人手必备的通信工具。手机网络发展至今，从无到有，经历了第一代模拟制式手机(1G)、第二代 GSM、TDMA 等数字手机(2G)、第 2.5 代移动通信技术 CDMA 和第三代移动通信技术(3G)。

1. 3G 技术

在 1999 年 11 月的 ITU-R TG8/1 会议上，通过了 IMT-2000 的无线接口技术规范，包括 CDMA 和 TDMA 两大类共 5 类技术，并在 2000 年 5 月的 ITU-R 全会上正式通过，标志着第三代移动通信技术(3G 是英文 3rd Generation 的缩写)的格局最终确定。

1995 年问世的第一代模拟制式手机智能进行语音通话；而 1996 年至 1997 年出现的第二代数字手机增加了接收数据的功能；第三代与前两代的主要区别是在传输声音和数据的速度上的提升，能够处理图像、音乐、视频流等多种媒体形式，提供包括网页浏览、电话会议、电子商务、手机电视、手机游戏等多种信息服务。

码分多址(Code Division Multiple Access，CDMA)是第三代移动通信系统的技术基础，CDMA 系统以其频率规划简单、系统容量大、频率复用系统高、抗多径能力强、通信质量好、软容量、软切换等特点显示出巨大的发展潜力。国际电信联盟(ITU)确定 W-CDMA(欧洲版)、CDMA2000(美国版)和TD-SCDMA(中国版)以及WiMAX为四大主流无线接口标准进行市场化运营和实施。

2. 4G技术

随着数据通信与多媒体业务需求的发展,为了适应移动数据、移动计算及移动多媒体运作需要的第四代通信开始兴起。与传统的通信技术相比,4G通信技术最明显的优势在于通话质量及数据通信速度。4G通信技术并没有脱离以前的通信技术,而是以传统通信技术为基础,并利用了一些新的通信技术,来不断提高无线通信的网络效率和功能。

如果说3G能为人们提供一个高速传输的无线通信环境的话,那么4G通信会是一种超高速无线网络,一种不需要电缆的信息超级高速公路,这种新型网络可使电话用户以无线及三维空间虚拟实境连线。

第四代移动通信技术以正交频分复用(OFDM)技术为核心,包括抗干扰性强的高速接入技术,调制和信息传输技术,高性能、小型化和低成本的自适应阵列智能天线,大容量、低成本的无线接口和光接口,系统管理资源,软件无线电、网络结构协议等关键技术。它具有网络结构高度可扩展、良好的抗噪声性能和抗多信道干扰能力的优点,可以提供无线数据技术质量更高的服务和更好的性能价格比。

移动通信会向数据化、高速化、宽带化、频段更高化方向发展。移动数据、移动IP预计会成为移动网的主流业务。未来的4G通信会给人们真正的沟通自由,并彻底改变人们的生活方式甚至是社会形态。

7.4.2 物联网

随着网络覆盖的普及,网络给人类生活带来了巨大的变化。物联网被称为继计算机、互联网之后,世界信息产业的第三次浪潮,已经成为信息网络化发展的重要趋势,是人类社会迈向更加高效、智能的信息社会的一大特征。

1. 物联网的含义

顾名思义,物联网就是"物物相连的互联网",其中有两层含义。第一,物联网的核心和基础仍是互联网,是在互联网基础上的延伸和扩展;第二,其用户端延伸和扩展到了任何物品与物品之间,进行信息交换和通信。也就是说,物联网就是将各种信息传感设备,按照约定的协议,把任何物品与互联网连接起来,进行信息交换和通信,以实现智能化识别、定位、跟踪、监控和管理的一个巨大的网络,其目的是让所有的物品都与网络连接起来,方便识别和管理。

2. 物联网的关键技术

从物联网的应用角度来看,物联网主要包括三个层次:传感器网络、信息传输网络和信息应用网络,物联网涉及射频识别(Radio Frequency Identification,RFID)、传感器、嵌入式软件、传输数据计算等领域。以RFID系统为基础,结合已有的网络技术、数据库技术、中间件技术等,构筑一个由大量联网的阅读器和无数已定义的标签组成的,比Internet更加庞大的物联网成为RFID技术发展的趋势。

3. 物联网的应用

物联网把新一代IT技术充分运用在各行各业之中,具体地说,就是把感应器嵌入和装备到电网、铁路、桥梁、隧道、公路、建筑、供水系统、大坝、油气管道等各种物体中,然后将物联网与现有的互联网联合起来，实现人类社会与物理系统的整合。在这个整合的网络中，存在能力超级强大的中心计算机群，能够对整合网络内的人员、机器、设备和基础设施实施实时地管理和控制。在此基础上，人类可以以更加精细和动态的方式管理生产和生活，得到“智慧”状态，提高资源利用率和生产水平，改善人与自然间的关系。

有专家预测10年内物联网就可能大规模普及，这一技术将会发展成为一个上万亿规模的高科技市场，其产业要比互联网大约30倍。在这个物物相连的世界中，物品能够彼此进行“交流”，而无须人工的干预。可以说，物联网描绘的是充满智能化的世界。

7.4.3 无线网络

随着无线各种技术不断的成熟和应用的普及，无线网络也凭借其为用户提供的灵活性、便利性等优势，被越来越多的用户所追捧。无线网络就是利用无线电波作为信息传输的媒介，摆脱传统有限的束缚，在硬件架设和使用的灵活性、便利性等方面均比有线网络有许多的优势。无线网络目前主要分为CDMA/GPRS无线网、蓝牙、无线局域网(WLAN)，本节将重点介绍蓝牙技术和无线局域网技术。

1. 蓝牙技术

蓝牙(Bluetooth)是一种支持设备短距离通信的无线电技术，能在包括移动电话、PDA、无线耳机、笔记本电脑、相关外设等众多设备之间进行无线信息交换。于1998年5月，由爱立信、英特尔、诺基亚、东芝和IBM五大公司组成的特殊利益集团(Special Interest Group，SIG)联合制定。

蓝牙是无线数据和语音传输的开放式标准(IEEE 802.15标志)，它将各种通信设备、计算机及其终端设备、各种数字数据系统，甚至家用电器采用无线方式连接起来。目前其工作在2.4GHz频带，带宽为1Mbps(有效传输速率为721Kbps)，最大传输距离为10m的无线通信，并形成世界统一的近距离无线通信标准。蓝牙技术可提供低成本、低功耗的无线接入方式，被认为是近年来无线数据通信领域的重大进展之一。

蓝牙技术能够有效地简化掌上电脑、笔记本电脑和移动电话手机等移动终端设备之间的通信，也能够成功地简化以上这些设备与Internet之间的通信，从而使这些现代通信设备与因特网之间的数据传输变得更加迅速高效，为无线通信拓宽道路。

2. 无线局域网

无线局域网(Wireless Local Area Networks，WLAN)是计算机网络与无线通信技术相结合的产物。WLAN在不采用传统线缆构成的局域网，提供以太网或者令牌网络的功能，不受节点限制，就可以构建局域网络。网络拓扑结构具有很大的灵活性和弹性。无线局域网利用无线多址信道的一种有效方法来支持计算机之间的通信，并为通信的移动化、个性化和多媒体应用提供可能。

无线局域网利用电磁波在空气中发送和接收数据，而无须线缆介质。其数据传输速率现在已经能够达到11Mbps，传输距离可远至20km以上。它是对有线联网方式的一种补充和扩展，使网上的计算机具有可移动性，能快速方便地解决使用有线方式不易实现的网络联通问题。具有安装便捷、可移动性、经济节约、易于扩展、可靠性等特点，还具有很好的抗干扰性和网络保密性。

习　题　7

一、填空题

1. 计算机网络的功能主要体现在 4 个方面：________、________、________和________。

2. 计算机网络按照覆盖的地理范围可划分为________、________和________三类。

3. 计算机网络常用的拓扑结构有________、________、________、________和________五类。

4. 计算机网络按照完成的功能不同可以分为________子网和________子网。

5. 建立计算机网络的基本目的是实现________和________。

6. 通信过程中产生和发送信息的设备或计算机叫做________，接收和处理信息的设备或计算机叫做________，两者之间的通信线路叫做________。

7. 通信有两种基本方式，即串行方式和并行方式。通常情况下，________方式用于近距离通信，________方式用于距离较远的通信。在计算机网络中，________方式更具有普通意义。

8. 计算机网络中常用的传输介质有________、________、________和________。

9. 局域网中以太网采用的通信协议是________，其采用________型拓扑结构

10. CSMA/CD 的发送流程可以概括为________、________、________、________ 16 个字。

11. 在令牌环网中，有一种专门的数据帧称为________，在环路上持续地传输来确定一个节点何时可以发送数据包，只有拥有________的站点才有权发送数据。

12. 综合布线系统包含有________、________、________、________、________、________ 6 个子系统。

13. 网络互联时，根据网络互联设备进行协议和功能转换对象的不同，可以分为________、________、________、________和________。

14. 目前常用的网络连接器主要有中继器、________、________和网关。

15. 在 Internet 应用中，________协议用于文件传输，________协议用来实现远程登录。

二、选择题

1. 下面关于计算机网络的描述中，错误的是(　　)。
   A. 网络是计算机技术与通信技术结合的产物
   B. 网络中的计算机按照共同的协议相互联系
   C. 计算机通过有线线缆实现物理连接
   D. 网络中的计算机是独立的

2. 计算机网络最突出的优点是(　　)。
   A. 存储容量大　　B. 资源共享　　C. 运算速度快　　D. 运算精度高

3. 网络的基本拓扑结构有(　　)。
   A. 总线型、环型、星型　　B. 总线型、星型、对等型
   C. 总线型、主从型、对等型　　D. 总线型、星型、主从型

4. 下列网络传输介质中，抗干扰能力最强的是(　　)。

A. 无线电波　　B. 光纤　　C. 同轴电缆　　D. 双绞线

5. 划分局域网和广域网的依据是(　　)。

A. 通信传输介质的类型　　B. 网络拓扑结构的类型

C. 占用信号频带的不同　　D. 通信距离的远近

6. 局域网 LAN 所采用的数据传输方式为(　　)。

A. 存储—转发方式　　B. 广播方式

C. 电路交换方式　　D. 分散控制方式

7. 计算机网络中负责节点域节点间通信任务的那一部分子网称为(　　)。

A. 节点交换网　　B. 节点通信网　　C. 用户子网　　D. 通信子网

8. 用来衡量网络中数据传输可靠性的指标是(　　)。

A. 误码率　　B. 带宽　　C. 传输速率　　D. 延时

9. 广域网 WAN 所采用的数据传输方式为(　　)。

A. 广播式　　B. 存储转发式　　C. 集中控制式　　D. 分布控制式

10. 下列不属于 Internet 基本功能的是(　　)。

A. 电子邮件　　B. 文件传输　　C. 远程登录　　D. 监测控制

11. Internet 应用中用来传输文件的是(　　)。

A. WWW　　B. FTP　　C. Telnet　　D. E-mail

12. 拥有计算机并以拨号方式接入 Internet 的用户需要使用(　　)。

A. CD-ROM　　B. 鼠标　　C. 电话机　　D. Modem

13. TCP/IP 协议的含义是(　　)。

A. 局域网传输协议　　B. 拨号入网传输协议

C. 传输控制协议和网际协议　　D. 文件传输协议

14. WLAN 技术使用了(　　)介质。

A. 无线电波　　B. 双绞线　　C. 同轴电缆　　D. 光纤

15. 3G 的含义是指(　　)。

A. 第三代移动通信技术　　B. 第三次通信

C. 第三层次结构　　D. 通信技术

三、思考题

1. 列举出你所知道的计算机网络的用途。

2. 分析你身边所接触的计算机网络都是哪种类型，其拓扑结构、通信介质、工作方式、网络性能如何。

3. 对比你常用的各类无线网络在网络速率、接入方法、计费方式等方面的差别。

4. 自己搜集网络应用软件的名称、功能、适用环境等信息，并按照自己的理解对它们进行分类和整理。

5. 思考计算机网络对你的学习和生活所带来的影响和变化。

6. 设想若当今社会没有网络将会对日常人们的生产和生活带来哪些影响和变化。

第8章 数据库管理软件

本章学习目标

- 了解数据库的发展历史和基本知识
- 掌握常用的数据模型
- 熟悉并掌握 Access 2010 的操作环境
- 熟练掌握数据库和数据库对象的创建和使用
- 了解关系数据库语言 SQL 的常用语句

本章先向读者介绍数据库的发展历史和基本知识，再介绍如何使用 Access 2010 来创建和使用数据库，最后介绍 SQL 语言的相关知识及使用方法。

8.1 数据库理论

在日常的生活中，经常要存储诸如学生信息、职工信息、商品库存信息之类的数据，并使用这些数据生成各种报表，最常见的方法就是使用数据库来管理大批量数据。数据库的产生源于 20 世纪 50 年代初的军事需要，当时，美国为了军事目的将各种情报信息集中存储在计算机内，称为 Information Base。随着计算机技术的不断进步，数据库技术得到长足发展，现在已经成为计算机科学中的一个重要分支。

8.1.1 数据管理技术

数据库是数据管理的产物，纵观数据管理技术的发展共经历了三个阶段，分别是人工管理阶段、文件系统阶段和数据库阶段。

第一阶段(20 世纪 50 年代中期之前)为人工管理阶段，数据处理方式以批处理为主，还没有专门的数据处理软件。

第二阶段(20 世纪 50 年代后期—60 年代中期)为文件系统阶段，数据以文件的形式长期保存在存储介质上，文件系统已经出现。数据处理可以采用批处理方式或联机实时处理方式。随着需要管理的数据量的快速增大，文件系统的缺陷日益明显。由于文件之间相互独立、缺少联系，导致了数据的重复存储，以及由此而产生的数据不一致。

第三阶段(20 世纪 60 年代后期—至今)为数据库阶段，大规模数据通常采用数据库的方式进行存储和管理。在 20 世纪 60 年代，大容量存储设备的出现为数据库的发展提供了契机。层次模型、网状模型和关系模型的提出标志着数据库阶段的开始。20 世纪 80 年代后，新的数据库技术不断发展，出现了分布式数据库系统、对象数据库系统和网络数据库系统，人们将这一阶段称为高级数据库技术阶段。随着网络技术的普及和发展，网络数据库发挥着日益重要的作用。

8.1.2 常用术语

数据库(Database,DB)是长期存储在计算机内、有组织、可共享的统一管理的相关数据的集合，具有较小的冗余度。

数据库系统(Database System,DBS)是采用了数据库技术的计算机系统。

数据库管理系统(Database Management System,DBMS)是位于用户与操作系统之间的数据管理软件，是数据库系统的核心。

实体(Entity)是现实世界中可以相互区分的人或事物。

关系(Relation)是一个规范化的二维表。

元组(Tuple)是关系中的一个行。

属性(Attribute)是关系中的一个列，是用来描述实体特征的参数。

元数是关系中的属性个数，基数是关系中的元组个数。

候选键(Candidate Key)是能够唯一标识一个元组的属性或属性的集合。

主键(Primary Key)是没有冗余属性的候选键。

以图 8-1 中的学生情况表为例，学生情况表是一个关系。表中每一行为一个记录，共有 3 个记录。表中的每一个列为一个字段，共有 6 个字段，分别是学号、姓名、班级、性别、出生日期和年龄。在这些字段中，每个学生有唯一的一个学号，通过一个学号能且只能找到一个学生，所以学号是主键。本章的数据表中加下划线的字段为主键。

<u>学号</u>	姓名	班级	性别	出生日期	年龄
13110101101	王天明	2013计算机-1	男	1995-10-21	19
13110101102	田甜	2013计算机-1	女	1996-3-20	18
13110101103	李资明	2013计算机-1	男	1996-10-25	18

图 8-1 数据库常用术语

8.1.3 常用的数据模型

数据模型是能够表示实体类型和实体之间联系的模型，主要用来为信息系统提供数据的定义和格式。现有的数据库系统都是基于一定的数据模型而建立的。数据模型的种类很多，可以分为概念数据模型和逻辑数据模型。

概念数据模型是对现实世界的第一层抽象，它从用户的角度出发来描述事物之间的联系，与信息在计算机中的表示无关。最具代表性的是实体—联系模型，又称为 E-R 模型。

逻辑数据模型是对概念数据模型的进一步分解和细化，面向计算机系统，反映的是系统分析人员对数据存储的观点，主要用于 DBMS 的实现。常用的逻辑数据模型主要有三种，分别是层次模型、网状模型和关系模型。

1. 层次模型

层次模型是一种用树状结构来表示实体和实体之间联系的模型。在这种模型中，每一个节点表示一个记录类型，而节点之间的有向线段则用来表示记录类型之间的联系。除了根节点之外，每个节点有且只有一个父节点，但可以有多个子节点。

1968 年，美国 IBM 公司发布的 IMS(Information Management System)数据库管理系统是第一个采用层次模型的数据库管理系统。

2. 网状模型

网状模型是一种用网状结构来描述实体及实体之间联系的模型。在网状模型中，每个节点表示一个记录类型，而记录类型之间的联系用节点之间的线段表示。与层次模型不同的是，在网状模型中不但可以有多个节点没有父节点，而且每个节点可以有多个父节点和多个子节点。这使得网状模型能轻而易举地描述实体之间的复杂联系。

网状模型最早由美国通用电气的查尔斯·巴赫曼(Charles Bachman)提出。1961 年由查尔斯·巴赫曼等人研发的 IDS(Integrated Data Store System)是世界上第一个网状数据库管理系统。在查尔斯·巴赫曼等人的推动下，1969 年美国 CODASYL 下属的数据库任务组 DBTG 发布了著名的 DBTG 报告，提出了网状数据库模型以及数据定义和数据操纵语言规范说明。1973 年，查尔斯·巴赫曼因在数据库技术方面的杰出贡献而被授予图灵奖，人们称他为“网状数据库之父”。

3. 关系模型

1970 年，E. F. Codd 发表了一系列论文，提出了关系模型(Relational Model)。关系模型是一种用简单的二维表格来表示实体和实体之间联系的模型，无论是存储数据，还是操作结果都用二维表来表示。现在流行的数据库如 Microsoft Access 2010、Microsoft SQL Server、FoxPro、Sybase 等采用的都是关系数据模型。

8.2 Access 2010 的启动和退出

Access 2010 是 Microsoft Office 2010 系列办公软件家族的成员之一，是一款用来进行数据库处理的性能优越的桌面数据库软件。它以简单明了的可视化界面展示了系统的功能，用户可以使用功能区来快速完成数据库的创建、更新和检索等操作。

Access 2010 可以与 Office 办公套件中的 Word、Excel、Outlook 等成员进行快速的数据交换，也可以通过 ODBC 与 FoxPro、Microsoft SQL Server、Sybase 等数据库进行数据通信和共享。

本节主要介绍 Access 2010 的新特性、系统界面和 Access 2010 的启动和退出。

8.2.1 Access 2010 的新特性

与早期版本相比，Access 2010 从用户界面到功能都有较大的改变。

(1) Access 2010 提供了一个新颖的用户界面，在系统的初始界面上增加了 Backstage 视图，并用功能区取代了早期版本中的菜单和工具栏。

(2) 提供了更强大的对象创建工具。报表视图和布局视图的功能得到增强，系统允许用户以交互方式处理窗体和报表，可以方便地在报表中创建分组和排序。

(3) 引入了计算字段和多值字段,新增了附件数据类型,增强了备注字段,在日期/时间字段增加了内置的日历控件。

(4) 数据显示功能得到改进,显示数据表和报表等对象时,相邻的行自动用不同的背景色显示,用户还可以自定义背景色。

(5) 系统的排序和筛选工具得到增强,引入了自动筛选功能。在"数据表"视图中提供了"总计"行,用户可以方便的计算总和、最大值、最小值等。

(6) 引入了新的安全模型,提高了系统的安全性。Access 2010 允许用户使用 Outlook 以及 InfoPath 来收集数据,还可以将数据导出为 PDF 和 XPS 格式,这使得处理外部数据更加容易。

(7) 拼写检查器可以包括后期修订语法词典,在首次使用某种语言时,会自动为该语言创建排除词典,系统的校对工具得到增强。

8.2.2 启动 Access 2010

Access 2010 的启动同 Office 家族的其他成员一样有多种方法,这里主要介绍 3 种常用的方法。

(1) 单击"开始"菜单,选择"所有程序"→Microsoft Office →Microsoft Access 2010。

(2) 单击"开始"菜单,在"搜索程序和文件"框中输入"MSAccess. exe"。

(3) 双击桌面 Access 2010 的快捷方式。

8.2.3 Access 2010 界面

启动 Access 2010 后,首先看到的是 Access 2010 的初始界面。与以前的版本相比,Access 2010 对功能区进行了一些修改,除了保留功能区和导航窗格这两个主要的用户界面组件外,还引入了第三个用户界面组件 Microsoft Office Backstage 视图。

Access 窗口界面主要包括标题栏、功能区、Backstage 视图、导航窗格和状态栏,具体界面如图 8-2 所示。

1. 标题栏

标题栏位于窗口界面的最上方,初始界面显示 Microsoft Access。打开数据库后,标题栏显示数据库的名称和版本格式等内容。

2. 功能区

功能区位于窗口界面的上方,主要由多个选项卡组成,替代了早期版本中的菜单栏和工具栏的主要功能,提供了 Access 2010 中主要的命令界面。功能区含有将相关命令分组放在一起的主选项卡,只有在使用时才出现的上下文选项卡和快速访问工具栏。

打开数据库后,窗口界面的内容变得与初始界面不同。功能区显示在 Access 主窗口的顶部,显示活动命令选项卡中的命令,具体界面如图 8-3 所示。

3. Backstage 视图

Backstage 视图是 Access 2010 的新功能,在进入了 Access 2010 环境且未打开数据库时可以看到该视图。Backstage 视图是窗口界面功能区的"文件"选项卡上显示的命令集合。它不仅包含早期版本中"文件"菜单的命令,还包括应用于整个数据库文件的命令和信息。

图 8-2　Access 2010 的初始界面

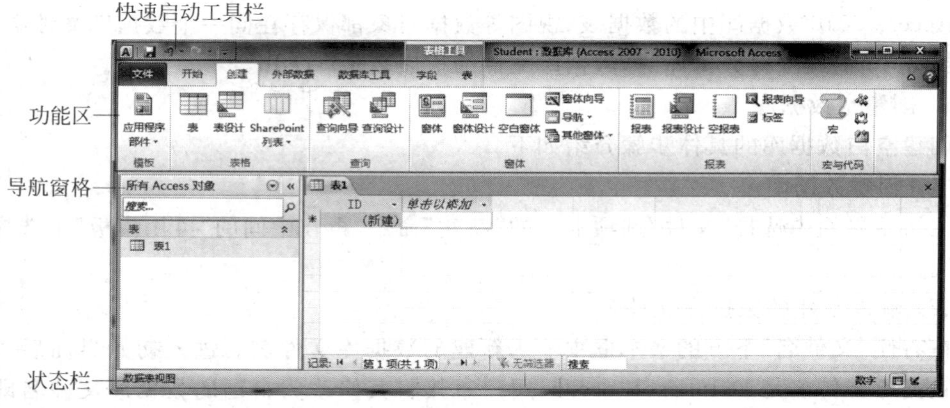

图 8-3　Access 2010 的主界面

在 Backstage 视图中，用户能够访问应用于整个数据库的所有命令，例如新建数据库、打开已有的数据库、保存并发布数据库、压缩和修复数据库等，还可以执行很多与数据库有关的维护任务，也可以访问来自“文件”选项卡的命令。

4. 导航窗格

打开数据库或新建数据库时，导航窗格位于窗口界面的左侧，它取代了 Access 2007 之前的版本中的数据库窗口。导航窗格按类别和组来管理数据库对象，也是打开或修改数据库对象的主要方式。单击导航窗格的下拉列表,可以看到数据库对象的名称,用户可以轻松查看和访问所有的数据库对象。导航窗格与 Web 数据库一起使用时,必须先打开该数据库。

用户单击“百叶窗开/关”按钮 «,或按 F11 键可以打开和关闭导航窗格。

5. 状态栏

打开数据库或新建数据库时,状态栏位于窗口界面的底部,通常显示一些状态消息,用户可以使用状态栏上的按钮在不同视图之间进行切换。

8.2.4 退出 Access 2010

退出 Access 2010 有多种方法,这里主要介绍 4 种常用的方法。

(1) 单击窗口界面右上角的关闭按钮。

(2) 选择“文件”选项卡中的“退出”命令。

(3) 单击窗口左上角的控制图标,在弹出的下拉列表中选择“关闭”。

(4) 按 Alt+F4 组合键。

8.3 数据库操作

8.3.1 创建数据库

在 Access 2010 中创建数据库时,首先要启动 Access 2010,进入操作界面。用户创建数据库的方式有多种,既可以通过操作创建,也可以使用命令代码创建。

Access 2010 数据库中的数据表、视图等数据对象都保存在同一个数据库文件中。采用 Access 2010 格式保存数据库时,数据库文件的扩展名是.accdb。

1. 创建空数据库

创建空白数据库的具体步骤介绍如下。

(1) 创建数据库。

在初始界面中选择“文件”选项卡上的“新建”命令,再在中间的“可用模板”中选择“空数据库”。

(2) 输入新建的数据库文件名。

在右侧“文件名”下方的文本框中输入新建的数据库文件名。进入初始界面后,系统默认的数据库文件名是 Database1.accdb,用户直接将其修改为自己的数据库文件名即可,数据库扩展名可以省略不写。

(3) 设置数据库文件的存储位置。

单击文本框右侧的按钮,打开如图 8-4 所示的“文件新建数据库”对话框,进行详细设置。

在“文件新建数据库”对话框上部可以选择文件的存储位置,在下方“文件名”后的文本框中输入新数据库的文件名。单击“保存类型”右侧的下拉列表,从中选择数据库的格式。为了与早期的版本兼容,数据库格式分为 Access 2000 格式、Access 2002-2003 格式、Access 2010 格式和 Access 项目(*.adp)。单击“确定”按钮后设置生效,返回初始界面。

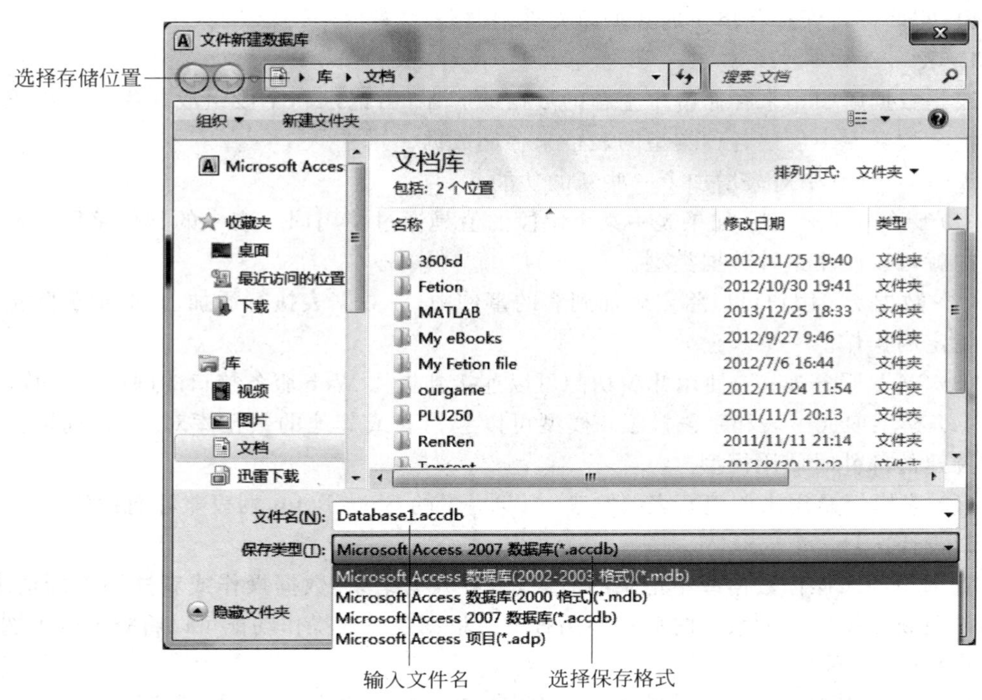

图 8-4 “文件新建数据库”对话框

(4) 单击初始界面右下方的“创建”按钮,新建一个空白的数据库。

2. 使用模板创建数据库

Access 2010 提供了多种数据库模板,例如样本模板、office. com 模板等,也可以通过网络在 office. com 上搜索更多的模板,还可以将自建的数据库作为模板。在初始界面的 office. com 模板中提供包括资产模板、联系人、问题和任务、非盈利和项目在内的五个类别。

下面以使用“样本模板”中“教职员”模板为例,创建名为 Teacher 的数据库,数据库文件保存在 F:\Teacher. accdb 中,具体操作步骤如下。

1) 选择模板

在初始界面中选择“文件”选项卡上的“新建”命令,再在中间的“可用模板”中单击“样本模板”。

2) 设置数据库文件名

在“样本模板”中选择“教职员”,此时界面右侧“文件名”下方的文本框中显示默认的数据库文件名“教职员. accdb”,将其修改为“Teacher. accdb”。

3) 选择存储位置

单击文本框右侧的 按钮,打开“文件新建数据库”对话框中,将文件存储位置修改为“F:\”。

8.3.2 数据库对象

Access 2010 数据库中有 6 种数据库对象,分别是表、查询、窗体、报表、宏与模块。每种对象有自己的用途,用户可以通过这 6 种对象来进行数据管理。一个数据库中可以建立多

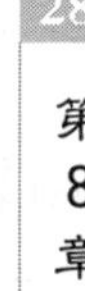

个对象，它们都将保存在单一的数据库文件中。

1. 表

表是数据库中用来存储特定主题的数据的容器，由记录和字段组成。用户可以根据需要在一个数据库中创建各种类型的表格来存储数据。

Access 2010 中对表增加了一些新的功能。

(1) 计算数据类型：如果表中某个字段的值是通过使用同一表中的其他字段的值计算得到的就可以使用这种数据类型。

(2) 数据宏：用户可以将宏附加到表的事件中，在数据表执行添加、修改或删除记录时执行指定的操作。

(3) Web 服务连接：使用此项功能可以连接到提供 Web 服务接口的网站上的数据库。

(4) 模型取代了表和字段模板：模型可以包括表或其他的数据库对象，在向数据库中添加预建的部件时使用模型。

(5) 表模板是用来创建新表的空表，为与内置的 SharePoint 列表兼容而构建。

2. 查询

查询是用来操作数据库中记录的对象，是对数据结果、数据操作或者这两者的请求，在查看或更新数据库中的数据时可以使用查询。根据执行的操作功能可以将查询分为选择查询和操作查询两种。

选择查询用来按照一定条件从数据表中检索出满足条件的记录，或者对记录进行分类汇总。选择查询不会改变数据库中现有的数据，结果以二维表显示。

操作查询用来更新数据库中的数据，需要添加、修改或删除数据时使用。

3. 窗体

窗体是数据库应用程序的用户界面，位于用户和数据库之间，分为绑定窗体和未绑定窗体。绑定窗体直接与数据源相连，而未绑定窗体没有直接连接到数据源。通过窗体，用户可以向数据库中添加新记录、编辑现有数据或者删除已有的记录，也可以进行复杂数据查询和统计操作。Access 2010 提供了一个系统控件工具箱，包含标签、文本框和按钮等多种控件，使用这些控件可以方便地创建窗体。用户可以通过编写代码来完成复杂的数据操作。

4. 报表

报表是数据库中用于生成报表和打印输出报表的对象。Access 2010 提供了报表设计工具箱，利用其中的控件，用户可以方便而快速地建立报表。

报表和表最大的区别就在于表中存储数据而报表本身并不存储数据，报表只是利用数据表中已有的数据，按照用户的需求进行组织和处理并打印输出。

5. 宏

宏对象是一种工具，可以看作是一种简化的编程语言，允许用户自动执行任务，以及向窗体、报表和控件中添加功能。用户既可以创建独立的宏，也可以创建嵌入的宏。嵌入的宏嵌入在窗体、报表或控件的事件属性中，成为这些对象或控件的一部分。独立的宏对象显示在导航窗格中的“宏”下，而嵌入的宏在导航窗格中看不到。

6. 模块

模块由各种过程组成，是声明、语句和过程的集合，作为一个单元存储在一起。Access 2010 中的模块分为标准模块和类模块。标准模块包含与其他对象无关的过程，而类模块则由各种事件过程组成。

8.3.3 加密和解密数据库

1. 加密数据库

为了保护数据库中的数据，用户可以给数据库设置密码，具体操作方法如下。

(1) 启动 Access 2010，选择初始界面“文件”选项卡上的“打开”命令，弹出“打开”对话框。

(2) 在“打开”对话框中设置数据库的位置并选中数据库文件，单击对话框右下角“打开”按钮右侧的下拉列表，选择“以独占方式打开”。

(3) 如果没有用户，则按照系统提示添加一个数据库用户。

(4) 单击“文件”选项卡，选择界面中部的“用密码进行加密”，在弹出的如图 8-5 所示的“设置数据库密码”对话框中输入用户自己的数据库密码。

一旦设置数据库密码后，在每次打开数据库时，系统都会弹出“要求输入密码”对话框。只有输入正确的密码才能看到数据库的内容。

2. 解密数据库

删除数据库密码时，使用解密数据库操作，具体操作方法如下。

(1) 启动 Access 2010，以独占方式打开数据库，并选择一个用户。

(2) 单击“文件”选项卡，选择界面中部的“解密数据库”按钮，在弹出的如图 8-5 所示的“撤销数据库密码”对话框中输入用户自己的数据库密码。

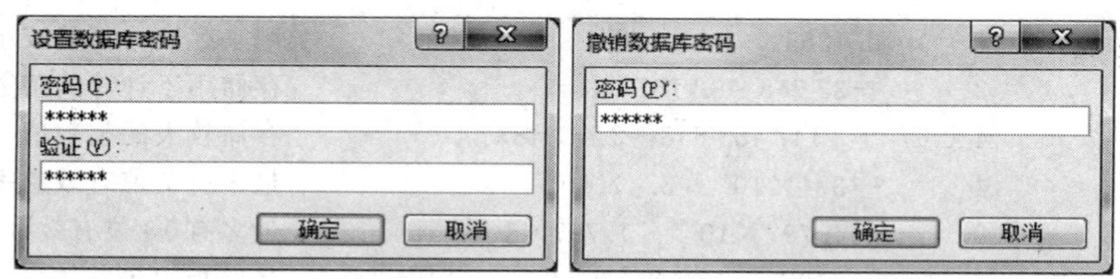

图 8-5 “设置数据库密码”和“撤销数据库密码”对话框

8.3.4 删除数据库

当数据库中的数据不再有用时，可以将数据库删除。因为当前正在使用的数据库是不能删除的，所以删除之前要先关闭数据库。之后，在文件系统中找到数据库文件，直接删除。需要注意的是，删除数据库的同时，数据库中的所有对象和数据一起被删除。

8.4 数据表操作

Access 2010 数据库中的每个表都是只包含简单字段的规范化的二维表格。每个数据库可以有多个数据表，但是最多可以打开 2048 个数据表。

表由表名、字段和表中的记录组成。表的名字可以由汉字、字母、数字和其他字符组成，但最多不超过 64 个字符。每个表最多有 255 个字段，每个字段名的长度不能超过 64 个字符，每个表的大小不超过 2GB。

8.4.1 数据类型

Access 2010 提供了文本、数值、日期/时间等多种数据类型。字段的数据类型决定了该字段能够存储的内容以及能够在该字段上执行的操作，不同类型的数据在存储时占用的存储空间不同。创建数据表时，应根据各个字段存储的内容以及在该字段上执行的数据操作来选择合适的数据类型。

(1) 文本：用来存储各种字符和不用于数学计算的数字串，如邮政编码、电话号码等，最多存储 255 个字符。

(2) 数字：用来存储数字值，可以细分为字节、整型、长整型、单精度型、双精度型、小数和同步复制 ID，具体说明如表 8-1 所示。

(3) 日期/时间：占 8 个字节，存储 100～9999 年的日期与时间值，例如存储出生日期、入团时间等。

(4) 货币：占 8 个字节，用来存储工资、存款金额等货币值或用于数学计算的数值，整数部分最多 15 位，小数部分最多 4 位。

(5) 是/否：占 1 位，适用于只有两个值的字段，如是否团员、婚否等。

(6) 自动编号：占 4 字节，每当向表中添加新记录时由系统自动填充，不能更新，默认情况下其值每次递增 1。

表 8-1 数字类型

数据类型	占字节数	数 值 范 围	说 明
字节	1	0～255	用来存储年龄等较小的整数值
整型	2	－32 768～32 767	存储用于计算的整数值
长整型	4	－2 147 483 648～2 147 483 647	存储较大的整数值
单精度	4	$-3.4\times10^{38}\sim3.4\times10^{38}$	最多有 7 位有效数字
双精度	8	$-1.797\times10^{308}\sim1.797\times10^{308}$	最多有 15 位有效数字
小数	12	$-9.999...\times10^{27}\sim9.999...\times10^{27}$	最好指定足够的最小字段大小
同步复制 ID	16		存储同步复制需要的全局唯一标识符

(7) 计算：适用于字段值是使用同一张表中其他字段计算而得的情况，其值由系统自动填充，不能更新。

(8) 备注：用来存储大段文本，最多存储 2GB 的数据。

(9) 附件：可以存储任何被支持的文件类型。

(10) 超链接：用来存储网址、子地址、屏幕提示等内容。

(11) OLE 对象：最多为 1GB，可以存储图形、声音、Word 文档、电子表格或其他二进制数据等。

(12) 查阅向导：通常占 4 字节，用来创建查阅字段。

8.4.2 创建表

Access 2010 中的数据表都是依赖于数据库的，所以在创建表之前要首先进入 Access 2010，打开表所在的数据库。创建表时，要先设计好数据表的表结构，再录入数据。

下面就以学生成绩数据库为例,介绍创建表的过程。

1. 构建表结构

学生成绩数据库(Student)包含3个数据表,分别是学生基本情况表(Stu)、课程基本情况表(C)和成绩表(SC),分别存储学生信息、课程信息和考试成绩。

Access 2010允许用户为表创建索引,每个表最多可以有32个索引,每个索引最多包含10个字段。创建索引后可以加快数据的查找速度,所以通常是为使用多的字段创建索引。如果一个表要经常进行添加、删除或修改操作,最好先删除索引,等数据更新完毕后再创建索引,以提高更新操作的速度。

学生基本情况表(Stu)、课程基本情况表(C)和成绩表(SC)的表结构见表8-2～表8-4。

表8-2 学生基本情况表结构(Stu)

字段名	标题	类型	长度/精度	说明
Sno	学号	文本	11	主键
Sname	姓名	文本	10	非空
Class	班级	文本	20	非空,建立升序索引
Sex	性别	文本	1	取值:男或女
Birthday	出生日期	日期/时间		必须为"否"
Age	年龄	计算		值=2014-Year([Birthday])

表8-3 课程基本情况表结构(C)

字段名	标题	类型	长度/精度	说明
Cno	课程号	文本	4	主键
Cname	课程名	文本	20	非空
Cterm	开课学期	数字	字节	非空
Credit	学分	数字	单精度(1位小数)	非空
Ctype	课程性质	文本	5	必须为"否"

表8-4 成绩表结构(SC)

字段名	标题	类型	长度/精度	说明
Sno	学号	文本	11	主键
Cno	课程号	文本	4	主键
Score1	平时成绩	数字	字节	允许为空,[0,100]
Score2	考试成绩	数字	字节	允许为空,[0,100]
Score	成绩	数字	字节	允许为空,[0,100]

2. 创建表

打开数据库后,单击"创建"选项卡的"表格"组的"表设计"按钮,打开如图8-6所示"表设计"视图。在"设计"视图中按照已有的表结构、创建每个表。

下面以学生基本情况表(Stu)为例,讲述创建表的过程。

1) 新建字段

方法1:单击"字段名称"下方的文本框,输入第一个字段名"Sno",在右侧"数据类型"列表中选择"文本",最后设置"字段属性",见图8-6。将"字段大小"修改为11,将"标题"设置为学号，将“允许空字符串”设置为否。

Stu

字段名称	数据类型
Sno	文本
Sname	文本
Class	文本
Sex	文本
Birthday	日期/时间
Age	计算

字段属性

常规 查阅

字段大小	11
格式	
输入掩码	
标题	学号
默认值	
有效性规则	
有效性文本	
必需	否
允许空字符串	否
索引	有(无重复)
Unicode 压缩	否
输入法模式	开启
输入法语句模式	无转化
智能标记	

图 8-6 “表设计”视图

方法 2：通过输入数据来添加字段。打开已有的数据表，浏览数据。单击最后一个字段后的“单击以添加”，直接输入数据，字段名变为“字段 1”。选中该字段后右击，选择“重命名字段”，输入新的字段名。设置字段的其他属性时，可以使用“表格工具”的“字段”选项卡。

重复方法 1 的步骤，按照从左到右的顺序依次创建表中除了年龄以外的其他字段。

2）新建计算字段

创建“计算字段”年龄的具体步骤是先输入字段名“Age”，在“数据类型”中选择“计算”，然后设计“字段属性”。在“常规”选项卡中的“表达式”中输入年龄的计算公式“2014-Year([Birthday])”。由于年龄是一个整数值，所以在“结果类型”中选择“整型”。最后将“标题”设置为年龄。需要注意的是，由于年龄字段的值是使用出生日期字段得到的，所以要先创建出生日期字段再创建年龄字段。

3）设置有效性规则

当表中某个字段的取值有特定范围时，可以通过设置有效性规则来防止无效数据的输入。通过设置“有效性文本”可以在输入无效数据时给出提示。

因为性别只有“男”和“女”两个值，所以需要设置该字段的“有效性规则”。当用户输入非法值时给出提示信息“只能输入‘男’或‘女’”。性别字段的具体设置见图 8-7。

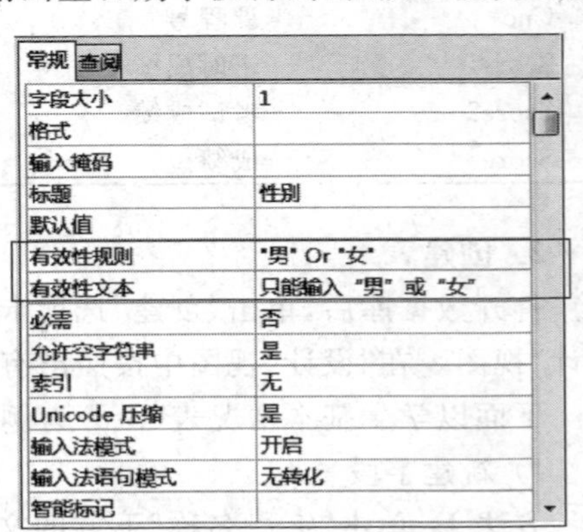

图 8-7 设置有效性规则

4）设置表的主键

方法 1：选中构成主键的字段“Sno”后右击，在弹出的菜单中选择“主键”。

方法 2：选中“Sno”，单击“表格工具”中的“设计”选项卡，单击“工具”组中的“主键”按钮。当主键由多个字段构成时，可以按 Ctrl 键选中多个字段，然后右击，选择“主键”。

5）创建索引

通过给字段建索引可以加快查找和排序的速度。选中“Class”，在“字段属性”的“常规”选项卡中将“索引”的值设置为“有(有重复)”。

6）保存表

单击窗口左上角快速工具栏中的保存按钮，或按 Ctrl＋S 组合键，在弹出的“另存为”对话框中输入表名“Stu”并单击确定按钮。单击“表设计视图”右上角的关闭按钮，关闭表设计视图。

8.4.3 创建表间关系

Access 2010 中的数据表都是依赖于数据库的，所以在创建表之前首先要打开数据库。数据库中不同表中的数据在取值上可能存在一定的联系，例如成绩表中存储的一定是已注册的学生选修的已经开出的课程的成绩。当学生情况表中某个学生的学号被修改时，成绩表中该学生的学号也要相应的修改为新值，从而保持一致。这种表之间存在的字段取值上的联系通常由建立表间关系来实现。

下面就以学生成绩数据库为例，建立如表 8-5 所示的学生基本情况表(Stu)、课程基本情况表(C)和成绩表(SC)之间的联系。

表 8-5　表间联系

主表	从表	联系类型	关联字段
学生基本情况表(Stu)	成绩表(SC)	一对多	学号(Sno)
课程基本情况表(C)	成绩表(SC)	一对多	课程号(Cno)

(1) 启动 Access 2010，打开数据库。

(2) 选中如图 8-8 所示的“数据库工具”选项卡，单击“关系”组中的“关系”按钮，打开表间关系设计视图。

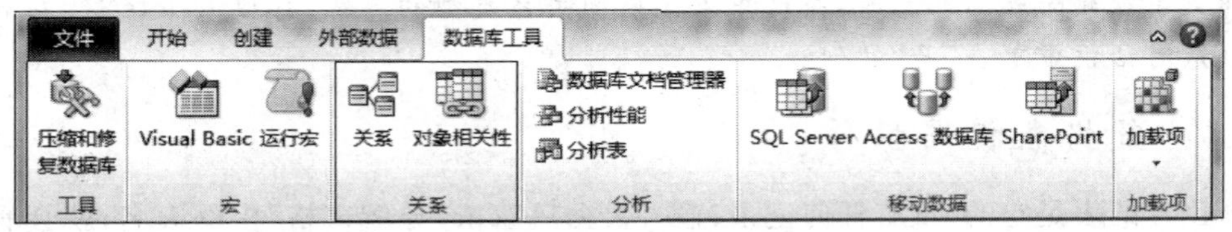

图 8-8　“数据库工具”选项卡

(3) 右击空白处，弹出“显示表”对话框，将学生基本情况表(Stu)、课程基本情况表(C)和成绩表(SC)添加到关系设计视图中。

(4) 双击关系设计视图的空白处，或者单击“关系工具”选项卡“设计”中的“编辑关系”按钮，打开“编辑关系”对话框。单击对话框右侧的“新建”按钮，打开“新建”对话框，按照图 8-9 设置学生情况表(Stu)与成绩表(SC)之间的关系，单击“确定”按钮。

(5) 设置新打开的"编辑关系"对话框,如图 8-10 所示。

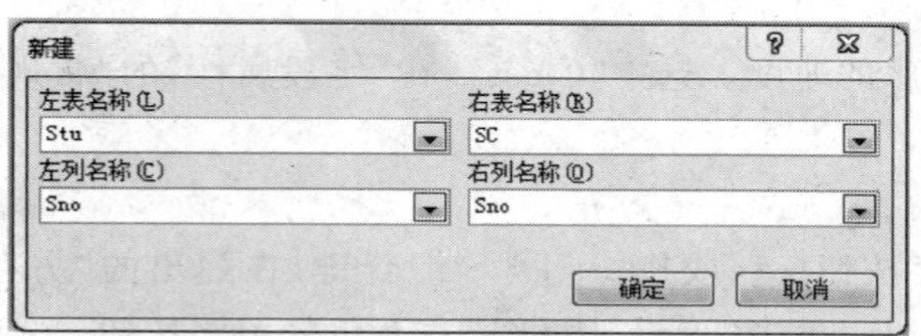

图 8-9 "新建"表间联系对话框

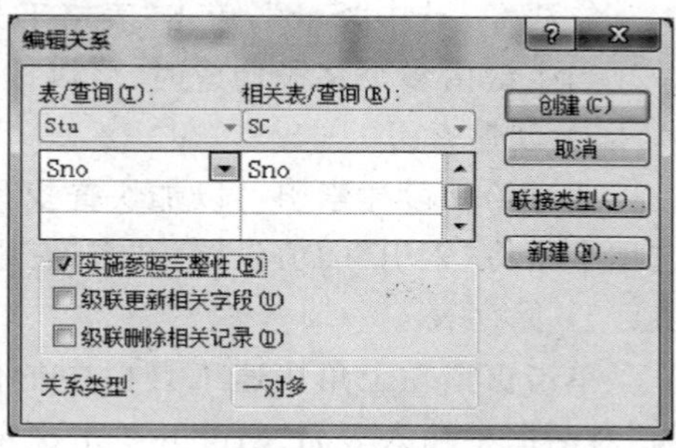

图 8-10 "编辑关系"对话框

该对话框中有 3 个复选项,只有在选中"实施参照完整性"选项后才能选择另外两个选项,各个选项的具体含义如下。

实施参照完整性:从表中关联字段的值要么与主表的主键值相同,要么为 NULL。

级联更新相关字段:当主表的主键值发生改变时,自动更新从表中关联字段的值。

级联删除相关记录:当主表的记录被删除时,自动删除从表中相关的记录。

(6) 重复步骤(4)和(5),添加课程基本情况表(C)和成绩表(SC)之间的关系。设置完毕的表间关系如图 8-11 所示。

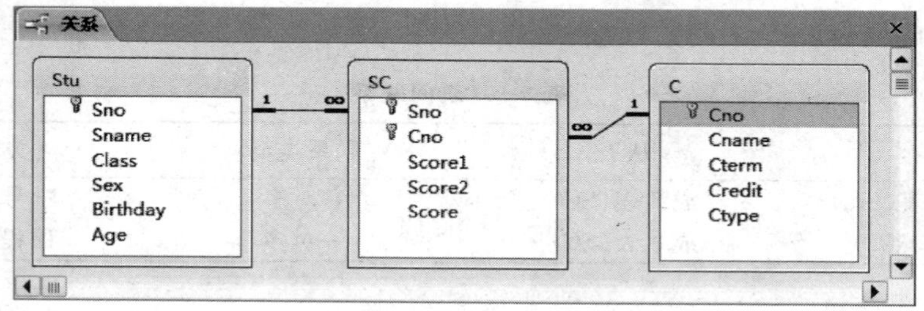

图 8-11 表间关系图

说明:双击表示表间关系类型的连线就可以打开图 8-10 所示的"编辑关系"对话框,修改表间关系。删除表间联系时,先选中表示表间关系类型的连线,再按 Delete 键,在随后弹出的确认对话框中单击"是"按钮。

8.4.4 数据表视图操作

新创建的表是空的,没有任何记录,输入数据后双击"导航窗格"中的表名,就会看到如图 8-12 所示的数据表视图。用户可以在其中添加或删除记录,编辑数据,增加、删除或重命名字段,还可以进行排序、筛选等多种操作。如果设计表时字段的"标题"属性不空,那么在每个字段的上方显示该字段"标题"属性的值。

1. 添加、删除、编辑记录

添加记录时,在数据表下方的空白行中直接输入数据,或者单击每行左侧的灰色按钮,选中行后右击,在弹出的菜单中选择"新记录"。按照上述方法,将表 8-6～表 8-8 中的数据添加到相应的表中。

Stu						
学号	姓名	班级	性别	出生日期	年龄	单击以添加
13110101101	王天明	2013计算机-1	男	1995/10/21	19	
13110101102	田甜	2013计算机-1	女	1996/3/20	18	
13110101103	齐子民	2013计算机-1	男	1996/7/9	18	
12120101101	张进维	2012机械制造-1	男	1995/10/15	19	
12120101102	李水英	2012机械制造-1	女	1994/12/25	20	
12120101103	马丽丽	2012机械制造-1	女	1995/4/7	19	
*						

图 8-12 数据表视图

表 8-6 学生基本情况表(Stu)

学号(Sno)	姓名(Sname)	班级(Class)	性别(Sex)	出生日期(Birthday)	年龄(Age)
13110101101	王天明	2013 计算机-1	男	1995-10-21	19
13110101102	田甜	2013 计算机-1	女	1996-3-20	18
13110101103	齐子民	2013 计算机-1	男	1996-7-9	18
12120101101	张进维	2012 机械制造-1	男	1995-7-25	19
12120101102	李水英	2012 机械制造-1	女	1994-12-25	20
12120101103	马丽丽	2012 机械制造-1	女	1995-4-7	19
…	…	…	…		…

表 8-7 课程基本情况表(C)

课程号(Cno)	课程名(Came)	开课学期(Cterm)	学分(Credit)	课程类型(Ctype)
1001	计算机文化基础	1	2.5	公共课
1002	高等数学Ⅰ	1	6	必修课
1003	C++程序设计	2	4	专业课
1004	复变函数	3	2	专业选修课
1005	数据结构	4	3	专业课
1006	操作系统	5	4	专业课
1007	单片机原理	5	3	专业课
…	…	…	…	…

表 8-8 成绩表(SC)

学号(Sno)	课程号(Cno)	平时成绩(Score1)	考试成绩(Score2)	成绩(Score)
13110101101	1001	10	77	79
13110101102	1001	6	87	84
13110101103	1001	8	90	89
12120101101	1002	9	77	78
12120101102	1002	7	64	65
12120101103	1002	10	95	96
…	…	…	…	…

2. 添加、删除、重命名字段

在"数据表"视图下执行添加、删除或重命名字段的操作时有多种方法。

方法 1：单击字段标题选中整列，然后右击，从弹出菜单中选择相应的命令。

方法 2：选中字段，选择如图 8-13 所示的"表格工具"中的"字段"选项卡，从中选择相应的命令。

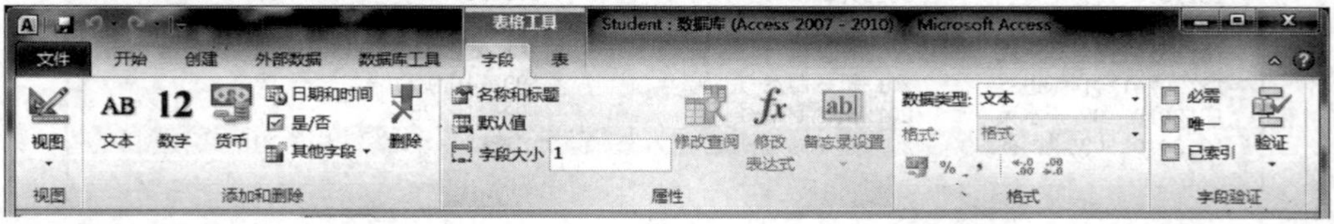

图 8-13 "字段"选项卡

3. 排序

排序是根据表中一个或多个字段的值对数据表的所有记录进行重新排列。排序时，有升序和降序两种顺序，用户可以根据需要自由选择。数值由小到大排列为升序，字母按字母表的顺序排列为升序，反之为降序。无论如何排序都不会改变数据表的数据。在数据表视图下实现数据排序有多种方法，常用的有三种。

方法 1：单击排序字段的标题右侧的▼，从下拉列表中选择"升序"或"降序"。

方法 2：将光标放置在排序字段的任意位置或者选中排序字段，再选中如图 8-14 所示的"开始"选项卡，最后单击"排序和筛选"组中的 升序 或 降序 按钮。

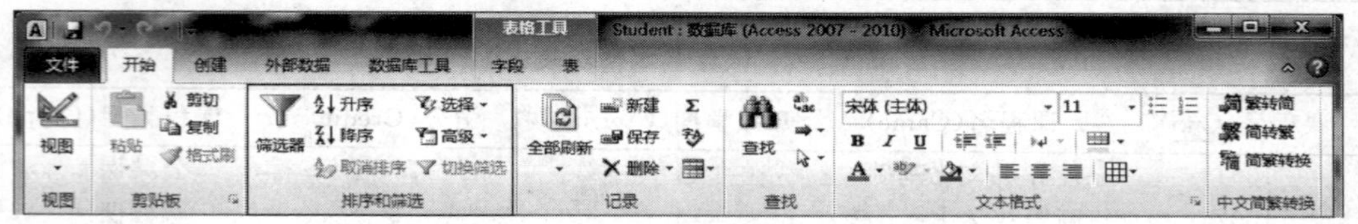

图 8-14 "开始"选项卡

方法 3：右击排序字段的任意位置，在弹出的菜单中选择"升序"或"降序"。

4. 筛选

筛选是按照一定的条件把数据表中满足条件的记录查找并显示出来。在数据表视图下实现筛选的常用方法有三种。

方法 1：选中要筛选的字段，单击字段标题右侧的▼，从下拉列表中选择"筛选器"，根据筛选条件选择相应的命令选项。

方法 2：选中要筛选的字段，选择如图 8-14 所示的"开始"选项卡中的"排序和筛选"组，再单击"筛选器"按钮。

方法 3：右击要筛选的字段，在弹出的菜单中选择"筛选器"，根据需要选择相应的命令选项。

执行上述操作后，单击"保存"按钮，或者选择"文件"选项卡中的"保存"命令，或者按 Ctrl+S 键保存操作结果。

8.4.5 删除表

表中的数据没有用时可以用删除表操作来删除表中的全部数据以及表本身。操作时，单击图 8-3 所示的"导航窗格"中的"所有 Access 对象"，在列表中选择"表"，这时数据库中所有的表名都显示在列表中。右击要删除的表名，从弹出的菜单中选择“删除”命令，单击确认对话框中的“是”按钮。

说明：数据表一旦被删除后，表中的数据将无法恢复。

8.5 查询操作

Access 2010 数据库中的查询对象是对数据结果或数据操作或这两者的请求。使用查询对象可以从一个或多个表中检索出满足条件的记录，可以对数据进行排序和分组统计，也可以实现添加、修改或删除数据库中的数据等功能。查询一旦建立就可以反复使用，直至被删除为止。

8.5.1 查询的种类

按照查询的作用可以分为选择查询和操作查询两种。选择查询用来从表中检索数据或进行数据计算，操作查询用来实现添加、修改或删除数据的功能。

(1) 选择查询：从一个或多个数据表中检索出满足条件的记录，并对数据进行排序、分类汇总等计算。

(2) 交叉表查询：以类似电子表格的形式来显示数据表。

(3) 生成表查询：根据查询的结果创建一个新的数据表。

(4) 更新查询：修改数据表中满足条件的记录。

(5) 追加表查询：将数据记录添加到已有的数据表中。

(6) 删除查询：删除数据表中满足条件的记录。

8.5.2 创建查询

创建查询的方法主要有两种，一种是使用查询向导，另一种是使用查询设计器。创建查询时通常使用如图 8-3 所示的“创建”选项卡中的“查询”工具。

1. 使用查询向导创建查询

Access 2010 提供了“查询向导”来引导用户创建四种不同类型的查询，分别是简单查询、交叉表查询、查找重复项查询和查找不匹配项查询。

(1) 简单查询：使用一个或多个表或查询中选中的字段来创建选择查询。

(2) 交叉表查询：以类似电子表格的形式来显示数据，例如显示 2013 计算机-1 班每个学生考试成绩和总分。

(3) 查找重复项查询：在一个表或查询中查找有重复字段值的记录。

(4) 查找不匹配项查询：在一个表中查找在另外一个表中没有匹配项的记录，例如在学生情况表中查询没有任何选课记录的学生。

下面就以检索各门课程的考试成绩和平均分为例，使用“查询向导”来创建名为“平均分”的查询。

(1) 打开数据库，单击“创建”选项卡中“查询”组的“查询向导”按钮，打开如图 8-15 所示的“新建查询”对话框，选中“交叉表查询向导”，单击“确定”按钮。

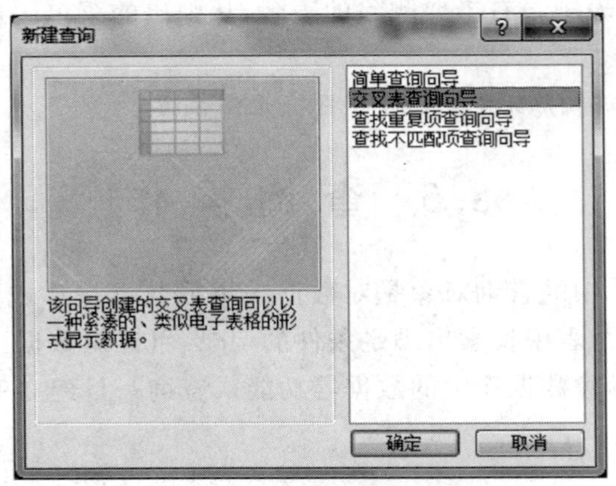

图 8-15 “新建查询”对话框

(2) 在打开如图 8-16 所示的“交叉表查询向导”对话框中选择“表：SC”，单击“下一步”按钮。

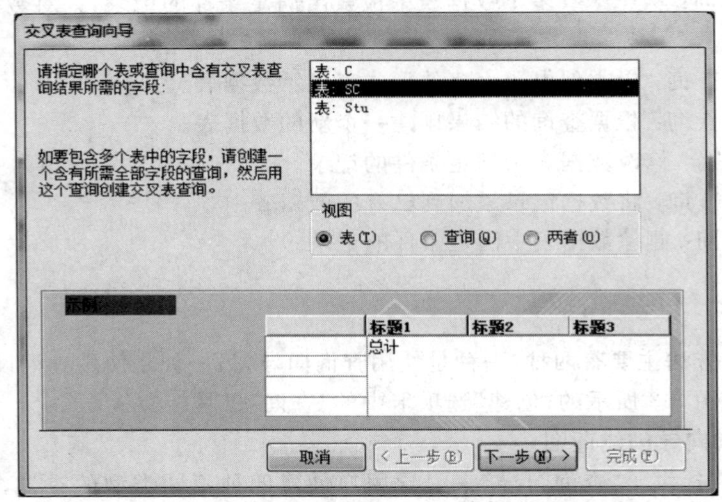

图 8-16 “交叉表查询向导”对话框

(3) 将课程号作为行标题添加到“选定字段”。具体步骤：先在对话框的“可用字段”中选中“Cno”，再单击 > 按钮，设置完毕的对话框见图 8-17，单击“下一步”按钮。

(4) 将学号作为列标题。具体步骤：单击“Sno”，将学号作为列标题，再单击“下一步”按钮，设置结果如图 8-18 所示。

(5) 设置行列交叉点的计算值。

具体步骤：先选中“字段”列表中的成绩字段 Score，之后在“函数”列表中选中“Avg”，单击“下一步”按钮，设置结果如图 8-19 所示。

(6) 指定查询的名称。

具体步骤：在“请指定查询的名称”下方的文本框中输入查询的名称“平均分”，单击“完成”按钮完成整个操作，设置结果如图 8-20 所示。

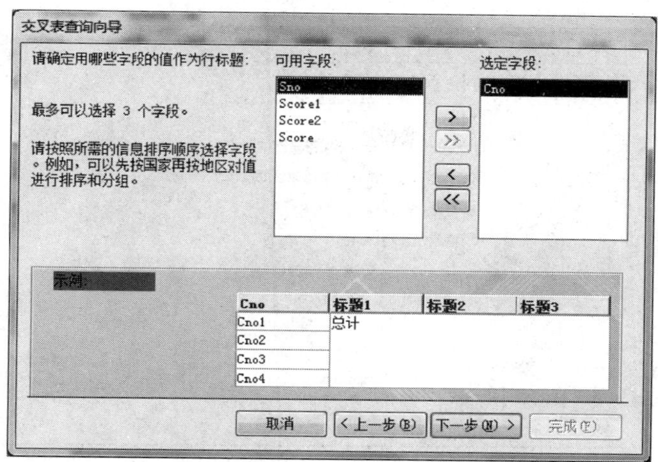

交叉表查询向导
请确定用哪些字段的值作为行标题：
可用字段：
选定字段：
Sno
Score1
Score2
Score
Cno
最多可以选择 3 个字段。
请按照所需的信息排序顺序选择字段。例如，可以先按国家再按地区对值进行排序和分组。
示例：
Cno
标题1
标题2
标题3
Cno1
Cno2
Cno3
Cno4
总计
取消
< 上一步(B)
下一步(N) >
完成(F)

图 8-17　设置行标题

交叉表查询向导
请确定用哪个字段的值作为列标题：
Sno
Score1
Score2
Score
例如，为了用每位雇员的姓名作为列标题，可以选择“雇员姓名”。
示例：
Cno
Sno1
Sno2
Sno3
Cno1
Cno2
Cno3
Cno4
总计
取消
< 上一步(B)
下一步(N) >
完成(F)

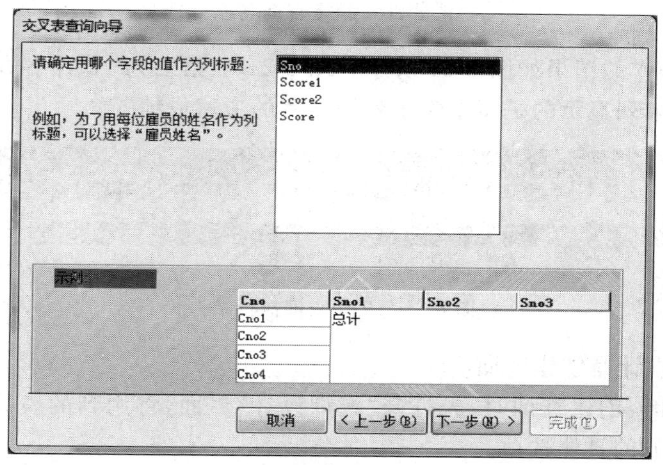

图 8-18　“交叉表查询向导”对话框

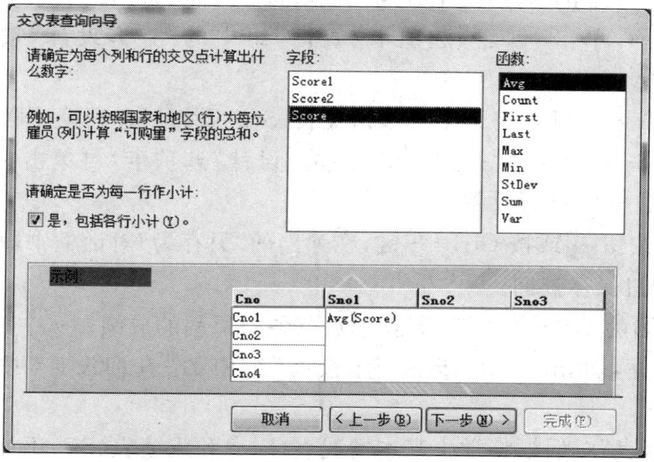

交叉表查询向导
请确定为每个列和行的交叉点计算出什么数字：
字段：
函数：
Score1
Score2
Score
Avg
Count
First
Last
Max
Min
StDev
Sum
Var
例如，可以按照国家和地区(行)为每位雇员(列)计算“订购量”字段的总和。
请确定是否为每一行作小计：
是，包括各行小计(Y)。
示例：
Cno
Sno1
Sno2
Sno3
Cno1
Cno2
Cno3
Cno4
Avg(Score)
取消
< 上一步(B)
下一步(N) >
完成(F)

图 8-19　设置行列交叉点的值

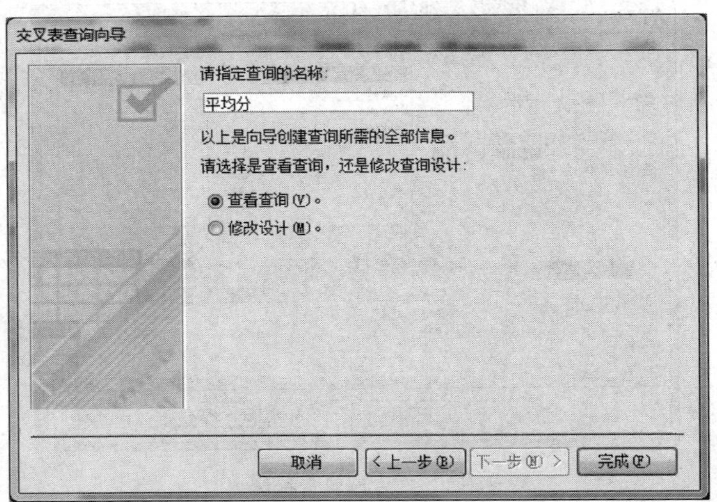

图 8-20 指定查询名称

执行查询后操作的结果如图 8-21 所示。图 8-21 中第二列“总计 Score”显示的是各门课程的平均分，其余列显示的是每个学生各门课程的考试成绩。

平均分

课程号	总计 Score	121201011	121201011	131101011	131101011	131101011
1001	84			79	84	89
1002	87	78	96			
1003	71	60	82			

图 8-21 交叉查询执行结果

2. 使用查询设计器创建查询

使用查询设计器创建查询时，先打开“查询设计”界面，将用到的表添加到查询设计器中，再设置界面下方的具体选项。

例 8.1 创建名为女生的查询，检索学生情况表中 2013 级女生的学号、姓名和出生日期，并按出生日期的降序排列，当出生日期相同时按学号的升序排列。

(1) 打开数据库，单击“创建”选项卡“查询”组中的“查询设计”按钮，打开“查询设计”器。

(2) 使用“显示表”对话框将学生基本情况表(Stu)添加到查询设计器中。

(3) 单击如图 8-22 所示的“查询工具”中的“设计”选项卡，再单击“查询类型”组中的“选择”按钮，按照图 8-22 进行设置。

(4) 单击保存按钮或按 Ctrl+S 键，在弹出的“另存为”对话框中输入查询的名字“女生”，单击“确定”按钮保存查询。

例 8.2 创建名为 DelS 的查询，删除李水英各门课程的成绩。

(1) 打开数据库，单击“创建”选项卡“查询”组中的“查询设计”按钮，打开“查询设计”器。

(2) 使用“显示表”对话框将学生基本情况表(Stu)和成绩表(SC)添加到“查询设计”图。由于创建了表间关系，添加完两个表后自动显示表间关系连线。

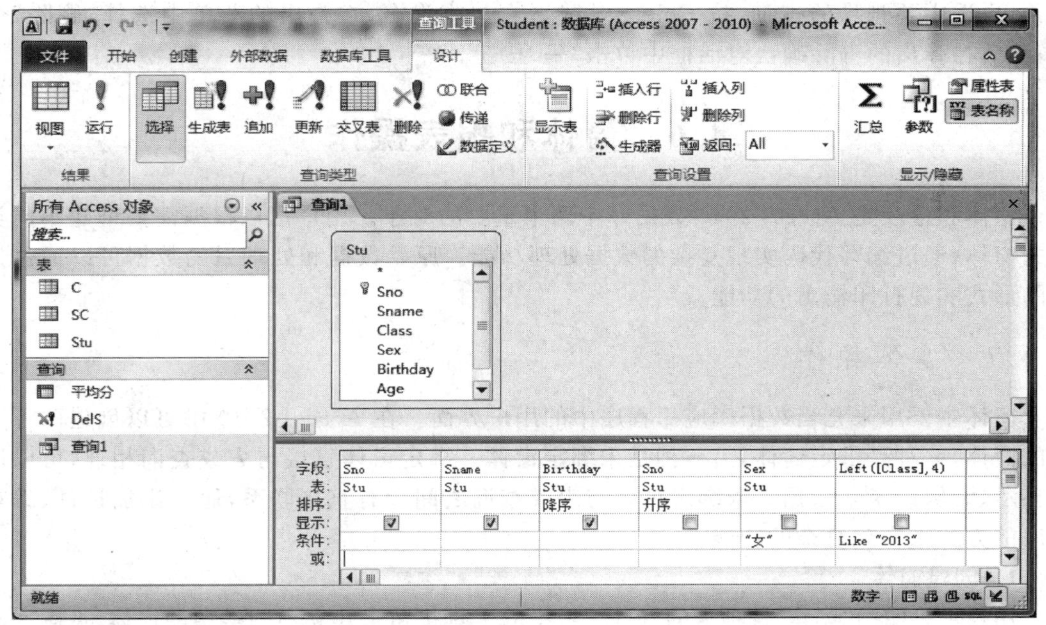

图 8-22　选择查询设置

(3) 单击“查询工具”的“设计”选项卡，再单击“查询类型”组中的“删除”按钮，按照图 8-23 进行设置。

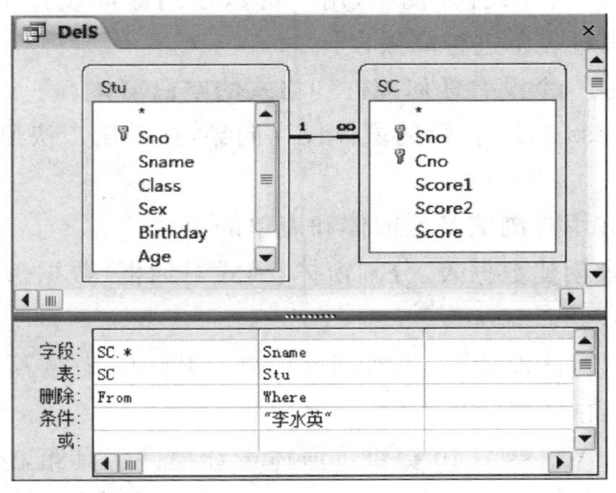

图 8-23　删除查询设置

(4) 单击保存按钮，在弹出的“另存为”对话框中输入查询的名字“DelS”，单击“确定”按钮保存查询。

8.5.3　删除查询

删除查询不会影响数据表中的数据，用户可以根据需要随时删除无用的查询。需要注意的是查询对象处于打开状态时是不能删除的。

删除查询时，先在“导航窗格”中选择“所有 Access 对象”或者“查询”，显示所有的查询对象，再选中要删除的查询，按 Delete 键或者右击查询名，在弹出的菜单中选择“删除”命令，最后在弹出的删除确认对话框中单击“是”按钮。

8.6 窗体和报表操作

窗体和报表是 Access 2010 数据库中两个重要的对象。用户可以根据需要创建不同类型的窗体，通过编写代码实现复杂的数据处理功能。原始数据和处理后的数据可以通过报表的形式实现打印输出的功能。

8.6.1 窗体操作

窗体主要用来充当数据库应用程序中的用户界面。在 Access 2010 中可以创建两种类型的窗体，一种是绑定窗体，另一种是未绑定窗体。绑定窗体直接与表或查询相连，可以用来显示、编辑或录入数据。未绑定窗体与表或查询之间没有直接联系，通过添加控件、编写程序的方式来实现复杂的功能。

1. 创建窗体

用户可以使用“创建”选项卡的“窗体”组中的工具按钮来建立不同类型的窗体，见图 8-3。“窗体”组中各个工具按钮的功能说明如下。

(1) 窗体：创建一个普通窗体，一次只能输入一个记录的值。在“导航窗格”中选中一个表或一个选择查询后单击“窗体”组中的“窗体”按钮就可以直接创建一个可用的窗体。

(2) 窗体设计：打开“窗体设计”视图，用户可以使用窗体设计工具栏向窗体中添加控件，也可以通过编写代码对表单进行高级设计。

(3) 空白窗体：创建一个没有任何控件和格式的空白窗体。

(4) 窗体向导：Access 2010 自带的窗体设计向导，帮助用户快速建立一个简单的、可以自定义的窗体。

(5) 导航：创建允许用户浏览其他窗体和表单的窗体。

(6) 其他窗体：用来创建数据表、分割窗体、模式对话框、数据透视表、数据透视图和多个项目。

单击“窗体”组中的“窗体设计”工具按钮就可以打开如图 8-24 所示的“窗体设计”视图，用户可以使用它来创建窗体。

“窗体设计”视图中，Access 2010 提供了窗体设计控件工具箱，包括标签、文本框、选项卡、插入图表等多种常用的控件。用户可以通过单击来选中控件，通过画的方式将控件添加到窗体中。添加控件后，系统会自动打开控件属性向导，引导用户完成接下来的设置工作。

设计完成后，需要保存窗体。保存窗体的方法有多种，常用的方法是单击保存按钮，或按 Ctrl+S 键，弹出“另存为”对话框，输入窗体的名称后单击“确定”按钮。保存好的窗体可以反复打开，需要完善功能时，用户可以在“窗体设计”视图中打开窗体，根据用户需要来修改窗体的外观和功能。

2. 修改窗体

双击“导航窗格”中的窗体名或者右击窗体名并选择“打开”命令就可以打开窗体。单击图 8-14 所示的“开始”选项卡中“视图”组的“视图”按钮，从下拉列表中选择“设计视图”就可

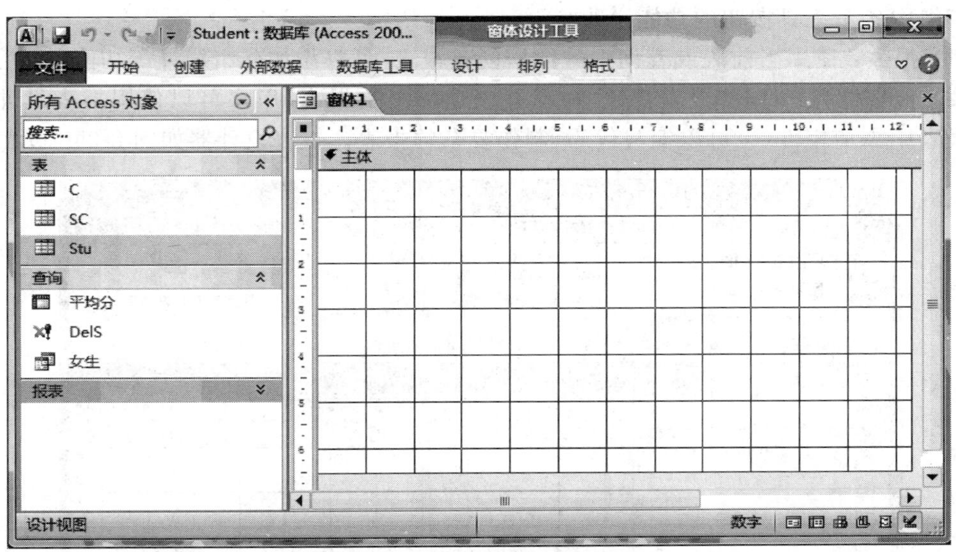

图 8-24 “窗体设计”视图

以切换到“窗体设计”视图。

与创建视图类似，用户可以根据实际需要修改窗体的功能。修改完毕后，单击快速工具栏中的“保存”按钮，或按 Ctrl+S 组合键，也可以用“文件”选项卡的“保存”命令来保存修改结果。

3. 删除窗体

用户可以删除处于关闭状态的窗体，单击“导航窗格”中的“所有 Access 对象”或“窗体”选项就能看到当前数据库中的所有窗体。无论是删除绑定窗体还是未绑定窗体都不会影响数据库中的数据。需要注意的是窗体一旦被删除后将无法恢复。

删除窗体的常用方法有多种，下面介绍三种常用的方法。

(1) 在“导航窗格”中右击要删除的窗体，在弹出的菜单中选择“删除”命令，在弹出的删除确认对话框中单击“是”按钮。

(2) 单击“导航窗格”中要删除的窗体，按 Delete 键，在弹出的删除确认对话框中单击“是”按钮。

(3) 在“导航窗格”中选中要删除的窗体，单击“开始”选项卡，在“记录”组中单击“删除”按钮，在弹出的删除确认对话框中单击“是”按钮。

8.6.2 报表操作

在数据库的使用过程中，经常需要把有用的数据按照指定的格式打印输出，这就需要使用报表。例如使用学生成绩库中的数据来打印学生名单、各科的成绩单和成绩汇总表等操作都需要使用报表来完成。

利用 Access 2010 提供的报表设计工具，用户可以创建满足不同需求的报表。报表只能显示原始数据和经过排序、汇总等计算后的数据，并不具备交互功能。

1. 创建报表

用户可以使用“创建”选项卡的“报表”组中的工具按钮来建立不同类型的报表，见图 8-3。

“报表”组中各个工具按钮的功能说明如下。

(1) 报表：使用当前表或查询中的数据创建报表，可以添加分组统计等功能。

(2) 报表设计：打开“报表设计”视图并创建一个空报表，用户可以使用报表设计工具栏向报表中添加控件，也可以编写代码，制作复杂的报表。报表设计器如图 8-25 所示。

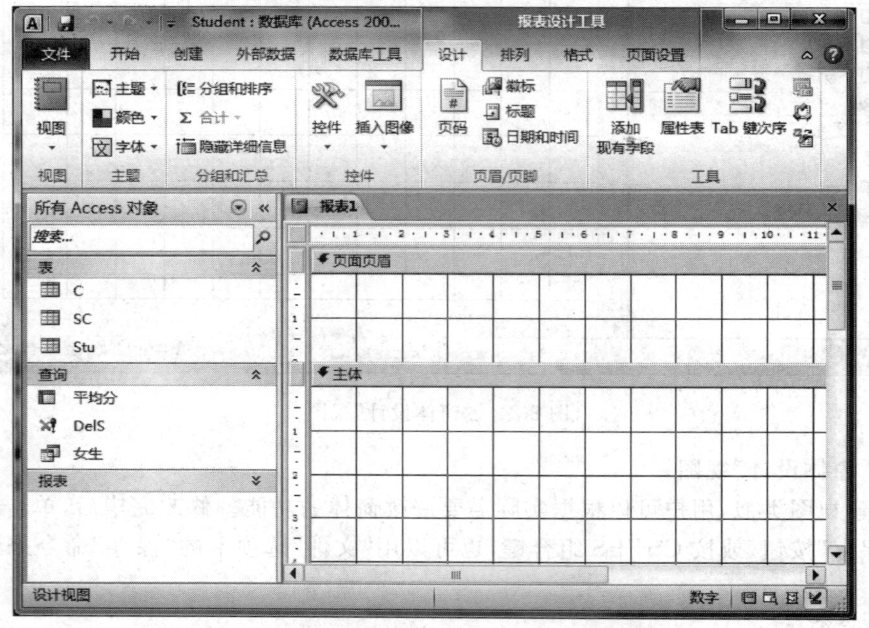

图 8-25 报表设计器

(3) 空报表：创建一个没有任何控件和格式的空白报表。

(4) 报表向导：打开 Access 2010 自带的报表设计向导，帮助用户快速建立一个简单的、可以自定义的报表。

(5) 标签：使用标签向导创建标准标签或自定义标签，例如名片等。

下面用报表向导来创建一个各门课程的成绩总表，显示时按学号的升序排列，显示每个学生的成绩和各科的平均分。

1) 打开报表向导

单击“创建”选项卡中“报表”组的“报表向导”按钮，打开“报表向导”，见图 8-26。

2) 设置数据源

具体步骤：在“表/查询”下方的列表中选择数据源“表：SC”，并选中学号、课程号和成绩字段添加到“选定字段”，单击“下一步”按钮。

3) 设置分组字段

具体步骤：选中对话框右侧视图中的学号(Sno)并单击 < 移动到左侧，选中课程号(Cno)并单击 > 移动到右侧，将其设为分组字段，见图 8-27，单击“下一步”按钮。

4) 设置明细信息的排列顺序和汇总信息

具体步骤：在下拉列表中选择学号(Sno)，按升序排列(见图 8-28)，单击“汇总选项(D)...”按钮，按图 8-29 进行设置后，单击“确定”按钮返回，再单击“下一步”按钮。

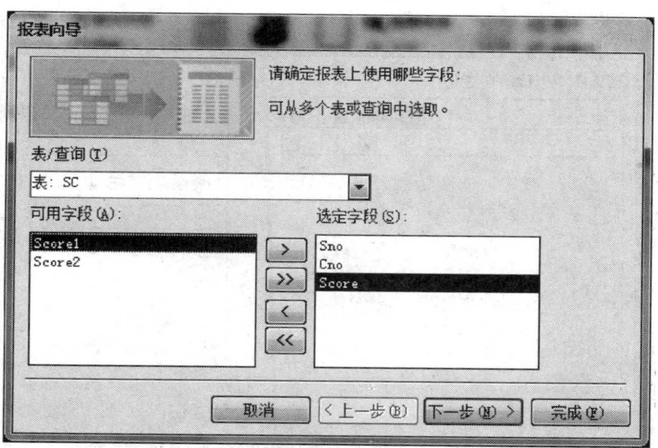

图 8-26 设置数据源

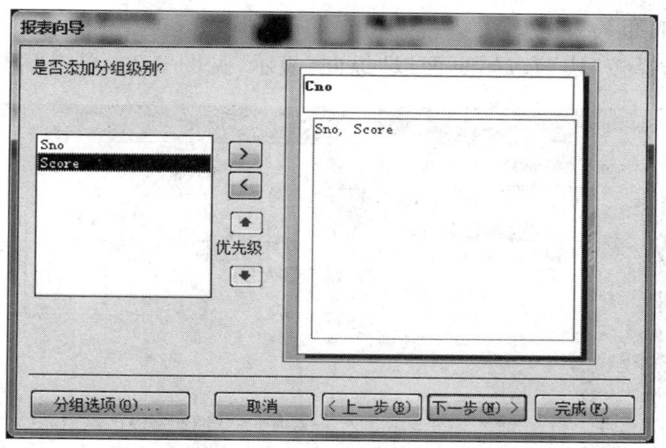

图 8-27 设置分组字段

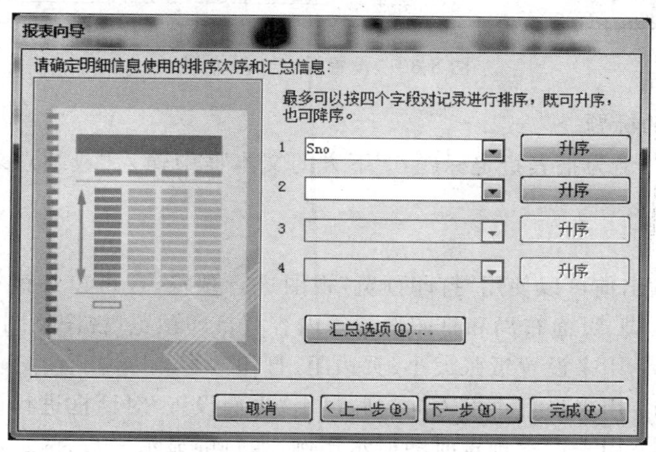

图 8-28 设置排序规则

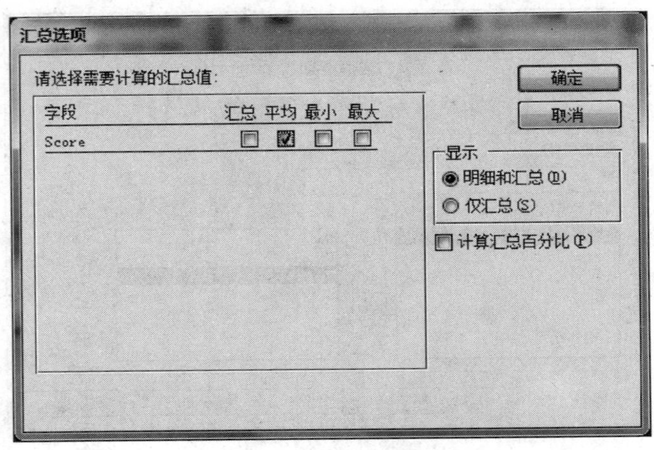

图 8-29 设置汇总选项

5）确定报表的布局方式

具体步骤：选择按“块”布局，页面以“纵向”显示，见图 8-30，单击“下一步”按钮。

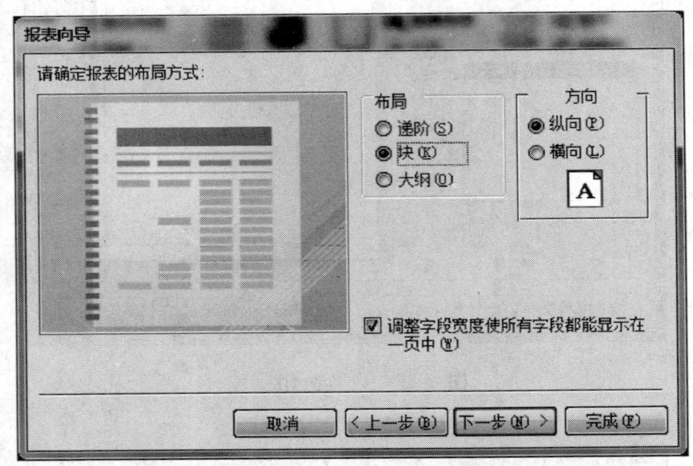

图 8-30 设置报表布局方式

6）指定报表的标题

具体步骤：在“请为报表指定标题：”下方的文本框中输入“成绩总表”，单击“完成”按钮，浏览报表，见图 8-31。

2. 打印预览

报表在打印输出前可以使用“打印预览”视图进行预览，也可以在该视图中设置纸张大小、页边距、页眉页脚、页面布局和打印选项等内容，“打印预览”视图见图 8-32。

(1) 页面大小：用来设置纸张大小、页边距、打印内容。

(2) 页面布局：用来设置页面方向、列，显示“页面设置”对话框进行设置。

(3) 显示比例：用来设置预览时的显示比例，如每屏显示一页、两页或多页。

(4) 数据：用来将数据导出到 Excel 表格、文本文件、PDF 或 XPS 文件或其他格式。

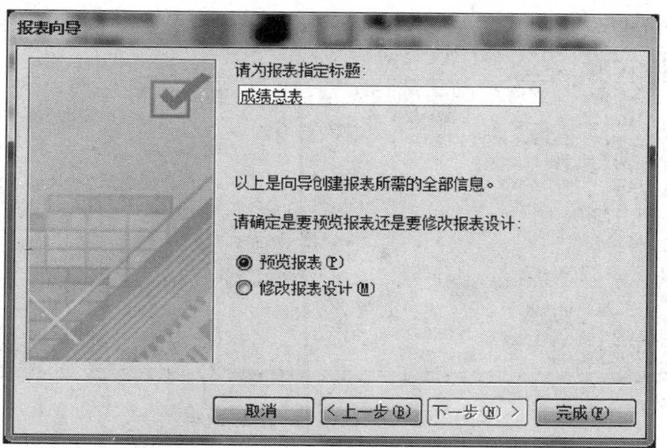

图 8-31　设置报表标题

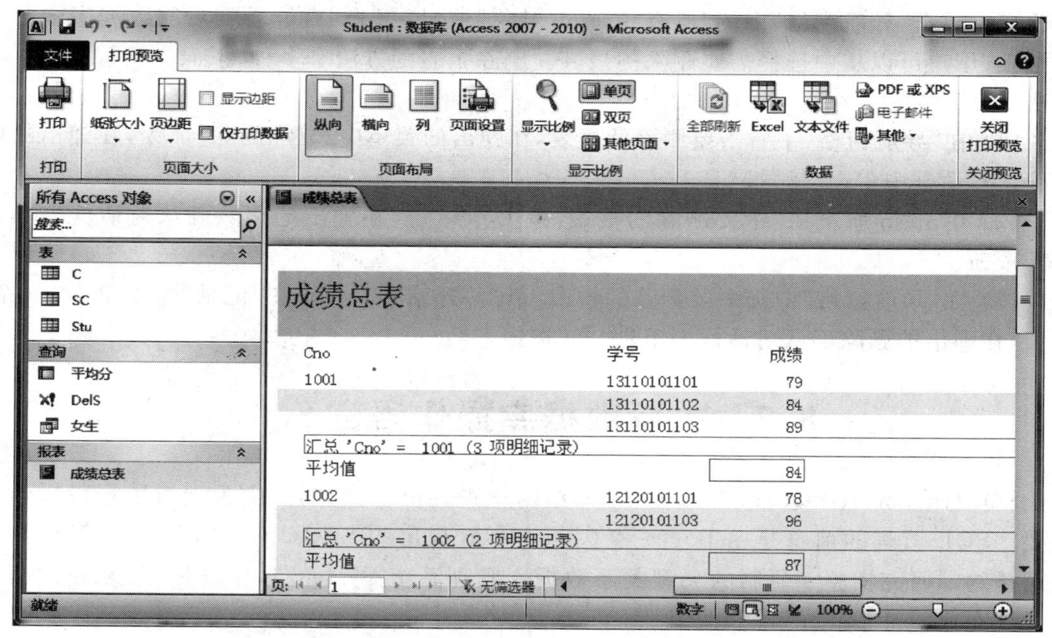

图 8-32　“打印预览”视图

(5) 打印：打开“打印”设置对话框，可以设置与打印有关的选项，见图 8-33。

3. 打印报表

打印报表的方法有多种，下面介绍常用的两种方法。

(1) 在“导航窗格”中双击要打印的报表，显示报表内容。选择“文件”选项卡的“打印”，选择“快速打印”或“打印”，也可以选择“打印预览”命令先打开“打印预览”视图，再单击其中的“打印”按钮进行打印。

(2) 右击“导航窗格”中要打印的报表，在弹出的菜单中选择“打印”命令，也可以选择“打印预览”命令打开“打印预览”视图，利用其中的“打印”工具进行打印。

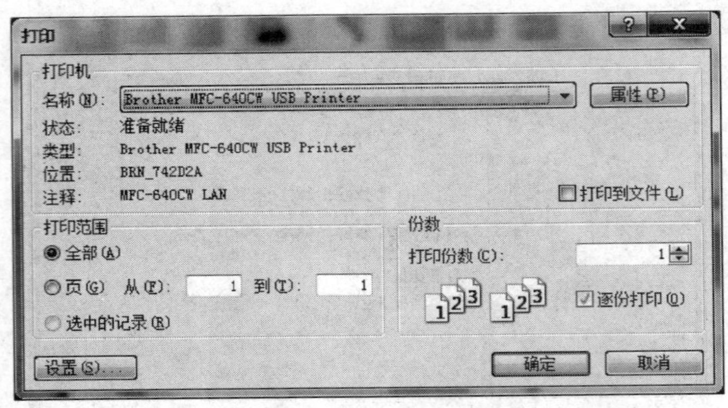

图 8-33 “打印”设置对话框

4. 删除报表

不再使用的报表可以通过删除操作来销毁,数据库中已有的数据不会因为报表的删除而改变。单击“导航窗格”中的“所有 Access 对象”或者“报表”就能看到当前数据库中已有的报表,用户可以从中选择需要删除的报表。删除报表的方法有多种,下面介绍常用的三种方法。

(1) 在“导航窗格”中右击要删除的报表,在弹出的菜单中选择“删除”命令,在弹出的删除确认对话框中单击“是”按钮。

(2) 单击“导航窗格”中要删除的报表,按 Delete 键,在弹出的删除确认对话框中单击“是”按钮。

(3) 在“导航窗格”中选中要删除的报表,单击“开始”选项卡,在“记录”组中单击“删除”按钮,在弹出的删除确认对话框中单击“是”按钮。

8.7 关系数据库操作语言 SQL

SQL(Structured Query Language)即结构化查询语言,它的产生源于对数据库操作的需要。SQL 语言的前身是由 Boyce 和 Chamberlin 提出的 SEQUEL 语言,1974 年在 IBM 公司圣约瑟研究实验室研制的大型关系数据库管理系统 System R 中使用,后来在此基础上发展而成。

SQL 语言是 1986 年由美国国家标准局 ANSI 通过的数据库语言的美国标准,后来国际标准化组织 ISO 颁布了 SQL 的正式国际标准。1989 年,ISO 提出了具有完整性特征的 SQL89 标准,接着在 1992 年又公布了 SQL92 标准。该标准中将数据库分为三个级别,即基本集、标准集和完全集。

SQL 语言是一种交互式查询语言,允许用户直接查询和存储数据,可以嵌入到其他语言中,也可以借用 VC++、VB、Java 等语言通过调用级接口发送到数据库管理系统,实现对数据库的操作和管理。到目前为止已经有上百种数据库产品,其中有 SQL Server、Oracle、Sybase、Paradox、Microsoft Access、DB2 等都支持 SQL 语言,只是在使用时稍有不同。

本章主要介绍常用的 SQL 语句,包括 SELECT 语句、INSERT 语句、UPDATE 语句、DELETE 语句和 DROP TABLE 语句。

8.7.1 数据查询语句 SELECT

数据查询是数据库使用过程中最常用的操作之一，使用 SQL 语言中的 SELECT 语句可以简洁又快速地实现数据的单表查询、多表查询，也可以完成复杂的嵌套查询等操作。

1. SELECT 语句结构

```
SELECT 列名列表|列表达式序列
[INTO 新表名 ]
FROM 表名和(或)视图序列
[WHERE 条件 ]
[GROUP BY 列名列表
[HAVING 分组筛选 ] ]
[ORDER BY 列名 [ ASC | DESC],... ]
```

句法中的[ ]表示该项是可选项。

SELECT 语句的执行过程如下。

(1) 读取 FROM 子句中的表、视图的内容。

(2) 选取满足 WHERE 子句条件的记录。

(3) 按照 GROUP BY 子句指定的列进行分组统计。

(4) 根据 HAVING 子句的条件对分组统计结果进行筛选，需要注意的是，HAVING 子句只能同 GROUP BY 子句一起使用，而有 GROUP BY 子句时可以没有 HAVING 子句。

(5) 按 SELECT 子句中指定的列名列表或列表达式求值输出。

(6) 按 ORDER BY 子句中指定的顺序对输出结果进行排序，ASC 表示升序排列，DESC 表示降序排列，默认值为 ASC。

(7) INTO 子句可以将查询的结果存入一个基本表中。

例 8.3 查询学生情况表中 17～20 岁的女生的学号和姓名。

```
SELECT Sno,Sname
FROM Stu
WHERE Age>= 17 And Age<= 20 And Sex= '女'
```

例 8.4 按班级的升序显示学生情况表中所有学生的姓名和年龄，班级相同时，按学号的升序显示。

```
SELECT Sname,Age
FROM Stu
ORDER BY Class,Sno
```

例 8.5 查询 2013 计算机-1 班学生田甜的选修的课程号和成绩，并按考试成绩的降序排列。

```
SELECT Cno,Score
FROM Stu,SC
WHERE Class= '2013 计算机 - 1' And Sname= '田甜' And Stu.Sno= SC.Sno
ORDER BY Score DESC
```

2. 聚合函数

SQL 语言中提供了一组聚合函数，用来求解常用的总和、平均值、最大值、最小值等。

求解时，通常需要用户指定列名，从而计算符合条件的行上指定列的值。聚合函数通常配合SELECT语句的GROUP BY子句一起使用。在Microsoft SQL Server 2005中，聚合函数有多个，表8-9给出了常用的聚合函数的功能。

表8-9　聚合函数

函数名	说　明	函数名	说　明
COUNT(*)	统计行数	AVG(列名)	求指定数值列的平均值
COUNT(列名)	统计指定列上非空值的个数	MAX(列名)	求指定数值列的最大值
SUM(列名)	求指定数值列的总和	MIN(列名)	求指定数值列的最小值

例8.6　检索学生的总人数。

```
SELECT COUNT(*)
FROM Stu
```

例8.7　检索每个班级的平均年龄。

```
SELECT Class,AVG(Age)
FROM Stu
GROUP BY Class
```

例8.8　统计课程号为1004的课程的最高分和最低分。

```
SELECT Cname,MAX(Score),Min(Score)
FROM C,SC
WHERE C.Cno = SC.Cno And C.Cno = '1004'
```

例8.9　统计学生情况表中2013级各个班级的人数，只保留人数在30人以上的班级，并按人数的降序排列。

```
SELECT Class,COUNT(*)
FROM Stu
WHERE Sno LIKE '13'
GROUP BY Class
HAVING COUNT(*)> 30
ORDER BY COUNT(*) DESC
```

8.7.2　数据插入语句INSERT

数据库创建以后，在使用过程中经常需要根据实际情况将新记录添加到数据库中。使用SQL语言中的INSERT语句可以实现添加记录的操作。

1. INSERT语句结构

```
INSERT
INTO 表名或视图名[(列名列表)]
VALUES(列值列表)
```

INSERT语句的说明如下。

(1) INTO子句用来指明在哪个基本表中添加新记录，或者通过哪个视图添加新记录。当INTO后为视图名时，要求该视图为可更新视图，新记录添加到与该视图相关联的基本表中。

(2) VALUES 子句用来给出新记录的列值。当 INTO 子句中省略列名列表时，VALUES 子句按照给定的表或视图中列的排列顺序依次给出各个列的值。当 INTO 子句中指定列名列表时，VALUES 子句按照指定的列序依次给出各个列的值。

2. INSERT 语句示例

例 8.10 在学生基本情况表中添加 2014 机械设计制造及其自动化-1 班男生金俊燮的记录，学号为 14110101030，出生日期为 1995-10-17。

```
INSERT
INTO Stu
VALUES('14110101030','金俊燮','2014 机械设计制造及其自动化 - 1','男',1995 - 10 - 17)
```

例 8.11 在成绩表中添加学号为 14110101030 的学生的考试成绩，课程号为 1046，成绩为 87 分。

```
INSERT
INTO SC(Sno,Cno,Score)
VALUES('14110101030','1046',87)
```

8.7.3 数据修改语句 UPDATE

在数据库的使用过程中，随着时间的推移已有的数据有可能需要修改。SQL 语言中的 UPDATE 语句可以实现对已有数据的修改。

1. UPDATE 语句结构

```
UPDATE 表名或视图名
SET 列 1 = 表达式 1,列 2 = 表达式 2, …
[WHERE 条件 ]
```

UPDATE 语句的说明如下。

(1) UPDATE 子句指明需要修改的数据所在的位置。当 UPDATE 后为表名时，修改该表中的数据；而 UPDATE 后为视图名时，通过该视图修改与其相关联的基本表中的数据。

(2) SET 子句指明被修改的列和修改后该列的值，一次可以修改多个列的值。

(3) WHERE 子句用来指明修改条件，只有满足修改条件时记录的值才会被更新。省略 WHERE 子句时，所有记录的数据都被修改。

2. UPDATE 语句示例

例 8.12 将学生基本情况表中学生云影的性别修改为女。

```
UPDATE Stu
SET Sex = '女'
WHERE Sname = '云影'
```

例 8.13 将课程基本情况表中 1030 号课程的开课学期修改为 3，学分值修改为 2。

```
UPDATE C
SET Cterm = 3,Credit = 2
WHERE Cno = '1030'
```

8.7.4 数据删除语句 DELETE

SQL 语言中提供了专门用于删除数据记录的语句 DELETE，DELETE 语句每次可以从数据表中删除一条或多条记录。需要注意的是，即使用 DELETE 语句删除了数据表中的全部记录，数据表本身还是存在的。

1. DELETE 语句结构

```
DELETE
FROM 表名或视图名
[WHERE 条件 ]
```

DELETE 语句的说明如下。

(1) FROM 子句指明需要删除的记录所在的位置。当 FROM 后为表名时，删除该表中的记录；而 FROM 后为视图名时，要求该视图为可更新视图，通过该视图删除与其相关联的基本表中的记录。

(2) WHERE 子句用来指明删除条件，只有满足删除条件的记录才会被删除，其余记录保持不变。省略 WHERE 子句时，删除表中的所有记录，即清空数据表。

2. DELETE 语句示例

例 8.14 清空成绩表。

```
DELETE
FROM SC
```

例 8.15 删除成绩表中课程 VC++的所有成绩记录。

```
DELETE
FROM Score
WHERE Cname = 'VC++'
```

8.7.5 数据表删除语句

当数据库中的数据表不再被使用时，可以将数据表本身连同表中的记录一起删除。SQL 语句中的 DROP TABLE 语句可以实现这一功能。

1. DROP TABLE 语句结构

```
DROP TABLE 表名列表
```

DROP TABLE 语句一次可以删除一个或多个数据表，删除时必须给出数据表的名字，表名不分先后，相互之间用逗号分隔。需要注意的是，使用 DROP TABLE 语句删除数据表时，系统不会给出删除提示。数据表一旦被删除后，将无法恢复。

2. DELETE 语句示例

例 8.16 删除成绩表。

```
DROP TABLE SC
```

例 8.17 删除学生基本情况表和课程基本情况表。

```
DROP TABLE Stu,C
```

习　题　8

一、填空题

1. 常用的数据模型包括________模型、________模型和________模型。
2. Access 2010 采用数据模型是________模型。
3. E-R 模型的中文名称是________模型，用来描述数据库的________模式。
4. 在关系模式中，一张二维表被称为________。
5. 假设一个关系 R 有 5 个字段和 10 条记录，则元组数为________个，基数为________。
6. 创建数据库的语句是________，创建视图的语句是________。

二、选择题

1. Access 2010 数据库文件的扩展名是(　　)。
   A. db　　B. mdb　　C. dbc　　D. accdb
2. 下列关于 Access 2010 数据库叙述正确的是(　　)。
   A. Access 2010 数据库中可以存储有复合列的二维表格
   B. Access 2010 数据库中，数据表可以脱离数据库而单独保存到一个文件中
   C. Access 2010 数据库中，可以删除已经打开并在使用过程中的数据表
   D. Access 2010 数据库中，表与表之间的联系用二维表存储
3. 下列关于视图的描述正确的是(　　)。
   A. 所有视图都可以进行检索操作
   B. 所有视图都可以进行添加和删除记录的操作
   C. 通过视图添加新记录时，新记录被保存在该视图中
   D. 通过视图修改记录时，修改的只是该视图的数据，与视图相关的数据表的记录不变
4. 添加新记录时使用的 SQL 语句是(　　)。
   A. SELETE　　B. INSERT　　C. UPDATE　　D. DELETE
5. 修改记录时使用的 SQL 语句是(　　)。
   A. SELETE　　B. INSERT　　C. UPDATE　　D. DELETE
6. 删除记录时使用的 SQL 语句是(　　)。
   A. SELETE　　B. INSERT　　C. UPDATE　　D. DELETE
7. 下列叙述正确的是(　　)。
   A. SQL 语言是一种结构化查询语言，适用于采用关系模型的数据库
   B. SQL 语言是不区分大小写的，但是每行只能书写一个子句
   C. 采用关系模型的数据库中使用的 SQL 语句都是相同的
   D. 在 Access 2010 中，一个 SQL 语句可以写在多行上，每行结尾处必须有分号

三、操作题

1. 在 Access 2010 环境下建立一个名为 BookStore 的数据库，保存在 E:\下，数据库文件名为 BookStore. accdb。

2. BookStore 数据库中包括 3 个数据表，分别是：图书情况表(Book)、读者情况表

(Reader)和借阅情况表(Borrow),3 个数据表的表结构如表 8-10～表 8-12 所示。要求:按顺序创建以下数据表,并在每个表中输入若干条记录。

表 8-10　图书情况表(Book)的表结构

列名	含义	数据类型	长度	是否主键	可否为空
BarCode	条码号	文本	7	是	否
Bname	书名	文本	30	否	否
Author	作者	文本	30	否	否
Publisher	出版社	文本	20	否	否
PubYear	出版年份	文本	4	否	否
Room	馆藏地	文本	10	否	否
CallNumber	索书号	文本	13	否	否
Vol	年卷期	文本	20	否	是
Status	书刊状态	文本	24	否	否

表 8-11　读者情况表(Reader)的表结构

列名	含义	数据类型	长度	是否主键	可否为空
ID	读者编号	文本	7	是	否
Rname	姓名	文本	30	否	否
Rsex	性别	文本	30	否	否
Rtitle	职业/职称	文本	20	否	是
Drecord	办证日期	日期		否	否
Deffective	生效日期	日期		否	否
Dexpiry	失效日期	日期		否	否
Rtype	读者类型	文本	4	否	否
Rclass	借阅等级	文本	2	否	否
MaxBorrow	最大可借图书	数值	整数	否	否
MaxReserve	最大可预约图书	数值	整数	否	否
MaxOrder	最大可委托图书	数值	整数	否	否
EduLevel	文化程度	文本	3	否	是
Tel	手机/电话	文本	13	否	是

表 8-12　借阅情况表(Borrow)的表结构

列名	含义	数据类型	长度	是否主键	可否为空
BarCode	条码号	文本	7	是	否
ID	读者编号	文本	7	是	否
Dborrow	借阅日期	日期		否	否
ReturnTime	应还日期	日期		否	否
Renew	续借量	数值	整数	否	否
CD	附件	文本	9	否	是

3. 建立借阅情况表与其他两个表之间的关联。借阅情况表中条码号的取值来自图书情况表,读者编号的取值来自图书情况表。

4. 建立新规则:当图书情况表中图书的条码号被修改时,同时将借阅情况表中相关记录的条码号的值修改为新值。

5. 创建名为 BorrowBook 的被借图书视图，内容为（条码号，书名，作者，借阅日期，应还日期）。

6. 用 SQL 语句完成下列各题。

1）检索读者类型为一级读者的女读者的情况。

2）检索当前书刊状态为借出的所有图书的条码号、书名、作者、出版社和应还日期。

3）添加借阅记录('3266180','4551046',2014/02/10,2014/07/10,5,'光盘 02006')。

4）将 4551046 号读者的借阅等级修改为二级。

5）删除编号为 2505001 的读者的基本情况。

6）删除借阅情况表。

第9章 信息与网络媒体技术

本章学习目标

- 了解信息与网络媒体的含义
- 熟悉网络媒体技术的特点和应用
- 熟练掌握信息检索的工作原理和操作方法

人类已经进入到信息时代,信息的重要性已被社会普遍认识。信息作为一种资源一直在自然界中存在着,信息是人类社会赖以生存与发展的、不可或缺的基本要素之一。网络是信息化时代人们获取信息的重要途径和手段。伴随着网络技术对社会生活的全方位渗透,网络正在改变人们的行为方式和思维方式,而网络媒体信息可提供方便的搜索功能,使消费者更容易、更准确地查找到所需的信息。

本章将对网络媒体技术和信息检索技术进行介绍和讲解,主要包括网络媒体的含义、特点、作用和应用;信息检索的工作原理、途径、工具和应用。通过本章的学习,将为同学们展示网络技术对信息时代的改变和促进作用。

9.1 网络媒体技术

本节将对网络环境下信息技术的变革进行介绍,讲解网络媒体的特点、作用和应用等内容,以便读者对网络媒体这一新兴事物有一个基本的认识和了解,学会如何利用计算机网络从日益增长的海量数据中快捷有效地获取有用的信息。

9.1.1 网络媒体的含义

在信息社会,人们把信息、物质与能量一起称为人类社会赖以生存发展的三大要素。信息是促进社会经济、科学技术以及人类生活向前发展的重要因素。一个国家的科技进步和社会发展越来越取决于对信息的开发与利用程度,谁能充分开发和有效地利用信息资源,谁就能抢占科学技术发展的制高点。

社会的信息化环境使社会对人才的要求更高,信息素质成为现代化人才必备的基本素质之一。当今,信息呈爆炸式增长,不仅如此,信息载体也发生了巨大的变化。除传统纸介质信息外,每天都有大量的磁载体信息、电子版信息及各类网上信息涌现出来,这些浩如烟海的信息的多样性、离散性与无序性的特点及其复杂的检索界面和使用方法,增加了信息利用的难度,极大地影响了人们获取信息的质量与效率,如图 9-1 所示。

网络作为新的信息传播媒介正在逐渐侵蚀乃至取代传统传播模式。网络媒体区别于传统的纸质和广播媒体，它以计算机网络作为传播媒介，实现的是文本、图像、音频和视频各类媒体信息全方位的广泛传播和推送。本质上，网络媒体和传统的电视、报纸、广播等媒体一样，都是传播信息的渠道，是交流、传播信息的工具和信息载体。

图 9-1　网络媒体

网络媒体概念的出现，可以被视为是音视频制作与发行方式的革命。与传统的完全基于时间的音视频操作模式不同，网络媒体带给系统开发商更广泛的自由，让他们能够以一种新的方式去完成媒体的交换、存储、管理和操作，将会进一步地改变信息与知识传播的形式，进而改变人们汲取信息的方式、思想方式乃至行为模式。

与传统的音视频设备采用的工作方式不同，网络媒体依赖 IT 设备开发商们提供的技术和设备来传输、存储和处理音视频信号。最流行的传统的 SDI(Serial Digital Interface，数字串型接口)传输方式缺乏真正意义上的网络交换特性，需要做大量的工作才可能利用 SDI 创建类似以太网和 IP(Internet Protocol，因特网协议)所提供的部分网络功能。所以，视频行业中的网络媒体技术就应运而生。

9.1.2　网络媒体的特点

网络媒体信息具有更多的传播途径、更快捷的传播效率、更高更广泛的交互性能的特性使得信息传播的效率更高。网络技术的优势主要反映在以下 6 个方面。

- 快速数据存取。网络媒体技术可以让本地和远程的用户迅速地采集、编辑、浏览、播出音视频素材，媒体资产能够迅速地被编辑节点应用。
- 很少或不使用磁带工作方式。音视频媒体资料都存放在磁盘上(可以是近线或离线的存储设备)或通过光盘库和磁带库的机械手来实现资料的存取。
- 发布工作流程。这方面媒体文件有巨大的优势。过去传统设备受物理和地理条件限制的状况被彻底改变。通过 LAN 和 WAN 的网络连接，可以创建虚拟的设备环境。
- 在线和离线的海量硬盘存储技术。用户可以将音视频作为数据存储，也可以选择任何文件格式的存储方式。
- 媒体资产管理。资产的分类、浏览、查询和投入使用。有大量的程序可以实现这些功能，IT 的管理模式使得 MAM(媒体资产管理)解决方案在多种模式下得到实现。
- IT 技术框架的基本要素。涉及许多设备的性能和成本等内容。

与其他媒体比较，网络媒体主要具有以下优势和特点。

1) 全球性的传播范围

传统媒体无论是电视、报刊、广播还是灯箱海报，都不能跨越地区限制，只能对某一特定地区产生影响。但任何信息一旦进入 Internet，分布在近 200 个国家的近 2 亿 Internet 用户都可以在他们的计算机上看到。从这个意义上来讲，Internet 是最具有全球影响的高科技媒体。

2）全天候的保留时间

报纸广告只能保留一天，电台、电视台广告甚至只保留几秒或几十秒，Internet 上发布的商业信息一般是以月或年为单位。一旦信息进入 Internet，这些信息就可以一天 24 小时，一年 365 天不间断地展现在网上，以供人们随时随地查询。

3）信息数据庞大

包括影像、动画、声音、文字；涉及政府、企业、教育等各行各业；写文章、搞研究、查资料、找客户、建市场、信息流、物流等各项业务中都会产生和使用大量信息。

4）开放性强

全方位的音视频数据访问和使用。

5）操作方便简单

仅鼠标点点，浏览、搜索、查询、记录、下单、购物、聊天、谈判、交易、娱乐、报关、报税等轻松实现，跟发传真、打电话一样简单。

6）交互性沟通性强

交互性是互联网络媒体的最大优势。它不同于电视、电台的信息单向传播，而是信息互动传播，用户可以获取他们认为有用的信息，厂商也可以随时得到宝贵的用户反馈信息。以往用户对于传统媒体的广告，大多是被动接受，不易产生效果。但在 Internet 上，大多数来访问网上站点的人都是有兴趣和有目的来查询的，成交的可能性极高。

7）成本低、效率高

电台、电视台的广告虽然以秒计算，但费用也动辄成千上万。报刊广告也不菲，超出多数单位或个人的承受力。Internet 由于节省了报刊的印刷费用和电台、电视台昂贵的制作费用，成本大大降低，使大多数单位或个人都可以承受。

8）强烈的感官性

文字、图片、声音、动画、影像等多媒体手段使消费者能亲身体验产品、服务与品牌。这种以图、文、声、像的形式，传送大量感官的信息，让顾客如身临其境般地感受商品或服务，并能在网上预订、交易与结算，将更大增强网络广告的实效。

9.1.3 网络媒体的应用

网络是信息化时代人们获取信息的重要途径和手段。伴随着网络技术对社会生活的全方位渗透，网络正在改变人们的行为方式和思维方式。下面将列举几类网络媒体的主要应用。

1. 网络广告

网络媒体信息可提供方便的搜索功能，使消费者更容易、更准确地查找到所需的信息；可实现方便、简单的信息浏览，直接锁定目标消费者，使广告投放更具针对性和更佳的宣传效果，从而极大地增加广告主的收入。

由于目标及市场定位的准确性，所以广告主在广告投放时将更具有针对性；由于信息定位准确，宣传效果更佳，避免了宣传的盲目性。

图片、音频、视频、三维展示及媒体流文件对广告信息进行全方位的展示，创造了新的广告表现形式。视觉冲击力要远远超过传统广告的表现力和冲击力。丰富的表现形式将会为客户带来更多的收益，同时网络信息有利于保存。对于上网用户来说，只需使用“拷贝”和

“粘贴”就可以将信息保存到自己的计算机中,从而省去了如报纸信息需要手动剪取,电视广告则需要在极短的时间里记忆,都不利于信息留存的麻烦。

传统的媒介如报纸的新闻信息都有版面的限制,而网络媒体信息则不受篇幅的大小、版面多少、单一地区的局限,广告主可随心所欲地发布广告信息,把人力、物力和财力的支出缩减至最低,极大地降低了企业的成本。网络宣传的成本低,而且不受任何的时间、空间限制,投入成本低,回报量大。

网络媒体信息具有更多的传播途径、更快捷的传播效率和更高、更广泛的交互性能的特性。这使得信息传播的效率更高。

网络媒体信息利用网络带来的便利为商家在瞬息万变的商战中及早获取绝佳的商业机会,并以其更高、更广泛的交互性能,在消费者和商家之间建立起更直接、有效的交流途径,以及一对多连锁反应式的高效广泛的传播途径。

2. 网络存储

存储系统由基于 IT 技术的共享存储体系组成。它们可以被划分为两个不同的类别。在每个类型的存储体系中,网络的客户端(例如 PC、工作站、服务器、专门的 HW 设备等)都要按照一定的网络技术访问远程的存储系统。最流行的网络存储连接方式叫做 NAS,即网络附加存储。第二种方式叫做 SAN,即存储附加网络。下面将从正反两个方面依次解释两种方式各自的特性。

1) 网络附加存储(Network Attached Storage,NAS)

NAS 环境最重要的特征是存储设备是作为网络驱动器出现在网络上所有的客户端设备上。文件服务器作为一个核心的要素被所有客户端用户访问,如图 9-2 所示。每个客户端通过以太网和 IP 协议访问服务器,服务器按顺序存取磁盘阵列上的文件。服务器本身通

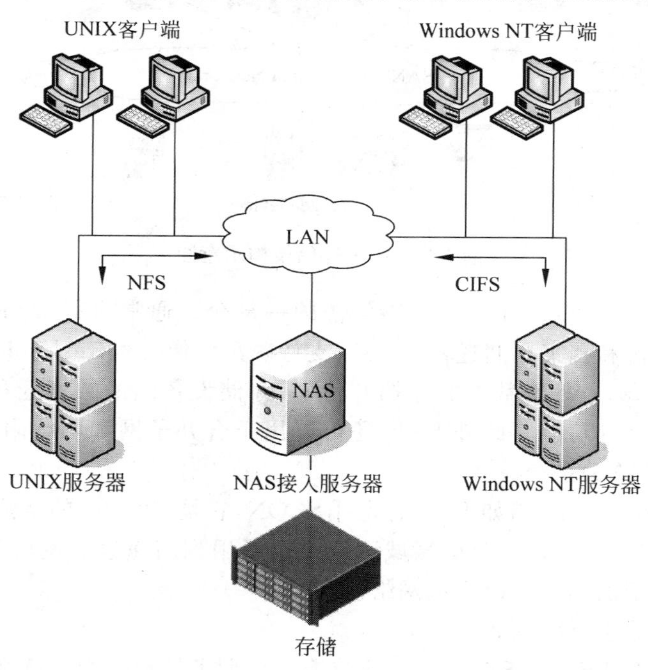

图 9-2　NAS 存储架构示意图

过一个文件系统(例如 Windows 或 Linux)管理磁盘阵列。这也是所有附加的客户端用户通常所看到的文件系统。当然,相应的网络安全和访问授权也是必须的,并且也由文件服务器管理。当整个系统中仅有一个服务器时,服务器成为系统数据吞吐能力的瓶颈。通常,所有的客户端的数据带宽都通过一个外部的网络交换机以类似漏斗的形态与服务器交换数据。

这种网络存储方式的优势在于它对网络和存储阵列的规格指标(读写延迟、接口、带宽等)要求非常宽松。没有实时的传输需求,所以网络的设计、带宽的管理模式、磁盘读写方式等也不受约束。因此,文件传输的网络系统非常容易建立也非常便宜,牺牲了实时存取的性能,降低了工作流程的效率,但获得了网络的便利、低廉的成本。

2) 存储区域网络(Storage Area Network,SAN)

第二种网络存储方式就是 SAN。在 SAN 结构中,网络存储是作为客户端本地存储被使用的。存储区域网络是一种高速网络或子网络,提供在计算机与存储系统之间的数据传输。存储设备是指一张或多张用以存储计算机数据的磁盘设备。一个 SAN 网络由负责网络连接的通信结构、负责组织连接的管理层、存储部件以及计算机系统构成,从而保证数据传输的安全性和力度。SAN 存储架构如图 9-3 所示。

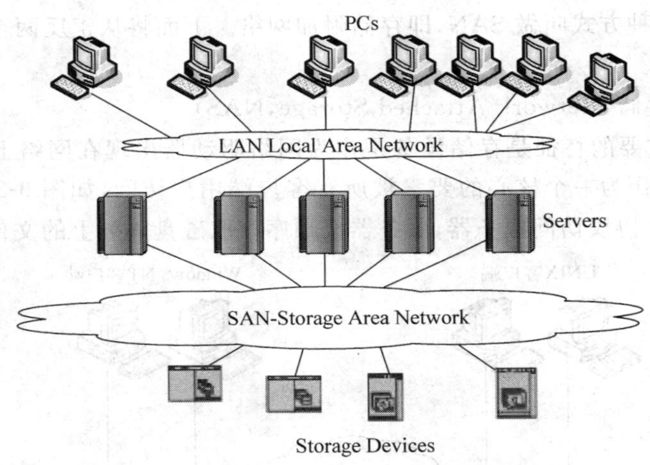

图 9-3 SAN 存储架构示意图

典型的 SAN 是一个企业计算机网络资源的一部分。通常 SAN 与其他计算资源紧密集成来实现远程备份和档案存储过程。SAN 支持磁盘镜像技术(disk mirroring)、备份与恢复(backup and restore)、档案数据的存档和检索、存储设备间的数据迁移以及网络中不同服务器间的数据共享等功能。此外 SAN 还可以用于合并子网和网络附加存储(Network-Attached Storage,NAS)系统。

当前常见的 SAN 技术,诸如 IBM 的光纤 SCON,它是 FICON 的增强结构,或者说是一种更新的光纤信道技术。另外,存储区域网络中也运用到高速以太网协议。SCSI 和 iSCSI 是目前使用较为广泛的两种存储区域网络协议。

SAN 和 NAS 的主要区别如下所示。

- SAN 是一种网络,NAS 产品是一个专有文件服务器或一个只读文件访问设备。
- SAN 是在服务器和存储器之间用作 I/O 路径的专用网络。

- SAN 包括面向块(iSCSI)和面向文件(NAS)的存储产品。
- NAS 产品能通过 SAN 连接到存储设备。

3. 网络多媒体

网络多媒体技术是一门综合的、跨学科的技术,它综合了计算机技术、网络技术、通信技术以及多种信息科学领域的技术成果,目前已经成为世界上发展最快和最富有活力的高新技术之一。

网络多媒体技术在现实社会中的应用大致分为四个方向:商业、生活、学习和科研。

1) 商业应用

商业广告(特技合成、大型演示):影视商业广告、公共招贴广告、大型显示屏广告、平面印刷广告。

影视娱乐业(电影特技、变形效果):电视/电影/卡通混编特技、演艺界 MTV 特技制作、三维成像模拟特技、仿真游戏、赌博游戏。

医疗(远程诊断、远程手术):网络多媒体技术、网络远程诊断、网络远程操作(手术)。

旅游(景点介绍):风光重现、风土人情介绍、服务项目。

2) 生活应用

家用生活、影音娱乐等、网络报刊、杂志等。

3) 学习应用

电子教案、形象教学、模拟交互过程、网络多媒体教学、仿真工艺过程,以及在线语言学习。

4) 科研应用

人工智能模拟(生物、人类智能模拟)、生物形态模拟、生物智能模拟、人类行为智能模拟。

9.2 信息检索及应用

信息检索是将杂乱无序的信息有序化形成信息集合,并根据需要从信息集合中查找特定信息的过程。其实质是将用户的需求与信息集合内的信息进行比较,以寻找匹配的满足用户检索需求的资源。本节将在介绍信息检索的基本工作原理的基础上,讲解利用互联网进行信息检索的基本方法和手段。

9.2.1 信息检索概述

信息检索起源于图书馆的参考咨询和文摘索引工作。从 19 世纪下半叶开始发展,到 20 世纪 40 年代,索引和检索成已为图书馆独立的工具和用户服务项目。随着 1946 年世界上第一台电子计算机问世,计算机技术逐步走进信息检索领域,并与信息检索理论紧密结合起来。

信息检索(information retrieval)又称为情报检索,是指将信息按一定的方式组织和存储起来,并根据用户的需求找出有关信息的过程。广义的信息检索包括信息的存储与检索。狭义的信息检索则仅指该过程的后半部分(相当于人们通常所说的信息查询),即根据需要借助于检索工具,从信息集合中找出所需信息的过程。

信息检索按照检索内容可以分为数据信息检索、事实信息检索和文献信息检索；按照组织方式可以分为全文检索、超文本检索和超媒体检索；按照检索设备可以分为手工检索和机器检索。计算机信息检索则是指以计算机技术为手段，通过光盘和网络等现代检索方式进行信息检索的方法。

检索技能是现代社会必备的基础技能，信息素质亦是大学生能力素质之一，因此掌握信息检索技能尤为重要。信息检索技术有助于节约时间、提高工作效率。随着科学技术的发展，文献数量剧增并且各领域间相互渗透。掌握信息检索的技术和方法，拥有信息鉴别和利用的能力，有利于减少从海量数据中获取所需有用信息的时间和难度。

9.2.2 信息检索工作原理

信息检索，具体地说，就是指人们在计算机或网络上，使用特定的检索指令、检索词和检索策略，从计算机检索系统的数据库中检索出所需的信息，继而再由终端设备显示或打印的过程。

为实现计算机信息检索，必须事先将大量的原始信息加工处理并以数据库的形式存储在计算机中，所以计算机信息检索从广义上讲包括信息的存储和检索两个方面。

1）计算机信息存储过程

用手工或者自动方式将大量的原始信息进行加工，具体做法是将收集到的原始文献进行主题概念分类，根据一定的检索语言抽取出主题词、分类号以及文献的其他特征进行标识或者写出文献的内容摘要，然后再把这些经过“前处理”的数据按一定格式输入计算机存储起来。计算机在程序指令的控制下对数据进行处理，形成机读数据库，存储在存储介质（如磁带、磁盘或光盘）上，完成信息的加工存储过程。

2）计算机信息检索过程

用户对检索内容加以分析，明确检索范围，弄清主题概念，然后用系统检索语言来表示主题概念，形成检索标识及检索策略，输入到计算机进行检索。计算机按照用户的要求将检索策略转换成一系列提问，在专用程序的控制下进行高速逻辑运算，选出符合要求的信息输出。计算机检索的过程实质上是一个比较、匹配的过程，检索提问只要与数据库中的信息的特征标识及其逻辑匹配一致，则满足“命中”条件，即找到符合要求的信息。信息检索的基本原理如图 9-4 所示。

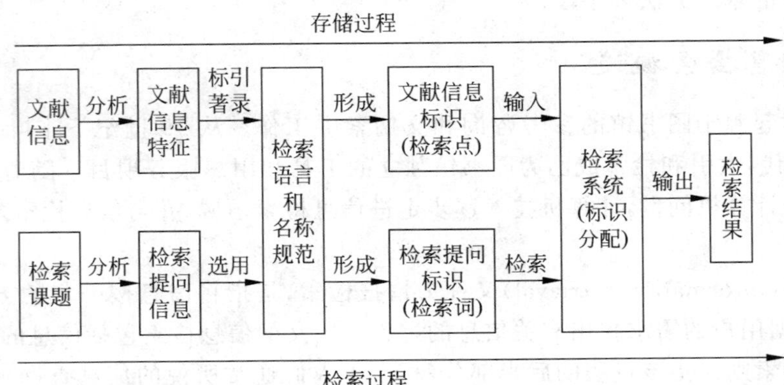

图 9-4 信息检索的基本原理

由信息检索原理可知，信息的存储是实现信息检索的基础。这里要存储的信息不仅包括原始文档数据，还包括图片、视频和音频等。首先要将这些原始信息进行计算机语言的转换，并将其存储在数据库中，否则无法进行机器识别。待用户根据意图输入查询请求后，检索系统根据用户的查询请求在数据库中搜索与查询相关的信息，通过一定的匹配机制计算出信息的相似度大小，并按从大到小的顺序将信息转换输出。

9.2.3 信息检索途径和工具

在实现信息检索时，需要经过以下流程实现。明确需求和分析主题、选择检索工具或数据库、确定检索词、构造检索表达式、提交检索表达式、显示与优化检索结果，如图 9-5 所示。

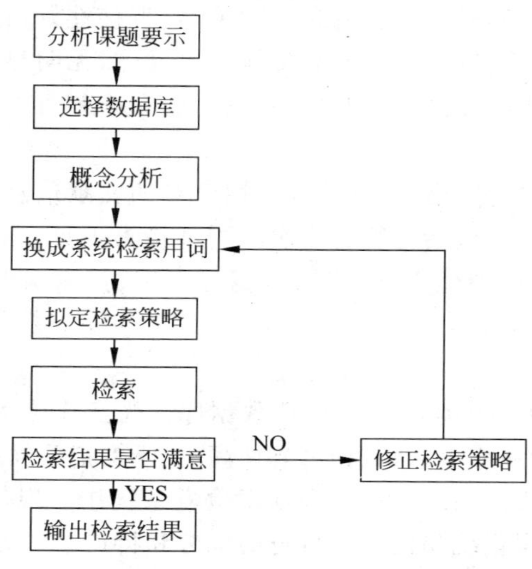

图 9-5 信息检索流程

1. 信息检索方法

信息检索方法包括普通法、追溯法和分段法。

(1) 普通法是利用书目、文摘、索引等检索工具进行文献资料查找的方法。运用这种方法的关键在于熟悉各种检索工具的性质、特点和查找过程。普通法又可分为顺检法和倒检法。顺检法是从过去到现在按时间顺序检索，开销大，效率低；倒检法是逆时间顺序从近期向远期检索，它强调近期资料，重视当前的信息，主动性强，效果较好。

(2) 追溯法是利用已有文献所附的参考文献不断追踪查找的方法，在没有检索工具或检索工具不全时，此法可获得针对性很强的资料，查准率较高，查全率较差。

(3) 分段法是追溯法和普通法的综合，它将两种方法分期、分段交替使用，直至查到所需资料为止。

2. 信息检索途径

检索工具或数据库就是将众多的各类信息资源进行分析加工后，按照一定的特征标识排查组织而形成的信息集合体。信息检索就是从信息集合中选取一些包含既定标志的信息。所以，检索途径与文献信息的特征和检索标识是相关的。根据文献的内容特征和外部特征，信息检索途径可分为两大类。

1）以文献的外部特征为检索途径

文献的外部特征是从文献检索载体的外表上标记的可见特征，例如题名、责任人、号码等。所以，以文献的外部特征为检索途径可以有题名途径、责任人途径和号码途径。其最大的优点就是它的排列与检索方法以字顺或数字为准，比较机械简单，不易出错。此途径适合查找篇名、作者名或序号的文献。

2）以文献的内容特征为检索途径

文献的内容特征是文献所载的知识信息中隐含的特征，例如分类、主题等。这种途径比较适合查找位置线索的文献，包括分类途径、主题途径和分类主题途径三类。

分类途径以学科体系为基础，分类编排，学科系统性好，适合于按学科进行分类的族性检索。主题途径直接用文字表达主题，概念准确灵活，直接性好，适合于特征检索。分类主题途径是分类途径和主题途径的结合，比分类体系更具体，无明显的学术层次划分，比主题方法更概括，并且保留了主题体系的字顺排序，以便准确查询。

3. 信息检索工具

检索工具是人们为了充分、准确、有效地利用已有的文献信息资源而编制的，用来存储和查找文献信息资源的工具，包括传统的二次印刷型检索工具、三次印刷型检索工具、面向计算机和网络的联机数据库检索系统、光盘数据库系统、搜索引擎、FTP、BBS等各种检索工具。

1）光盘信息检索

光盘数据库通常是指CD-ROM或DVD数据库。光盘作为大型脱机式数据库的主要载体，具有存储能力强、介质成本低、数据可靠性高、便于携带等优点。光盘配合计算机和相应的软件，就构成了光盘检索系统。光盘数据库检索系统作为现代计算机信息检索系统的重要组成部分，与别的检索系统相比有着自身的优势和特点。

光盘数据库的主要优点是检索系统配置简单，检索费用低廉，由于光盘的费用是一次性投入，可多次任意使用。利用率越高，分摊的成本越低。另外，系统访问通过局域网就可以进行，不受大的网络环境影响，不需支付网络通信费用，尤其适合那些信息服务预算少，网络环境比较差的地区和单位采用。其不足之处主要是光盘数据库时效性不够，检索的灵活性欠缺，信息的资源载体有限，并且光盘不宜长期保存。

2）联机信息检索

联机检索(online retrieval)是用户利用检索终端，通过通信线路与系统的主机连接，与系统实时对话，从检索中心获取所需信息的过程。联机检索系统是利用通信和网络技术实现光盘信息检索的共享。联机数据库检索系统通常包括检索终端、通信网络和连接检索中心三个部分。检索中心是系统的中枢，由中央计算机、联机数据库、检索与管理软件及相应的检索服务体制组成。目前，联机检索系统主要有三种服务方式：追溯检索、定题检索和联机检索。

联机检索系统的主要优势是数据量多、信息量大、内容丰富、数据更新快。数据库和系统集中式管理，安全性好，可以在存储设备上直接处理大量数据。检索功能强，索引多，途径多，所有的数据库使用统一的命令检索，因此可以同时保证查全和查准，检索效率和检索质量高。其不足之处在于检索模式是主从模式，主机负担重，网络扩展性差，多种检索命令纷繁复杂，检索难度大，费用高。

3）网络信息检索

网络信息检索(Network Information Retrieval,NIR)一般指因特网检索,是通过网络接口软件,用户可以在任意终端上查询各地上网的信息资源。这一类检索系统都是基于互联网的分布式特点开发和应用的,即数据分布式存储,大量的数据可以分散存储在不同的服务器上;用户分布式检索,任何地方的终端用户都可以访问存储数据;数据分布式处理,任何数据都可以在网上的任何地方进行处理。比较常见的网络信息检索服务有远程登录、文件传输服务、电子邮件、电子公告牌(Bulletin Board System,BBS)、搜索引擎等。

网络信息检索与联机信息检索最根本的不同在于网络信息检索是基于客户机/服务器的网络支撑环境的,客户机和服务器是同等关系,而联机检索系统的主机和用户终端是主从关系。在客户机/服务器模式下,一个服务器可以被多个客户访问,一个客户也可以访问多个服务器。因特网就是该系统的典型,网上的主机既可以作为用户的主机里的信息,又可以作为信息源被其他终端访问。

9.2.4 因特网信息检索应用

因特网信息检索(Internet Information Retrieval)又称为因特网信息查询或搜索(Internet Information Search),是指通过因特网借助网上的服务和工具,根据信息检索需求,在按一定方式组织和存储起来的因特网信息集合中查找出有关信息的过程。

1. 万维网服务

万维网(World Wide Web,WWW 或 Web)信息资源是建立在超文本(Hypertext)、超媒体(Hypermedia)技术以及超文本传输协议(Hyper Text Transfer Protocol,HTTP)的基础上,集文本、图形、图像、声音、视频为一体,并以直观的图形用户界面展现和提供信息的网络资源形式。

对于刚接触网络的用户,万维网几乎成了因特网的代名词。这是因为万维网的发展非常迅速,并以其独特的超文本链接方式、方便的交互式图形界面和丰富多彩的内容,在整个因特网活动中占据的位置越来越重要,是目前网络用户获取信息的最基本手段。

万维网系统采用客户机/服务器(Client/Server,C/S)结构,服务器的作用是整理、存储各种 WWW 资源,并响应客户端软件浏览器的请求。用户只需在自己的计算机上单击鼠标,就可以通过因特网从全世界任何地方调来所需的各类媒体信息。万维网的工作原理如图 9-6 所示。

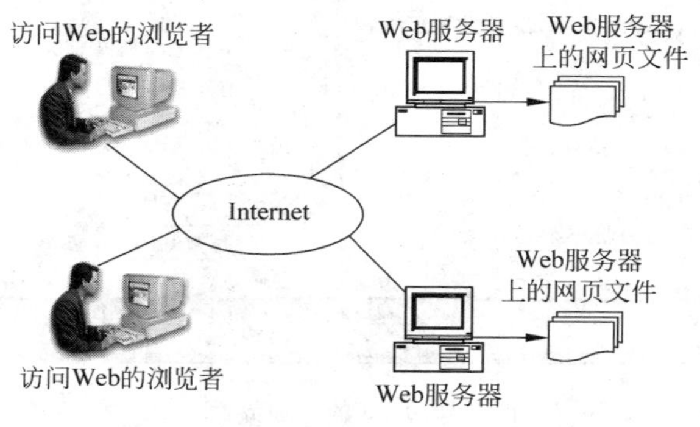

图 9-6 万维网的工作原理示意图

由于WWW为全世界的人们提供查找和共享信息的手段，所以也可以把它看作是世界上各种组织结构、科研机关、大学、公司厂商热衷于研究开发的信息集合。它基于因特网的查询、信息分部和管理系统，是人们进行交互的多媒体通信动态格式。WWW给计算机网络上的用户提供一种兼容的手段，以简单的方式去访问各种媒体。它是第一个真正的全球性超媒体网络，改变了人们观察和创建信息的方法。

WWW信息资源具有的特点有信息资源丰富、信息内容多样性、信息表现形式多样性、信息时效性、信息交互性、信息关联性、信息开放性、免费信息资源丰富、信息组织的局部有序性与整体无序性。

2. 网页浏览器

浏览器(Browser)是上网浏览Web网页信息的软件，目前主要有Internet Explorer (IE)、Firefox、Chrome、Opera浏览器等。

下面将以使用较多的微软公司Internet Explorer 8(IE 8)为例来介绍浏览器的使用方法。IE 8是微软公司提供的免费的浏览器产品，是Windows 7操作系统默认安装自带的浏览器软件，以下简称IE 8。

IE 8与之前的IE版本相比，界面上有所改进。没有之前的大片按钮，网址和搜索栏放在了第二行，使用标签式设计，方便用户使用。

1) IE浏览器的启动

初次启动IE 8时，会出现欢迎使用的提示框，单击“下一步”按钮继续，如图9-7所示。

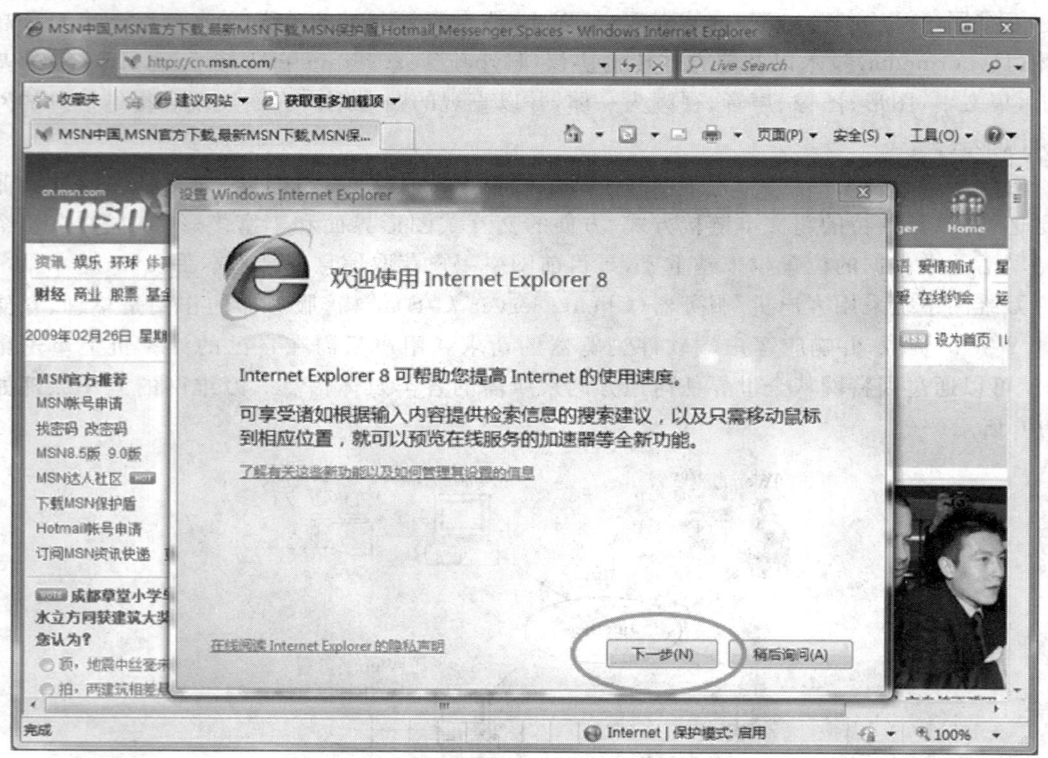

图9-7　IE 8的欢迎界面

建议打开“建议网站”，此功能会根据当前打开的网页，提供一些内容类似的网站。例如，打开了某购物网的页面，该工具会建议更多的相关网站供选择。建议网站会被放在收藏夹栏中随时更新内容，方便你的使用，如图 9-8 所示。

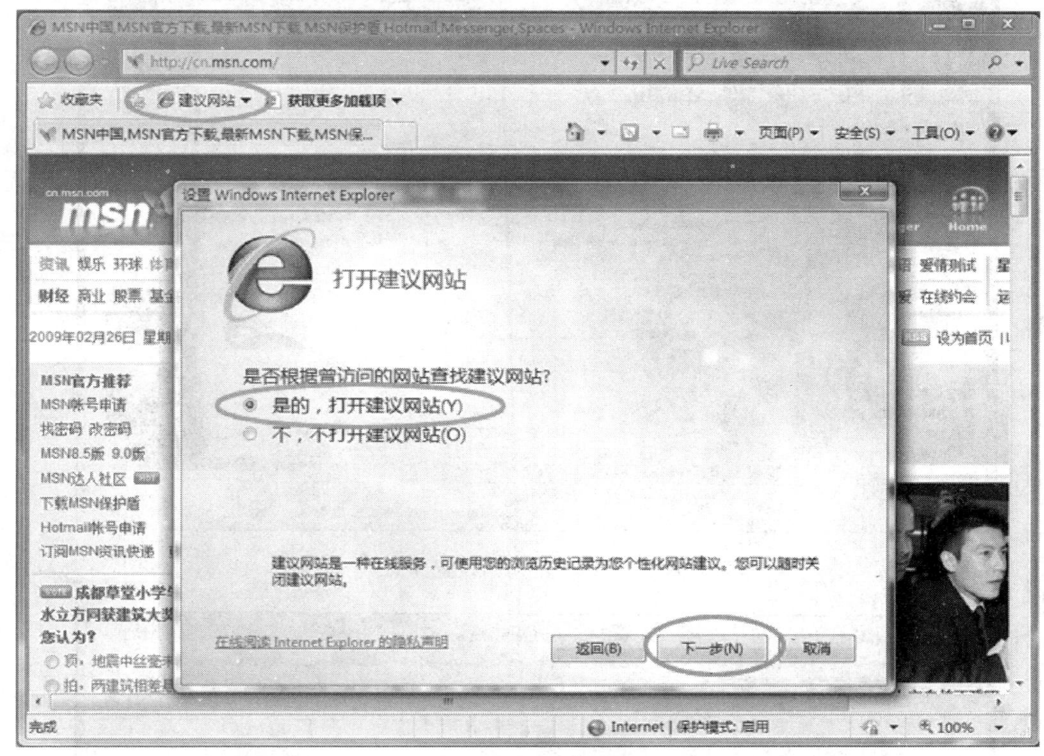

图 9-8　IE 8 的建议网站界面

接下来会提示选择 IE 8 的一些设置，如默认的搜索程序、加速器等。这些设置在使用过程中都可以随你的喜好自行更改，在此选择快速设置即可，单击“下一步”按钮，如图 9-9 所示。

至此，设置全部完成。浏览器会自动打开 IE 8 的介绍页面，可以开始体验 IE 8 了，如图 9-10 所示。

2）IE 浏览器的基本设置

在“启动”菜单中的“Internet 选项”设置界面是对 IE 工作方式和属性的设置，它包含很多方面的配置，如图 9-11 所示。

在“主页”栏目的文本框中填写主页地址，可以设置浏览器的默认主页(IE 浏览器启动后自动连接到的页面)。用户通常可以根据喜好来选择自己喜欢或常用的网页作为浏览器的主页。

在“浏览历史记录”栏目中，包含“删除”和“设置”两个按钮。“删除”按钮可以删除保存在 Internet 临时文件夹中的临时文件、历史记录、Cookie、保存的密码和网页表单信息等浏览历史记录，定期删除这些记录，既可以清除比较占用存储空间的临时文件，又可以保护个人隐私安全。“设置”按钮用于查看和更改存储浏览历史记录的临时文件夹的设置。

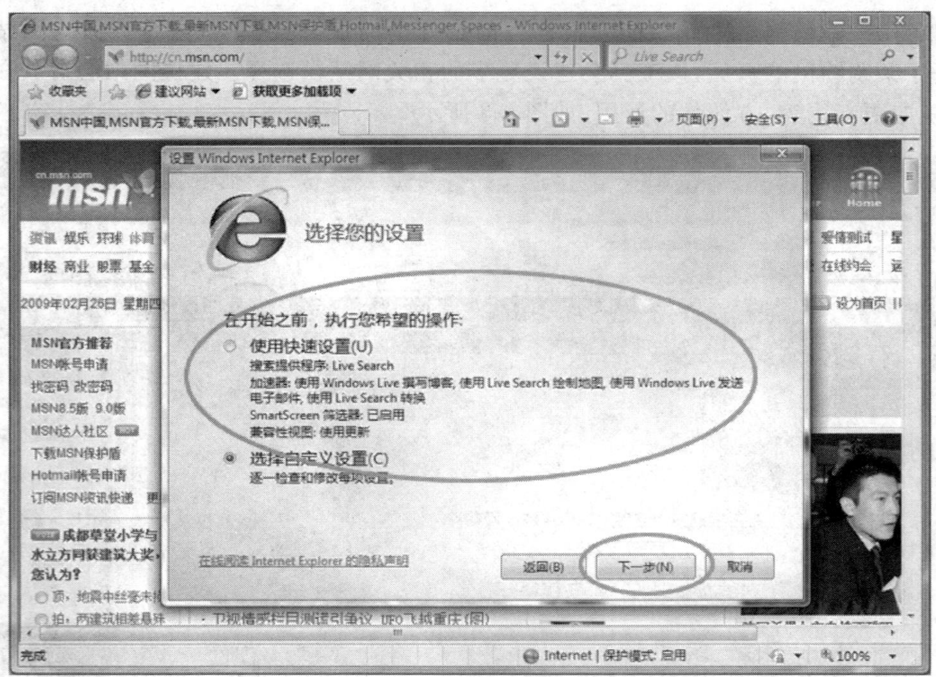

图 9-9　IE 8 的初始设置界面

图 9-10　IE 8 的启动界面

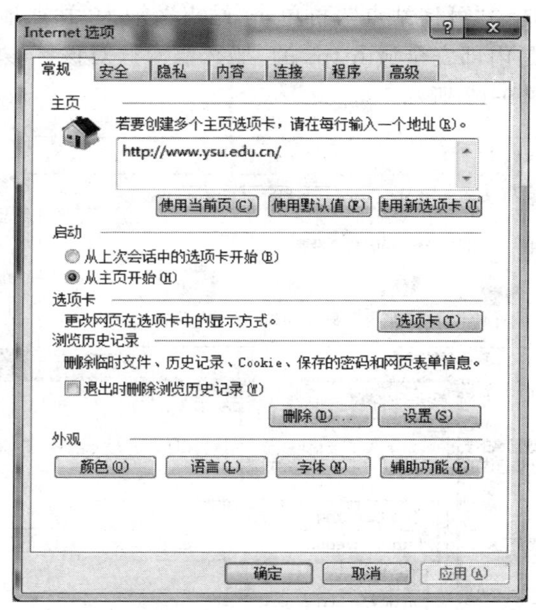

图 9-11　Internet 选项界面

在“外观”栏目中 4 个按钮可以更改网页的字体、语言和背景颜色，并提供了一些具体的辅助功能。

3) IE 浏览器的安全设置

首先，介绍一下常规控件和插件(ActiveX)的安全设置方法。

打开浏览器，从“工具”菜单进入“Internet 选项”，如图 9-12 所示。

图 9-12　Internet 选项界面的启动

进入"安全"标签，选中"可信站点"，再单击"站点"，输入"站点地址"，单击"添加"在列表中添加网址，如果站点是内部安全域 https 的，那么要勾选对该区域中的所有服务器要求服务器验证(https:)，如图 9-13 所示。

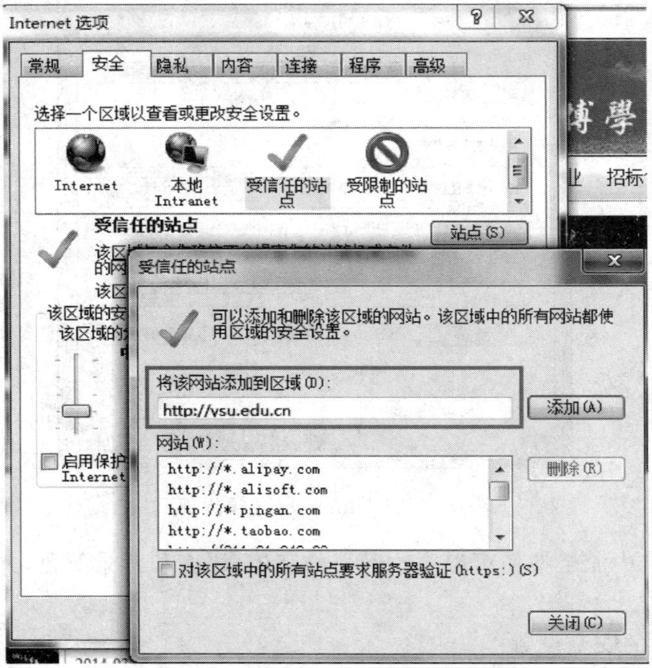

图 9-13　IE 8 的可信站点设置界面

设置自定义级别对于普通用户来说，没有必要了解每项设置有什么具体作用，根据需要设置所关心的项目即可，完成后单击"确认"按钮保存设置，如图 9-14 和图 9-15 所示。

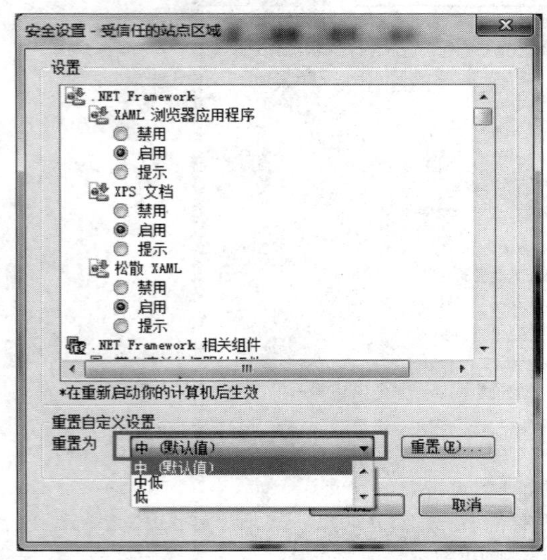

图 9-14　IE 8 的站点安全级别设置界面

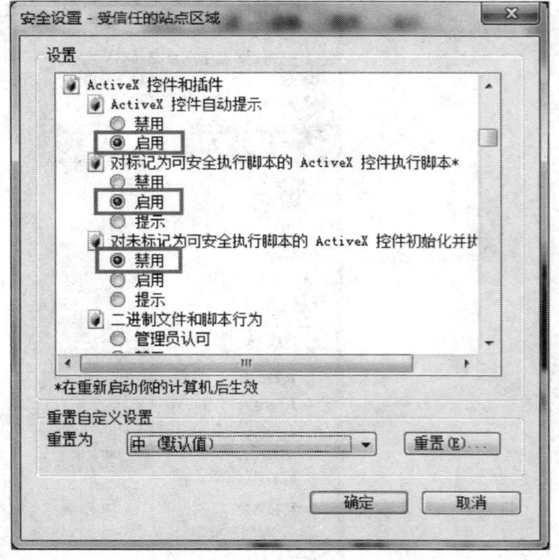

图 9-15　IE 8 的站点安全设置界面

完成以上操作，重启浏览器后生效。以上操作适用于大部分常遇到的网银及企业内部系统对安全的设置。

下面再介绍隐私的安全设置方法。

cookie 是一种能够让网站服务器把少量数据存储到客户端的硬盘或内存，或是从客户端的硬盘读取数据的一种技术。cookie 是当你浏览某网站时，由 Web 服务器置于你硬盘上的一个非常小的文本文件，它可以记录你的用户 ID、密码、浏览过的网页、停留的时间等信息。当你再次来到该网站时，网站通过读取 cookie，得知你的相关信息，就可以做出相应的动作。大部分用户，关于隐私方面的设置，基本不会设置，也不知道如何设置，会在一定程度上造成个人隐私信息的泄露。隐私设置界面如图 9-16 所示。

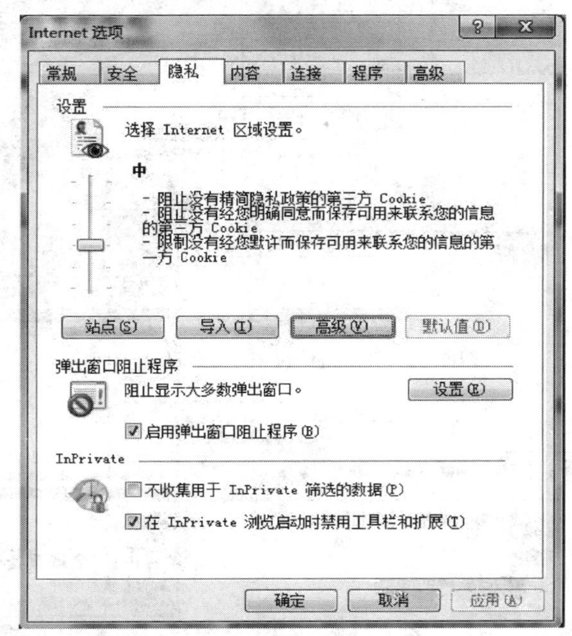

图 9-16　IE 8 的隐私设置界面

减少第三方 cookie，进入"Internet 选项"的"隐私"标签，单击"高级"按钮，勾选"替代自动 cookie 代理"，就可以设置阻止第三方 cookie 了，如图 9-17 所示。

阻止危险网站利用 cookie，需要单击站点，输入网址后，单击阻止，允许是给反向设置用的，也就是说禁用 cookie，只允许列表中网站使用 cookie，如图 9-18 所示。

4）使用 IE 浏览器的收藏夹

在 IE 中有提供有一个收藏夹的功能，利用它可以很方便地将一些常去的网站记录在其中，下次访问时只要直接选择即可，方便用户记忆和管理常用的网站和网页地址。

把当前网站的网页添加到收藏夹中，有以下几种方法。

选择菜单栏中的"收藏夹"菜单，执行"添加到收藏夹"命令，弹出"添加收藏"对话框，如图 9-19 所示，设置好网页名称和保存文件夹后，单击"确定"按钮。

也可单击工具栏中的"收藏"按钮，在浏览器的左边会出现"收藏夹"栏，单击"添加"按钮，设置好网页名称和保存文件夹后，单击"确定"按钮。

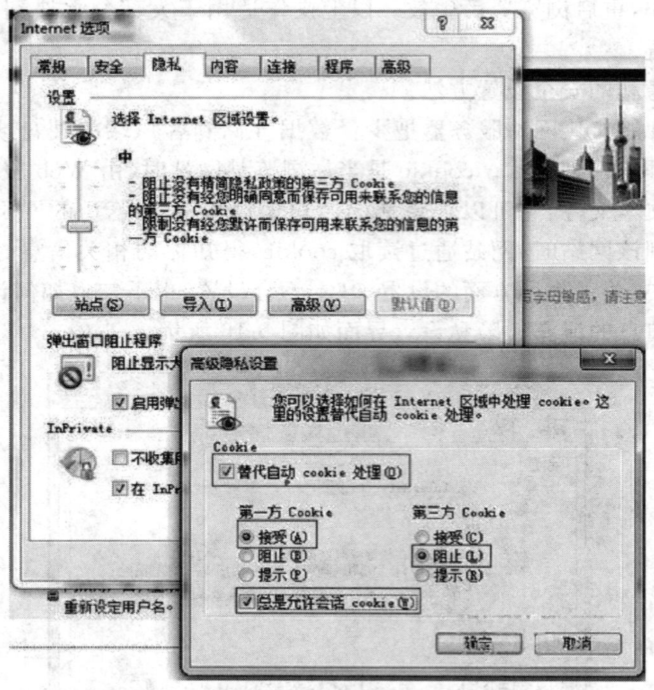

图 9-17　IE 8 的 cookie 安全设置界面

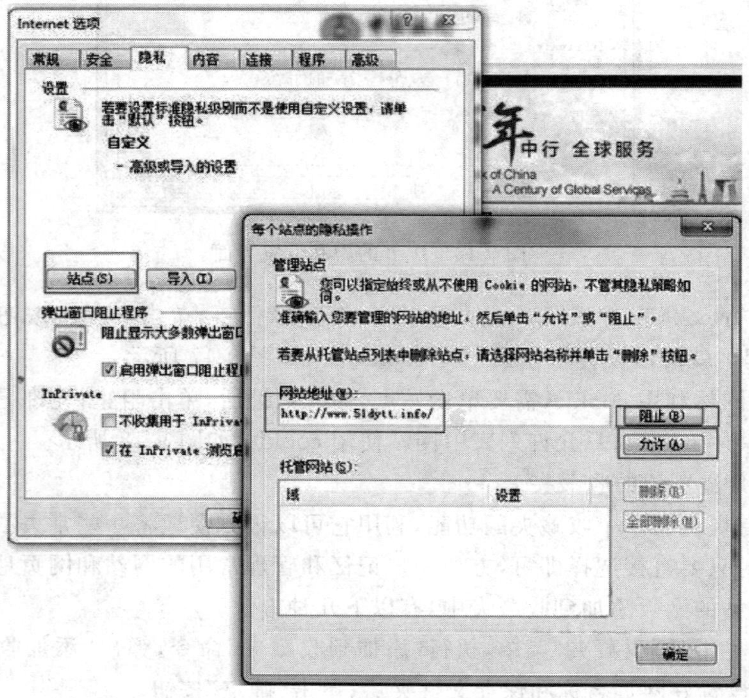

图 9-18　IE 8 的 cookie 阻止设置界面

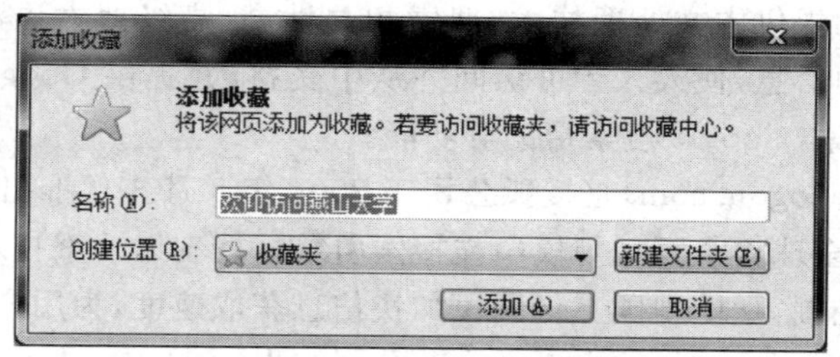

图 9-19 在收藏夹中添加收藏

单击网页图标，按住鼠标左键，将该网页图标直接拖到“收藏夹”按钮的位置上或者“链接”栏上，然后放开鼠标按键，即可将该网页地址添加到“收藏夹”或“链接”中。

用户可以直接将网页地址保存在收藏夹的根目录下，也可以自己创建新的文件夹进行分类管理。当要打开收藏夹中的网页时，只要选择自己喜欢的网址，单击就可以打开了。

收藏夹里的网址多了以后，还可以对其进行整理。选择“收藏”菜单中的“整理收藏夹”命令，打开“整理收藏夹”对话框。在该对话框中，可以方便地拖动网页的地址进行整理，并可以创建新的文件夹。

3. 搜索引擎

搜索引擎(也称为网络检索工具)是一种提供信息“检索”服务的网站，检索对象是存在于因特网信息空间中各种类型的网络信息资源，它使用某种程序对互联网上的信息资源进行搜索、整理、归类，以帮助人们搜寻所需要的信息，起到信息导航的作用。

搜索引擎按照工作方式主要分为如下 3 类。

- 全文搜索引擎(Full Text Search Engine)通过从互联网上提取的各个网站的信息(以网页文字为主)而建立的数据库中，检索与用户查询条件匹配的相关记录，然后按照一定的排列顺序将结果返回给用户，它是真正意义上的搜索引擎。该类搜索引擎的代表有国外的 Google(谷歌)、Bing(必应)、Inktomi、Teoma，国内的 Baidu(百度)等。
- 目录索引搜索引擎(Index/Directory Search Engine)仅仅是按目录分类的网站链接列表而已，从严格意义上来说算不上真正的搜索引擎。用户完全可以不用关键词(Keywords)查询，仅靠分类目录便可找到需要的信息。该类搜索引擎的代表有 Yahoo(雅虎)、新浪、网易搜索等。
- 元搜索引擎(Meta Search Engine)在接受用户查询请求时，同时在其他多个引擎上进行搜索，并将结果返回给用户。该类搜索引擎的代表有 InfoSpace、Dogpile、Vivisimo、搜星搜索引擎等。

随着网络信息呈几何级数式增长，用户获取有用的信息变得越来越困难。搜索引擎是我们日常获取网络信息的常用工具，它对迅速筛选所需信息起到很重要的作用。如今世界上存在的搜索引擎很多，各有它们最适用的方面，选择合适的搜索引擎也就变得尤为重要。

常用的中文搜索引擎有如下 4 个。

(1) Baidu(www.baidu.com)平均两周更新一遍，对部分网页每天更新。目前是全球最大的中文搜索引擎、最大的中文网站。它提供百度快照、网页预览/预览全部结果、相关搜索词、错别字纠正提示、Flash 搜索、信息快递、百度搜霸、搜索援助中心等功能。

(2) Google 中文(www.google.com.hk)平均一个月更新一遍，对部分网页每天更新，由 Basis Technology 提供中文处理技术，搜索相关性高，高级搜索语法丰富。Google 的使命是整合全球范围的信息，使人人皆可访问并从中受益，并提供 Google 工具条、网页快照、图像搜索、新闻组搜索、Google 搜索帮助等功能。

(3) 搜狗(www. sogou. com)是搜狐公司于 2004 年 8 月 3 日推出的全球首个第三代互动式中文搜索引擎，全球首个百亿规模中文搜索引擎。搜狗以搜索技术为核心，致力于中文互联网信息的深度挖掘，帮助中国上亿网民加快信息获取速度，为用户创造价值。

(4) 360 搜索(www. so. com)由奇虎 360 公司推出，立志成为“干净、安全、可信任”的搜索引擎，让用户拥有搜索的选择权。它提供新闻搜索、网页搜索、微博搜索、视频搜索、MP3 搜索、图片搜索、地图搜索、问答搜索、购物搜索等功能。

常用的英文搜索引擎有如下 3 个。

(1) Google(www. google. com)是目前世界范围内规模最大的搜索引擎，每天需要处理 2 亿次搜索请求，数据库存有 30 亿个 Web 文件，其用户界面出色，提供新闻组、图像、新闻等的搜索，以搜索相关性高而闻名。

(2) Yahoo(www. yahoo. com)基于全球性搜索技术(Yahoo! Search Technology, YST)提供涵盖全球 120 多亿网页(其中雅虎中国为 12 亿)的强大数据库，拥有数十项技术专利和精准的运算能力，支持 38 种语言，近 10 000 台服务器，服务全球 50%以上互联网用户的搜索需求。

(3) Bing(www. bing. com)由微软公司于 2009 年 5 月 28 日推出，用以取代 Live Search 的全新搜索引擎服务。必应集成了多个独特功能，包括每日首页美图，与 Windows 8 深度融合的超级搜索功能，以及崭新的搜索结果导航模式等。用户可登录微软必应首页，打开内置于 Windows 8 操作系统的必应应用，或直接按下 Windows Phone 手机搜索按钮，均可直达必应的网页、图片、视频、词典、翻译、资讯、地图等全球信息搜索服务。

9.3 网络信息检索实例

在如大海般浩渺的因特网上对海量信息进行检索和获取，通常都要借助于搜索引擎来实现。搜索引擎向用户提供的信息查询服务方式一般有两种，分别是目录服务和关键字检索服务。本节将以 Baidu 百度搜索引擎的操作过程为例来简要介绍网络信息检索的方法。

9.3.1 网络信息的目录检索

目录服务是将各种各样的信息按照大类、子类、子类的子类、……、直至具体信息的网址，即按照树状结构组织供用户搜索的类目和子类目直到找到感兴趣的内容，类似于在图书馆按分类目录查找你所需要的书籍。而从大类直到最终相关信息网址也是依靠树状链接组成的，操作步骤如下。

(1) 启动浏览器，如 Internet Explorer。

(2) 在地址栏中输入搜索引擎的网址，如 http://www. baidu. com。

(3) 在打开的搜索引擎主页中，如图 9-20 所示，默认会列出新闻、网页、贴吧、知道、音乐、图片、视频、地图、百科、文库等几类主目录，并可根据用户的习惯和喜好单击“更多>>”超链接添加感兴趣的大类，如图 9-21 所示。

图 9-20 百度搜索引擎首页

图 9-21 百度搜索引擎分类大全

(4) 在百度搜索引擎首页中，单击某个大类则会进入到相应的网络信息分类目录主页中，如选择“音乐”后，会进入如图 9-22 所示的音乐大类主页，页面中对音乐信息又分为音乐库、百度音乐人、韩语、票务等子类，以及推荐、华语、欧美、日韩、音乐人原创等栏目，便于用户从不同角度和分类选择兴趣点。单击选择该页面中的子类链接，又会进入到下一级音乐信息子类页面中，并列出子类的子类目录，用户如此逐层依次选择，就可以逐步缩小检索范围直至找到用户需要的网址或信息页面为止。

图 9-22 百度音乐分类信息页面

这种基于目录层次结构的网络信息逐级搜索方式适合于浏览性的网络信息查找，速度较慢，操作烦琐，但便于初级用户浏览各类信息并逐步定位感兴趣的信息点。

9.3.2 网络信息的关键字检索

关键字检索服务是搜索引擎向用户提供的一个可以直接输入查询关键字、词组、句子的查询框界面。用户按一定规律输入关键字后，单击“搜索”按钮，即可向搜索引擎提交关键字，搜索引擎开始在其索引数据库中查找相关信息，然后将结果反馈。操作步骤如下。

(1) 启动浏览器，打开搜索引擎首页。

(2) 在搜索框中输入查询关键字、词组或句子，如要查找一些关于计算机等级考试的信息页面和网站地址，则在如图 9-20 页面的搜索框中输入“计算机等级考试”，然后单击“百度一下”按钮。稍微等待片刻即可看到搜索的结果，如图 9-23 所示。

(3) 在搜索结果页面中，会自上而下依次列出相关的网站名称和链接地址，并提供网站简介、信息分类、更新时间等辅助信息，便于用户从中选择满意或感兴趣的网站。单击相应的网站地址链接即可打开对应的网站首页，也可通过单击“百度快照”链接查看该网站首页的快照页面(是在服务器端缓存的网页副本，便于用户快速地浏览和查看页面信息)。

通常情况下，在搜索结果页面中会按照信息匹配度、时间、关联度等指标为依据来进行各网站地址的排序。若检索的结果过多或精确度不高，用户可以进一步缩小搜索范围，可用的方法有如下 3 种。

(1) 多关键词搜索：在搜索文本中输入多个关键词，不同关键词之间用空格分开，可以获得更为精确的搜索结果。如想了解计算机等级考试报名的相关信息，则在搜索框中输入“计算机等级考试 报名”会比输入“计算机等级考试”获得更好的检索效果，如图 9-24 所示。

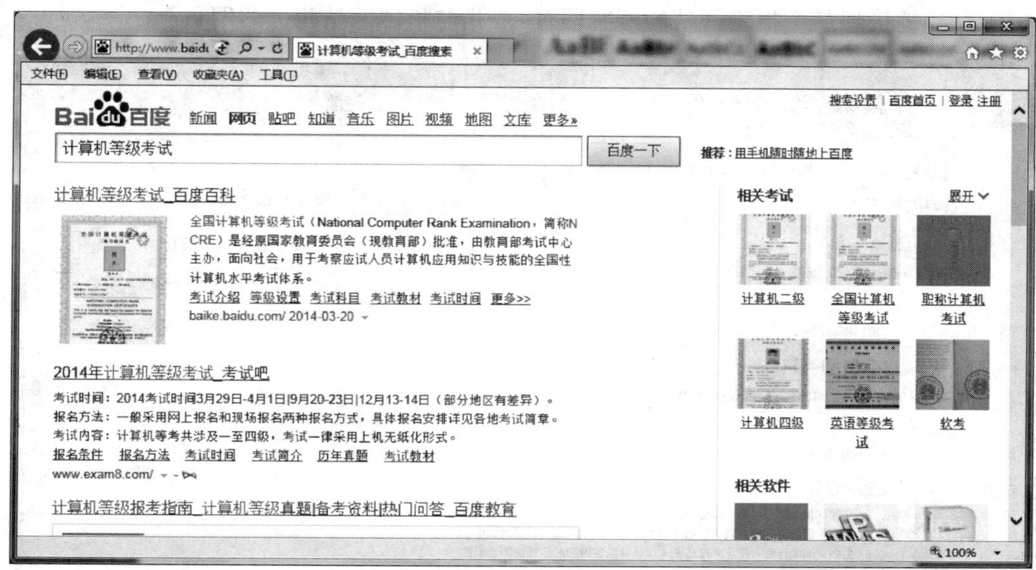

图 9-23 搜索结果页面

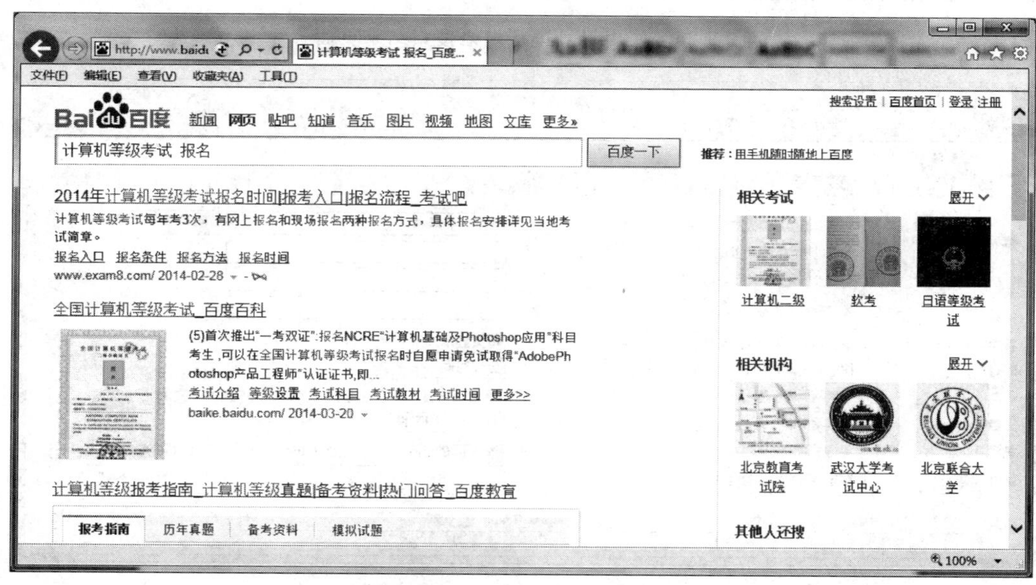

图 9-24 多关键词搜索结果页面

（2）使用引号进行短语搜索：为搜索输入框中文本添加一对半角的引号，其作用是将引号内的多个词作为一个关键短语进行搜索。例如，在搜索框中输入“"计算机等级考试"”，则搜索结果会比输入“计算机等级考试”精确很多，如图 9-25 所示。

（3）利用搜索引擎的高级搜索页：在如图 9-23 所示的搜索结果页面中，若检索效果和精度难以满足用户的需求，则可以单击该页面中最下方（页尾）的搜索框右侧的“高级搜索”

超链接按钮，即可打开百度搜索引擎的高级搜索页面，如图 9-26 所示。利用百度高级搜索可以将搜索范围限定在某个特定站点中，排除某个特定网站的网页，将搜索限定在某种特定的语言，查找链接到某个指定网站的所有网页，查找与指定网站相关的网页等。

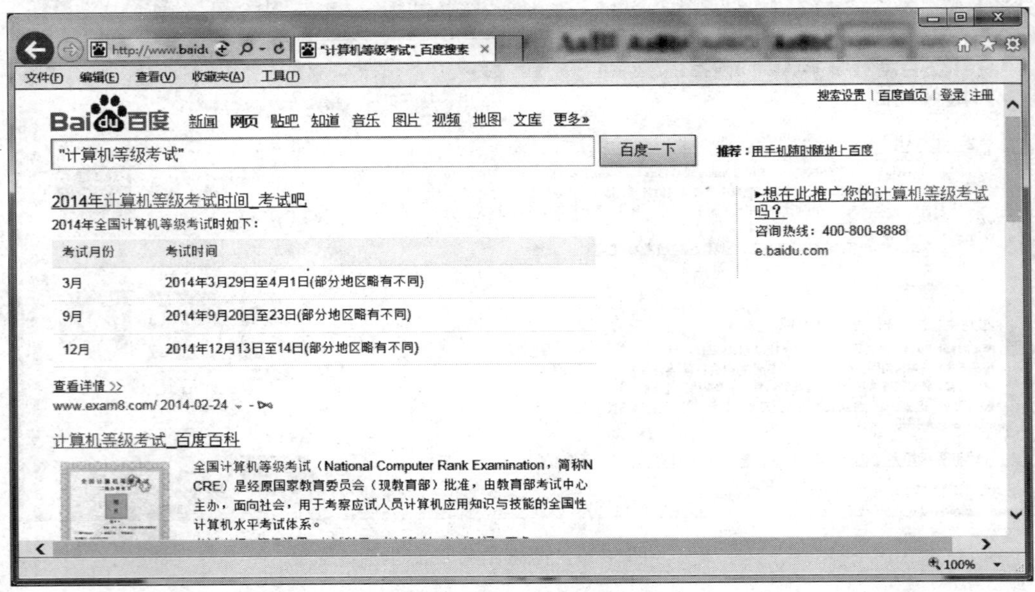

图 9-25　使用引号进行短语搜索结果页面

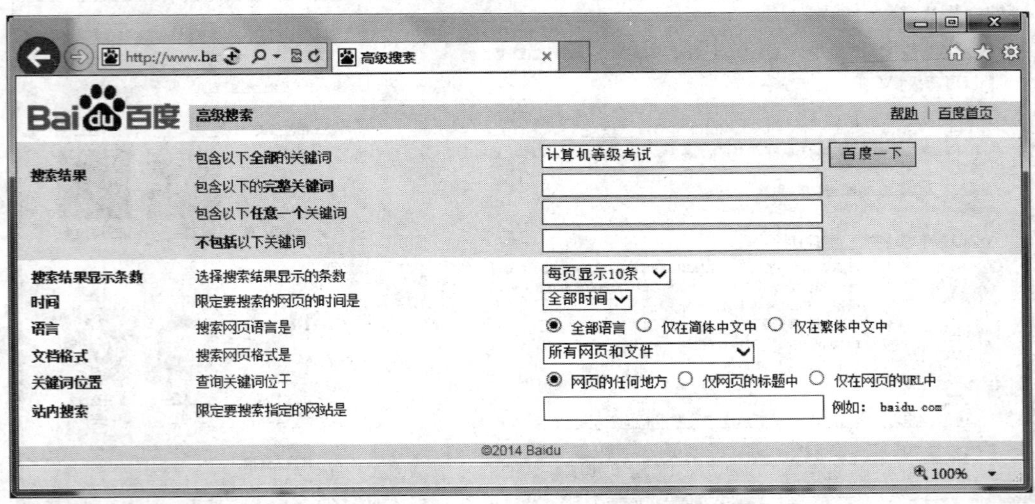

图 9-26　百度高级搜索页面

习　题　9

一、填空题

1. 网络媒体区别于传统的纸质和广播媒体，它以________作为传播媒介，实现各类媒体信息全方位的广泛传播和推送。本质上，与传统的电视、报纸、广播等媒体一样，都是传播信息的渠道，是交流、传播信息的________。

2. 网络多媒体技术是一门综合的、跨学科的技术，它综合了________技术、________技术、________技术以及多种信息科学领域的技术成果

3. 广义的信息检索是指信息的________与________。

4. 信息检索有两大类：以文献的________特征为检索途径和以文献的________特征为检索途径。

5. 信息检索按照组织方式可以分为________检索、________检索和________检索，按照检索设备可以分为________检索和________检索。

6. 常见的信息检索方法包括有：________、________和________。

7. 万维网系统采用________结构，建立在________、____________技术以及超文本传输协议的基础上。

8. 搜索引擎按照工作方式主要分为________、________、________ 3类。

二、选择题

1. 以下关于信息的说法，错误的是(　　)。

A. 在人类社会中，信息是以文字、语言、声音、图像、图形、光谱等形式出现的

B. 目前关于信息的定义很多，还没有大家都公认的定义

C. 信息可体现客观事物变化发展的内涵

D. 信息就是数据，数据就是信息

2. 按照信息检索的内容分类，可以有数据信息检索、事实信息检索和(　　)3类。

A. 全文检索　　B. 超文本检索

C. 文献信息检索　　D. 结构信息检索

3. 教育和学习是社会发展的基础，具有明显的时代特征，以下(　　)不属于信息时代学习的特征。

A. 终身学习　　B. 自主学习　　C. 协作学习　　D. 家庭学习

4. 文献信息资源的重要特征有(　　)。

A. 保存性、流传性、集成性、发展性　　B. 个性化、多样性、发展性、保存性

C. 集成性、研究性、个性化、发展性　　D. 主要是发展性

5. 计算机信息资源主要以(　　)等数字方式存储在计算机中。

A. 文档　　B. 文档和数据库

C. 数据库和多媒体数据　　D. 文档和电子表格

6. 一套完整的计算机信息检索系统(　　)

A. 主要是检索工具　　B. 主要是软件和硬件

C. 主要是数据库　　D. 包括软件、硬件和数据库

7. (　　)是直接对原文进行检索，从而更加深入到语言细节中。该类检索方式能使用户对原文的所有内容进行检索，检索更直接和彻底。

A. 全文检索　　B. 字段检索　　C. 位置检索　　D. 截词检索

8. 信息资源的选择要把握以(　　)为中心，注意信息资料的新颖性、可靠性、典型性、适用性等原则。

A. 及时　　B. 需求　　C. 内容　　D. 广度和深度

三、思考题

1. 什么是信息检索？信息检索的类型有哪些？

2. 在 Internet 上检索所需要的信息常使用的信息检索工具有哪些？

3. 结合信息检索操作的实际过程，分析信息检索流程中各步骤的作用和必要性。

4. 列举在实际生活和学习过程中，常采用的信息检索途径和工具有哪些，并对比它们之间的差别。

第10章 信息安全

本章学习目标

- 了解危害计算机网络安全的病毒及病毒的防治策略。
- 了解网络环境下如何抵御黑客攻击、网络钓鱼攻击的基本原理及相应的防范措施。
- 熟悉网络环境下数据加密技术、网络认证技术和信息访问控制技术。
- 了解网络道德建设问题和相关的法律法规知识。

10.1 信息安全概述

随着互联网的飞速发展,网络已成为主要的数据传输和信息交换平台,人们日常的工作、学习和生活都离不开网络信息。不仅企业利用计算机网络来改善工作效率、扩大电子商务的服务层面以提升竞争力,个人也利用计算机网络享用邮件传递、信息检索、网上购物、网上竞标及视频点播等服务。信息技术不但为人类带来便利的生活,也颠覆了企业的传统思维,更带动了电子商务的蓬勃发展。人们在享受这些技术带来的便利之余,却常常忽略了这些技术背后新潜在的安全问题。一旦安全方面出现了问题,往往会给企业和个人造成莫大的损失。信息安全成为维护国家安全和社会稳定的焦点。

信息安全(Information Security)通常是指信息在采集、传递、存储和应用等过程中信息的完整性、机密性、可用性、可控性和真实性。信息安全不单纯是技术问题,它涉及技术、管理、制度、法律、历史、文化和道德等诸多方面。

信息安全是一门涉及计算机科学、网络技术、通信技术、密码技术、信息安全技术、应用数学、数论及信息论等多种学科的综合性学科。

国际标准化组织(ISO)对计算机安全的定义为:所谓计算机安全,是指为数据处理系统建立和采取的技术和管理的安全保护,保护计算机硬件、软件和数据,不因偶然和恶意的原因而遭到破坏、更改和泄密。

网络安全问题从本质上讲是网络上的信息安全,是指网络系统连续、可靠、正常地运行,网络服务不中断。从广义上来说,凡是涉及网络上信息的保密性、完整性、可用性、真实性和可控性的相关技术和理论都是网络安全的研究领域。为此本章所介绍的信息安全均指网络信息安全。

10.1.1 网络信息的不安全因素

1991年海湾战争期间,美国特工得知伊拉克军队的防空指挥系统要从法国进口一批计算机,便将带有计算机病毒的芯片隐蔽地植入防空雷达的打印机中。美军在空袭巴格达之前，将芯片上的病毒遥控激活，使病毒通过打印机侵入伊拉克军事指挥中心的主计算机系统，导致伊拉克军队指挥系统失灵，整个防空系统随即瘫痪，完全陷入了被动挨打的境地。

在北约空袭南联盟的战争中，来自全球范围的计算机黑客也大大"活跃"了一番。"爸爸"，"梅利莎"，"疯牛"和电子邮件病毒在 4 月 4 日使巴尔干战争中的盟军通信陷入瘫痪。美海军陆战队所有作战单元的电子邮件均被"梅利莎"病毒阻塞。由此开启了真正意义上的网络战争。

"梅利莎"病毒，一种通过微软的电子邮件软件 Outlook 传播的电脑病毒。如果用户使用文字处理软件 Word97 或 Word2000 打开电子邮件的附带文件，病毒将影响电脑正常操作。影响的结果一方面是将用户的文件对外泄密，另一方面将自动寻找电脑邮箱地址簿中的若干地址，并将该病毒发送给他们，同时造成邮件服务器的邮件膨胀，以致服务器瘫痪。

2011 年 12 月 21 日，国内知名程序员网站 CSDN 遭到黑客攻击。CSDN 数据库中的 600 万用户的登录名及密码遭到泄露，随后，天涯社区、世纪佳缘、开心网等十余家国内知名网站近 5000 万用户的信息在网上被黑客公布。

2011 年，全国因网络"钓鱼"而遭受的经济损失多达 300 亿元，全国有近 6000 万网民遭遇过网络"钓鱼"诈骗经历。

目前信息的安全威胁无处不在。这些威胁主要来自于自然灾害、系统故障、操作失误和人为蓄意破坏。对前三种安全威胁的防范可以通过加强管理和采取各种技术手段来解决，而对于病毒破坏、黑客攻击和网络"钓鱼"等人为蓄意破坏需要进行综合防范。人为因素很多且危害较大，归结起来，主要有以下 8 个方面。

(1) 非法访问，窃取机密信息以及篡改、插入、删除信息，破坏信息完整性。

(2) 利用搭线截收或电磁泄露发射，窃取机密信息。

(3) 利用特洛伊木马和其他后门程序窃取机密信息。

(4) 利用病毒等非法程序或其他手段攻击系统，使系统瘫痪或无法服务，破坏系统可用性。

(5) 传播不利于国家安全稳定的信息，传播低级、下流、黄色信息，利用系统进行有害信息渗透。

(6) 冒充领导和职能部门发布指示，调阅密件；冒充主机、冒充控制程序欺骗合法主机和用户套取或修改使用权限、口令字、密钥等信息，非法占用系统资源，破坏系统可控性。

(7) 网络钓鱼诈骗。网络钓鱼攻击是指通过发送大量声称来自于银行或其他知名机构的欺骗性电子邮件和伪造 Web 节点进行诈骗活动。

(8) 信息炸弹。信息炸弹是指使用一些特殊软件，短时间内向目标服务器发送大量超出系统负荷的信息，造成目标服务器超负荷、网络堵塞，使系统崩溃。

10.1.2 信息安全策略

信息安全策略是指为保证提供一定级别的安全保护所必须遵守的规则。要实现信息安全，不仅要靠先进的技术，而且要靠严格的安全管理、法律约束和安全教育。

(1) 先进的信息安全技术是网络安全的根本保证。用户对自身面临的威胁进行风险评估，决定其所需要的安全服务种类，选择相应的安全机制，然后集成先进的安全技术，形成一个全方位的信息安全系统。

(2) 严格的安全管理。各计算机网络使用机构、企业和单位应建立相应的网络安全管理办法,加强内部管理,建立合适的网络安全管理系统,加强用户管理和授权管理,建立安全审计和跟踪体系,提高整体网络安全意识。

(3) 制定严格的法律、法规。计算机网络是一种新生事物,它的许多行为无法可依,无章可循,导致网络上计算机用户犯罪处于无序状态。面对日趋严重的网络犯罪,必须建立与网络安全相关的法律、法规,使非法分子慑于法律,不敢轻举妄动。

10.2 计算机病毒与防治策略

计算机病毒指在计算机程序中插入破坏计算机功能或者破坏数据、影响计算机使用且能自我复制的一组计算机指令或者程序代码。计算机病毒不是天然存在的,是某些人利用计算机软件和硬件固有的脆弱性编制的。他能通过某种途径潜伏在计算机的存储介质(或程序)里,当达到某种条件或时间时即被激活,通过修改其他程序的方法将自己的精确副本或者可能演化的形式放入其他程序中从而感染其他程序,并对计算机资源进行破坏。

10.2.1 计算机病毒的定义

"病毒"一词来源于生物学,"计算机病毒"最早由美国计算机病毒研究专家 Fred Cohen 博士正式提出的,因为计算机病毒与生物病毒在很多方面都有着相似之处。

Fred Cohen 博士对计算机病毒的定义是:"计算机病毒是一种靠修改其他程序来插入或进行自我复制,从而感染其他程序的一段程序"。复制后生成的新病毒同样具有感染其他程序的功能。这一定义作为标准被普遍接受。

生物病毒是一种微小的基因代码段——DNA 或 RNA,它能掌管细胞机构并采用欺骗性手段生成成千上万的原病毒的复制品。和生物病毒一样,计算机病毒是在计算机程序中插入的破坏计算机功能或者毁坏数据的一组指令或程序代码。计算机病毒的独特复制能力使得计算机病毒可以很快地蔓延,又常常难以根除。它们能把自身附在各类文件上。当文件被复制或从一个用户传到另一个用户时,它们就同文件一起蔓延开来。

10.2.2 计算机病毒的特征

计算机病毒具有以下一些特征。

(1) 繁殖性:计算机病毒可以像生物病毒一样进行繁殖,是计算机病毒最基本的特征。病毒可通过各种渠道从已被感染的计算机扩散到未被感染的计算机。病毒程序一旦进入计算机并得以执行,它就会寻找符合感染条件的目标,并将其感染,达到自我繁殖的目的。只要一台计算机染上病毒,如不及时处理,那么病毒就会在这台计算机上迅速扩散,其中的大量文件就会被感染,而被感染的文件又成了新的传染源,再与其他计算机进行数据交换或通过网络接触,病毒就会继续进行感染。病毒通过各种可能的渠道,如可移动存储介质(如 U 盘、移动硬盘)、计算机网络去传染其他计算机。

(2) 隐蔽性:计算机病毒是一种具有很高编程技巧、短小精悍的一段代码,躲在合法程序中,如果不经过代码分析,病毒程序与正常程序是不容易区分开来的,这是计算机病毒的隐蔽性。在没有防护措施的情况下,很多病毒程序取得系统控制权后,可以在很短时间里传染大量其他程序，而且计算机系统仍能正常运行，用户不会感到任何异常。传染的隐蔽性和存在的隐蔽性是病毒隐蔽性的主要表现。

(3) 潜伏性：某些病毒进入系统之后一般不会马上发作，可以在一段时间内隐藏在合法程序中，默默地进行传染扩散而不被人发现。潜伏性越好，在系统中存在的时间也越长，病毒传染的范围也越广，其危害也越大。病毒的内部有一种触发机制，不满足触发条件时，病毒除了传染外不做什么破坏。一旦触发条件满足，病毒便开始表现，有的是在屏幕上显示信息、图形，有的则执行破坏系统的操作。比如黑色星期五病毒，不到预定时间一点都察觉不出来，等到条件具备的时候一下子就爆炸开来，对系统进行破坏。

(4) 破坏性：病毒一旦被触发而发作就会造成系统或数据的损坏甚至毁灭。病毒的破坏程度主要取决于病毒设计者的目的。如果病毒设计者的目的在于彻底破坏系统，那么此病毒可以毁掉系统的部分或全部数据并使之无法恢复。即使不直接产生破坏作用的病毒程序也要占用系统资源(如占用内存空间、占用磁盘存储空间以及系统运行时间等)。

(5) 可触发性：病毒因某个事件或数值的出现，诱使其实施感染或进行攻击的特性称为可触发性。为了隐蔽自己，病毒必须潜伏，少做动作。如果完全不动，一直潜伏的话，病毒既不能感染也不能进行破坏，便失去了杀伤力。病毒既要隐蔽又要维持杀伤力，它必须具有可触发性。病毒运行时，触发机制检查预定条件是否满足，如果满足则启动感染或破坏动作，如果不满足，则病毒继续潜伏。

10.2.3 计算机病毒的分类

从第一个病毒出世以来，病毒的数量仍在不断增加。据统计，计算机病毒以每周 10 种的速度递增。按照计算机病毒的特点及特性，计算机病毒的分类方法有许多种。因此，同一种病毒可能有多种不同的分法。

1. 按病毒存在的媒体分类

(1) 引导型病毒：感染计算机中启动扇区和硬盘的系统引导扇区。

(2) 文件病毒：感染计算机中的文件(如属性名为：com、exe、doc 等)。

(3) 网络病毒：通过计算机网络传播感染网络中的可执行文件。

2. 按病毒传染的方法分类

(1) 驻留型病毒：感染计算机后，把自身的内存驻留部分放在内存中，这一部分程序挂接系统调用并合并到操作系统中，它处于激活状态，一直到关机或重新启动。

(2) 非驻留型病毒：在得到机会激活时并不感染计算机内存，一些病毒在内存中留有小部分，但是并不通过这一部分进行传染。

3. 按病毒破坏的能力分类

(1) 无害型：除了传染时减少磁盘的可用空间外，对系统没有其他影响。

(2) 无危险型：这类病毒仅仅是减少内存、显示图像及发出声音。

(3) 危险性：这类病毒在计算机系统操作中造成严重的错误。

(4) 非常危险型：这类病毒删除程序、破坏数据、清除系统内存区和操作系统中重要的信息。

4. 按病毒的算法分类

(1) 伴随型病毒：这类病毒并不改变文件本身，它们根据算法产生相应文件的伴随体。

（如.exe或.com文件等）。

(2) 寄生型病毒：它们依附在系统的引导扇区或文件中，通过系统的功能进行传播。

(3) “蠕虫”型病毒：通过计算机网络传播，不改变文件和资料信息，利用网络从一台机器的内存传播到其他机器的内存，通过自身网络发送，阻塞网络。

(4) 木马病毒：它通过伪装自身吸引用户下载执行，向施种木马者提供打开用户计算机门户，使施种木马者可以任意损坏，窃取用户文件，甚至远程操控用户计算机。

5. “ARP”类病毒

通过伪造IP地址和MAC地址实现ARP欺骗，能够在网络中产生大量的ARP通信量，使网络阻塞或者实现“man in the middle”进行ARP重定向和嗅探攻击。用伪造源MAC地址发送ARP响应包，对ARP高速缓存机制攻击。当局域网内某台主机运行ARP欺骗的木马程序时，会欺骗局域网内的所有主机和路由器，让所有上网的流量信息必须经过病毒主机。其他用户原来直接通过路由器上网，现在转由通过病毒主机上网，在切换的时候用户会断一次线。

6. 通过电子邮件传播的病毒

(1) 求职信(Want Job)：蜕变最频繁的病毒，通过不断改变其外貌、特征等手段大范围“流窜作案”，此后又与CIH一起造成极大破坏。它不仅具有“尼姆达”病毒的自动发信、自动执行、感染局域网等破坏功能，而且在感染计算机后不停地查询内存中的进程，检查是否有某些杀毒软件存在。如果存在，则将该杀毒软件的进程终止，并且每隔0-1秒循环检查进程一次，以至于这些杀毒软件无法运行。该病毒通过电子邮件传播。

(2) 欢乐时光(Happy Time)：创造了用E-mail传播繁殖病毒范围最广的记录，虽被多年捕杀，至今仍在世界范围内活动。

10.2.4 计算机病毒发作的症状

用户在使用计算机时，如果出现了一些奇怪的现象，应首先怀疑是否中毒。一般来说，病毒发现的越早，其造成的危害就越小。病毒发作往往伴随以下症状。

(1) 屏幕显示异常或出现异常提示。例如出现无意义的画面、问候语或蓝屏、黑屏等。

(2) 计算机执行速度越来越慢。因为有些病毒能控制程序或系统的启动程序，当系统刚开始启动或执行某个应用程序时会自动执行病毒程序，所以载入程序所需的时间相对较长。

(3) 原来可以执行的程序无故不能执行了，病毒破坏致使这些程序无法正常运行。

(4) 文件夹中无故多了一些重复或奇怪的文件。例如Nimade病毒，在计算机中出现了大量扩展名为.eml的文件。

(5) 死机现象增多或系统出现异常动作，出现该症状是因为病毒感染或破坏了一些重要文件。

(6) 硬盘异常。硬盘指示灯无故闪亮，或磁盘中突然出现坏块和坏磁道现象。

(7) 可用磁盘空间异常减少。病毒在自我繁殖过程中产生大量的垃圾文件，占据磁盘空间。

(8) 打印出现问题。在系统内装有汉字库且汉字库正常的情况下不能调用汉字库或不能打印汉字。

(9) 网络速度变慢或者出现一些莫名其妙的网络连接。这说明系统已感染了病毒或特洛伊木马程序,它们正通过网络向外传播。

(10) 电子邮箱中有不明来路的信件。这是电子邮件病毒的症状。

10.2.5 病毒的防治策略与方法

病毒防治的根本目的是保护用户的数据安全,因此病毒的防治策略可以从数据备份、封堵漏洞、查杀病毒和灾难恢复四个方面考虑。数据备份是降低病毒破坏性的最有效方法。经常进行数据备份,即使遭到病毒攻击,也不至于丢失关键数据。对付病毒,一方面封堵系统及应用程序漏洞,另一方面还要经常查杀病毒。同时对于一些灾难性或不可避免的损失,使用灾难恢复同样是一项重要的防毒措施。

以下介绍几种防治病毒的方法。

(1) 经常升级安全补丁。据统计,有80%的网络病毒是通过系统安全漏洞进行传播的,如蠕虫王、冲击波、震荡波等。

(2) 安装专业的杀毒软件。使用杀毒软件进行防毒,是越来越经济的选择。不过用户在安装了反病毒软件之后,应该经常进行升级,将一些主要监控打开,这样才能真正保障计算机的安全。经常更新杀毒软件,定时进行全盘病毒木马扫描;使用安全监视软件,防止浏览器被异常修改、插入钩子、安装不安全恶意插件。

(3) 关闭或删除系统中不需要的服务程序。默认情况下,许多操作系统会安装一些辅助服务程序,如FTP客户端和Web服务器。这些服务为攻击者提供了方便,而又对用户没有太大用处,删除它们可大大减少被攻击的可能性。

(4) 使用复杂的密码。有许多网络病毒就是通过猜测简单密码的方式攻击系统的,因此使用复杂的密码,将会大大提高计算机的安全系数。

(5) 迅速隔离受感染的计算机。计算机发现病毒或异常时应立刻断网,防止计算机受到更多的感染,或者成为传播源再次感染其他计算机。

(6) 了解一些病毒知识可以及时发现新病毒并采取相应措施,在关键时刻使自己的计算机免受病毒破坏;了解一些注册表知识,可以定期看一看注册表的自启动项是否有可疑键值;了解一些内存知识,可以经常看看内存中是否有可疑程序。

(7) 建立良好的安全用机习惯。例如:使用正版软件;使用移动存储器前,最好先查杀病毒,然后再使用;不随意接收、打开陌生人发来的电子邮件或通过QQ传递的文件或网址等。这些必要的习惯会使你的计算机更安全。

10.3 网络攻击与防护策略

在现代网络中,除了影响网络安全的病毒以外,还有黑客和网络钓鱼,了解黑客和网络钓鱼的攻击策略,可以有效地防范黑客和网络钓鱼的攻击与诈骗。

10.3.1 黑客及黑客的攻击

黑客一词是由英文Hacker音译出来的,是指专门研究、发现计算机和网络漏洞的计算机爱好者。黑客对计算机有着狂热的兴趣和执著的追求,他们不断地研究计算机和网络知识，发现计算机和网络中存在的漏洞，喜欢挑战高难度的科技问题，并从中找到漏洞，然后想办法提出解决和修补漏洞的方法。

但是到了今天，"黑客"一词已经被用于那些专门利用计算机进行破坏或入侵他人的代名词，对这些人正确的叫法应该是 Cracker，有人也翻译成"骇客"，也正是由于这些人的出现玷污了"黑客"一词，使人们把黑客和骇客混为一体。黑客被人们认为是在网络上破坏的人。黑客干扰计算机，并且破坏数据，甚至有些黑客的"奋斗目标"是渗入政府或军事计算机窃取其信息。

1. 黑客的攻击策略

黑客现已发展成网络上一个独特的群体。为了尽可能地避免受到黑客的攻击，有必要了解黑客的攻击策略和常用方法。

(1) 收集和窃取系统中的信息。信息的收集并不对目标产生危害，只是为进一步的入侵提供有用信息。

① 口令入侵

用户名和口令是进入计算机系统的"钥匙"，也决定了用户对系统的使用权限。黑客最希望获得的是系统管理员(超级用户)的口令。他们常用以下 3 种方法获得其所在网段的用户账号和口令。第一种方法是通过网络监听非法得到用户口令；第二种方法是设法获得用户的账号(如电子邮件"@"前面的部分)，然后利用一些专门软件强行破解用户口令，这种方法不受网段限制；第三种方法是设法获得服务器上存储用户口令的文件，然后采用专门的破解程序破解口令。

② 黑客可能会利用下列的公开协议或工具，收集驻留在网络系统中的主机系统的相关信息。

- TraceRoute 程序。用该程序获得达到目标主机所要经过的网络数和路由器数。
- SNMP 协议。用来查阅网络系统路由器的路由表，从而了解目标主机所在网络的拓扑结构及其内部细节。
- DNS 服务器。该服务器提供了系统中可以访问的主机 IP 地址表和它们所对应的主机名称。
- Whois 协议。该协议的服务信息能提供所有有关的 DNS 域和相关的管理参数。
- Ping 实用程序。可用来确定一个指定主机的位置或网络线路连通情况。

(2) 网络嗅探

由于网络中传输的信息大多是明文，包括一般的电子邮件、口令等。黑客可以在网关或网络数据往来的必经之地放置网络嗅探软件，截取网络中传输的所有信息，这是一种很实用但风险很大的黑客攻击方法。

(3) 探测目标网络系统的安全漏洞，探测的方式有如下几种。

① 自编程序。对某些系统，互联网上已发布了其安全漏洞所在，但用户由于不懂或一时疏忽未"打"上网上发布的该系统的"补丁"程序，那么黑客就可以自己编写一段程序进入该系统进行破坏。

② 慢速扫描。由于一般扫描侦测器的实现是通过监视某个时间段里一台特定主机发起的连接的数目确定是否被扫描，这样黑客可以通过使用扫描速度慢一些的扫描软件进行扫描。

③ 体系结构探测。黑客将一些特殊的数据包传送给目标主机，使其做出相对应的响应。由于每种操作系统的响应时间和方式都是不一样的，黑客利用这种特征把得到的结果与准备好的数据库中的资料相对照，从中便可轻而易举地判断目标主机操作系统所用的版本及其他相关信息。

(4) 建立模拟环境，进行模拟攻击。根据前面所得的信息，建立一个类似攻击对象的模拟环境，然后对此模拟目标进行一系列的攻击。在此期间，通过检查被攻击方的日志，观察检测工具对攻击的反应，可以进一步了解在攻击过程中留下的“痕迹”及被攻击方的状态，以此来制定一个较为周密的攻击策略。

(5) 实施网络攻击。入侵者根据所获得的信息，同时结合自身的水平及经验总结相应的攻击方法。在进行模拟攻击的实践后，将等待时机以备实施真正的网络攻击。

2. 黑客攻击防范

黑客攻击防范措施：采用数据加密技术，对重要的数据和文件进行加密传输，即使被黑客截获了一般也无法得到正确的信息；采用访问身份认证技术确认用户身份的真实性，只对确认了的用户给予相应的访问权限；采用访问控制技术设置入网访问权限、网络共享资源访问权限、防火墙安全控制等，最大限度地保护系统免遭黑客的攻击；采用审计策略，记录网络上用户的注册信息及用户访问的网络资源等相关信息，通过对这些数据的分析来了解黑客攻击的手段以找出应对的措施。另外要经常运行反黑客软件，检查用户的系统注册表和系统自启动程序是否正常，做好系统的数据备份工作，及时安装系统的补丁程序等。

10.3.2 网络钓鱼

网络钓鱼攻击成为 Internet 上最主要的网络欺诈方式，对当前网络安全和电子商务的正常运行构成了极大的威胁。

1. 网络钓鱼攻击

网络钓鱼攻击是通过发送大量声称来自银行或其他知名机构的欺骗性电子邮件和伪造的 Web 站点进行的诈骗活动，意图引诱访问者提供个人信息，如用户名、口令、账号或信用卡详细信息等内容，从而获取重要信息的一种攻击方式，其实质是一种欺骗行为。

由于网络仿冒诈骗，2003 年全球经济损失超过 322 亿美元。从 2004 年开始，网络欺诈开始在中国内地出现。诈骗者利用数字“1”和字母“I”在某种字体下很难用肉眼区分来假冒中国工商银行网站，即用 www. 1cbc. com. cn 来假冒中国工商银行网站 www. icbc. com. cn；利用小写字母“l”和数字“1”很相近的障眼法，用 www. 1enovo. cn 假冒联想公司网站 www. lenovo. cn。网络上曾出现了很多假冒银联的网站，用来盗取用户密码、银行卡卡号等信息。

为了增强欺骗性，钓鱼网站不仅在内容上与真实网站十分相似，而且可以使用网址看起来也非常的真实。钓鱼网站设计完成后，必须将它上传到网络服务器后用户才能访问。为了逃避网络追踪，网络钓鱼者一般通过黑客技术攻陷有漏洞的网络服务器，然后将钓鱼网站架设在这些被攻陷的网络服务器上。服务器被攻陷后，网络钓鱼者将在网络服务器中安装一个后门工具程序，以获得对网络服务器完全的访问权。

传播钓鱼网站在网络上钓鱼有多种手段，如在网络论坛中发布网络链接、在搜索引擎中提高网站搜索排名、通过电子邮件或短信推广网站、通过木马病毒直接连接等。群发垃圾邮件是钓鱼网站最常用的传播手段之一,因为这种方式最容易使用户上钩。网络钓鱼者通过各种非法手段获得大量电子邮件地址后,一般通过僵尸网络来群发垃圾邮件。僵尸网络是指采用一种或多种传播手段,使大量网络中的计算机主机感染僵尸病毒,从而控制者和被感染主机之间形成可一对多控制网络。僵尸网络就如同我国古老传说中的僵尸群一样被人驱赶和指挥着,成为被人利用的一种诈骗工具。网络钓鱼者通过对僵尸网络的控制,就可以轻易地发送巨大数量的垃圾邮件。

一些网络上受害用户出于好奇、信任、贪婪等心理或在不知觉的情况下访问伪装网站。用户一旦进入这些钓鱼网站并输入自己的账户信息,钓鱼网站的后台程序即可截获这些信息,并利用这些信息实施网络欺诈,获取经济利益。

2. 网络钓鱼防范

针对网络上不法分子通常采取的网络欺诈手段,可以采取如下防范措施。

(1) 对于陌生的电子邮件,不要轻易打开,访问某个公司(或单位)的网站时请使用浏览器直接访问,而不要通过邮件中的连接。

(2) 尽量不登录陌生的网站,对于熟悉的网站也要留意网址。

(3) 及时安装网络浏览器程序补丁,使程序补丁保持在最新状态;安装杀毒软件并及时升级病毒库,定期扫描系统;打开个人防火墙。

(4) 使用网络银行时,选择使用网络凭证及约定账户方式进行转账交易。

(5) 尽量不要在网络上留下可以证明自己身份的重要资料,如身份证号、银行账号等。

(6) 不轻易相信通过电子邮件、网络论坛、QQ 等发布的中奖信息、促销信息。不要运行可疑软件。

10.4 信息安全技术

随着信息科学和信息处理技术的发展和进步,信息安全理论和信息安全技术不断取得令人鼓舞的成果。信息安全技术是维护信息安全的一项基本措施,正在使用的信息安全技术有访问控制技术、数据机密技术、数字签名和数字证书技术、防火墙技术和防病毒技术等。本节对主要的信息安全技术做简要的介绍。

10.4.1 访问控制技术

访问控制是网络安全防范和保护的主要策略,其主要任务是保证网络资源不被非法使用和访问,它是保证网络安全的核心策略之一。访问控制涉及的技术比较广,包括入网访问控制、网络权限控制、文件夹级安全控制、属性安全控制以及服务器安全控制等。

1. 入网访问控制

入网访问控制为网络访问提供了第一层访问控制,它控制哪些用户能够登录到服务器并获取网络资源,控制允许用户入网的时间和允许他们在哪台工作站入网。用户的入网访问控制可分为 3 个步骤,即用户名的识别与验证、用户口令的识别与验证、用户账号的确认限制检查。

2. 网络权限控制

网络权限控制是针对网络非法操作所提出的一种安全保护措施,用户和用户组被赋予一定的权限。网络控制用户和用户组可以访问哪些目录(文件夹),子目录(子文件夹)、文件和其他资源。用户对网络资源的访问权限可以用访问控制表来描述。

3. 文件夹级安全控制

用户在文件夹一级指定的权限对它下面的所有文件和子文件夹有效,用户还可以进一步指定对文件夹下的子文件夹和文件的访问权限。对子文件夹和文件的访问权限一般有8种,即系统管理权限、读权限、写权限、创建权限、删除权限、修改权限、文件查找权限、访问控制权限。8种访问权限的有效组合可以让用户有效地完成工作,同时又能有效地控制用户对服务器资源的访问,从而加强网络和服务器的安全性。

4. 属性安全控制

当使用文件、文件夹和网络设备时,网络系统管理员应给文件、文件夹等指定访问属性。属性安全在权限安全的基础上提供更进一步的安全性,网络上的资源都应预先标一组安全属性。用户对网络资源的访问权限对应一张访问控制表,用于表明用户对网络资源的访问能力。属性设置可以覆盖已经指定的任何受托者指派和有效权限。属性往往能控制以下几个方面的权限,向某个文件写数据、复制一个文件、删除文件夹或文件、查看文件夹和文件、执行文件、隐含文件、共享系统属性等。

5. 服务器安全控制

网络允许在服务器控制台上执行一系列操作,用户使用控制台可以装载和卸载模块,还可以安装和删除软件等。网络服务器的安全控制包括可以设置口令锁定服务器控制台,以防止非法用户修改、删除重要信息或破坏数据;可以设定服务器登陆时间限制、非法访问者检测盒关闭的时间间隔等。

10.4.2 数据加密技术

数据加密技术(Data Encryption)技术是指将一个信息(或称明文,Plain text)经过加密钥匙(Encryption key)及加密函数转换,变成无意义的密文(Cipher text),而接收方将此密文经过解密函数、解密钥匙(Decryption key)还原成明文。数据加密技术是网络信息安全的核心技术之一,是网络安全技术的基石,它对网络信息安全起着其他安全技术不可替代的作用。

加密技术可以分为密钥和加密算法两部分。其中,加密算法是用来加密的数学函数,而解密算法是用来解密的数学函数。密码是明文经过加密算法运算后的结果。实际上,密码是含有一个参数 K 的数学变换,即

$$C = E_K(m)$$

其中 m 是未加密的信息(明文);C 是加密后的信息(密文);E 是机密算法;参数 K 称为密钥。密文 C 是明文 m 使用密钥 K,经过加密算法计算后的结果。信息加密和解密示意图如图10-1所示。

加密算法可以公开,而密钥只能由通信双方来掌握。如果在网络传输过程中,传输的是经过加密处理后的数据信息,那么即使有人窃取了这样的数据信息,由于不知道相应的密钥与解密方法,也很难将密文还原成明文,从而可以保证信息在传输过程中的安全。

目前,常用的加密技术可以分为两类,即对称加密与非对称加密。它们的区别在于在对称密码系统中,加密用的密钥与解密用的密钥是相同的,密钥在通信中需要严格保密;在非

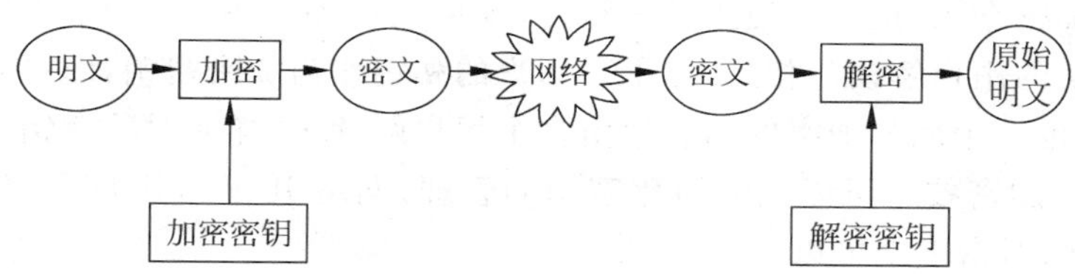

图 10-1　信息加密和解密示意图

对称加密系统中，加密用的公钥与解密用的私钥是不同的，加密用的公钥可以向大家公开，而解密用的私钥是需要保密的。

1. 对称密钥密码体系

对称加密技术对信息的加密与解密都使用相同的密钥，因此又被称为密钥密码技术。由于通信双方加密与解密时使用同一个密钥，因此第三方获得密钥就会造成失密。只要通信双方能确保密钥在交换阶段为滞露，那么就可以保证信息的机密性与完整性。对称机密技术存在着通信双方之间确保密钥安全交换问题。同时，如果一个用户要与 N 个其他用户进行加密通信时，每个用户对应一把密钥，那么它就需要维护 N 把密钥。当网络中有 N 个用户之间进行加密通信时，则需要有 $N\times(N-1)$个密钥，才能保证任意双方之间的通信。

由于在对称加密体系中加密方法和解密方法使用相同的密钥，所以系统的保密性主要取决于密钥的安全性。因此密钥在加密方和解密方之间的传递和分发必须通过安全通道进行，在公共网络上使用明文传递密钥是不合适的。如果密钥没有以安全的方式传递，那么黑客就很可能非常容易地截获密钥。如何产生满足保密要求的密钥，如何安全、可靠地传递密钥是十分复杂的问题。

2. 典型的对称加密算法

数据加密标准（Data Encryption Standard，DES）是最典型的对称加密算法，它是由 IBM 公司提出的，经过国际标准化组织认定的数据加密的国际标准。DES 算法采用了 64 位密钥长度，其中 8 位用于奇偶校验，用户可以使用其余的 56 位。DES 算法并不是非常安全的，入侵者使用运算能力足够强的计算机，对密钥逐个尝试就可以破译密文。但是，破译密码是需要很长时间，只要破译时间超过密文的有效期，那么加密就是有效的。目前，已经有一些比 DES 算法更安全的对称加密算法，如 IDEA 算法、RC2 算法、RC4 算法与 Skipjack 算法等。

3. 非对称密钥密码体系

非对称加密技术对信息的加密与解密使用不同的密钥，用来加密的密钥是可以公开的公钥，用来解密的密钥是需要保密的私钥，因此又被称为公钥加密技术。

非对称密钥密码体系在现代密码学中是非常重要的。按照一般的理解，加密主要是解决信息在传输过程中的保密性问题。但是还存在另一个问题，那就是如何对信息发送人与接收人的真实身份进行验证，防止对发出信息和接收信息的用户在事后抵赖，并且能够保证数据的完整性。非对称密钥密码体制对这两个方面的问题都给出了很好的回答。

在非对称密钥密码体制中，加密的公钥与解密的私钥是不相同的。人们可以将加密的公钥公开，谁都可以使用。而解密的私钥只有解密人自己知道。由于采用了两个密钥，并且从理论上可以保证要从公钥和密文中分析出明文和解密的私钥在计算机上是不可行的。那么以公钥作为加密密钥，接收方使用私钥解密，则可实现多个用户发送的密文，只能由一个持有解密的私钥的用户解读。相反，如果以用户的私钥作为加密密钥，而以公钥作为解密密钥，则可以实现由一个用户加密的消息而由多个用户解读，这样非对称密钥密码可以用于数字签名。非对称加密技术可以大大简化密钥的管理，网络中 N 个用户之间进行通信加密，仅仅需要使用 N 对密钥就可以。

非对称加密技术与对称加密技术相比，其优势在于不需要共享通用的密钥，用于解密的私钥不需要发往任何地方，公钥在传递和发布过程中即使被截获，由于没有与公钥相匹配的私钥，截获的公钥对入侵者也就没有太大意义。

目前，主要的非对称加密算法包括 RSA 算法、DSA 算法、PKSC 算法、PGP 算法等。

10.4.3 认证技术

加密技术在信息安全中的作用是防止对手破译系统中的机密信息，抵抗对手的被动攻击。

信息安全的另一个重要方面内容是防止对手系统的主动攻击，如假冒、伪装、改篡、抵赖等，其中包括对消息内容、顺序和事件的伪装，篡改及假冒数据发送者的身份等。认证技术是用电子手段证明发送者和接收者身份及消息完整性的技术。

1）散列函数

散列函数是一个从明文到密文的不可逆映射，它可以将任意长度的输入经过变换以后得到固定长度的输出。这种单向性特征和输出数据长度固定的特征使得它可以生成消息的摘要（散列值）。

2）消息认证

消息认证时使消息接收者能够检验收到的消息是否真实的方法。消息认证的目的主要有两个。一是验证消息来源是真实的，而不是伪造的，此为消息源认证。二是验证消息的完整性。即验证消息在传送或存储过程中未被篡改、重放或延迟等。一般采用消息加密、消息验证码及散列函数来进行消息验证。

3）数字签名

数字签名如同出示手写签名一样，能起电子文件认证，核准和生效的作用。其实现方式把散列函数和非对称密钥算法结合起来，发送方从报文文本中生成一个散列值，并用自己的私钥对这个散列值进行加密，形成发送方的数字签名；然后，将这个数字签名作为保温的附件和报文一起发送给报文的接收方；报文的接收方首先从接收到的原始报文中计算出散列值，接着再用发送方的公开密钥来对报文附加的数字签名进行解密；如果这两个散列值相同，那么接收方就能确认该数字签名是发送方的。数字签名机制提供了一种鉴别方法，以解决伪造、抵赖、冒充、篡改等问题。

4）数字证书

数字证书是一个经证书授权中心数字签名的包含公钥拥有者信息以及公钥的文件。数字证书的最主要构成包括一个用户公钥、密钥所有者的用户身份标识符，以及被信任的第三方签名。用户以安全的方式向公钥证书权威机构提交他的公钥并得到证书，然后用户就可以公开这个证书，任何需要用户公钥的人都可以得到此证书，并通过相关的信任签名来验证公钥的有效性。

5）身份认证

身份认证是在计算机网络中确认操作者身份的过程。身份认证可分为用户与主机间的认证和主机与主机之间的认证。用户与主机之间的认证可以基于以下一个或几个因素。用户所知道的东西，如口令、密码等；用户拥有的东西，如印章、智能卡（信用卡）等；用户所具有的生物特征，如指纹、声音、视网膜、签字、笔记等。

10.4.4 防火墙技术

防火墙是一种系统保护措施，它能够防止外部网络中的不安全因素进入内部网络，所以防火墙安装的位置是在内部网络与外部网络之间。防火墙的概念起源于中世纪的城堡防卫系统，那是人们为了保护城堡的安全，在城堡的周围挖一条护城河，每一个进入城堡的人都要经过吊桥，并且还要接受城门卫的检查。而防火墙就借鉴这种思想而设计的一种网路安全防护系统。它是不同网络之间的软件和硬件设备的组合，能根据用户的安全策略控制出入网络的信息流，且本身具有较强的抗攻击能力。防火墙可以是一台专属的硬件设备也可以是架设在一般硬件设备上的一套软件，如图 10-2 所示。这样防火墙就像“门卫”一样，能够实现数据流的监控、过滤、记录和报告功能，可以过滤掉不安全的服务和非法用户，防止各种 IP 盗用和恶意攻击。一般来说，企业选用硬件防火墙，个人用户采用软件防火墙来保护计算机的安全。本节重点介绍软件防火墙。

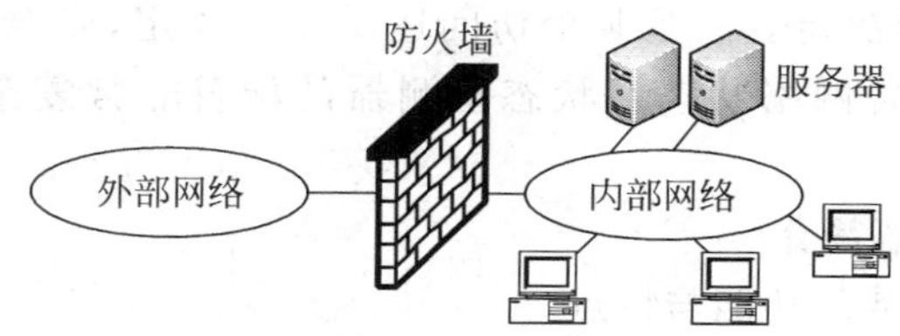

图 10-2　防火墙示意图

防火墙采用的安全技术主要有包过滤技术、代理服务技术、状态检测技术等。在建造防火墙时，一般是针对各种不同的问题综合采用多种技术组合。

1. 包过滤技术

包过滤技术是基于 IP 地址来监视并过滤网络上流入和流出的 IP 包，只允许与授权的 IP 地址通信。它的作用是在可信任网络和不可信任网络之间有选择地安排数据包的去向，并根据网站的安全策略接纳或拒绝数据包。

包过滤规则以 IP 包信息为基础，对 IP 源地址、IP 目标地址、封装协议（TCP/UDP/ICMP/IP Tunnel）、端口号及数据包头中的各种标志位（称为过滤数据）等进行过滤操作，确定是否允许该类数据包通过。

由于包过滤技术一般作用在网络层，包过滤通常安装在路由器上，并且大多数商用路由器都提供了包过滤的功能。另外，个人计算机上同样可以安装包过滤软件。

采用包过滤技术的防火墙最主要的优点是速度快、成本低、实现方便，最主要的缺点是配置烦琐、安全性能差、兼容性不好。包过滤技术是最弱的防火墙技术。

2. 代理服务技术

代理服务（Proxy Service）是运行在防火墙主机上的专用应用程序，或者称为服务器程序。它作用于内部网络上的用户和外部网上的服务之间，二者只能分别与代理服务器“打交道”。对于用户来说，代理服务器给用户的假象是直接使用真正的服务器；对于真正的服务器来说，代理服务器给真正的服务器的假象是在代理主机上直接面对用户。

代理服务行为好像是一个网关，作用于网络的应用层。因此，人们也经常把代理服务称为“应用级网关”。根据处理协议功能的不同，代理服务防火墙可分为 FTP 网关型防火墙、Telnet 网关型防火墙、WWW 网关型防火墙等。

代理服务防火墙可以配置成要求用户认证后才建立连接，从而为安全提供额外保证。代理服务防火墙还能够有效地把发起连接的源地址掩藏起来，让其他用户看不到，从而提高网络的安全性。

3. 状态检测技术

状态检测技术是包过滤技术的延伸，经常被称为“动态数据包过滤”。

状态检测技术在网络层截获数据包，但不会去检查整个数据包。它采用了一个在网关上执行网络安全策略的软件引擎，称为检测模块。检测模块在不影响网络正常工作的前提下，采用抽取相关数据的方法对网络通信的各层实施检测，抽取部分数据，即状态信息，并动态保存起来作为以后制定安全决策的参考。检测模块支持多种协议和应用程序，并可以很容易地实现应用和服务的扩充。与其他安全方案不同的是，在用户访问到达网关的操作系统前，状态检测器要抽取有关数据进行分析，结合网络配置和安全规定作出接纳、拒绝、鉴定或该通信加密等决定。一旦某个访问违反安全规定，安全报警器就会拒绝访问，并记录向系统管理器报告网络状态。状态检测器的配置非常复杂和降低网络速度是它的主要缺点。

4. Windows 7 防火墙简介

1）Windows 7 防火墙的功能与特点

Windows 防火墙是自 Windows XP 系统开始内置的一个安全防御系统，用于帮助用户保持计算机系统，免遭黑客和恶意软件的攻击。Windows 7 防火墙是对 Windows XP 与 Windows Vista 防火墙功能的扩展与完善。它不仅具备了过滤外发信息的能力，而且针对移动计算机提供了多重防火墙策略。此外用户还可以自定义系统规则，使其更加灵活、易于使用。与 Windows XP、Windows Vista 防火墙相比，Windows 7 防火墙具有操作简单、功能完善、配置多样化等特点，而且提供了更加友好的用户界面，现已成为 Windows 7 操作系统中不可缺少的一部分，如图 10-3 所示。

2）Windows 7 防火墙的设置

Windows 7 防火墙默认将网络划分为家庭网络、工作网络和公共网络，如图 10-4 所示，用户可对不同类型的网络位置的防火墙进行启动和关闭设置，并选择不同级别的网络保护措施。

当用户处于家庭或工作网络中时，其他计算机和设备都是用户所熟悉的。此时的配置文件允许传入连接，可以方便地共享图片、音乐、视频和文档库，也可以共享硬件设备。当用户位于机场、咖啡店等公共场所时，连接此类公共网络需要更加重视安全问题，通过 Windows 7 防火墙用户可以方便地将网络切换为“公用网络”，以获得更有保障的安全防护。

用户可以将已经设置允许通过防火墙进行通信的程序进行设置和管理，还可以将所要用到的程序都添加进来，赋予它们允许进行通信的权限。

图 10-3　Windows 7 防火墙

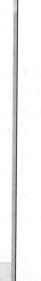

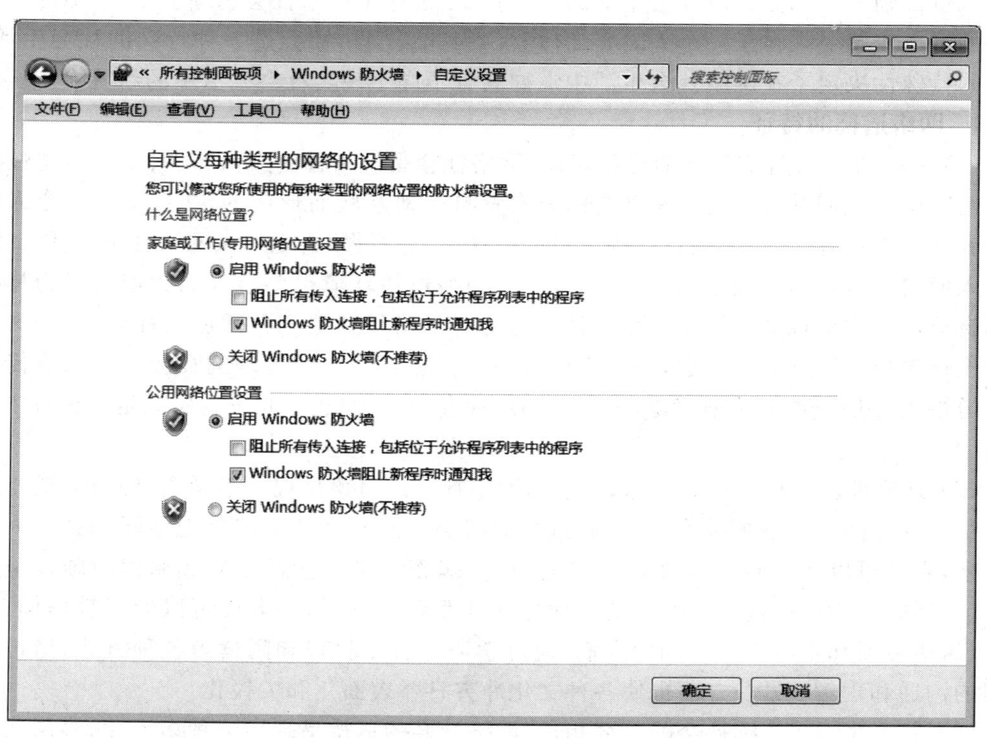

图 10-4　Windows 7 防火墙的自定义设置窗口

5. 防火墙的局限性

防火墙技术不是解决所有网络安全问题的万能药方,它只是网络安全策略中的一个组成部分。

(1) 防火墙不能防范绕过防火墙的攻击,如内部提供拨号服务。

(2) 防火墙不能防范来自内部人员的恶意攻击,它甚至不能保护用户免受所有它能检测到的攻击。

(3) 防火墙不能阻止被某些病毒感染的程序或文件的传递,对一些新出的病毒和木马病毒可能没有反应。

10.5 信息社会的道德意识及相关法律

随着计算机逐渐进入个人生活,人们开始更多地依赖计算机连成的网络。从某种程度上来说,计算机化社会继续维持着人与人之间固有的一些关系,但它也提供强化社会集成的新的可能,计算机网络逐渐改变着人类的联系方式。因此,要求网络活动的参加者具有良好的品德和高度的自律,了解相关的法律知识,保护网络的信息安全,遵守国家的有关网络的法律法规。

10.5.1 网络道德建设

计算机网络迁就了部分人对现实生活的"逃离",使他们更加不善于面对现实的困境。计算机也鼓励了一部分人对社会生活的"参与",尽管这个网络社会物理上是"虚拟的",但它代表的观点或感受来自于一个人真实的体验。因此说网络社会是一种特殊的社会生活,正是它的特殊性决定了在网络社会生活中道德具有不同于现实社会生活中的新特点。

1. 网络道德的特征

(1) 自主性。与现实社会的道德相比,网络社会呈现一种更少依赖性、更多自主性的特点。互联网是人们基于一定的利益与需要自觉自愿地互联而形成的,在这里每一个人既是参与者又是组织者,人们必须自己确定自己干什么、怎样做,自觉地做网络的主人,因此需要增强人们遵守这些道德规范的自觉性。同时,网络道德环境也要求人们的道德行为具有较高的自律性。网络社会应该是一个主体的意志与品格得到更充分锤炼的社会,一个真正的道德主体地位得以确立的社会,一个人们自主自愿进行活动和管理的社会。如果说传统社会的道德主要是一种依赖型道德,那么在网络社会中,人们建立起来的应该是一种自主性的新道德。

(2) 开放性。与现实社会的道德相比,网络社会的道德呈现出不同道德意识、道德观念和道德行为之间经常性的冲突、碰撞和融合的特点。互联网的全球化把不同国家的人们联接起来,它既可以将不同的宗教信仰、价值观念、风俗习惯和生活方式频繁而清晰地呈现在人面前,同时也为他们提供了交往的有效方式和手段。这样,一方面可以使宗教信仰、价值观念、风俗习惯和生活方式不同的人们,通过学习、交往、教育和阅读等各种方式,增进相互之间的沟通和理解;另一方面也使各种文化冲突日益表面化和尖锐化。

(3) 多元性。与传统社会的道德相比,网络社会的道德呈现出一种多元化、多层次化的特点。在现实社会中,虽然道德因生产关系的多层次性而有不同的存在形式,但每一个特定社会却只能有一种道德居于主导地位。其他道德则只能处于从属的、被支配的地位，因此现实社会的道德是一元的。然而网络社会中，既存在于网络社会共同性的主导道德规范，也存在各网络成员自身所特有的多元道德规范。

2. 加强网络道德建设，构建文明网络空间

在信息社会条件下，现实社会的政治、经济、文化活动大都被纳入网络中运行处理，虚拟网络社会信息传播方式具有数字化或非物体化的特点。虚拟网络社会和现实社会形成了内在不可分割的联系。这两者共同构成人们的基本生存环境。

遵守网络规定和合理使用网络的重要性是不言而喻的，人们把遵守这些规定称为必要的网络礼仪，或共同的网络道德。各个国家都制定了相应的法律法规以约束人们使用计算机以及在计算机网络上的行为。

2001 年 11 月 22 日，共青团中央、教育部、文化部、国务院新闻办公室、全国青联、全国学联、中国青少年网络协会等共同召开网络发布会，正式发布了《全国青少年网络文明公约》，提出了“五要”和“五不要”。《全国青少年网络文明公约》是青少年网络行为的道德规范，对加强青少年学生的思想教育，规范广大学生的网络行为，促进学校社会主义精神文明建设，必将产生积极的影响。

全国青少年网络文明公约如下。

- 要善于网上学习，不浏览不良信息；
- 要诚实友好交流，不侮辱欺诈他人；
- 要增强自保意识，不随意约会网友；
- 要维护网络安全，不破坏网络秩序；
- 要有益身心健康，不沉溺虚拟时空。

美国计算机伦理协会根据计算机犯罪种种案例，归纳、总结了 10 条计算机职业道德规范，供大家参考。

(1) 不应该用计算机去伤害他人。

(2) 不应该影响他人的计算机工作。

(3) 不应该到他人的计算机里去窥探。

(4) 不应该用计算机去偷窥。

(5) 不应该用计算机去做假证明。

(6) 不应该复制或利用没有购买的软件。

(7) 不应该未经他人许可使用他人的计算机资源。

(8) 不应该剽窃他人的精神作品。

(9) 应该注意你正在编写的程序和你正在设计的系统的社会效应。

(10) 应该始终注意，你在使用计算机是在进一步加强你对同胞的理解和尊敬。

10.5.2 信息安全相关的法律

计算机犯罪是当今社会出现的一种新的犯罪形式。与传统的犯罪形式相比，其具有隐蔽性、智商高、年纪轻、社会危害严重，发现与追查困难和法律惩处困难的特点。目前，国内外许多政府纷纷制定和健全信息安全方面的法律。

(1) 1998 年 10 月 5 日，第七届全国人民代表大会常务委员会第三次会议通过《中华人民共和国保守国家秘密法》，明确规定了"在有线、无线通信中传递国家秘密的，必须采取保密措施。"

(2) 2004 年 8 月 28 日第十届全国人民代表大会常务委员会第十一次会议通过的《中华人民共和国电子签名法》。

(3) 2009 年 2 月 28 日第十一届全国人民代表大会常务委员会第七次会议通过的《中华人民共和国刑法修正案(七)》，将原第二百八十五条"违反国家规定，侵入国家事务、国防建设、尖端科学技术领域的计算机信息系统的，处三年以下有期徒刑或者拘役。"增加两款作为第二款、第三款：①违反国家规定，侵入前款规定以外的计算机信息系统或者采用其他技术手段，获取该计算机信息系统中存储、处理或者传输的数据，或者对该计算机信息系统实施非法控制，情节严重的，处三年以下有期徒刑或者拘役，并处或者单处罚金。②提供专门用于侵入、非法控制计算机信息系统的程序、工具，或者明知他人实施侵入、非法控制计算机信息系统的违法犯罪行为而为其提供程序、工具，情节严重的依照前款的规定处罚。

新增的两种具体犯罪条款，使现实中恶意、肆意地将各种黑客软件上传网络或者刻盘销售的，严重地威胁到计算机网络的稳定与公/私计算机信息系统的安全，难以按照刑法原有规定给予惩治的问题，得到有效的解决。

习　题　10

一、选择题

1. 信息安全的基本属性是(　　)。

A. 保密性　　B. 完整性　　C. 可用性　　D. 全包括

2. 下列叙述中，(　　)不正确的。

A. "黑客"是程序

B. 计算机病毒是程序

C. "木马"是一种病毒

D. 个人防火墙是一种被动式防卫软件技术

3. 以下(　　)不属于黑客的攻击手段。

A. 后门程序　　B. 网络监听　　C. 拒绝服务　　D. 访问控制

4. 用户收到了一封可疑的电子邮件，要求用户提供银行账号及密码，这种攻击手段属于(　　)。

A. 信息炸弹　　B. 病毒入侵　　C. 网络钓鱼　　D. 拒绝服务

5. 目前常用的保护计算机网络安全的措施是(　　)。

A. 防火墙　　B. 360 安全卫士　　C. 防风墙　　D. 升级安全补丁

6. 目前常用的加密方法主要有(　　)两种。

A. 对称密钥码和非对称密钥码　　B. DES 和公钥密码

C. 加密密钥和解密密钥　　D. RES 和私钥密码

二、填空题

1. 数据加密根据密钥使用方式的不同一般分为________和________两种

2. 计算机病毒具有________、________、________、________、________、________等

特点。

3. 信息安全通常是指信息在采集、________、________和________等过程中信息的完整性、机密性、可用性、可控性和真实性。

三、思考题

1. 计算机病毒和生物病毒的联系和区别?
2. 什么是计算机病毒?计算机病毒有哪些特征?
3. 什么是网络安全?网络安全威胁分为哪几类?
4. 什么是防火墙?防火墙有哪些作用?

参考文献

[1] 邵玉环. Windows 7 实用教程. 北京：清华大学出版社，2012.
[2] 孙钟秀. 操作系统教程. 北京：高等教育出版社，2008.
[3] 牛曼丽，王闻. Word＋Excel＋Point 2010 实用教程. 北京：清华出版社，2013.
[4] 王小燕，郭燕. Excel 2010 电子表格制作案例教程. 北京：航空工业出版社，2013.3.
[5] 杰诚文化. Excel 2010 电子表格自学成才. 北京：电子工业出版社，2012.4.
[6] 付岩. Excel 2010 办公应用新手指南. 北京：兵器工业出版社，2012.1.
[7] Microsoft Excel 2010 帮助文档.
[8] Microsoft Access 2010 帮助文档.
[9] 冯博琴，贾应智，张伟. 大学计算机基础(第 3 版). 北京：清华大学出版社，2009.
[10] 张凯文，胡建华，常桂英. 大学计算机基础——Windows XP＋Office 2007 案例驱动教程. 北京：清华大学出版社，2010.
[11] 耿国华. 大学计算机应用基础. 北京：清华大学出版社，2010.
[12] 牟绍波，谢合军. 计算机应用基础. 北京：清华大学出版社，2013.